客戶關係管理
（第三版）

主　編　呂惠聰、強南囡、王微微
副主編　李銳

前　言

客戶關係一直都是商務活動中的核心問題。對企業來說，客戶關係更是現代企業商務活動的巨大信息資源，企業所有的商務活動所需要的信息幾乎都來自客戶關係。

21 世紀是一個以服務取勝的時代。越來越多的企業開始了戰略轉型，其中最重要的轉變是企業的戰略重心正從「以產品為中心」向「以客戶為中心」轉變。企業中的各類管理人員、技術人員和銷售人員都必須高度重視客戶關係，及時從客戶那裡獲取有關市場、產品、技術的新信息和新知識，以便利用這些信息和知識進行相應的產品銷售和技術研發活動。

如今，國內有很多客戶關係管理的教材以及相關的系統軟件，但客戶關係管理的理念仍遠未深入到企業當中。基於這一現實，本教材專門為經濟管理類相關專業的學生編寫，使學生通過學習和樹立客戶關係管理的理念，提高操作技能。本書在編寫中力求突出以下特點：

（1）在內容編排上，本書遵循客戶關係管理的一般規律，從識別客戶開始，到建立客戶關係、客戶服務、提高客戶滿意度、培育客戶忠誠度，一直延伸到客戶流失與客戶保持，形成一條完整的客戶關係管理鏈條，以任務的形式展開，層層遞進，最后提出解決方案，使教學更具有針對性。全書內容豐富、具體，比較詳盡、透澈地介紹了客戶關係管理的基本概念、處理方法和整體流程。

（2）教材遵循和實現了「體系結構合理，編排條理清晰，文字通俗易懂，內容詳略得當，案例豐富實用，版面設計新穎」的基本原則，同時，特別突出了作為教學用書的實用性和可操作性。例如，為方便教師授課以及學生學習，本書各章節均以「引例」開頭，據此引出本章主題，用於強化本章的「知識與技術目標」。對於需要強調的內容，以及補充的相關閱讀材料，均設置了特殊的字體和格式，以便醒目地顯示。閱讀材料中既有輕鬆活潑的小故事，也有通俗的敘事，目的就是幫助讀者理解生澀、枯燥的專業知識。在全書主體部分的各章都給出「本章小結」「復習思考題」等欄目，供讀者復習鞏固所學的知識，並利用知識去解決實際問題。

（3）教材在主體章節別具匠心地設計了豐富的情景劇，使內容進一步貼近實際、貼近企業，改變傳統的理論教學方法，使課程變得生動、有趣，使教學更具有實踐意義。

全書共分十一章：第一章介紹了競爭時代下的行銷理念的演變和客戶關係管理的理論基礎；第二章闡述了客戶關係管理的起源、核心、功能及發展和創新；第三章提出了企業應該如何去認識客戶、識別客戶，從而走

前言

出客戶關係管理的第一步；第四章在識別客戶的基礎上，從客戶生命週期的角度闡述企業如何與客戶建立一種長期穩定的關係；第五章介紹客戶互動，以及如何使客戶互動管理有效地實現；第六章闡述了在企業和客戶建立關係以后，如何進一步為客戶提供相應的服務；第七章和第八章則進一步說明，只有提高客戶的滿意度和培育客戶的忠誠度，企業才能與客戶保持這種關係的穩定性，從而獲得持續的競爭優勢；沒有絕對忠誠的客戶，必然存在客戶流失，如何降低客戶流失率，提高客戶的保持率就成為第九章重點介紹的內容；第十章詳細介紹了企業如何選擇和實施客戶關係管理系統；第十一章闡述了客戶關係管理在航空業、房地產業、製造業和物流業中的應用。

　　本書由呂惠聰、強南因、王微微任主編，李銳任副主編。編寫分工如下：第一章、第二章、第三章、第四章和第九章由強南因編寫，第五章、第六章、第八章、第十章由呂惠聰編寫，第七章、第十一章由李銳編寫，王微微對全書做了統稿和校正工作。

　　在本書的編寫過程中，我們參閱了大量國內外同行的著作和文獻資料，並從中借鑑了一些符合本書編寫要求的內容，在此對各位為本書的出版提供相關參考資料的同仁表示衷心的感謝！

　　儘管編者付出了艱苦的努力，但由於水平和時間所限，書中難免有錯誤或不當之處，敬請專家和讀者給予批評和指正，以便進一步修訂和完善。

編者

目　錄

第一章　客戶關係管理與競爭時代的行銷理念 …………………… (1)
　　知識與技能目標 ……………………………………………… (1)
　　引例 …………………………………………………………… (1)
　　第一節　提升業績的新出路 ………………………………… (2)
　　第二節　關係行銷 …………………………………………… (13)
　　本章小結 ……………………………………………………… (24)
　　復習思考題 …………………………………………………… (24)
　　案例分析 ……………………………………………………… (25)
　　實訓設計 ……………………………………………………… (26)

第二章　客戶關係管理概述 …………………………………………… (27)
　　知識與技能目標 ……………………………………………… (27)
　　引例 …………………………………………………………… (27)
　　第一節　客戶關係管理的產生及含義 ……………………… (28)
　　第二節　客戶關係管理的內容 ……………………………… (36)
　　第三節　客戶關係管理的核心、任務及功能 ……………… (39)
　　第四節　客戶關係管理的發展與創新 ……………………… (44)
　　本章小結 ……………………………………………………… (49)
　　復習思考題 …………………………………………………… (49)
　　案例分析 ……………………………………………………… (49)
　　實訓設計 ……………………………………………………… (51)

第三章　識別客戶 ……………………………………………………… (52)
　　知識與技能目標 ……………………………………………… (52)
　　引例 …………………………………………………………… (52)
　　第一節　客戶概述 …………………………………………… (53)
　　第二節　識別客戶的意義、對象及內容 …………………… (65)
　　第三節　識別客戶情景劇 …………………………………… (74)
　　本章小結 ……………………………………………………… (76)
　　復習思考題 …………………………………………………… (76)
　　案例分析 ……………………………………………………… (76)
　　實訓設計 ……………………………………………………… (78)

第四章　建立客戶關係 ………………………………………………… (79)
　　知識與技能目標 ……………………………………………… (79)

目　錄

引例 …………………………………………………… (79)
第一節　客戶關係概述 ………………………………… (80)
第二節　客戶關係生命週期 …………………………… (87)
第三節　客戶資產及其管理 …………………………… (92)
第四節　建立長期的客戶關係 ………………………… (96)
第五節　客戶關係的選擇策略 ………………………… (104)
第六節　留住客戶情景劇 ……………………………… (108)
本章小結 ………………………………………………… (110)
復習思考題 ……………………………………………… (110)
案例分析 ………………………………………………… (110)
實訓設計 ………………………………………………… (111)

第五章　客戶互動及其管理 …………………………… (112)

知識與技能目標 ………………………………………… (112)
引例 ……………………………………………………… (112)
第一節　客戶互動概述 ………………………………… (113)
第二節　客戶互動管理的有效實現 …………………… (115)
第三節　客戶互動中心及其應用 ……………………… (125)
本章小結 ………………………………………………… (128)
復習思考題 ……………………………………………… (128)
案例分析 ………………………………………………… (128)
實訓設計 ………………………………………………… (129)

第六章　客戶服務 ……………………………………… (130)

知識與技能目標 ………………………………………… (130)
引例 ……………………………………………………… (130)
第一節　客戶服務概述 ………………………………… (131)
第二節　客戶服務質量管理 …………………………… (137)
第三節　客戶服務方法——服務接觸 ………………… (140)
第四節　客戶服務的三個環節 ………………………… (143)
第五節　客戶服務的技巧 ……………………………… (151)
第六節　客戶關懷 ……………………………………… (159)
第七節　互聯網時代的網路客戶服務 ………………… (162)
第八節　開發客戶需求情景劇 ………………………… (164)

目　錄

　　本章小結 …………………………………………………（166）
　　復習思考題 ………………………………………………（167）
　　案例分析 …………………………………………………（167）
　　實訓設計 …………………………………………………（168）

第七章　客戶滿意度管理 ……………………………………（169）
　　知識與技能目標 …………………………………………（169）
　　引例 1 ……………………………………………………（169）
　　引例 2 ……………………………………………………（169）
　　第一節　客戶滿意概述 …………………………………（170）
　　第二節　提高客戶滿意度 ………………………………（182）
　　第三節　客戶滿意情景劇 ………………………………（189）
　　本章小結 …………………………………………………（190）
　　復習思考題 ………………………………………………（191）
　　案例分析 …………………………………………………（191）
　　實訓設計 …………………………………………………（192）

第八章　客戶忠誠度管理 ……………………………………（193）
　　知識與技能目標 …………………………………………（193）
　　引例 ………………………………………………………（193）
　　第一節　客戶忠誠概述 …………………………………（194）
　　第二節　提高客戶忠誠度 ………………………………（201）
　　第三節　客戶忠誠情景劇 ………………………………（204）
　　本章小結 …………………………………………………（206）
　　復習思考題 ………………………………………………（206）
　　案例分析 …………………………………………………（206）
　　實訓設計 …………………………………………………（208）

第九章　客戶流失與客戶保持 ………………………………（209）
　　知識與技能目標 …………………………………………（209）
　　引例 ………………………………………………………（209）
　　第一節　客戶流失 ………………………………………（210）
　　第二節　客戶抱怨管理 …………………………………（216）
　　第三節　客戶保持 ………………………………………（227）
　　第四節　客戶投訴情景劇 ………………………………（235）

目 錄

本章小結 …………………………………………（236）
復習思考題 ………………………………………（236）
案例分析 …………………………………………（237）
實訓設計 …………………………………………（237）

第十章　客戶關係管理系統 ……………………（239）

知識與技能目標 …………………………………（239）
引例 ………………………………………………（239）
第一節　CRM 軟件系統 …………………………（240）
第二節　企業如何選擇 CRM ……………………（253）
第三節　企業如何實施 CRM ……………………（258）
本章小結 …………………………………………（266）
復習思考題 ………………………………………（266）
案例分析 …………………………………………（267）
實訓設計 …………………………………………（268）

第十一章　客戶關係管理的行業應用 …………（269）

知識與技能目標 …………………………………（269）
引例 ………………………………………………（269）
第一節　航空業的客戶關係管理應用 …………（270）
第二節　房地產業的客戶關係管理應用 ………（274）
第三節　製造業的客戶關係管理應用 …………（279）
第四節　物流業的客戶關係管理應用 …………（284）
第五節　其他行業客戶關係管理應用 …………（289）
本章小結 …………………………………………（293）
復習思考題 ………………………………………（293）
案例分析 …………………………………………（293）
實訓設計 …………………………………………（294）

第一章
客戶關係管理與競爭時代的行銷理念

知識與技能目標

（一）知識目標
- 掌握影響企業業績的因素；
- 熟悉行銷理念的演變；
- 理解關係行銷的概念、特徵和目標；
- 掌握提升企業業績的途徑；
- 掌握關係行銷的實現過程。

（二）技能目標
- 能夠從客戶角度看待如何提升企業業績；
- 能夠結合企業實際情況制訂關係行銷的實施方案。

引例

培養忠誠客戶——「金卡計劃」的實施

戴頓—赫德森連鎖店公司採取的加強與客戶聯繫的第一步措施是跟蹤和研究流動的客戶。1989年，戴頓—赫德森公司決定投資建立一個消費者信息系統，在外界專家的幫助下，這個信息系統在不到一年的時間裡就建成了。這個系統容納的信息包括400萬消費者的基本信息和他們的消費習慣。

計算機分析的結果顯示了一個令人驚奇的事實：有25%的客戶消費額居然占到公司總銷售額的33%，而這25%的客戶正是公司特別研究和關注的。這些發現引起了高層董事的重視，他們急切地想留住這些高消費者。公司聘請了管理諮詢顧問，他們提供了發展消費者的一些策略，而第一條建議就是開展忠誠計劃，他們將其命名為「金卡計劃」。

執行「金卡計劃」遇到的第一個問題就是要提供什麼樣的優惠。其他行業的商店在他們自己的忠誠性計劃裡為消費者提供免費購物的優惠，那麼戴頓—赫德森公司也要採取同樣的方法嗎？忠誠性計劃的一個最有名的例子就是航空公司的飛行裡程累積制度，戴頓—赫德森公司是不是也應該採取類似的方式呢？戴頓—赫德森連鎖店公司的高級經理層和分店經理們沒有把自己的關於消費習慣和偏好的想法強加給他們的客戶；相反，他們的決策完全依靠對客戶消費習慣和偏好的細心觀察。他們在客戶購物的過程中，積極地留心每個客戶的消費習慣。經過細緻的觀察，研究小組發現，客戶們最關心的是與店員的充分交流，客戶希望店員能夠與他們一起分享商品信息，甚至一些小的不被注意的細節也能夠贏得客戶的好感。

所以，公司最終決定提供一些費用不是很高的軟性優惠條件。比如：贈送一張上面附有流行時尚信息的新聞信箋；給消費者提供一些即將要上市銷售的產品的信息；一張金卡，購物時附帶一些優惠，如免費包裝、免費咖啡以及專為金卡用戶提供的特殊服務號碼；每個季度還向他們郵寄一些贈券。

「金卡行動」帶來的良好結果，使得戴頓—赫德森公司決定在接下來的時間裡用不同尋常的方式繼續這項行動。他們把那些高度忠誠的客戶集合起來，讓他們參加一些重大的特殊儀式和會議，比如關於流行趨勢的論壇，甚至是公司舉行的盛大的招待晚宴。這些活動的作用類似於一個巨大的實驗室，在這個實驗室裡，公司的員工可以有更多的機會認真、細緻地觀察客戶的消費態度和行為習慣；同時，也使得這些客戶感受到自己身分的特殊性，從而進一步增強他們對公司的認同感和歸屬感。

在這項活動運作了一年的時間后，「金卡計劃」取得了成功，成員增加到了40萬人。在這一年的時間裡，公司舉辦了許多藝術演出活動、時尚研討會，還嘗試了一些降價活動，越來越多的活動正在籌備和策劃當中。與對照組相比，金卡用戶的消費額明顯比較高。「金卡計劃」取得了極大的成功。這項計劃使消費者感到很滿意，並且他們很樂意繼續購買戴頓—赫德森公司的商品。同樣，從公司及股東的長遠利益來看，這項計劃也會大大增加銷售量。

隨著銷售額以百萬美元的數量遞增，「金卡計劃」被公司認為是一本萬利的舉措，這項舉措在贏得客戶的高度忠誠方面實在功不可沒。在今后的公司運作中，戴頓—赫德森公司決定將這項運動的核心理念運用到公司更多客戶的身上。

問題：
從本案例中，企業可以得到怎樣的啟示？

在全球金融危機的背景下，如何抓住機遇參與市場競爭，如何保持競爭優勢、提升企業業績，已經成為在中國每個企業考慮的頭等大事。因此，樹立以關係行銷為基礎的客戶關係管理理念，發現潛在客戶，留住老客戶，培養客戶的忠誠度，提高企業的競爭實力，就顯得尤為重要。

第一節 提升業績的新出路

一、影響企業業績的因素

一家企業的利潤究竟出自哪裡？當然是業績。業績的高低決定企業利潤的大小。那什麼因素決定一個企業的業績高低呢？概括起來，可將這些因素分為兩類：一類是企業所處的外部環境；一類是企業本身的內在素質。

（一）企業所處的外部環境

企業所處的外部環境是對企業外部的政治環境、社會環境、技術環境和經濟環境等的總稱。當外部經營環境較差時，企業與外界的信息聯繫、人力資源的投入、產品的銷售、貨款的回收等都將受到一定程度的影響，企業的經營就會處於比較困難的境地，從而影響其經營效益的提高，甚至會導致企業破產。

1. 政治環境

政治環境因素是指對企業經營活動具有現存和潛在影響的政治力量，具體包括企業所在地區和國家的政局穩定狀況、執政黨所推行的基本政策以及這些政策的穩定性和連續性。這些基本政策包括產業政策、稅收政策、政府採購及財政補貼等。例如，2009年8月，國

務院強調要培育以低碳排放為特徵的新經濟增長點，建設以低碳排放為特徵的工業、建築和交通體系，以期在2010年單位國內生產總值能耗降低20%。種種政策跡象顯示，低碳經濟是指一個經濟系統只有很少或沒有溫室氣體排出到大氣層，或指一個經濟系統的碳足印（每個人、家庭或每家公司日常釋放的溫室氣體數量）接近於或等於零。低碳經濟可讓大氣中的溫室氣體含量穩定在一個適當的水平，避免劇烈的氣候改變，減少惡劣氣候給人類造成的傷害。因為，過高的溫室氣體濃度可能會引致災難性的全球氣候變化，為人類將來的生活帶來負面影響。產業已經進入了重要的發展週期，低碳經濟發展在中國正日益受到各個層面的關注，並且將是未來相當一個時期內結構調整和制度創新的重要推動力。而低碳經濟政策的實施勢必推動社會產業結構的轉型，對企業的經營績效產生影響。

2. 社會環境

社會環境是指人類生存及活動範圍內的社會物質、精神條件的總和。社會環境因素包括社會文化、社會習俗、社會公眾的價值觀念、職工的工作態度與生活方式、人口規模和地理分佈等方面。由於社會因素的變化往往影響社會對企業產品或服務的需求，影響人們的購買決策，關係到企業確定投資方向、產品改進與革新等重大經營決策問題，因而會影響到企業的經營業績。

3. 技術環境

技術環境是指企業所處的環境中的科技要素及與該要素直接相關的各種社會現象的集合，如與企業生產有關的新技術、新工藝和新材料等。技術的變革在為企業提供機遇的同時，也對它構成了威脅。例如，新技術的應用使得社會和新興行業增加對本行業產品的需求，從而使企業可以開闢新的市場和擴大經營範圍，以獲得新的競爭優勢，這樣就會提高企業的業績。但是，企業若在技術變革中畏首畏尾，就有可能因跟不上時代而被淘汰。

4. 經濟環境

經濟環境是指構成企業生存和發展的社會經濟狀況及國家的經濟政策。經濟環境因素涉及的內容非常廣泛，這裡主要從經濟週期的視角和通貨膨脹的視角來看經濟環境因素是如何影響企業經營業績的。

首先看經濟週期。經濟週期是指經濟的運行具有一定的週期性，要經歷衰退、蕭條、復甦和繁榮四個階段。在經濟進入衰退和蕭條階段，社會的總需求不足，產品的銷售產生困難，許多企業處於停工停產甚至倒閉狀態，企業的經營處於較困難時期，其經營業績低下。而當經濟走出低谷，從復甦階段向繁榮階段過渡時，社會對各類產品的需求處於極度旺盛的狀態，此時企業的經營一般都會達到最佳狀態，經營業績也處於較高水平。

其次看通貨膨脹。通貨膨脹主要是由於過多地增加貨幣供應量造成流動性過剩，引發物價普遍上漲的現象。貨幣供應量增加，開始時能增加市場需求並抬高產品價格，從而提高企業的銷售額並導致利潤增長。但當通貨膨脹對國家的經濟生活乃至社會安定造成威脅時，中央政府一般會採取如緊縮銀根和提高銀行利率等措施來抑制通貨膨脹，從而抑制市場的需求，導致企業的生產經營萎縮，引起經營水平的下降。

(二) 企業本身的內在素質

外部因素對所有企業的影響幾乎都是一樣的，只是具體到單個企業，其影響程度不一樣而已。從這一點來說，企業經營業績好不好，外部環境對其影響不大，猶如「一棵千年的大樹倒了，不是因為風，而是蟲子」。所以決定企業經營業績好壞的主要因素不是來自外部，而是企業的內在素質。

企業的內在素質主要包括企業領導者的素質與管理水平，企業的規模，產品的市場佔有率及企業所擁有的資產數量，員工的工作熱情和文化素養，企業目前的財務結構、工藝

水平和企業的外部形象,等等。這些因素中任何一項的變化,將直接影響企業產品的生產和銷售,影響成本的增減,從而直接影響著企業經營效益。

1. 領導者的素質與管理水平

企業領導者的素質與管理水平的高低往往決定著一個企業的生死存亡,決定著企業經營管理水平的高低,是企業經營業績的決定因素之一。企業領導者的政治素質過硬,品質優良,銳意進取,處理問題果斷,計劃決策水平高,組織協調能力強,具有較強的使命感和責任感,具有創新精神,通常都能正確處理複雜環境和問題,正確對待別人,清醒對待自己。這些都為企業的經營管理奠定了基礎。相反,如果企業領導者的素質和管理水平較低,即使一家營利水平很高的企業,其良好的經營業績也難以為繼。好的領導可以使企業起死回生,不合適的領導也可能導致一個企業一敗塗地,這樣的事例比比皆是。

2. 企業的規模

企業規模的大小對企業的生存發展有著一定的影響。首先,中國國有大型企業在國民經濟中具有不可替代的地位,尤其是涉及國家經濟命脈的基礎產業及支柱產業,如鋼鐵、石油化工、汽車、裝備製造、房地產、電子信息、紡織和船舶製造等產業。它們的興衰對國民經濟有著決定性的影響。所以政府在制定各項政策時,都對大中型企業有一定的照顧。其次,大企業的抗風險能力較強。中國社科院中小企業研究中心主任陳乃醒表示:在2008年全球金融危機中,中國大約有40%的中小企業已經在此次金融危機中倒閉,40%的企業在生死線上徘徊,只有20%的企業沒有受到此次金融危機的影響。而大企業的風險承受能力則較強,並且政府一般也不會對大型企業的倒閉破產坐視不管,因而在此次金融危機中,它們受到的影響相對較小。最後,大型企業的競爭能力較強。它們的人力資源較為豐富,物質基礎較為雄厚,一般擁有自主知識產權和專利,產品結構合理,在行業中有著獨特定位,在國內外擁有較大的市場份額。它們往往能集中相當的人力、物力來研究及解決生產及經營中出現的各種問題,且由於其生產規模較大,一般都能適應規模經濟的要求,將產品成本降到最低水平。

3. 產品的創新能力

企業的競爭在一定程度上是產品的競爭,產品又是企業賴以生存的基礎。如果沒有一個「拳頭」產品,企業就不會具有較強的市場競爭力和較高的市場佔有率,這樣不僅難以發展,甚至連生存都非常困難。所以如果想要基業長青,首先要做到產品長青。企業只有不斷地進行產品創新,才能永葆青春活力。國內外一些百年老字號企業之所以「寶刀不老」,就在於其不斷進行產品創新。烟臺北極星鐘表公司的成功秘訣就是每年推出數十個新品種、新花色、新樣式。如果不堅持產品創新,企業發展就會潛伏重大危機。武漢長江音響公司曾營利7,000多萬元,當時的領導者認為把這筆錢放在銀行裡拿利息會有一筆可觀的收入,因而未去投資開發新產品。結果不到幾年時間,VCD取代了音響,長江音響公司因失去市場而被迫關門。

閱讀材料1:

讓拳頭產品成為企業的發動機

「拳頭產品對企業就像發動機對汽車一樣重要,能帶給企業源源不斷的動力。」有很多發展中的企業,它們不僅有自己豐富的產品線,而且也有屬於自己的主打產品,或拳頭產品。他們的產品線組合和搭配非常合理。比如經常在央視做廣告的勁霸男裝,還有鴻潤家紡、堂皇家紡等。

勁霸男裝實際上產品線非常豐富,不僅有夾克,還有褲子、棉服,等等,但是它在進

行品牌宣傳和推廣的時候，始終強調勁霸夾克作為它的拳頭產品。鴻潤家紡也是如此，公司產品已發展成羽絨被、絎縫被、化纖被、羊毛被、靠墊、睡袋、床上套件和酒店用品等300多個系列產品，但是它的拳頭產品依然是羽絨被。公司是全國最大的羽絨被生產和出口基地之一，羽絨被的生產出口量占全國出口量的24.6%，連續十四年在國內生產出口型企業中位居首位。

4. 企業員工的知識、技能、態度與行為模式

員工是企業最重要的客戶，是企業服務優勢的重要來源。在一條完整的服務價值鏈上，服務產生的價值是通過企業的員工在提供服務的過程中體現出來的。員工的知識、技能、態度、言行也融入了每項服務中，對客戶的滿意度將產生重要的影響。而員工能否用樂觀的心態和禮貌的言行對待顧客，則與員工對企業提供給自己的各個方面的軟硬條件的滿意程度息息相關。因此，加大對服務價值鏈前端——員工滿意度與忠誠度的關注，把員工當作企業最大的客戶來對待，是提升企業服務水平的有效措施，也是提高企業經營業績的主要因素之一。

閱讀材料2：

態度決定高度

美國西點軍校有一句名言：「態度決定一切。」沒有什麼事情是做不好的，關鍵是你的態度。事情還沒有開始做的時候，你就認為它不可能成功，那它當然不會成功。或者你在做事情的時候不認真，那麼事情也不會有好的結果。一切歸結為態度：你對事情付出了多少，你對事情採取什麼樣的態度，就會有什麼樣的結果。

三個工人在砌一面牆。有一個好管閒事的人過來問：「你們在幹什麼？」

第一個工人愛理不理地說：「沒看見嗎？我在砌牆。」

第二個工人抬頭看了一眼好管閒事的人，說：「我們在蓋一幢樓房。」

第三個工人真誠而又自信地說：「我們在建一座美麗的城市。」

十年過去了，當這個好管閒事的人再次看到這三個人的時候，當年說「在砌牆」的第一個人正在另一個工地上砌牆；當年說「在蓋一幢樓房」的第二個人正坐在辦公室中畫圖紙，他成了工程師；當年說「在建一座美麗的城市」的第三個人成了一家房地產公司的總裁，是前兩個人的老板。

態度決定高度，僅僅十年的時間，三個人的命運就發生了截然不同的變化。是什麼原因導致這樣的結果？是態度！這個故事給人們的啟示是：明天的業績是否達成，關鍵就看員工如何看待今天的工作。

資料來源：張然. 態度決定高度［M］. 北京：中國商業出版社，2009.

二、行銷理念的新詮釋

古人云：「水因地而制流，兵因敵而制勝。故兵無常勢，水無常形。能因敵變化而取勝者，謂之神。」如今，企業所面臨的市場就是一個競爭激烈、不斷變化的環境，企業越來越成熟，消費者也越來越理性。企業為了留住客戶總是不斷變換花樣，想方設法推出新的行銷策略以爭取客戶，但消費者並不領情，總是以更多的冷靜給予回應。在新競爭形勢下，如何通過掌握最新的行銷理論，轉變對客戶的認識；如何在拉鋸戰中占據有利的位置等問題逐漸成為企業面臨的難題。

（一）傳統行銷觀念

市場行銷是企業為實現其利潤而進行的與市場需求有關的經行銷售活動。如何實現其

行銷目標，在不同的社會歷史時期和不同經濟條件下採用的手段各不相同。在市場經濟尚不發達的賣方市場條件下，企業主要通過擴大生產規模、提高勞動生產率、增加產品數量和種類來滿足市場的需求。傳統的行銷觀念主要經歷了生產觀念、產品觀念和推銷觀念三個階段。

1. 生產觀念

生產觀念產生於19世紀末20世紀初，是指導企業經營活動的最古老的觀念之一。由於當時處於短缺經濟的時代，企業是以產品為中心，以顧客買得到和買得起產品為出發點，因此，企業的主要任務是擴大生產經營規模、提高勞動生產率、增加供給並努力降低成本和售價。美國汽車大王亨利‧福特（Henry Ford）：美國汽車工程師與企業家，福特汽車公司的建立者。他也是世界上第一位使用流水線大批量生產汽車的人。這種新的生產方式使汽車成為一種大眾產品，它不但革命了工業生產方式，而且給現代社會和文化帶來了巨大的影響，因此有一些社會理論學家將這一段經濟和社會歷史稱為「福特主義」。亨利‧福特曾傲慢地宣稱：不管顧客需要什麼顏色的汽車，我只有一種黑色的T型車。顯然，生產觀念是一種重視產量、輕視市場行銷的商業哲學。

2. 產品觀念

產品觀念產生於20世紀初，是生產觀念的后期表現。此時，企業已經注意到市場需求的差異，對產品進行了細分。產品觀念認為，消費者最喜歡高質量、多功能和具有某種特色的產品，企業應致力於生產高值產品，並不斷加以改進。它產生於市場產品供不應求的賣方市場形勢下。此時，企業最容易出現「市場行銷近視」，即不適當地把注意力放在產品上，而不是放在市場需求上，在市場行銷管理中缺乏遠見，只看到自己的產品質量好，看不到市場需求在變化，致使企業經營陷入困境。

3. 推銷觀念

推銷觀念又稱銷售觀念，產生於20世紀20年代末至50年代初，是被許多企業所採用的另一種觀念，表現為「我賣什麼，顧客就買什麼」。推銷觀念認為，消費者通常表現出一種購買惰性或抗衡心理，如果順其自然的話，消費者一般不會足量購買某一企業的產品，需要推銷員去說服、感化和刺激。在這種情況下，各企業開始重視推銷工作，紛紛成立推銷機構，組建推銷隊伍，培訓推銷人員，將企業的人力、物力和財力轉移一部分出來用於銷售。很多企業大肆進行廣告宣傳，形成一種高壓推銷或強力推銷的局面。他們的口號也由過去的「待客上門」變成「送貨上門」。

在推銷觀念指導下，企業在重視生產的同時，也開始把部分精力放在產品銷售上。但這時的企業並沒有真正面向市場，而僅僅只是把已經生產出來的產品設法推銷出去，至於消費者是否滿意，企業則不太關心。企業照樣是生產什麼就推銷什麼，生產之前不瞭解消費者需求，銷售以後也不去徵詢顧客的意見和要求。所以，推銷觀念是一種只在形式上作了改變的市場觀念，並未真正關心消費者的需要及服務，僅僅是推銷，促其購買。

(二) 現代行銷觀念

自20世紀50年代以來，隨著環境的變化，西方發達國家的市場已經變成了名副其實的買方市場，賣主間競爭十分激烈，而買方處於優勢地位；科學技術和生產的迅速發展使人民的文化生活水平迅速提高，消費者的需求向多樣化發展並且變化頻繁，行銷觀念正是在這種市場形勢下應運而生，成為新形勢下指導企業行銷活動的指導思想。

1. 市場行銷觀念

第二次世界大戰結束後，大量軍工企業轉為民用，市場競爭更加激烈，許多產品供過於求，買方市場全面形成，企業的經營哲學從「以產定銷」轉變為「以銷定產」，第一次

擺正了企業與顧客的位置。在這種觀念下，企業一切活動以滿足顧客需求為出發點，集中企業的一切資源和力量設計生產適銷對路的產品，採取比競爭者更為有效的策略來滿足顧客需求，喊出了「顧客需要什麼，我們就生產什麼」「顧客就是上帝」「哪裡有消費者（需求），哪裡就有我們的市場」等口號。

西奧多・萊維特（Theodore Levitt）：現代行銷學的奠基人之一，市場行銷領域里程碑式的人物，曾經擔任《哈佛商業評論》的主編。1960 年 8 月 7 日他在《哈佛商業評論》上首次發表《行銷短視症》，獲得了巨大成功，是《哈佛商業評論》歷史上最為暢銷的文章之一。他認為由於大多數企業過於偏重製造與銷售產品，使行銷成了「后娘養的孩子」，這就是「行銷短視症」，強調的是從賣方需求著眼的銷售，忽視了從顧客需求著眼的行銷。現代行銷學的核心理念就是兩句話：第一，要強調行銷，而不是銷售；第二，行銷要從顧客出發，而不是產品。曾對推銷觀念和市場行銷觀念作過深刻的比較，指出：推銷觀念注重賣方需要，市場行銷觀念則注重買方需要。推銷觀念以賣主需要為出發點，考慮如何把產品變成現金；而市場行銷觀念則考慮如何通過製造、傳送產品以及與最終消費產品有關的所有事物來滿足顧客的需要。可見，市場行銷觀念的四個支柱是市場中心、顧客導向、協調的市場行銷和利潤。推銷觀念的四個支柱是工廠、產品導向、推銷和營利。從本質上說，市場行銷觀念是一種以顧客需要和慾望為導向的哲學，是「消費者主權論」在企業市場行銷管理中的體現。

企業進行市場行銷的目的是使客戶滿意。一旦實現了客戶滿意，就保留住了客戶，就提高了客戶的忠誠度，客戶就會重複購買，從而增強企業的獲利能力，贏得長期穩定的利潤。要實現客戶滿意，就必須通過使客戶獲得價值最大化來實現，如提高產品價值，提高服務價值，提升企業人員價值，樹立企業形象價值，用良好的品牌形象增加客戶購買的信心，獲得產品之外的利益，同時降低客戶購買的貨幣成本、時間成本、精力成本和體力成本。

閱讀材料 3：

顧客是上帝

卡特皮勒在 20 世紀 80 年代初期推出了 D9L 式履帶拖拉機。這種機型採用了一些新的設計方案，因而被認為可以提高使用效率，相應的，該機型的價格也要高於傳統的機型。但是當 D9L 在世界上賣出幾百臺之後，一場滅頂之災悄然而至。一些拖拉機在工作到 2,500 小時之後，就開始出現故障，這表明 D9L 遠沒有當初設想的那麼好。這一問題足以動搖卡特皮勒在行業中的霸主地位從而讓競爭對手有機可乘。為了挽救公司，各地的經銷商都紛紛行動起來，他們幫助公司制定了一整套的補救措施，如迅速修理已出故障的機器，及時檢查那些還沒有發生問題的機器。各個經銷商之間也充分合作，如一個英國的經銷商派出人員來幫助在沙特的經銷商處理這類問題，而有的經銷商為了對顧客負責，日夜服務，隨叫隨到。終於，一年以後，所有的 D9L 機型都得到了檢查和維修，用戶的停工待修時間被壓縮到最短，大大減少了可能有的經濟損失，顧客的抱怨消失了。同時，公司的設計人員也及時更改了設計，從而使 D9L 產品成為在市場上受歡迎的產品。

這種與經銷商之間的夥伴關係的建立並不是一朝一夕就可以達到的，它是卡特皮勒一貫執行的原則和努力的結果。

資料來源：代凱軍. 管理案例博士評點 [M]. 北京：中華工商聯合出版社，2011.

2. 社會行銷觀念

社會行銷觀念產生於 20 世紀 70 年代后期，它是對市場行銷觀念的重要補充和完善。社會行銷觀念認為，企業的市場行銷活動不僅要考慮客戶需要，還應考慮到消費者和社會

的長遠利益。正如亨利・福特所言：做生意一定要有利可圖，否則生意就做不下去。但是如果有人做生意只為賺錢，那麼生意也不會長久，因為沒有繼續存在的理由。社會行銷觀念強調：要正確處理客戶需要、企業利潤和社會整體利益之間的矛盾，要統籌兼顧，維護與增進消費者和社會福利，求得三者之間的協調與平衡。

3. 大市場行銷觀念

美國行銷大師菲利普・科特勒（Philip Kotler）：市場行銷學的權威之一，是現代行銷的集大成者，被譽為「現代行銷學之父」，現任美國管理科學聯合市場行銷學會主席。科特勒一直致力於行銷戰略與規劃、行銷組織、國際市場行銷及社會行銷的研究，他還寫了將近20本著作，並為《哈佛商業評論》《加州管理雜誌》《管理科學》等世界一流雜誌撰寫了100多篇論文。他在1984年提出了「大市場行銷」觀念。這種觀念認為，在貿易保護主義思潮日益增長的條件下，從事國際行銷的企業為了成功進入特定市場進行經營活動，除了運用好產品、價格、渠道、促銷等傳統的行銷策略外，還必須依靠權力和公共關係來突破進入市場的障礙。

大市場行銷觀念在「4P」的基礎上又加上「2P」，即權力（Power）和公共關係（Public Relations）。權力是指大市場行銷者為了進入某一市場並開展經營活動，必須能經常地得到具有影響力的企業高級職員、立法部門和政府部門的支持。例如，一家製藥公司想把一種新的藥物打入某國，就必須獲得該國衛生部的批准。因此，大市場行銷須採取政治上的技能和策略。如果權力是一種「推」的策略，那麼公共關係則是一種「拉」的策略。輿論需要較長時間的努力才能起作用，然而一旦輿論的力量增強了，它就能幫助公司去占領市場。大市場行銷觀念是對市場行銷理論的進一步擴展。

（三）新舊行銷觀念比較

上述六種行銷觀念可以歸為兩大類：以生產為中心的生產觀念、產品觀念和推銷觀念，稱為傳統行銷觀念，也稱舊觀念；以消費者為中心的市場行銷觀念、以增進社會福利為出發點的社會行銷觀念和大市場行銷觀念，稱為現代行銷觀念，也稱新觀念。六種行銷觀念的區別如表1-1所示。

表1-1　　　　　　　　　　六種行銷觀念的區別

行銷觀念	出發點	手段	目標
生產觀念	增加產量，降低成本	提高生產效率	在銷量增長中獲利
產品觀念	產品質量	生產更加優質的產品	用高質量的產品推動銷售增長
推銷觀念	產品銷售	加強推銷和宣傳活動	在擴大市場銷售中獲利
市場行銷觀念	顧客需求	運用整體行銷策略	在滿足顧客需求中獲利
社會行銷觀念	社會利益	運用整體行銷策略	維護社會長遠利益，滿足消費者需求
大市場行銷觀念	市場環境	運用「4P+2P」的整體行銷策略	進入特定市場，滿足消費者需求

（四）三種典型的行銷理念

行銷理念隨著市場環境的變化，經歷了三種典型的行銷理念演變，即以滿足市場需求為目標的「4P」理論，以追求客戶滿意為目標的「4C」理論和以建立客戶忠誠為目標的「4R」理論。

1. 以滿足市場需求為目標的「4P」理論

美國行銷學大師杰羅姆·麥卡錫（Jerome McCarthy）：美國密歇根州立大學教授，20世紀著名的行銷學大師，於1960年在其第一版《基礎行銷學》中，第一次提出了著名的「4P」行銷組合經典模型。麥卡錫教授一直走在市場行銷研究領域的前沿，對其編著的行銷教科書多次進行修訂，以緊跟時代發展的步伐。教授在1964年提出了著名的「4P」行銷組合策略，即產品（Product）、價格（Price）、渠道（Place）和促銷（Promotion）。他認為一次成功和完整的市場行銷活動，意味著是以適當的價格、適當的渠道和適當的促銷手段，將適當的產品和服務投放到特定市場的行為。「4P」理論的提出，是現代市場行銷理論最具劃時代意義的變革，它最早將複雜的市場行銷活動加以簡單化、抽象化和體系化，構建了行銷學的基本框架。從此以後，行銷管理便成了公司管理的一個部分，涉及了遠遠比銷售更廣的領域。

20世紀60年代的市場正處於賣方市場向買方市場轉變的過程中，市場競爭遠沒有現在激烈。那時候產生的「4P」理論主要是站在企業的角度來研究市場的需求及變化，研究企業怎樣才能在競爭中取勝。「4P」理論重視產品導向而非消費者導向，以滿足市場需求為目標。然而隨著環境的變化和市場競爭日趨激烈，「4P」理論越來越受到挑戰，逐漸顯示出其缺陷：一是行銷活動著重企業內部，對行銷過程中的外部不可控變量考慮較少，難以適應市場變化；二是隨著產品、價格和促銷等手段在企業間相互模仿，在終端市場行銷中很難起到出奇制勝的作用。於是，更加強調追求客戶滿意的「4C」理論應運而生。

2. 以追求顧客滿意為目標的「4C」理論

「4C」理論是由美國行銷專家羅伯特·勞特朋（Robert Lauteerborn）提出的，他於1990年在其《4P退休，4C登場》專文中，提出了一個以顧客為中心的新的行銷模式——著名的「4C」理論。1992年，勞特朋和美國西北大學教授唐·舒爾茨（Don Schultz）、斯坦利·田納本（Stanley Tannenbaum）合著了全球第一部整合行銷傳播專著——《整合行銷傳播》，又強化了「4C取代4P」的觀點。這本書的問世，標誌著整合行銷傳播理論正式成為一種嶄新的行銷傳播理論，它以客戶需求為導向，重新設定了市場行銷組合的四個基本要素：

（1）企業應該以滿足客戶（Consumer）需求與慾望為目標，生產客戶需要的產品，而不是優先考慮自己能生產什麼產品。

（2）企業應該關注消費者為滿足需要計劃付出的成本（Cost），而不是按照生產成本來定價。

（3）企業應該充分考慮顧客購買過程中的便利性（Convenience），如節省時間成本、精力成本、體力成本等，而不是僅從自身的角度來決定銷售渠道策略。

（4）企業應該實施有效的雙向溝通（Communication），將企業內外行銷不斷進行整合，把客戶和企業雙方的利益無形地整合在一起，而不是單方面地大力促銷。

與產品導向的「4P」理論相比，「4C」理論更重視客戶導向，強調企業應該把追求客戶滿意放在第一位，以「請注意消費者」為座右銘。在「4C」理論的指導下，越來越多的企業開始關注與客戶建立一種更為密切和動態的關係。

「4C」行銷理論注重以客戶需求為導向，但從企業的行銷實戰和未來市場行銷發展趨勢看，「4C」理論依然存在不足，具體表現為以下幾點：

（1）「4C」理論以客戶為導向，著重尋找客戶需求，滿足客戶需求。但市場經濟還存在競爭導向，企業不僅要看到需求，還需要更多地注意到競爭對手，在競爭中求發展。

（2）「4C」以客戶需求為導向，但滿足其需求有個「度」的問題。如果只看到滿足客戶需求的一面，企業必然付出更大的成本，會影響自身的發展。

(3)「4C」沒有體現「既贏得客戶,又長期地擁有客戶」的關係行銷思想。

(4)「4C」雖是「4P」的轉化和發展,但被動適應客戶需求的色彩較濃。根據市場的發展,需要在企業與客戶之間建立起互動關係、雙贏關係、關聯關係等。

市場的發展及其對「4P」和「4C」的回應,需要企業從更高層次建立與顧客之間的更有效的長期關係,於是出現了「4R」行銷理論。「4R」理論不僅僅停留在滿足市場需求和追求顧客滿意上,而是以建立顧客忠誠為最高目標,對「4P」和「4C」理論進行了進一步的發展與補充。

3. 以建立顧客忠誠為目標的「4R」理論

「4R」理論由唐·舒爾茨提出,他參與編寫的《整合行銷傳播》是第一本整合行銷傳播方面的著述,也是該領域最具權威性的經典著作。書中提出的戰略性整合行銷傳播理論,成為20世紀後半期最主要的行銷理論之一。該理論在「4C」理論基礎上提出,以關係行銷為核心,重在建立顧客忠誠。「4R」理論根據市場成熟和競爭形勢,著眼企業與顧客互動雙贏。它闡述了四個全新的行銷組合要素,即關聯(Relevance)、反應(Reaction)、關係(Relation)和回報(Retribution)。首先,「4R」理論強調企業應在市場變化的動態中與客戶建立長久互動的關係,防止顧客流失,贏得長期而穩定的市場;其次,面對迅速變化的客戶需求,企業應學會傾聽客戶的意見,及時尋找、發現和挖掘客戶的慾望與不滿及其可能發生的演變,同時建立快速反應機制以對市場變化快速做出反應;再次,企業與客戶之間應建立長期而穩定的朋友關係,從實現銷售轉變為實現對客戶的責任與承諾,以維持客戶再次購買;最後,回報是行銷的源泉,企業應追求市場回報,所以企業要滿足客戶需求,為客戶提供價值,不能做無用的事情,並將市場回報當作進一步發展和保持與市場建立關係的動力與源泉。

「4R」行銷理論的最大特點是以競爭為導向,以關係行銷為核心,重在建立客戶忠誠。該理論根據市場不斷成熟和競爭日趨激烈的形勢,著眼於企業與顧客互動與雙贏,不僅積極地適應顧客的需求,而且主動地創造需求,通過關聯、反應、關係和回報等形式與客戶形成獨特的關係,把企業與客戶聯繫在一起,形成競爭優勢。

綜上所述,「4P」是站在企業的角度來看行銷,它的出現一方面使市場行銷理論有了體系感;另一方面,使複雜的現象和理論簡單化,促進了市場行銷理論的普及和應用。「4C」是站在客戶的角度看行銷,以客戶為導向,「4C」中的方便、成本、溝通、客戶直接影響了企業在終端的出貨,決定企業的未來;「4R」則更進一步站在客戶的角度看行銷,同時注意與競爭對手爭奪客戶。從導向來看,「4P」理論提出的是由上而下的運行原則,重視產品導向而非客戶導向,它宣傳的是「消費者請注意」;「4C」理論以「請注意消費者」為座右銘,強調以客戶為導向;「4R」以客戶為導向,它宣傳的是「請注意消費者和競爭對手」。

「4P」「4C」「4R」三者之間不是取代關係,而是完善和發展的關係。企業要根據實際情況把三者有機地結合起來,作為企業的行銷模式,揚長避短,指導行銷實踐。唯有如此,企業才能在激烈的市場競爭中立於不敗之地。

三、提升企業業績的途徑

由於企業業績受到外部原因和內部原因多方面的影響,提升企業業績的途徑也較多,但是如何有效地提升企業業績,如何抓住關鍵的方面,這是企業應當思考的問題。由於外部環境對企業的影響大體差異不大,在提升業績方面主要從企業內部因素來考慮。

（一）提升企業領導者的素質與管理水平

優秀的領導者只能夠維持一個企業的生存，但真正意義上的一流企業是通過卓越的領導來創造的。領導水平高低在於領導者以什麼樣的素質、什麼樣的管理理念、什麼樣的工作作風帶領廣大員工共同致力於企業發展。因此，領導者必須堅持與時俱進，進一步加深對領導內涵的理解和認識。所謂「領」，就是首領的意思，是上級授予的一種權力和地位；所謂「導」，則是導師、導向、引導，是自身具有的一種能力和素質。做好領導工作，提升企業業績，關鍵要努力提高自身素質，正確運用權力，團結和凝聚廣大員工的智慧和力量，推動企業向前邁進。

1. 善於把握全局

「不謀全局者不足以謀一域，不謀萬世者不足以謀一時。」隨著經濟全球化和新技術革命的飛速發展，金融危機席捲全球，新情況、新問題、新知識不斷湧現，國際國內聯繫與互動越來越緊密，對領導幹部善於把握全局、精心謀劃全局的要求越來越高。這時，企業領導應韜光養晦，具備前瞻性，理性分析企業所處的內外部環境條件，樹立長遠的戰略思想，準確制定企業的使命和願景。

2. 有靈敏的反應

領導者要在企業發展重大問題上始終保持清醒的頭腦，正確地做正確的事情；對市場要敏銳，能夠準確分析行業動態，把握市場脈搏，及時確定應對策略。同時，領導者的思維要敏銳，主動建立完善的工作體系和各項應急預案，制定危機應變策略。

3. 有開創的激情

領導者要敢於面對現實，正視困難，敢為天下先，始終保持努力進取、開拓創新的信念；敢於迎接市場挑戰，善於把握機遇，創造條件，遇到問題不等不靠。領導者須保持創新激情和敢打敢拼的朝氣，有強烈的使命感和責任感，從過去的學習型創新轉型為自主創新，謀求公司發展和員工目標的有機統一。

4. 有表率作用

領導者要密切與廣大員工的關係，以完整的人格魅力，增強自身感召力，增強企業的凝聚力和向心力；用自身的行為和榜樣的力量影響和帶動廣大員工，正確處理企業員工需求與組織績效之間的關係。領導者要以優秀的領導藝術，靈活運用激勵措施，統籌兼顧，確保發展戰略落到實處。

5. 知人善任，求同存異

現代領導工作的核心就是管理人，人管理不好就什麼任務也完成不了，所以領導者要有知人善任的素養。知人才能善任，善任才能發揮人的潛力和積極性。領導者要確定員工的主要才能，繼而分配其合適的工作崗位，做到用人不疑，這樣才能調動人的積極性和創造性去完成各項具體的工作任務。領導者要從注重人才的引進轉型為注重梯隊的培育。同時，領導還要善於和人求同存異，搞好上下左右的團結，把工作的成績、利益榮譽和自己的下屬共享。

（二）改變員工態度，提高員工素質

企業的競爭是人才的競爭，也是人才制度的競爭。企業要想改變員工的態度，提升員工的技能，提高員工素質，就必須對員工培訓進行投資。企業通過開展培訓活動，使其擁有的人力資本增值，從而為企業帶來更豐厚的經濟效益和社會效益，為企業創造更多的價值。

1. 充實知識

企業的員工必須要具備一定的專業知識。員工除了要掌握產品知識、業務知識之外，

還需要具備其他的重要知識，包括社會知識以及服務行銷和關係行銷的知識。企業銷售人員掌握的社會知識越寬泛，他與客戶進行溝通交流的話題就越多，就越能引起客戶的興趣，從而能夠增進與客戶之間的關係，縮短彼此之間的距離，就可能與客戶達成交易，提高企業的經營業績。

2. 提高技能

不管你從事什麼樣的工作，都必須掌握一定的工作技能，這是從事工作的基本要求。例如，對於業務人員來說，通過培訓他能精通推銷知識，掌握開發新客戶、留住老客戶的技能，懂得如何與客戶進行有效的溝通。要想學到技能，唯一的辦法就是學習：向同事學、向上司學、向有經驗的人學，養成讀書和查資料的習慣。員工的技能得到提高，工作效率就會提高，企業的經營業績也會得到相應增加。

3. 轉變態度

同樣是半杯水，有人皺著眉頭：糟糕，只有半杯水了。有人則舒心一笑：真好，還有半杯水。這就是對待問題的態度。態度決定一切。如果一個員工總是抱怨工作太多，總是把自己的工作看成奴隸在奴隸主的皮鞭督促之下的勞動，對工作沒有熱情，那麼工作任務的完成將是無比艱難的。領導者如果想轉變員工的工作態度，就要以身作則，轉變管理作風和管理理念，重塑企業形象，把企業文化一點一滴地滲透到員工頭腦中去。同時，領導者要輔助員工確立清晰的目標，實實在在地教員工一些方法，給員工制定具有激勵性的目標，這樣員工的積極性才能被調動起來，才可能轉變工作態度。

閱讀材料4：

老木匠建的最后一座房子

有個老木匠向老闆遞了辭呈，準備離開建築業，回家與妻子兒女享受天倫之樂。老闆舍不得他的好員工離開，問他能否幫忙建最后一座房子，老木匠欣然允諾。但是，顯而易見，他的心已不在工作上，他用的是廢料，出的是粗活兒。

等到房子竣工的時候，老闆親手把大門的鑰匙遞給他。「這是你的房子，」老闆說，「我送給你的禮物。」老木匠被震驚得目瞪口呆，繼而羞愧得無地自容。如果早知道是在給自己建房子，他怎麼會這樣漫不經心、敷衍了事呢？現在，他只好住在一座粗制濫造的房子裡了。

資料來源：楊秋意. 老木匠建的最后一座房子 [J]. 農村、農業、農民：B版, 2012 (5).

（三）提高客戶價值，擴大企業業績

企業的收入來源於客戶。客戶的重複購買行為、購買動機、購買數量等都直接影響到企業的收入增長。所以從客戶角度出發，樹立客戶關係管理理念，與客戶建立良好的關係，提高客戶滿意度，培育客戶忠誠度，妥善處理客戶抱怨，才是持續給企業帶來收益的有效途徑。

1. 有效地提升客戶價值

企業對客戶價值的掌控不僅有利於準確瞭解顧客在產品或服務方面的滿意度，更有利於瞭解客戶對為產品所支付的價格的滿意度。同時，企業對客戶價值的管理可以有效地解決企業對顧客信息不對稱的問題。這就驅使企業花費時間與金錢去瞭解自己的產品、服務及價格以獲得本企業的競爭優勢。

2. 提高客戶對企業品牌的忠誠度

在需求多樣化的今天，好的產品與服務的標準不是由企業來定，而應是由客戶決定，所以企業要注重維持長久的客戶關係，力爭提高顧客的品牌忠誠度。企業要為客戶提供量

身定做的個性化產品與服務，以客戶有能力接受的付貨時間和價格為前提。企業不僅要明確目標市場的當前需求，還要清楚客戶的潛在需求，瞭解消費者的購買動機，按市場規則進行生產。

3. 完善客戶價值管理體系

企業要樹立「客戶價值最大化」的管理理念，以客戶價值管理為目標，按價值管理的組織系統來整合配置企業各種資源，調整各部門機構的管理制度，優化組織結構和業務流程，使其發揮協同效應。企業應建立完善客戶資料數據庫、強化客戶滿意度及忠誠度的分析、收集企業與客戶交往形式等管理系統，把最具價值的客戶與最具成長性的客戶挑選出來，利用「二八原則」精準維護，從而全面擴大和提高企業業績。

4. 建立快速反應機制，妥善處理客戶抱怨

有客戶的地方就有抱怨，沒有抱怨就沒有商機。事實上，抱怨是一種反饋信息的方式。正是因為信任，客戶才會對企業服務中存在的問題產生抱怨，而處理好客戶抱怨就是使客戶滿意的過程，也是企業的客戶價值提高的過程。因此，企業要在第一時間掌握第一手資料，快速反應，站在對方立場，運用不同的方法妥善處理抱怨，將客戶的不滿變為贏得客戶信任的時機，把壞事變成好事，從而提高企業經營業績。

第二節　關係行銷

關係（Relationship）是指人與人或人與事物之間的某種性質的聯繫。在社會學研究中，關係隨著人類社會的誕生而出現，並且隨著社會的發展而發展。只要有人存在，只要有人的交往，就存在著關係的發生、發展和終止等變化。在市場行銷活動中，存在著企業與客戶之間的關係，企業與競爭對手、供應商、渠道商、政府及社會公眾之間的關係，企業內部各部門、各工序之間的關係。這些關係的建立、維持與推進在很大程度上影響企業的行銷，也會影響企業行銷效益。

一、關係行銷的含義

作為客戶關係管理的理論基礎，關係行銷的概念最早由倫納德·白瑞（Leonard Berry）於 1983 年提出，他認為關係行銷的目的在於保持消費者。因為保持原有的客戶比滿足新客戶成本更低，而且對企業利潤可產生正面影響；同時，還易於從客戶處得到口碑。1985 年，巴巴拉·杰克遜（Barbara Jackson）又提出了「關係行銷的目的在於捆住消費者」的觀點。他認為交易行銷適合於「眼光短淺和低轉換成本的顧客」，而關係行銷則適用於「具有長遠眼光和高成本的客戶」。1994 年，羅伯特·摩根（Robert Morgan）和謝爾比·漢特（Shelby Hunt）兩位教授在他們的研究成果中，則提出「關係行銷是建立、發展和保持一種成功的關係交換」的概念，他們還提出了「關係行銷是一種關於承諾和信任的理論」的觀點。經過 20 多年的發展，人們對客戶保持的重要性以及關係行銷的合理性已經普遍認同，對關係行銷的態度也經歷了從懷疑、觀望到認同的轉變過程，逐步將關係行銷理論應用到企業競爭中去。

關係行銷的核心就在於通過建立長期關係和提高客戶滿意和忠誠度來實現每一客戶的最大價值。表 1－2 列出了傳統的市場交易行銷理念與關係行銷之間的區別。

表 1-2　　　　　　　　　關係行銷與市場交易行銷理念的區別

	交易行銷	關係行銷
目標	爭取客戶，創造交易	追求與對方互利關係最佳化
焦點	重視產品特性	重視客戶價值
客戶	不注重與客戶的長期聯繫	發展與客戶的長期、穩定的關係
服務	強調產品的推銷，很少關注客戶服務	高度重視客戶服務，並籍客戶服務提高客戶滿意度，培養客戶忠誠度
行銷責任	給予承諾	履行承諾
產品品質	是生產部門的事，與行銷無關	所有部門都應關心產品質量

綜合以上幾種觀點，本教材給出關係行銷的一個定義：關係行銷指從系統、整體的觀點出發，將企業置身於社會經濟大環境中來考察企業的市場行銷活動，企業行銷的核心是正確處理企業與客戶、競爭者、供應商、經銷商、政府機構、社區及其他公眾之間的相互關係。企業通過對各種關係加以整合、利用，來構建一個和諧的關係網，並以此為基礎展開行銷活動。這個概念強調了關係行銷的對象是相關市場，其手段是互利合作以求共贏，同時這是一個動態而非靜態的過程。

關係行銷有別於庸俗的行銷「關係」。關係行銷是建立在正常商務往來基礎上的互惠互利、實現雙贏的業務關係，但其並不排斥雙方員工之間建立起來的私人友誼。而庸俗的行銷「關係」是指借關係行銷之名，而行非關係行銷之實的行銷行為。一些行銷人員認為，關係行銷就是「拉關係，走后門，謀私利」，把關係行銷套用到利用各種非正常行銷手段進行的行銷活動上。靠庸俗關係來維繫的客戶是不穩定的，這種做法不能培養出忠誠客戶，甚至還存在法律風險。關係行銷的實質是在買賣關係的基礎上建立非交易關係，以保證交易關係能持續不斷地確立和發生，其關鍵是顧客滿意。

二、關係行銷的特徵

關係行銷是將企業置身於社會經濟大環境中來考察企業的市場行銷活動，是一個與各方利益相關者的互動作用過程。所以關係行銷將建立與發展同所有利益相關者之間的關係作為企業行銷的關鍵變量，把正確處理這些關係作為企業行銷的核心。關係行銷的特徵可以概括為以下七個方面：

1. 信息雙向溝通

在關係行銷中，溝通應該是雙向而非單向的。企業只有與客戶進行廣泛地溝通交流，才可能贏得各個利益相關者的支持與合作。社會學認為，關係是信息和情感交流的有機渠道，良好的關係即渠道暢通，惡化的關係即渠道阻礙，中斷的關係則是渠道堵塞。關係的穩定性表現為人們在交往過程中所形成的認識、瞭解和態度。這種認識、瞭解和態度是持久的、不易改變的。

在關係行銷中，各關係方都應主動與其他關係方接觸和聯繫，相互溝通信息，瞭解情況，形成制度或以合同形式定期或不定期碰頭，相互交流需求變化信息，主動為其他關係方服務或為他們解決困難和問題，增強夥伴合作關係。只有廣泛充分地交流，才可能使企業贏得各個利益相關者，特別是消費者的支持與合作並形成銷售。

2. 戰略協同合作

一般而言，關係有兩種基本狀態，即對立和合作。只有通過合作才能實現協同，合作是雙贏的基礎。

在競爭性的市場上，明智的行銷人員應強調與其他利益相關者建立長期穩定、彼此信任、互利互惠的合作關係。這種合作關係可以表現為順從，即一方自願或主動地調整自己的行為，按照對方的要求行事；可以表現為順應，即主客體雙方都調整自己的行為，達到相互適應的目的；也可以表現為互助，即雙方各自具有優勢，相互補充對方的不足，相互援助；還可以表現為合作，即雙方為了達到對各方都有益的共同目的彼此相互配合，聯合行動，協同完成某項工作。

現代企業必須超越傳統競爭觀念，實行協同競爭，即通過一定程度的合作和資源共享來尋求競爭優勢，建立一種協調合作、優勢互補的和諧狀態，相互取長補短，謀求企業的共同發展。

3. 謀求互利共贏

關係行銷倡導的是「謀求共同發展」即「共贏」的理念。關係行銷發生的最主要原因是買賣雙方相互之間有利益的互補，如果沒有各自利益的實現和滿足，雙方就不會建立良好的關係；如果一方損害了另一方的利益，那麼雙方就會發生衝突。在經營活動中，企業應該在確保對方利益的基礎上贏得自己的利益，企業要堅持共贏策略，互相瞭解對方的利益訴求，尋求各方利益的共同點，並努力使各方的共同利益得到實現。

4. 信息及時反饋

關係行銷不僅僅是企業行銷部門的工作，它涉及企業的各個部門。關係行銷要求建立專門的部門，用以跟蹤客戶、分銷商、供應商及行銷系統中其他參與者的態度，加強信息反饋，瞭解關係方的動態變化，及時採取措施消除關係中的不穩定因素和不利於關係各方利益的共同增長因素。通過有效的信息反饋，也有利於企業及時改進產品和服務，更好地滿足市場的需求。

5. 持續的銷售主張

關係行銷強調銷售的持續性，主張不為一時的高利而放棄長期合作關係，只有銷售額和利潤的持續穩定增長才能使企業長期獲益。因此，關係行銷寧願放棄一筆高利潤的交易轉而追求相關各方共同的利益最大化，以獲得長期的合作。關係行銷提倡集中力量維持現有的客戶，提高客戶的忠誠度。

6. 廣闊的行銷範圍

關係行銷不僅僅關注與客戶的關係，而且拓寬了市場行銷範圍，把企業的市場行銷活動放在整個社會經濟的大環境中，關注與所有利益相關者的關係。

7. 堅守信任與承諾原則

信任與承諾是建立、保持、發展關係的關鍵，對於企業成功地進行關係行銷極其重要。信任與承諾的存在使關係行銷各方致力於關係投資，抵制一些短期利益的誘惑，共同保持發展長期的合作關係而獲得持續穩定的長期利益。

三、關係行銷的原則

關係行銷的實質是在市場行銷中與各關係方建立長期穩定的相互依存的行銷關係，以求彼此協調發展，因而必須遵循以下原則：

1. 主動溝通原則

在關係行銷中，各關係方都應主動與其他關係方接觸和聯繫，相互溝通信息，瞭解情況，形成制度或以合同形式定期或不定期碰頭，相互交流各關係方需求變化的情況，主動為關係方服務或為關係方解決困難和問題，增強夥伴合作關係。

2. 承諾信任原則

在關係行銷中各關係方相互之間都應做出一系列書面或口頭承諾，並以自己的行為履行諾言，才能贏得關係方的信任。承諾的實質是一種自信的表現，履行承諾就是將誓言變成行動，是維護和尊重關係方利益的體現，也是獲得關係方信任的關鍵，是公司（企業）與關係方保持融洽夥伴關係的基礎。

3. 互惠原則

在與關係方交往過程中必須做到相互滿足關係方的經濟利益，並通過在公平、公正、公開的條件下進行成熟、高質量的產品或價值交換使關係方都能得到實惠。

四、關係行銷的形態

關係行銷是在人與人之間的交往過程中實現的，而人與人之間的關係絢麗多彩，情形複雜。歸納起來大體有以下幾種形態：

1. 親緣關係行銷形態

親緣關係行銷形態指依靠家庭血緣關係維繫的市場行銷，如以父子、兄弟姐妹等親緣為基礎進行的行銷活動。這種關係行銷的各關係方盤根錯節、根基深厚、關係穩定、時間長久，利益關係容易協調，但應用範圍有一定的局限性。

2. 地緣關係行銷形態

地緣關係行銷形態指以公司（企業）行銷人員所處地域空間為界維繫的行銷活動，如利用同省同縣的老鄉關係或同一地區企業關係進行行銷活動。這種關係行銷在經濟不發達，交通郵電落後，物流、商流、信息流不通暢的地區作用較大。在中國社會主義初級階段的市場經濟發展中，這種關係行銷形態仍不可忽視。

3. 業緣關係行銷形態

業緣關係行銷形態指以同一職業或同一行業之間的關係為基礎進行的行銷活動，如同事、同行、同學之間的關係。由於接受相同的文化熏陶，彼此具有相同的志趣，在感情上容易緊密結合為一個「整體」，可以在較長時間內相互幫忙，相互協作。

4. 文化習俗關係行銷形態

文化習俗關係行銷形態指公司（企業）及其人員之間具有共同的文化、信仰、風俗習慣等為基礎進行的行銷活動。由於公司（企業）之間和人員之間有共同的理念、信仰和習慣，在行銷活動的相互接觸交往中易於心領神會，對產品或服務的品牌、包裝、性能等有相似的需求，容易建立長期的夥伴行銷關係。

5. 偶發性關係行銷形態

偶發性關係行銷形態指在特定的時間和空間條件下發生突然的機遇形成一種關係行銷，如行銷人員在車上與同坐旅客閒談中可能使某項產品成交。這種行銷具有突發性、短暫性、不確定性特點，往往不與前幾種形態相聯繫，但這種偶發性機遇又會成為企業擴大市場佔有率、開發新產品的契機，如能抓住機遇，可能成為一個公司（企業）興衰成敗的關鍵。

五、關係行銷的目標

交易行銷的目標是實現單次交易，重視每筆交易與利潤之間的關係，往往只考慮如何吸引和獲取客戶，而很少考慮保留客戶，在交易中存在著一種機會主義傾向。

關係行銷是把行銷活動看成是一個企業與客戶、供應商、經銷商、競爭者、政府機構、其他影響者互動作用的過程。企業行銷活動的核心是建立並發展與這些公眾的良好關係，而與客戶建立關係是一個長期、動態發展的過程。西奧多·萊維特借用婚姻來隱喻關係行

銷：「買方和賣方的關係很少隨著買賣成交而結束，成交僅僅是完成了求婚，婚姻隨之開始。」若用約會和離異來隱喻企業與客戶之間的關係，那麼這一關係有五個階段：認識、考察、發展、承諾和解除。因而，關係行銷的過程就是：企業如何找到客戶；認識熟悉客戶；與客戶保持聯繫；盡可能保證客戶想從企業得到和能得到的全部產品以及業務活動中所要求的各個方面；檢查企業對客戶承諾的實現情況。關係行銷信奉的原則是：與利益夥伴建立良好的關係後，有利的交易會隨之而來。所以，關係行銷的主要目標就是維繫現有客戶，發展企業與客戶之間的連續性交往，提高客戶滿意度，追求可持續消費，造就忠誠客戶，更有效地滿足客戶需求。

關係行銷結果的主要架構是維繫客戶、與客戶的親近度等。由於忠誠的客戶在同企業交易的過程中效率更高，企業為其服務的成本往往更低，並且隨著時間的推移，忠誠客戶還會增加消費量，願意支付更高的溢價。如果客戶感到滿意，他們就會成為企業不付工資的銷售代表，並會向其他潛在的購買者推薦該企業及其產品，從而帶來企業成本的下降和利潤的提升。

企業可以依靠優質產品、優良服務、公平價格和雙方組織之間密切的經濟、技術和社會的聯繫同對方建立長期的、相互信任和互惠互利的關係。例如，向客戶提供更多的產品信息，改善服務質量，定期舉行聯誼活動，加深情感信任，來維繫現有客戶，提高客戶滿意度，造就忠誠客戶，從而長期維持和發展企業經營的業務。

六、關係行銷的關係階梯模型

關係行銷的目的主要在於和客戶結成長期的、相互依存的關係，發展客戶與企及產品之間新的連接交往，以提高客戶忠誠度並鞏固市場，促進產品的持續銷售。關係行銷根據企業與客戶的關係，提出了關係階梯模型，如圖 1-1 所示。

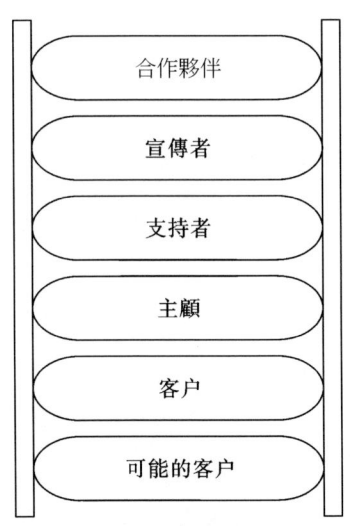

圖 1-1　關係行銷的關係階梯模型

梯子的底部是潛在的客戶即「可能客戶」，換言之即目標市場。企業通過採取一定的行銷措施，部分「可能客戶」就轉化為「客戶」。在關係行銷模式中，「客戶」只與企業進行一次或者不定期的業務往來。下一步涉及的對象是「主顧」。「主顧」將會與企業進行多次業務往來，但是可能對企業持中立甚至否定的態度。因此，只有當企業把「主顧」轉化成

「支持者」時，關係的力量才變得明朗起來。他們願意與企業有聯繫，企業甚至可以說服他們為自己做「宣傳」，幫助企業傳遞良好的口碑。在階梯的最后一步，「宣傳者」成長為企業的「合作夥伴」，與企業一起進一步尋找辦法以便使雙方從關係中獲益。此時，「合作夥伴」會成為企業忠實的「奶牛」，而且會借此進一步擴大企業的客戶群體。而且，對企業而言，這種憑藉合作夥伴擴大的市場價值源泉非常穩定。因此，可以看到不斷進行關係投資是企業非常好的選擇。

在關係行銷模式下，重點放在尋找適當的辦法把客戶推向階梯的更高一級，並使其不降落下來。然而，傳統的市場行銷更多地傾向於把重點放在階梯的下兩級，即識別「可能的客戶」，進而試圖將他們提升為「客戶」，並不斷地重複這一過程，卻忽視了上面的階梯，即企業現有的「客戶」深化為「主顧」，乃至更緊密的「支持者」「宣傳者」和「合作夥伴」。

七、關係行銷的構成

企業是一個由眾多要素構成的，與外部社會環境不斷發生物質、能量、信息交換的動態開放的經營管理系統。相對於社會經濟這個大系統而言，企業與競爭者、顧客、供應商、中間商以及政府機構和社會組織等，則是構成這個大系統的眾多要素。這些要素以競爭與合作等組織形式構成這個系統整體。關係行銷正是基於系統論的原理，把正確處理與各利益相關者的關係，創造企業發展的良好環境擺在了現代企業行銷的重要位置。企業開展關係行銷需要重視的有五種基本關係：企業與客戶的關係、企業與競爭者的關係、企業與供銷商的關係、企業內部關係、企業與影響者的關係。

1. 企業與客戶的關係

在市場競爭過程中，許多企業都明白客戶是自己最有價值的財產，沒有客戶就沒有企業，客戶是企業生存、發展的前提。正如西方企業家所說：「要樹立客戶至上的觀點，花時間瞭解他們的需要，建立與他們聯繫的橋樑。」企業要努力滿足客戶的要求，與客戶建立良好的關係，以樹立企業良好的形象。

2. 企業與競爭者的關係

同一行業各企業之間所面臨的原材料、市場、技術、設備、信息和人才等情況基本是一致的，彼此間有著密切相關的利益關係，相互之間自然會產生一種競爭關係。競爭會及時暴露企業的弱點，促使企業改進管理，增強活力，使產品適銷對路，也有助於社會各部門間合理分配生產資料、資源和勞動力，企業的經營總是在一定的競爭環境中進行並在競爭中得到發展。

企業處理與競爭者的關係，可以是打擊競爭對手，即企業根據自身的實力在充分研究競爭對手的競爭手段后，施展各種針對性的競爭策略，與對手在市場上展開博弈；可以是設置競爭壁壘，讓競爭對手難以跟隨，企業獨享自己開拓的市場；可以是避免競爭，做市場的追隨者或市場的補缺者，在競爭對手的「縫隙」中求生存；可以是合作，企業與競爭者發展協調、合作的關係有利於化解彼此間的矛盾和對立，從而與競爭者協同合作，共同發展（例如，法國湯普森公司與日本川崎公司聯合生產、銷售錄像機，雙方達成協議：湯普森為川崎提供在歐洲市場上成功的行銷經驗，而川崎為湯普森提供產品技術和製造工藝）；還可以是建立聯盟，為了一定的目的通過一定的方式組成的網路式的聯合體（例如，飛利浦公司與松下公司結盟共同製造和銷售飛利浦數字式高密磁盤，從而一舉擊敗索尼公司開發的高密磁盤技術，最終使飛利浦的高密磁盤技術成為行業技術標準）。

閱讀材料 5：

由競爭到合作，尋求共贏

英國的水晶杯公司和細瓷公司是競爭對手，它們各自推出的水晶玻璃高腳杯和細瓷餐具都是高檔的名牌餐具。在許多西方家庭的餐桌上，都習慣同時擺上這兩種餐具，讓它們相映成趣。原來這兩家公司在競爭中怒目相視、水火不容，后來經過談判，決定聯合推銷。水晶杯公司利用細瓷公司多年來在日本市場的信譽，通過聯合銷售活動，將其產品一舉打入日本等國的市場；細瓷公司則利用水晶杯公司 50% 的產品銷往美國的優勢，使細瓷餐具躋身於美國家庭與飯店的餐桌上。結果兩家公司的聯合推銷使雙方都大幅度地提高了銷售額。

資料來源：王杰. 把敵人變成朋友 [J]. 人民文摘, 2005 (12).

3. 企業與供銷商的關係

企業與供銷商之間的關係即企業與上下游企業間的關係。企業與供應商的關係是指企業與原材料、零部件以及能源等物資供應企業之間的關係。企業與分銷商的關係是指企業與下游批發商、零售商、經銷商以及代理商等渠道商之間的關係。供應商和分銷商是企業經營管理活動非常重要的一部分，企業間工作的協同程度直接決定著企業利潤的產生方式和數量，上下游企業之間通過有效的信息交互，可以快速順暢地進行業務往來。重視企業與供應商以及分銷商合作的重要性，必須廣泛建立與供應商以及分銷商之間密切合作的夥伴關係，以獲得來自供應商和分銷商最有力的支持。

4. 企業內部關係

企業為了開展生產經營活動，離不開股東、員工和管理層，必須設立各種各樣的職能部門，而這些職能部門不是孤立存在的，它們還面對著其他職能部門以及高層管理部門。企業員工與管理層之間的關係、管理層與股東之間的關係以及企業各部門（諸如財務、銷售、採購、製造、研發等部門）之間的合作競爭關係對企業經營管理決策的制定與實施影響極大。企業在制訂和實施經營管理目標與計劃時，不僅要考慮企業外部環境力量，還要充分考慮企業內部環境力量，爭取內部環境力量的理解和支持。

5. 企業與影響者的關係

各種金融機構、新聞媒體、社區、行業協會、公共事業團體以及政府機構等，對企業行銷活動都會產生重要的影響，企業必須以公共關係為主要手段爭取他們的理解與支持。例如，政府是企業的監管者、政策的制定者、行業的引導者和保護者、企業最大的購買者、宏觀經濟政策的調控者等。

八、關係行銷的具體措施

1. 關係行銷的組織設計

企業為了對內協調部門之間、員工之間的關係，對外向公眾發布消息、處理意見等，通過有效的關係行銷活動，使得企業目標能順利實現，企業必須根據正規性原則、適應性原則、針對性原則、整體性原則、協調性原則和效益性原則建立企業關係管理機構。該機構除協調內外部關係外，還將擔負著收集信息資料、參與企業的決策預謀的責任。

2. 關係行銷的資源配置

面對當代的客戶、變革和外部競爭，企業的全體人員必須通過有效的資源配置和利用，同心協力地實現企業的經營目標。企業資源配置主要包括人力資源和信息資源。人力資源配置是通過部門間的人員轉化，內部提升和跨業務單元的論壇和會議等進行。信息資源共

享方式主要是：利用網路、制定政策或提供幫助削減信息超載、建立「知識庫」或「回覆網路」以及組建「虛擬小組」。

3. 關係行銷的效率提升

一方面，企業與外部企業建立合作關係，必然會與之分享某些利益，增強對手的實力。另一方面，企業各部門之間也存在著不同利益，這兩方面形成了關係協調的障礙。具體的原因包括：利益不對稱、擔心失去自主權和控制權、片面的激勵體系；擔心損害分權。

另外，實施關係行銷是一項系統工程，必須全面、正確理解關係行銷所包含的內容，要實現企業與客戶建立長期穩固關係的最終目標，離不開建立與關聯企業與員工良好關係的支持。企業與客戶的關係是關係行銷中的核心，建立這種關係的基礎是滿足客戶的真正需要，實現客戶滿意，離開了這一點，關係行銷就成了無源之水，無本之木。要與關聯企業建立長期合作關係，必須從互利互惠角度出發，並與關聯企業在所追求的目標上相一致。

總之，關係各方環境的差異會影響關係的建立以及雙方的交流。跨文化間的人們在交流時，必須克服文化所帶來的障礙。對於具有不同企業文化的企業來說，文化的整合，對於雙方能否真正協調運作有重要的影響。關係行銷是在傳統行銷的基礎上，融合多個社會科學的思想而發展起來的。它吸收了系統論、協同學、傳播學等思想。關係行銷學認為，對於一個現代企業來說，除了要處理好企業內部關係，還要有可能與其他企業結成聯盟，企業行銷過程的核心是建立並發展與消費者、供應商、分銷商、競爭者、政府機構及其他公眾的良好關係。無論在哪一個市場上，關係都具有很重要的作用，甚至成為企業市場行銷活動的關鍵。所以，關係行銷日益受到企業的關注和重視。

九、關係行銷的實施

關係行銷作為客戶關係管理的理論基礎，更加強調行銷理念的貫徹。關係行銷的實現過程可分為市場分析、關係行銷戰略設計、制定行銷策略、實施執行和測試行銷效果等幾個步驟。

(一) 市場分析

市場分析包括客戶分析、競爭分析、渠道分析和產品分析。

1. 客戶分析

關係行銷並非適用於所有的客戶，對不同的客戶有不同的效果。企業應當在市場調查的基礎上分析現實客戶和潛在客戶的關係價值以及影響購買行為的有關因素，為企業採取進一步行動提供依據。客戶分析主要從客戶關係價值分析、客戶追求利益分析和客戶轉換成本分析三個方面來考慮：

（1）客戶關係價值分析。單個客戶的關係價值是長期客戶總收益與獲取及維繫客戶關係的成本之間的差額。長期客戶總收益指在一定時期內企業從客戶中得到的收益；獲取客戶的成本是指企業使潛在客戶成為現實客戶而耗費的成本；維繫客戶的成本是指企業維持客戶關係而耗費的成本，如人員拜訪的成本、向客戶提供獎品的成本等。企業應該通過市場調查獲取相關數據，計算出不同類型客戶的關係價值，把關係價值大的客戶作為關係行銷的重點。

（2）客戶追求利益分析。不同的客戶追求的利益可能不同，有的追求完善的服務，不太計較價格；有的客戶則非常看重購買成本，一旦發現價格更低的產品就會轉換供應商。對於不同類型的客戶，企業採取關係行銷的方式是不一樣的。

（3）客戶轉換成本分析。客戶轉換成本指客戶從某一供應商轉換到另一供應商時所付出的代價，如重新收集信息、失去固定供貨渠道、喪失服務等。轉換成本越高的客戶則越

適用於關係行銷。

2. 競爭分析

市場競爭越激烈，商品供過於求，為了保持企業的競爭優勢，留住老客戶，開發新客戶，企業更應該開展關係行銷。

3. 渠道分析

如果商品的分銷商少，企業對分銷商依賴程度越大，越宜開展關係行銷，以加強與分銷商的關係，保持銷售渠道暢通。

4. 產品分析

對於耐用消費品、大型生產資料（如機械設備等產品）實行關係行銷易於奏效，因為客戶轉換成本高。例如，一個購買企業資源管理（ERP）系統的客戶在經過反復比較後，會選擇能提供優質服務的供應商，客戶與供應商為建立這種關係花費了大量的時間與金錢，毀壞這種關係對雙方來說都是巨大損失。

（二）設計關係行銷戰略

關係行銷的戰略設計就是通過制訂多個關係行銷戰略方案，從中選擇最能體現公司戰略目標、符合公司產品及企業實際、適應市場需要的關係行銷方案。概括來說，關係行銷的戰略設計主要有以下幾種：

1. 從市場角度來設計

從市場角度來設計關係行銷戰略，企業可選擇市場滲透戰略和市場開發戰略。

（1）市場滲透戰略是由現有產品領域與市場領域組合而成的一種企業成長戰略，是擴大現有產品在現有市場的銷售額，從而提高企業的市場佔有率，向市場的深度進軍的戰略。

（2）市場開發戰略的實質是向市場廣度進軍，是指企業在原有的市場基礎上，鞏固其產品的市場佔有率，同時將現有產品投入到別的企業尚未進入的、剛剛開始形成的處女市場的戰略。

2. 從內容角度設計

從內容角度設計關係行銷戰略，企業可以選擇企業行銷戰略和產品行銷戰略。

（1）企業行銷戰略是以提高企業知名度、樹立企業形象、宣傳企業為主要內容的行銷戰略。企業行銷戰略一般不直接宣傳其產品，而是通過對企業規模、業績、歷史、文化等方面的特點介紹來宣傳企業，提高企業的知名度和美譽度。

（2）產品行銷戰略是以推銷產品為目的，向客戶提供產品信息，勸說客戶購買其產品的行銷戰略。它又可分為品牌戰略、差別戰略和系列戰略。品牌戰略宣傳同一品牌；差別戰略則側重宣傳產品特點，強調產品差別；系列戰略則將產品組合成系列來宣傳。

3. 從實踐角度設計

從實踐角度設計關係行銷戰略，企業可選擇長期行銷戰略、中期行銷戰略及短期行銷戰略。

（1）長期行銷戰略是指為期兩年以上所實施的行銷活動。其著眼點不是眼前，而是未來，如農夫山泉對體育活動的贊助及對「希望工程」的贊助等。

（2）中期行銷戰略是指為期一年所實施的行銷活動。如廣告策劃在計劃時間內反復針對目標市場傳遞廣告信息，連續加深消費者對商品或企業的印象，保持消費者的重複購買行為。

（3）短期行銷戰略是一年內按季度、月份所實施的行銷戰略，如展覽會、新聞發布會等。

（三）制定關係行銷策略

明確了關係行銷戰略之後，要制定相應的規劃，選擇有效的方式使客戶得到這些利益並意識到自己享受的某些特權和優惠，促進其重複購買和增加購買。具體做法如下：

1. 人員聯繫

人員聯繫指通過行銷人員與客戶的密切交流增進友情，強化關係。交流的方式有共同進餐、企業聯誼、贈送禮品、幫助解決困難等。如美國馬薩諸塞州的查爾斯飯店收集經常入住的學生家長的信息，在畢業典禮、節假日、體育比賽到來時，將會給這些家長寄去信函，邀請他們光臨，並為他們在此期間的住宿提供價格優惠或者免費。此外，當他們在該地讀書的兒女過生日時，該飯店還會送上一盒生日蛋糕。僅這些接觸，就顯示出該飯店和其他飯店的不同之處，贏得了這些學生家長的青睞。

2. 頻繁行銷

頻繁行銷又稱老主顧行銷，是指向經常購買或大量購買的顧客提供獎勵。獎勵的形式有折扣、贈送商品、獎品等。通過長期的、相互影響的、增加價值的關係，確定、保持和增加來自最佳顧客的產出。例如，航空公司、酒店、信用卡公司、電信公司經常採用的累積消費獎勵。

3. 俱樂部行銷

俱樂部行銷是指建立客戶俱樂部，吸收購買一定數量產品或支付會費的客戶成為會員。在中國，由於客戶俱樂部形式較為少見，受到邀請的客戶往往感到聲譽、地位上的滿足，因此很有吸引力。企業不但可以借此贏得市場佔有率和客戶忠誠度，還可提高自身的美譽度。

4. 數據庫行銷

客戶數據庫就是與客戶有關的各種數據資料。數據庫行銷是指建立和使用客戶數據庫與客戶進行交流和交易。數據庫行銷具有極強的針對性，企業借助先進技術與客戶「一對一」行銷。數據庫中的數據包括以下幾個方面：現實客戶和潛在客戶的一般信息，如姓名、地址、電話、傳真、電子郵件、個性特點和一般行為方式；交易信息，如訂單、退貨、投訴、服務諮詢等；促銷信息，即企業開展了哪些活動，做了哪些事，回答了哪些問題，最終效果如何等；產品信息，如顧客購買何種產品、購買頻率和購買量等。數據庫維護是數據庫行銷的關鍵要素，企業必須經常檢查數據的有效性並及時更新。

5. 定制行銷

定制行銷是根據每個客戶的不同需求製造產品並開展相應的行銷活動。其優越性是通過提供特色產品、優異質量和超值服務滿足客戶需求，提高客戶忠誠度。日本東芝公司在20世紀80年代末提出「按客戶需要生產系列產品」的口號，計算機工廠的同一條裝配線上生產出9種不同型號的文字處理機和20種不同型號的計算機，每種型號多則20臺，少則10臺，公司幾百億美元的銷售額大多來自小批量、多型號的系列產品。美國一家自行車公司發現自行車的流行色每年都在變化且難以預測，總是出現某些品種過剩，某些品種又供不應求。於是，公司建立了一個「客戶訂貨系統」，訂貨兩週內便能生產出符合客戶要求的自行車，銷路大開，再也不必為產品積壓而發愁了。

閱讀材料6：

賓館調換房間，新人留下感謝信

一對來自香港的新婚夫婦在上海度完假期即將離開之際，給上海靜安賓館總經理留下了一封感謝信：「我們此次專程來滬舉行婚禮，事前幾經考慮而選擇了貴賓館作為我們婚宴

和新房之處。登記入住時發生了不愉快之事，經我們直接向您反應後，最終得以合理解決。我們很欣賞您處理問題的誠意和效率，在此致以敬意和感謝。」

這封感謝信不同尋常，因為它是由投訴而引發的讚揚。

原來，這對新婚夫婦入住賓館的房間，正巧是另一對香港伉儷預訂了的該賓館的1701房間。當新郎先行來到服務處辦理登記入住手續時，由於值班人員一時疏忽，誤將他們當作預訂客房的香港客人，安排住進了1701房間。時隔不久，預訂了1701房間的客人抵達。服務員弄清情況后，便請求新婚夫婦搬入應住的1501房間，引起了客人的強烈不滿，出現了「僵持不下」的局面。

客戶的投訴即刻反饋至賓館總經理處。總經理當機立斷，他一方面上門向客人表示深深的歉意，以求諒解；另一方面，馬上「調兵遣將」，迅速為這對新婚夫婦精心布置新房。

當新郎隨總經理來到1501房間時，他眼前頓時一亮，不由得驚喜萬分：造型別致的插花，紅彤彤的「喜」字，龍鳳呈祥的床罩，整個房間充滿了一種新婚快樂的喜慶氣氛。不僅如此，在第二天他們舉行的婚宴上，賓館有關部門專門在主桌上擺上花臺和銀質餐具。席間，又贈送了一只放有總經理名片的慶賀大蛋糕。

賓館服務環節的差錯，造成了客人的不愉快和投訴。但是由於賓館採用了巧妙的處理方法，不僅消除了客人投訴時留下的陰影，而且給客人留下了難以忘懷的良好印象。

資料來源：袁維國. 公共關係學［M］. 北京：高等教育出版社，2010.

（四）執行關係行銷策略

行銷策略制定出來之後，最關鍵的環節就是執行。戰略的執行主要包括建立客戶關係管理機構、配置資源、制定和運用溝通策略等。

1. 建立客戶關係管理機構

客戶關係管理機構對內要協調處理部門之間、員工之間的關係，對外要向公眾發布信息、徵求意見、收集信息、處理糾紛等。客戶關係管理機構的主要任務是：收集信息資料，充當企業的耳目；綜合評價各職能部門的決策活動，充當企業的決策參謀；協調內部關係，增強企業的凝聚力；向公眾輸送信息，增加企業與公眾之間的理解與信任。建立高效的管理機構是關係行銷取得成效的組織保證。

2. 配置資源

企業應合理調配人、財、物、信息等資源，最大限度地發揮協同作用。一是人力資源調配。企業要為每個主要客戶選派關係經理，關係經理是客戶所有信息的集中點，是協調公司各部門做好客戶服務的溝通者。關係經理要經過專業訓練，具有專業水準，對客戶負責。其職責包括制訂長期和年度的客戶關係行銷計劃，定期提交報告，明確目標、責任和評價標準。二是信息資源共享。企業在採用新技術和新知識的過程中，以多種方式分享信息資源。例如，利用計算機網路協調企業內部各部門及企業外部擁有多種知識與技能的人才的關係；制定政策或提供幫助以削減信息超載，提高電子郵件和語音信箱系統的工作效率；建立「知識庫」或「回覆網路」，並入更龐大的信息系統組成臨時「虛擬小組」，以完成自己與客戶的交流項目。

3. 有效溝通

現實中，有些客戶會無緣無故地中斷了與企業的長期合作，常使不少企業經營者感到很蹊蹺。實際上，根本的原因並不一定是企業的產品和服務出現了問題，很可能是企業與客戶之間缺乏有效的交流與溝通造成的。客戶的意見和建議不能及時反饋給企業的有關部門，而在此時，競爭者很有可能乘虛而入替代了本企業的位置，給企業造成了不可挽回的

損失。因此，企業必須高度重視與客戶的交流、溝通，使企業與客戶的關係提升到一個更為牢固的階段。

（五）測試關係行銷效果

測試的目的是瞭解客戶的滿意度、保留率、關係行銷方案的成功與不足、方案執行過程中的成績與問題等。測試不應局限於短期，而應經常性、長期性地進行，與實施過程同步。客戶滿意度測試是關係行銷效果測試的最重要內容，主要包括：全面瞭解客戶滿意水平；找出客戶對產品和服務滿意或不滿意的具體原因；關注影響客戶滿意因素的未來變化趨勢，為制定改進措施爭取時間上的優勢；瞭解客戶對競爭者產品和服務的評價，競爭者提供的價值水平影響客戶的期望水平和滿意水平。

本章小結

1. 本章從行銷理念的演變著手，探討了影響企業業績的因素，指出在激烈競爭時代提升企業業績的途徑，建立以關係行銷為基礎的客戶關係管理，提高企業的競爭力。

影響企業業績的因素主要有企業的外部環境和企業本身的內在素質兩個方面：外部環境包括政治、社會、技術和經濟環境；企業本身的內在素質包括領導者的素質和管理水平，企業規模、產品及企業員工的知識、技能、態度與行為模式等。在提升企業業績方面主要從企業的內部因素來考慮，通過提高企業領導者的素質與管理水平、改變員工態度、提高客戶價值等來提高企業的競爭力。

2. 本章對行銷理念從生產觀念、產品觀念、推銷觀念、市場行銷觀念、社會行銷觀念和大市場行銷觀念六個演變過程作了新的詮釋，並對其作了對比分析，指出隨著市場環境的變化，形成以滿足市場需求為目標的「4P」理論、以追求客戶滿意為目標的「4C」理論和以建立客戶忠誠為目標的「4R」理論三種典型的行銷理念，為客戶關係管理的建立打下基礎。

3. 關係行銷作為客戶關係管理的理論基礎，是指從系統、整體的觀點出發，將企業置身於社會經濟大環境中來考察企業的市場行銷活動。其主要目標就是維繫現有客戶，發展企業與客戶之間的連續性交往，提高客戶滿意度，追求可持續消費，造就忠誠客戶。其特徵包括信息雙向溝通、戰略協同合作、謀求互利共贏、滿足情感需求和信息及時反饋。

4. 企業行銷的核心是正確處理企業與客戶、競爭者、供應商、經銷商、政府機構、社區及其他公眾之間的相互關係。關係行銷的實施過程可分為市場結構分析、關係行銷戰略設計、制定行銷策略、實施執行、測試行銷效果等幾個步驟。

復習思考題

1. 影響企業業績的因素有哪些？
2. 簡述提升企業業績的途徑。
3. 什麼是關係行銷？關係行銷的特徵有哪些？
4. 企業開展關係行銷需要重視哪些關係？
5. 簡述關係行銷的實施過程。

案例分析

馬獅關係行銷的完美體現

馬獅百貨（Marks & Spencer）集團是英國最大且營利能力較強的跨國零售集團，其在世界各地有200多家連鎖店，「聖米高」牌子的貨品在30多個國家出售，出口貨品數量在英國零售商中居首位。《今日管理》的總編羅伯特·海勒（Robert Heller）曾評論說：「從沒有企業能像馬獅百貨那樣，令客戶、供應商及競爭對手都心悅誠服。在英國和美國都難找到一種商品牌子像『聖米高』如此家喻戶曉，備受推崇。」這句話正是對馬獅在關係行銷上取得成功的一個生動寫照。

一、圍繞「滿足客戶真正需要」建立企業與客戶的穩固關係

關係行銷倡導建立企業與客戶之間長期的、穩固的相互信任關係，實際上是企業長期不斷地滿足客戶需要，實現客戶滿意的結果。馬獅很早就充分認識到這一點。早在20世紀30年代，馬獅認為客戶真正需要的並不是零售服務，而是一些他們有能力購買且品質優越的貨品，於是馬獅把其宗旨定為「為目標客戶提供他們有能力購買的高品質商品」。

準確地把握客戶的真正需要是建立與客戶良好關係的第一步，而能否長期有效滿足客戶的需要則是這種關係建立和存在的基礎。馬獅認為客戶真正需要的是質量高而價格不貴的日用生活品，而當時這樣的貨品在市場上並不存在。於是馬獅建立起自己的設計隊伍，與供應商密切配合，一起設計或重新設計各種產品。為了保證提供給客戶的是高品質貨品，馬獅實行依規格採購方法。由於馬獅能夠嚴格堅持這種依規格採購的方法，使得其貨品具備優良的品質並能一直保持下去。

馬獅要給客戶提供的不僅是高品質的貨品，而且是人人都買得起的貨品，要讓客戶因購買了物有所值甚至是物超所值的貨品而感到滿意。因而馬獅實行的是以客戶能接受的價格來確定生產成本的方法。為此，馬獅把大量的資金投入貨品的技術設計和開發，而不是廣告宣傳，通過實現某種形式的規模經濟來降低生產成本，同時，不斷推行行政改革，提高行政效率以降低整個企業的經營成本。

此外，馬獅採用「不問因由」的退款政策，只要客戶對貨品感到不滿意，不管什麼原因都可以退換或退款。這樣做的目的是要讓客戶覺得從馬獅購買的貨品都是可以信賴的，而且對其物有所值不抱有絲毫的懷疑。

由於馬獅把握住客戶的真正需要，並定下滿足客戶需要的嚴格標準，且又能切實實現這些標準，自然受到客戶青睞，不知不覺中就形成了與客戶的長期信任關係，保持企業長久的業績增長。

二、從「同謀共事」出發建立企業與供應商的合作關係

一般來說，零售商與製造商的關係多建立在短期的相互利益上，馬獅則以本身的利益、供應商利益及消費者利益為出發點，建立起長期緊密合作的關係。儘管馬獅非常清楚「客戶到底需要什麼」，但他們也明白，如果供應商不能生產出客戶所需的質優價廉的產品，便無法滿足客戶需要，所以馬獅非常重視同供應商的關係。馬獅把其與供應商的關係視為「同謀共事」的夥伴關係。與馬獅最早建立合作關係的供應商的供應時間超過100年，供應馬獅貨品超過50年的供應商也有60家以上，超過30年的則不少於100家。

三、以「真心關懷」為內容建立企業與員工的良好關係

企業與客戶建立長期信任關係時是作為一個整體出現的，企業是由若干個員工和管理者組成的，企業內部的關係怎樣，直接關係到企業功能的發揮和宗旨的實現。企業內部管理者與員工之間相互信賴和支持的關係是企業作為一個整體與外部客戶建立長期信任關係

的基礎，離開了前者，后者的建立是不具有操作性的。

馬獅向來把員工視為最重要的資產，同時也深信，這些資產是成功壓倒競爭對手的關鍵因素。因此，馬獅把建立與員工的相互信賴關係，激發員工的工作熱情和潛力作為管理的重要任務。在人事管理上，馬獅不僅為不同階層的員工提供周詳和組織嚴謹的訓練，而且為每位員工提供平等優厚的福利待遇，並且做到真心關懷每一位員工。

馬獅的一位高級負責人曾說：「我們關心我們的員工，不只是提供福利而已。」這句話概括了馬獅為員工提供福利所持的信念的精髓：關心員工是目標，福利和其他措施都只是其中的一些手段，最終目的是與員工建立良好的人際關係，而不是以物質打動他們。這種關心通過各級經理、人事經理和高級管理人員真心實意的關懷而得到體現。

馬獅把這種細緻關心員工的思想化成公司的哲學思想，從不因管理層的更替有所變化，由全體管理層人員專心致志地持久奉行。這種對員工真實細緻的關心必然導致員工對工作的關心和熱情，使得馬獅得以實現全面而徹底的品質保證制度，而這正是馬獅與客戶建立長期穩固信任關係的基石。

資料來源：鄭宇. 馬獅關係行銷的完美體現［J］. 銷售與市場：管理版，1997（10）.

問題：
1. 關係行銷中，企業與員工應建立一種什麼樣的關係？
2. 馬獅給我們的啟示有哪些？

實訓設計：如何與客戶保持聯繫

【實訓目標】
1. 瞭解與客戶保持聯繫的重要性。
2. 掌握與客戶聯繫的五種主要方式。

【實訓內容】
根據教學的實際情況，由學生分組扮演不同類型的客戶和銷售代表，創設各種情境。在發生客戶生氣離開后，與客戶現場產生糾紛，或客戶進行電話投訴等情況時，學生所扮演的銷售代表如何與客戶保持繼續溝通聯繫。

【實訓要求】
1. 根據實訓目標和內容，創設情境，學生自編自導。
2. 同學們通過現場觀察、提問，找到與客戶保持聯繫的較好方式，完成實訓報告。

【成果與檢驗】
每位同學的成績由兩部分組成：與客戶保持聯繫情境表演（60%）和實訓報告（40%）。

第二章
客戶關係管理概述

知識與技能目標

（一）知識目標
- 瞭解客戶關係管理的產生與發展；
- 掌握客戶關係管理的內涵；
- 熟悉客戶關係管理的作用和功能；
- 掌握客戶關係管理的核心。

（二）技能目標
- 結合實際識別客戶關係管理的作用；
- 結合實際掌握客戶關係管理的核心內容。

引例

王永慶的客戶關係管理

1932年，16歲的王永慶在臺灣嘉義開了一家米店，當時小小的嘉義共有米店26家，競爭非常激烈。他只有父親為他東挪西借來的200元錢，因此只能在一條偏僻的巷子裡承租一個小小的鋪面。由於米店規模小，地處偏僻，又缺乏知名度，在剛開張的日子裡，生意冷清，門可羅雀。但是王永慶很快就成了領先者。

當時還沒有「送貨上門」一說，王永慶却增加了這一服務項目。無論天晴下雨，無論路程遠近，只要顧客說一聲，他立馬送到，而且免收服務費。

王永慶給顧客送米，並非送到就算，還要幫人家將米倒進米缸裡。如果米缸裡還有米，他就將舊米倒出來，將米缸刷乾淨，然后再將新米倒進去，而將舊米放在上層。這樣，米就不至於因存放過久而變質。他這個小小的舉動創造出了不少的「顧客感動」，這些顧客因此鐵了心專買他的米。

每次給新顧客送米，王永慶都要打聽這家有多少人吃飯，每人飯量如何，據此估計這家下次買米的大概時間，記在本子上。到時候，不等顧客上門，他就主動將米送過去。

由於王永慶卓越的「客戶關係管理」，大家一傳十、十傳百，他的名氣越傳越大，生意也越來越好。從這家小米店起步，王永慶最終成為今日臺灣工業界的「龍頭老大」。

資料來源：王成. 現代銀行不如王永慶賣糧［J］. 銷售與管理，2010（1）.

問題：
年輕的王永慶是如何進行客戶關係管理的？

眾所周知，企業存在的根本目的就是賺取利潤，而客戶則是利潤的源泉。在當今社會，擁有良好的客戶關係對企業生存意義重大，這一點已經從許多成功企業處得到了證明。基於此，以客戶為中心的經營思路得到了越來越多企業的認可。客戶關係管理作為一門新興學科，以改善企業與客戶之間關係為理念，受到社會廣泛地關注。

第一節　客戶關係管理的產生及含義

一、客戶關係管理提出的時代背景

蒸汽機革命時代使得人類社會從農業經濟時代進入到工業經濟時代，歷時兩個多世紀的工業經濟時代，整個社會的生產能力不足、商品匱乏。為此，企業依據亞當·斯密的「勞動分工」原理組織規模化大生產，以取得更高的分工效率和最大限度地降低成本，同時通過建立質量管理體系以控制產品質量，從而取得市場競爭優勢。可以說，工業經濟時代是以「產品」生產為導向的「賣方市場」經濟，也可以說是產品經濟時代。產品生產的標準化及企業生產規模的大小決定其市場競爭地位，「大魚」可以吃掉「小魚」。企業管理最重要的指標就是成本控制和利潤最大化。

工業經濟時代生產力的不斷發展，逐步改變了社會生產能力不足和商品短缺的狀況，並導致了全社會生產能力的過剩和商品過剩的狀況。在這種情況下，客戶選擇空間及選擇餘地顯著增大，客戶需求開始呈現出個性化特徵。只有最先滿足客戶需求的產品才能實現市場銷售，市場競爭變得異常殘酷。因此，企業管理不得不從過去的「產品」導向轉變為「客戶」導向，只有快速回應並滿足客戶個性化與瞬息萬變的需求，企業才能在激烈的市場競爭中得以生存和發展。標準化和規模化生產方式不得不讓位於多品種小批量的生產方式。企業取得市場競爭優勢最重要的手段不再是成本而是技術的持續創新，企業管理最重要的指標也從「成本」和「利潤」轉變為「客戶滿意度」。

為了提高客戶滿意度，企業必須要完整掌握客戶信息，準確把握客戶需求，快速回應個性化需求，提供便捷的購買渠道、良好的售後服務與經常性的客戶關懷等。在這種時代背景下，客戶關係管理理論不斷完善，並隨著信息技術的廣泛應用而推出了客戶關係管理軟件系統。

二、客戶關係管理的產生的原因

(一) 客戶關係管理是市場競爭的必然產物

從企業角度來分析，企業要想在越來越激烈的市場競爭中生存與發展，需要不斷尋求自身的競爭優勢。最初的競爭優勢著重於生產效率的提高、新產品的研發，企業試圖通過提供質優價廉的新產品在市場競爭中取勝；而后企業又試圖通過提供完善而周到的售後服務在市場競爭中佔有一席之地。但是由於激烈的競爭，技術創新的速度加快，新產品的生命週期越來越短，而售後服務又很容易被模仿，將質優價廉的新產品或者完善的售後服務作為制勝的籌碼幾乎是不可能的。仔細研究成功的百年企業之後不難發現，在其成長歷程中，無一例外地都發現了客戶在市場競爭中的重要作用。百年企業生存和發展壯大最根本的原因在於擁有忠誠客戶。在眾多資源中，只有客戶資源是任何企業都無法輕易模仿的獨有優勢。當今企業管理面臨的外部環境已不同於以往，出現了「3C」特徵——Change（變化）、Customer（客戶）和 Competition（競爭）。客戶與企業力量對比的逆轉成了當今企業經營環境的主導性特徵，客戶用「貨幣選票」決定企業的興衰存亡。客戶成了企業關注的

焦點，能否滿足並超越客戶的需要成了企業生存與發展的關鍵。

客戶關係的重要性引發了企業對於客戶關係管理的需求。如果說過去的企業是將客戶作為一個消費群體來看待，那麼現在的企業認識到了客戶需求的差異性，要使客戶滿意，就需要不斷地滿足客戶個性化需求。因此，企業經營的關鍵就是識別客戶，瞭解和掌握更多的客戶信息，與客戶進行雙向式的交流和溝通，為他們提供個性化的服務，以不斷增加其重複購買的頻率，最終目的就是使之成為企業的忠誠客戶。因此，有效地管理客戶關係就成為企業的一種現實而迫切的需求。由於信息技術的飛速發展為企業實現有效的客戶關係管理提供了強有力的技術支撐，於是，客戶關係管理應運而生。

閱讀材料1：

競爭引發客戶關係管理

老王和他兩個兒子在村裡經營了一家鐵匠鋪，方圓幾百里就這一家，生意非常紅火。他們每天天剛亮就開始工作，為有需要的村民打鐮刀、斧頭或者菜刀等。由於活太多了，他們的精力都放在工作上，沒有時間也沒有精力更沒有心思關注客戶是張三還是李四。幾年之后的一天，他們父子三人發現生意不像以前那麼好了。出門一看，在同一條街上多了一家鐵匠鋪——李記鐵匠鋪，人進進出出，生意很火的樣子。

一打聽，老李有三個兒子，人多力量大，他們幹活的速度更快。老王父子就嘀咕開了：不能再這麼下去了，否則就沒有飯碗了。經過前思后想，他們終於想了個辦法。第二天一早，就在自家店鋪上掛了招牌——王記鐵匠鋪，還放了兩掛鞭炮，鄰里都跑來觀看發生了什麼事。老王看人來得不少，就發話了：「打今兒起，我們就是王記鐵匠鋪，今天算正式營業，凡是來打活計的都有優惠，打一把鐮刀加一把斧頭，就贈送一把菜刀。」鄰里聽了以後，奔走相告，王記的生意好了起來。以后的日子裡，王記父子三人笑臉迎客，閒暇問問客戶有什麼要求、什麼建議，或者談談家長里短。他們逐漸地記住了客戶的名字、住址、愛好和需求。大家處久了，在生意裡外，他們的關係非常好，鄰里鄉親又都喜歡來王記鐵匠鋪。想想看，如果沒有李記鐵匠鋪，老王和他的兩個兒子可能還只顧著自己手中的活計呢。

（二）客戶價值取向推動客戶關係管理產生

從客戶的角度來看，隨著競爭的加劇，產品和服務的同質化越來越嚴重，導致產品和服務的質量不再是客戶購買的唯一標準。尤其是有價值的客戶更注重企業是否能為其提供個性化服務，能否產生 VIP（Very Important Person）的感覺。為了更好地理解客戶價值對客戶關係管理產生的推動作用，下面從客戶價值選擇經歷的三個階段來思考：

1. 理性消費階段

理性消費階段是恩格爾系數較高的時代，社會物質相對匱乏，人們的收入水平不高，生活水平也比較低。由於客戶手中沒有多餘的貨幣，他們的消費行為是非常理智的。在購買活動中，他們不但重視價格，還看重質量，追求的是物美價廉和經久耐用。在這樣的情況下，消費者價值選擇的唯一標準是「好與差」。可見，在這一歷史階段的客戶消費行為中，價格取向是第一位的。

2. 感知消費階段

在感知消費階段，社會物質和財富開始豐富，恩格爾系數逐漸下降，人們的生活水平逐步提高。由於客戶的收入增加，他們購物選擇的標準不再僅僅是經久耐用和物美價廉，而是開始注重產品的質量與品牌。因此，他們選擇產品或服務的標準發生了改變，由以前的「好與差」轉變為「喜歡和不喜歡」。這一階段的客戶在消費行為中注重價格和價值，

他們是複合型的客戶。

3. 精神消費階段

隨著科技的飛速發展和社會的不斷進步，人們的生活水平大大提高，消費觀念也悄然發生著變化。隨著物質生活越來越豐富，消費者越來越重視精神的充實和滿足，對商品的需求已跳出了價格與質量的層次，也超出了形象與品牌等的局限，更加追求在商品購買與消費過程中精神上的滿足感。因此在這一時代，消費者的價值選擇標準是「滿意與不滿意」。可見，精神消費階段客戶的價值取向居第一位。

從客戶價值選擇演變的歷程來看，客戶所處的社會發展階段及其收入水平的不同，使之經歷了從注重物質追求到注重精神享受的變遷。

當今經濟已經全球化，行業之間的劃分標準越來越模糊。對一個企業來說，競爭對手不僅僅來自行業內部，在利益機制驅動之下，許多來自行業外部的競爭者也會加入進來。從客戶的需求來看，其採購產品的過程更加追求精神感受，即已經不滿足只購買產品或服務，而是更加關注能否得到優質的、個性化的服務。由上述兩種變化可以看到，企業管理逐漸推進到客戶關係管理的時代，成為企業管理創新的決定性因素。

(三) 技術推動客戶關係管理產生

計算機、通信技術、網路應用的飛速發展使得之前的想法不再停留在夢想階段。

辦公自動化程度、員工計算機應用能力、企業信息化水平、企業管理水平的提高都有利於客戶關係管理的實現。我們很難想像，一個管理水平低下、員工意識落後、信息化水平很低的企業能從技術上實現客戶關係管理。有一種說法很有道理：客戶關係管理的作用是錦上添花。現在，信息化、網路化的理念在很多企業已經深入人心，很多企業有了相當的信息化基礎。

電子商務在全球範圍內正在如火如荼地開展，它在改變著企業做生意的方式。通過互聯網企業，企業可開展行銷活動，向客戶銷售產品，提供售後服務，收集客戶信息。重要的是，這一切的成本是那麼低！

客戶信息是客戶關係管理的基礎。數據倉庫、商業智能、知識發現等技術的發展，使得收集、整理、加工和利用客戶信息的質量大大提高。在這方面，我們可看一個經典的案例。

閱讀材料2：

啤酒與尿布

美國最大的超市——沃爾瑪，在對顧客的購買清單信息進行分析后發現，啤酒和尿布經常同時出現在顧客的購買清單上。原來，美國很多男士在為自己的小孩買尿布的時候，還要為自己帶上幾瓶啤酒。而在超市的貨架上，這兩種商品離得很遠。因此，沃爾瑪超市就重新布置貨架，即把啤酒和尿布放得很近，使得購買尿布的男人能很容易地看到啤酒，最終使啤酒的銷量大增。這就是著名的「啤酒和尿布」的數據挖掘案例。

沃爾瑪能夠跨越多個渠道收集最詳細的顧客信息，並且能夠造就靈活、高速供應鏈的信息技術系統。沃爾瑪的信息系統是最先進的，其主要特點是：投入大、功能全、速度快、智能化和全球聯網。目前，沃爾瑪中國公司與美國總部之間的聯繫和數據都是通過衛星來傳送的。沃爾瑪美國公司使用的大多數系統都已經在中國得到充分地應用和發展，已在中國順利運行的系統包括：存貨管理系統、決策支持系統、管理報告工具以及掃描銷售點記錄系統等。這些技術創新使得沃爾瑪得以成功地管理越來越多的營業單位。當沃爾瑪的商店規模成倍地增加時，它們不遺餘力地向市場推廣新技術。比較突出的是借助射頻識別技

術（RFID），沃爾瑪可以自動獲得採購的訂單；更重要的是，射頻識別技術系統能夠在存貨快用完時，自動地給供應商發出採購的訂單。另外沃爾瑪打算引進到中國來的技術創新是一套「零售商聯繫」系統。「零售商聯繫」系統使沃爾瑪能和主要的供應商共享業務信息。舉例來說，這些供應商可以得到相關的貨品層面數據，觀察銷售趨勢、存貨水平和訂購信息甚至更多。通過信息共享，沃爾瑪能和供應商們一起增進業務的發展，能幫助供應商在業務上的不斷擴張和成長中掌握更多的主動權。沃爾瑪的模式已經跨越了企業內部管理（ERP）和與外界「溝通」的範疇，而是形成了以自身為鏈主，連結生產廠商與顧客的全球供應鏈。沃爾瑪能夠參與到上游廠商的生產計劃和控制中去，因此能夠將消費者的意見迅速反應到生產中，按顧客需求開發定制產品。

沃爾瑪超市天天低價廣告表面上看與客戶關係管理（CRM）中獲得更多客戶價值相矛盾，但事實上，沃爾瑪的低價策略正是其CRM的核心，與前面的「按訂單生產」不同，以「價格」取勝是沃爾瑪所有信息技術投資和基礎架構的最終目標。

資料來源：高勇. 啤酒與尿布：神奇的購物籃分析 [M]. 北京：清華大學出版社，2008.

在可以預期的將來，中國企業的通信成本將會降低。這將推動互聯網、電話的發展，進而推動呼叫中心的發展。網路和電話的結合，使得企業可以以統一的平臺面對客戶。

（四）新的行銷觀念催生客戶關係管理

隨著客戶關係時代的到來和客戶消費觀念的變遷，以市場為中心的行銷理念不再適應新形勢的發展，如何滿足客戶個性化的需求成為企業行銷工作的重中之重。與此相適應，客戶關係管理在企業行銷觀念從「以市場為中心」向「以客戶為中心」轉變的過程中，以強大的網路技術和計算機技術為支撐，為企業提供了行銷整體解決方案。所以，客戶關係管理的產生和發展依賴於新的行銷理論的產生。

客戶關係管理的理論得以出現並逐漸發展和成熟，這是行銷觀念演進的結果，見表2-1。

表2-1　　　　　　　　　　行銷演進的階段

階段	作為工具的行銷	作為戰略的行銷	作為服務的行銷	作為文化的行銷
重點	行銷組合	理解客戶	服務行業和服務傳遞	客戶關係
要素	產品 廣告 促銷 分銷 價格	細分 差別化 競爭 優勢 定位	與客戶互動 服務經歷 服務質量	客戶保留 客戶價值 推薦 股東價值

長期的顧客滿意成了所有行銷活動的目標，企業必須瞭解顧客的需求，並把顧客視為企業長期的資產。行銷的重點已經轉移到了以獲得客戶和保持客戶為核心的客戶關係管理上。

由第一章可知，典型的市場行銷理念的發展經歷了三個階段：「4P」「4C」和「4R」。市場行銷組合「4P」理論強調了企業為了占領目標市場，滿足客戶需求，必須對其可控因素即「4P」進行有效的整合。在「以市場為中心」的時代，這一理論為企業提供了操作性很強的市場營運方法。但是，「4P」理論適用的先決條件是巨大的市場、標準化的產品。20世紀90年代以來，隨著社會經濟的發展和消費者收入水平的提高，人們的消費觀念和購買

行為發生了極大的變化，對產品的要求日趨個性化，而科學技術的發展為滿足客戶的個性化需求提供了一定的技術保證。因此，再以「4P」理論來指導企業的行銷實踐已經不合時宜，在這種形勢下，「4C」行銷理論應運而生。

「4C」理論將客戶需求導向貫穿於整個交易過程中，以滿足客戶的需求為中心，考慮客戶的購買成本，盡可能地提供優質服務，與客戶之間建立互動式的溝通。「4C」理論始終將客戶放在企業經營的主導位置，讓客戶結合自身的意願、成本等條件來進行交易決策，以此激勵客戶完成交易。但是，「4C」理論沒有體現企業主動滿足客戶需求，而是對客戶需求的被動接受，沒有體現長期擁有客戶的關係行銷思想。

新的行銷理念「4R」理論的最大特點是變被動適應客戶需求為主動與客戶建立一種雙贏關係，把企業與客戶緊密聯繫在一起，形成競爭優勢。行銷理論發展的軌跡證明了行銷理論發展的過程事實上就是客戶導向不斷增強的過程，可以簡單歸納為兩個轉變。

1. 從「以市場為中心」向「以客戶為中心」的轉變

從「4P」理論到「4C」理論再到「4R」理論，其最根本的變化在於客戶地位的逐步提升。「4P」理論站在企業角度上，考慮如何在整合企業因素的基礎上滿足市場需求；「4C」理論是企業在競爭不斷加劇的形勢下為了生存而做出的被動選擇，不得不滿足客戶需要；「4R」理論是企業完全認識到了客戶導向的重要性，客戶忠誠才是企業成功的制勝法寶。

在「以市場為中心」的時代，企業能否生存在於是否能夠準確把握市場需求變化。企業往往通過市場調研，掌握市場需求，根據市場需求組織生產，然後將有關產品和服務的信息傳遞給目標客戶進行銷售活動。進入客戶關係時代，企業生存的關鍵在於是否擁有一批忠誠的客戶。企業從過去實行的無差異行銷轉變為個性化行銷，企業會根據客戶的需要提供「一對一」的服務，滿足客戶的個性化需要。客戶持續滿意就會產生忠誠客戶。企業要擁有這樣一批忠誠客戶，就需要與客戶建立一種相互促進，在互動中取得雙贏的戰略夥伴關係。這種關係最終將成為企業的一筆無形資產，在其生存和發展中起到重要的作用。

2. 從「滿足目標客戶需要」到「滿足有價值的客戶需要」的轉變

行銷學發展過程中提出「顧客是上帝」，但是事實上，企業無法滿足所有客戶的需求。而且作為營利性的企業，更關注的是那些會為其長期發展帶來益處的客戶的需求，所以企業通常將這部分客戶作為行銷策略實施的重點。因此，在客戶關係的時代，企業唯一的選擇是識別有價值的客戶，並與之建立戰略夥伴關係。

三、客戶關係管理的含義及目的

(一) 客戶關係管理的含義

客戶關係管理（Customer Relationship Management，CRM）概念最初在 1993 年由美國高德納（Gartner）公司提出來。對客戶關係管理的定義，目前還沒有一個統一的表述。但就其功能來看，客戶關係管理是通過採用信息技術使企業市場行銷、銷售管理、客戶服務和支持等經營流程信息化，實現客戶資源有效利用的管理軟件系統。其核心思想是「以客戶為中心」，提高客戶滿意度，改善客戶關係，提高企業的競爭力。關於客戶關係管理的定義很多，其中有代表性的表述有四種。為了更好地理解客戶關係管理的概念，現將四種代表性的表述進行比較分析，如表 2-2 所示。

表 2－2　　　　　　　　　客戶關係管理四種不同表述的比較

高德納（Gartner）公司 CRM 是迄今為止規模最大的 IT 概念，它將客戶的概念從獨立分散的單個部門提升到了企業的層面。客戶關係管理就是為企業提供全方位的管理視角，賦予企業更完善的客戶交流能力，最大化客戶的收益率。高德納公司同時指出，對計劃實施 CRM 的企業來講，它首先是一項通過分析客戶、瞭解客戶、提高客戶滿意度來增加收入和營利的商業模式，技術與解決方案只是實現這個商業模式的手段，客戶關係管理是 CRM 系統的實施。
卡爾森（Carlson）集團通過培養公司的每一個員工、經銷商或客戶對該公司更積極的偏愛或偏好，留住他們並以此提高公司業績的一種行銷策略。客戶關係管理是行銷策略。
赫爾維茨（Hurwitz）集團客戶關係管理的焦點是自動化，並改善與銷售、市場行銷、客戶服務和支持等領域的客戶關係有關的商業流程。客戶關係管理既是一套原則制度，也是一套軟件和技術。它的目標是縮短銷售週期，縮減銷售成本，增加收入，尋找擴展業務所需的新的市場和渠道，以及提高客戶的價值、滿意度、營利性和忠誠度。客戶關係管理應用軟件將最佳的實踐具體化並使用了先進的技術來協助企業實現這些目標。客戶關係管理在整個客戶生命週期中都以客戶為中心，這意味著客戶關係管理應用軟件將客戶當作企業運作的核心。客戶關係管理應用軟件簡化、協調了各類業務功能（如銷售、市場行銷、服務和支持）的過程並將其注意力集中於滿足客戶的需求上。客戶關係管理應用還將多種與客戶交流的渠道，如面對面、電話接洽以及 Web 訪問協調為一體，這樣，企業就可以按客戶的喜好使用適當的渠道與之進行交流將客戶關係管理提到制度層面，並借助於技術支持，提高客戶忠誠度。
IBM 公司從 20 世紀 90 年代中期就開始在全球範圍內實施「以客戶為中心」的市場發展戰略。IBM 公司對 CRM 的定義包括兩個層面的內容。首先，企業實施 CRM 的目的，就是通過一系列的技術手段瞭解客戶目前的需求和潛在客戶的需求，適時地為客戶提供產品和服務。其次，企業對分佈於不同部門、存在於客戶所有接觸點上的信息進行分析和挖掘，分析客戶的所有行為，預測客戶下一步對產品和服務的需求，企業內部相關部門即時地輸入、共享、查詢、處理和更新這些信息，進行「一對一」的個性化服務客戶關係管理是技術手段，通過分析客戶信息，給客戶提供個性化服務。

　　綜合以上對客戶關係管理的定義，可以將客戶關係管理理解為理念層、體制層、技術層三個層面。客戶關係管理是一種經營理念，它要求企業全面地認識客戶，最大限度地發展客戶與企業的關係，實現客戶價值最大化；客戶關係管理是一種綜合的戰略方法，它通過有效地使用客戶信息，培養企業與客戶之間的良好關係，企業利用穩固的客戶關係而不是某個特定的產品或業務單位來傳送產品和服務；客戶關係管理是通過一系列的過程和系統來支持企業的總體戰略，以建立與特定客戶之間長期穩定的關係。理念是 CRM 成功的關鍵，它是 CRM 實施應用的基礎和土壤；信息系統、信息技術是 CRM 成功實施的手段和方法；體制是決定 CRM 成功與否、效果如何的直接因素。

　　客戶關係管理三個層面之間的關係如圖 2－1 所示。

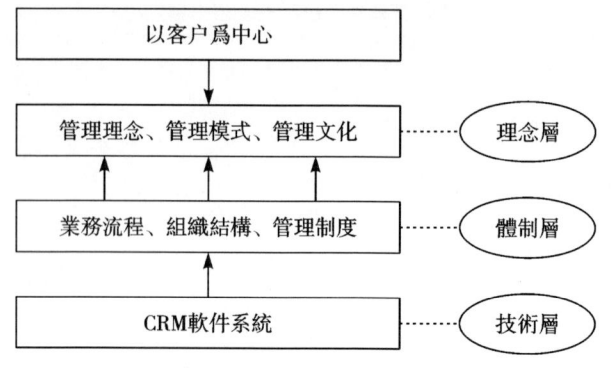

```
        ┌──────────────┐
        │  以客戶為中心  │
        └──────┬───────┘
               ↓
   ┌──────────────────────────┐       ┌───────┐
   │ 管理理念、管理模式、管理文化 │ ⋯⋯⋯ │ 理念層 │
   └──────────────────────────┘       └───────┘
        ↑     ↑     ↑
   ┌──────────────────────────┐       ┌───────┐
   │ 業務流程、組織結構、管理制度 │ ⋯⋯⋯ │ 體制層 │
   └──────────────────────────┘       └───────┘

   ┌──────────────────────────┐       ┌───────┐
   │      CRM軟件系統          │ ⋯⋯⋯ │ 技術層 │
   └──────────────────────────┘       └───────┘
```

圖 2-1　客戶關係管理三個層面關係圖

在本教材中，客戶關係管理的含義是指企業運用一定的資源、政策、結構和流程來瞭解客戶、分析客戶、選擇客戶、獲得客戶、維繫客戶，在充分滿足客戶需要的基礎上提高客戶忠誠度和終生價值，提升企業營利能力和競爭優勢而開展的所有活動。簡單地說，客戶關係管理就是確保顧客忠誠的一種經營理念。

（二）客戶關係管理的目的

作為企業發展戰略，客戶關係管理的目的是提高企業的核心競爭力，維持客戶忠誠度和終生價值，提升企業的營利能力。具體來看，客戶關係管理的目的主要體現在以下 3 個方面：

1. 挖掘關鍵客戶

根據「80/20」法則，一個企業 80% 的業績來自於 20% 的關鍵客戶。因此，企業通過整理分析客戶的歷次交易資料，找出那些關鍵客戶，然後通過各種行銷手段提升客戶對企業的第一印象，強化企業與客戶的關係，以提升客戶再次光臨的次數或購買數量，增加企業營利。例如，企業在與客戶洽談汽車保險續約時，如果發現客戶資料中沒有人壽保險的記錄，或許可嘗試推銷人壽保險；又如，銀行或信用卡公司經常寄產品目錄或旅遊資訊給客戶，借以提升公司獲利機會，這些都是常見的行銷手段。

2. 留住現有客戶

根據研究，吸引一個新客戶所花費的成本大約是維持一個老客戶的五倍。而客戶關係管理可以利用信息技術，將生產、行銷、物流和客戶服務等加以整合，以精確快速的方式回應客戶需求，為客戶提供量身定做的服務，提高原有客戶的忠誠度。另外，許多企業利用整合資訊提供卓越的服務，針對客戶需求加強對客戶的服務，從而提高客戶對服務的滿意度。例如，國內某家信用卡公司的經理曾經在演講中提到該公司通過分析客戶消費資料，提醒客戶不要忘記為太太買禮物，因為她的生日快要到了；同時，依據歷次消費金額的記錄提供同級購物參考資料。該公司的體貼細心讓客戶非常感動。

3. 放棄回報低的客戶

當在客戶身上的投資得不到應有回報時，企業就應該把他列入放棄名單中並去開發新客戶。而放棄的客戶的數據必須從平時所做的客戶關係管理數據庫中區分出來。例如，某客戶已經很長時間沒有上門消費了，那麼在寄發產品促銷宣傳單時，就可以考慮不再寄給他，以免浪費企業資源。

為達到客戶關係管理的目的，企業需要借助於技術投資，建立能收集、跟蹤和分析客戶信息的系統，創造並使用先進的信息技術、軟硬件，以及優化的管理方法和解決方案，

建立企業與客戶之間關係的新型管理機制。通過 CRM，企業可以不斷完善客戶服務，從而留住老客戶，吸引新客戶，提高客戶滿意度，為客戶創建新價值，穩固客戶忠誠度。

閱讀材料 3：

<h3 style="text-align:center">客戶永遠是對的</h3>

沃爾瑪百貨有限公司由美國零售業的傳奇人物山姆·沃爾頓（Sam Walton）於 1962 年在阿肯色州成立。經過 40 多年的發展，沃爾瑪公司已經成為美國最大的私人雇主和世界上最大的連鎖零售企業。截至 2009 年 5 月，沃爾瑪在全球 14 個國家開設了 7,900 家商場，員工總數 210 萬人，每週光臨沃爾瑪的顧客 1.76 億人次。

沃爾瑪的成就歸功於沃爾瑪公司的宗旨——「幫顧客節省每一分錢」，實現了價格最便宜的承諾。沃爾瑪公司一貫堅持「服務勝人一籌，員工與眾不同」的原則。走進沃爾瑪，顧客便可以親身感受到賓至如歸的周到服務。並且，沃爾瑪推行「一站式」購物新概念，顧客可以在最短的時間內以最快的速度購齊所有需要的商品。正是這種快捷便利的購物方式吸引了現代客戶。

此外，雖然沃爾瑪為了降低成本，一再縮減廣告方面的開支，但在各項公益事業的捐贈上，卻從不吝嗇。有付出便有收穫，沃爾瑪在公益活動上大量的長期投入以及活動本身所具有的獨到創意，大大提高了其品牌知名度，成功塑造了其品牌在廣大客戶心目中的卓越形象。沃爾瑪還針對不同的目標客戶，採取不同的零售經營形式，分別占領高低檔市場。例如，針對中層及中下層客戶的沃爾瑪平價購物廣場，只針對會員提供各項優惠及服務的山姆會員商店，以及深受上層客戶歡迎的沃爾瑪綜合性百貨商店等。

提到沃爾瑪的時候，人們總會不由得想起經典的標語：

（1）客戶永遠是對的。

（2）客戶如有錯誤，請參照第一條。

這就是沃爾瑪「以客戶為中心」的生動描述。

（三）客戶關係管理與客戶服務

客戶服務的傳統定義是指：以長期滿足客戶的需要為目標，從客戶遞上訂單到收訖訂貨，在此期間提供一種連續不斷的雙方聯繫的機制。

隨著近年來服務範圍的擴大，客戶服務有時會側重於準確及時地發送客戶所訂購的產品、及時答覆客戶的詢問、完善的后續措施以及出現失誤后的補救等。

1. 客戶關係管理與傳統客戶服務的區別

儘管我們經常會把客戶關係管理和客戶服務放在一起討論，但兩者之間是有區別的，尤其是客戶關係管理和傳統意義上的客戶服務之間更是有很大的區別。其主要表現在以下三個方面：

（1）服務的主動性不同

傳統的客戶服務是針對客戶的問題來進行的，是一種被動的反應和客戶管理；而客戶關係管理則是主動的，不但要時刻詢問、跟蹤客戶對於企業產品的使用情況，積極解決客戶關於產品的種種問題，還要主動與客戶聯絡，促使客戶再度上門。客戶關係管理認為，主動與被動的差別，就是客戶忠誠與遊離的差別。

（2）認知的態度不同

傳統的客戶服務視客戶的需求為麻煩，希望客戶要求越少越好，持消極的服務態度，對客戶的抱怨以息事寧人為主。但在客戶關係管理觀念下，客戶如果沒反應、不聯絡、不回應是疏離的表現，比抱怨還可怕，無論是接受客戶諮詢還是處理客戶不滿，都可能產生

新的行銷機會或者挽回工作失誤，從而締造忠誠的客戶。

（3）所處的地位不同

傳統的客戶服務只是為了配合銷售所做的諮詢和維修等，本身並不產生效益，屬於純粹的成本中心。而客戶關係管理則是將行銷與客戶服務合為一體，將客戶服務視為另一種行銷通路，自身也變成了一種行銷工具，是創造利潤的重要窗口，把單純的成本中心變成了不可或缺的利潤中心。

2. 客戶關係管理與現代客戶服務的關係

隨著「客戶中心論」管理思想的逐漸普及，現代客戶服務正以其全新的內涵與客戶關係管理緊密結合在一起。兩者之間的關係主要表現在以下三個方面：

（1）客戶服務是客戶關係管理系統的重要組成部分

客戶關係管理在企業中的實施運用是通過軟件的形式來實現的。通用的軟件系統至少會包含3個基本模塊，即市場、銷售和服務。服務管理系統本身就是整個客戶關係管理系統不可或缺的組成部分，這部分會對具體的客戶服務規定嚴格的流程，客戶的需要和要求都被記錄和反饋，客戶服務與市場行銷和銷售在客戶關係管理的有機系統中相輔相成，共同實現企業的管理目標。

（2）客戶關係管理離不開卓越的客戶服務

客戶關係管理依據其科學的管理來實現以客戶為中心的理念，所以客戶服務不但是客戶關係管理系統的重要組成部分，而且在企業的市場行銷和銷售中也處處體現著卓越的客戶服務。可以說，客戶服務貫穿著整個客戶關係管理的始終，覆蓋客戶的整個生命週期。對客戶來說，所體驗到的企業形象都是通過各種服務來感知的，無論是行銷階段還是銷售階段以及服務支持階段，卓越的客戶服務都會讓客戶產生完美的消費體驗，提高其滿意度和忠誠度。

（3）服務創新是提高客戶關係管理水平的重要手段

隨著企業之間白熱化的競爭，企業的產品意識都已經提到了一定的高度，因此出現了企業產品同質化的現象，服務進而成為各家企業提高競爭力的重要手段。然而隨著企業服務意識的不斷增強，又出現了服務範圍、服務項目和服務方式趨同的狀況，如禮貌待客、服務規範、準確及時等服務要求已經成為大多數企業正常服務標準，在這種形勢下，服務創新就成為企業必須要面對的課題。如何給客戶提供滿意之外的驚喜，如何讓客戶產生超值的消費體驗，這是當今客戶衡量企業客戶關係管理水平的重要標尺。只有在大眾化的服務中推陳出新，賦予客戶完美的接觸體驗，才能帶給客戶深刻良好的印象，才能使其達到相當滿意的程度，才有可能締造忠誠的客戶。

第二節　客戶關係管理的內容

一、客戶關係管理的特徵

客戶關係管理的特徵主要有以下五點：

1. 客戶關係管理是一種管理理念

這是一個以客戶為中心的時代，管理軟件是管理思想和管理理念的載體，客戶關係管理就代表著這個時代最核心的管理理念，激勵有價值的客戶保持忠誠。

2. 客戶關係管理是一種技術手段

要把以客戶為中心的理念付諸實施，需要相應的技術支持，客戶關係管理正是充分把

握客戶資源的重要手段，通過現代化的信息手段不斷改善客戶關係、互動方式、資源調配、業務流程和自動化程度，真正實現客戶滿意的最大化。

3. 客戶關係管理是一種商業策略

企業的根本目的還是要追求營利，所以轉變管理思想、改進管理方式、更新管理工具，都是企業達成根本目標的途徑。其中客戶關係管理就是一種通過技術與理念的結合，選擇和服務有價值的客戶及其關係的商業策略，它可以有效地支持和整合市場、銷售與服務的流程，以達到企業經營的目標。

4. 客戶關係管理是一種企業文化

只有領導者具有客戶思維是不夠的，「以客戶為中心」的運作模式要得到全體員工的真心認同，要成為企業文化的一部分。只有所有部門和級別的員工都能夠認識到客戶和企業以及個人的長遠利益的緊密關係，他們才會更好地配合客戶關係管理對資源和流程的整合，以更高的效率利用這個系統，以更敏感的思維感知客戶，以更大的責任感修正客戶對企業的不良體驗。

5. 客戶關係管理是一種經營哲學

有了客戶關係管理，企業可以通過提高客戶滿意度來減少客戶的流失。通過客戶關係管理，企業可以更大程度地進行差異化服務，對新老客戶進行個性化的交流。更重要的是，企業甚至可以在客戶明確自己的需求之前理解、發掘和滿足他們的需求，這種經營哲學影響著整個企業的運轉方向和經營方式。

二、客戶關係管理分類

從不同角度，客戶關係管理可以有不同的分類方式，這樣有助於從不同層面來理解客戶關係管理。

1. 按目標客戶規模分類

（1）企業級客戶關係管理

企業級客戶關係管理的目標客戶以跨國公司或者大型企業為主，這些客戶具有龐大而複雜的組織體系，不同業務、不同部門、不同地區間實現信息的交流與共享極其困難，在業務方面有明確的分工，因而信息量大，流程管理嚴格。所以他們需要的客戶關係管理系統非常複雜和龐大，能提供這類客戶關係管理系統的企業包括 Siebel、Oracle 等。

（2）中端客戶關係管理

中端客戶關係管理的目標客戶主要是 200 人以上、跨地區經營的企業。這類客戶的業務管理和組織結構與企業級客戶關係管理相比，複雜程度已經大大降低。金蝶、用友等軟件公司一直致力於滿足這種類型應用市場的需要。

（3）中小企業客戶關係管理

中小企業客戶關係管理的目標客戶是 200 人以內企業，這類企業組織機構簡單，業務分工不一定非常明確，運作上也更具有彈性。北京立友信科技有限責任公司、Goldmine 等公司瞄準的就是這些中小企業，他們提供的綜合軟件包雖不具有大型軟件包的深度功能，但功能豐富實用。

2. 按應用集成度分類

（1）客戶關係管理專項應用

專項應用是指客戶關係管理集中於某個點的應用，比如 SFA、Call Center 都屬於客戶關係管理專項應用的範疇，現代意義上的客戶關係管理也就是由這些早期的專項應用逐漸發展起來的。實際上，即使是現代社會，客戶關係管理專項應用仍有廣闊的市場，它更適用

於企業有某些目的明確的專項需要，以及企業發展初期規模較小時採用，代表廠商如 Coldmine、SFA 等。

（2）客戶關係管理整合應用

整合應用是指客戶關係管理能夠進行多部門和多業務的整合以實現信息的同步和共享，如將市場、銷售、服務 3 個部分實現有效地協調共享，代表廠商如金蝶等。

（3）客戶關係管理集成應用

集成應用是指客戶關係管理能夠與財務、ERP、SCM 等管理系統實現集成應用，它更適用於大型的對信息化程度要求較高的企業，代表廠商如 Oracle、SAP 等。

3. 按功能分類

由美國的調研機構把其分為 3 類：①操作型客戶關係管理；②分析型客戶關係管理；③協作型客戶關係管理。

三、客戶關係管理的流程

客戶關係管理的流程如圖 2-2 所示。

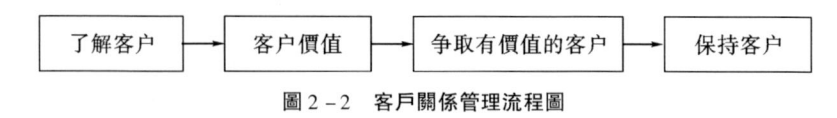

了解客戶 → 客戶價值 → 爭取有價值的客戶 → 保持客戶

圖 2-2　客戶關係管理流程圖

1. 瞭解客戶

要想做好客戶關係管理，就得認識我們的客戶。客戶對價格的敏感程度有高有低，跟企業發生關係的意願也有高有低。有一種人，他只對價格敏感，不想跟企業發生長期的關係，這種人買一次是一次，不用在他身上花很大的工夫。另外一種人，就是公事公辦型，不關心價錢，也不願意跟企業建立聯繫，這種人也不用花工夫。要花工夫的是那種特別重視關係但對價格不敏感的人，或者那種即重關係又重價格的人。

戴爾公司是做客戶關係管理的一個成功典範。戴爾的系統實際上很簡單。先通過直郵這種方式讓客戶找上門來，然后根據客戶的狀況，把客戶分成幾類。

第一類是被稱為 T 型的客戶，就是公事公辦的這種類型，或者價格型。這種人，由公司最基層的人處理，戴爾在這類客戶上面不花費資源。公司告訴客戶價格和條件是什麼，買不買無所謂。

第二類是 R 型的客戶，這些客戶通常規模要大一些，他不僅僅注重價格，而且注重關係。戴爾把高級一點的人，放在管理這類客戶上面，從這類客戶得到的利益會更多。

第三類是從 R 型裡選出的大客戶，一個頂幾十個或者幾百個 T 型客戶或者 R 型客戶。對這樣的大客戶，戴爾會派一個人甚至一個小組去管理，專門為這個大客戶服務。

2. 客戶價值

企業的價值一方面是在於客戶的數量，所以要拼命地提高目標市場的佔有率；另一方面在於每一個客戶的價值有多大。

企業要讓員工認識到，我們不要小看一個一次就買我們 500 元錢東西的客戶，因為這個客戶可能還會買我們公司其他的東西，這樣一個客戶一年能給我們帶來 4,000～5,000 元的營業額。同時，這個人可能會影響到很多其他的人，我們不多算，就算又帶來 5,000 元的收入，這個人一年可能就值 1 萬元，如果他跟我們合作 10 年，對我們公司的價值就是 10 萬元錢。當你讓你的員工明白一個客戶值 10 萬元的時候，他會以 10 萬元這個價值來對待這個客戶。而當員工把一個客戶當作 10 萬元的客戶對待時，他真的就會成為一個特別值錢

的客戶，這是社會心理學上常講到的「自我實現預言」。

3. 爭取有價值的客戶

建立客戶關係關鍵是要增加接觸點。可以增加銷售人員，有足夠強的銷售網路，有足夠多的廣告宣傳，讓人知道本企業。如果客戶都不知道你的存在，你怎麼能把東西賣出去。

爭取客戶的關鍵也一樣是增加接觸點，盡量多地創造和客戶接觸的機會，這些機會可能出現在售前，也可能是在售中以及售後的服務上。企業與客戶的接觸點越多，建立起客戶關係的可能性也就越大。

4. 保持客戶

想保持客戶首先要讓員工端正對客戶的態度，讓每個員工都瞭解客戶到底是什麼，讓他們知道客戶是企業最重要的一員，因為客戶存在，企業才能活下去，他才能拿到工資。

保持客戶的關鍵是幫助客戶解決問題。企業的服務再好，如果產品不行，無法幫客戶解決問題，那客戶也不會變成老客戶。在這個大前提下保持客戶的方法，才是客戶服務和客戶關懷。

企業要做好客戶投訴管理，這是很容易被忽視的一點。哪怕企業人手很緊，也要找專人負責客戶的投訴。因為這一方面能夠維繫客戶關係，另一方面也可以發現機會。從投訴記錄裡面，可能會發現新產品的創意，或者內部業務流程要改造的地方。並且所有因投訴而被友好對待過的客戶，他對企業的忠誠度要超過那些對你很滿意，但與你沒有發生過比較深入衝突的客戶。所有的企業都會犯錯誤，重要的是犯了錯誤要改正。我們每個人都會原諒這樣的企業，喜歡甚至是吹捧這樣的企業。

企業要定期測試客戶的滿意度。可以用一個簡單的問卷調查一下客戶對企業的產品、人員、服務等各個方面的滿意度。做一個這樣的調查，無形中會讓企業有一個努力的方向，就是讓客戶越來越滿意。尤其是工業品企業一定要對丟失的客戶做分析，從分析裡面得到改進的信息、建議和想法。

企業要想辦法建立一個客戶忠誠體系，可以把它稱之為捆綁客戶的程序，也就是把客戶捆綁到企業自身的一些做法。具體做法如下：

①成立客戶俱樂部（捆住老客戶）。
②做客戶回饋卡（有了積分客戶可以得到很多的回饋）。
③回饋客戶獎券或禮券（弱點：都是一次性活動）。
④做一個客戶雜誌、報紙或者給客戶寫幾封信（告訴客戶企業發生了什麼事情，加大跟客戶之間的溝通力度）。
⑤邀請客戶參加一些特殊的事件（找機會去跟客戶建立和加深關係）。
⑥建立自己的呼叫中心或到呼叫中心買幾個座席（讓客戶在需要的時候找到你）。

第三節　客戶關係管理的核心、任務及功能

一、客戶關係管理的核心

在當前的環境下，市場競爭的焦點已經從產品的競爭轉向品牌的競爭、服務的競爭和客戶的競爭。企業提高市場佔有率，獲取最大利潤的關鍵是與客戶建立和保持一種長期的、良好的合作關係，掌握客戶資源、贏得客戶信任、分析客戶需求，生產出適銷對路的產品，提供滿意的客戶服務等都是客戶關係管理的核心思想的體現。在這一思想的指導下，客戶關係管理工作的核心是提高客戶滿意度，留住老客戶，爭取新客戶，為客戶創造價值，穩

固客戶的忠誠度。客戶忠誠之所以受到企業的高度重視，是因為客戶忠誠在品牌上具有強烈的偏好，能增加重複購買頻率或購買數量。客戶忠誠的前提是客戶滿意，而客戶滿意的關鍵條件是客戶需求的滿足（見圖2－3）。

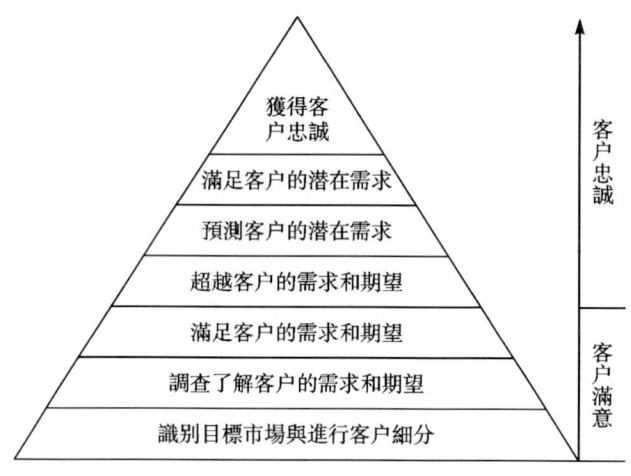

```
          獲得客
          戶忠誠                    ┐
       滿足客戶的潛在需求           │ 客戶
                                    │ 忠誠
       預測客戶的潛在需求           ┘
      超越客戶的需求和期望          ┐
                                    │
      滿足客戶的需求和期望          │ 客戶
                                    │ 滿意
     調查了解客戶的需求和期望       │
                                    │
    識別目標市場與進行客戶細分      ┘
```

圖2－3　客戶關係管理的核心

從圖2－3中可以看到，瞭解客戶的需求和期望，滿足客戶的需求和期望，能使客戶滿意；超越客戶的需求和期望，實現客戶的忠誠才是客戶關係管理的關鍵。

企業實施客戶關係管理的出發點是為了增加為客戶創造的價值，增加客戶的滿意度，增強客戶對企業的忠誠度，發展長期的客戶關係。

二、客戶關係管理的任務

為貫徹實施客戶關係管理的核心思想，就要想方設法與客戶建立長期的、穩固的關係。因而客戶關係管理的主要工作任務是保留老客戶，避免客戶流失；吸引新客戶，增加企業的客戶資源；提高客戶的滿意度，培育客戶忠誠度。

1. 保留老客戶，避免客戶流失

客戶是企業最寶貴的財富，保持住企業的基層客戶是企業生存的基本條件，重視和維持高層客戶是幫助企業發展的動力。客戶關係管理的實踐促使企業樹立新的客戶觀念，重新認識客戶關係和客戶的價值所在。企業關注的焦點從內部運作轉移到客戶關係上來，並通過加強與客戶的深入交流，全面瞭解客戶的需求；不斷對產品或服務進行改進和提高，以滿足客戶的需求。企業的客戶關係管理理念反應在上至公司高層下至每位員工的所有可能與客戶發生關係的環節上，能夠使他們之間充分溝通，共同圍繞「客戶關係」這一中心開展工作。企業借助客戶關係管理系統，通過對客戶信息資源的整合，幫助企業捕捉、跟蹤和利用所有的客戶信息，在全企業內部實現資源共享，從而使企業更好地管理銷售、服務和客戶資源，為客戶提供快速、周到、優質的服務。這樣，企業始終把客戶放在心上，把客戶關懷貫穿於行銷領域的全過程，就能夠提高顧客滿意度，達到保留老客戶的效果。

閱讀材料4：

如何保留老客戶

當美容院在經營中發現顧客比以往減少，一些老客戶來店的週期延長時，就應該查找一下原因，哪些地方令顧客不滿意了？為什麼呢？美容門戶網做了一個研究，發現開發一

個新客戶是維繫一個老客戶費用的 5 倍。因此，美容店業主是否具有能吸引顧客的魅力，關係到美容院的興衰存亡。對顧客的吸引力是留住客人形成固定客源的關鍵，由此還會引來更多的新顧客。我們在長期服務美容院的過程中，針對如何建立和維繫顧客的忠誠度，開發出了一種的服務模式。

1. 責任感

A. 對「操作完成」「終了時間」「操作方法」「商品的安全性」「使用效果」等，有向顧客說明的責任。

B. 對收費標準、廣告內容、預約方法、技術地點、營業方針等問題均有明確回答的責任，這也是美容院整體氣氛和技術水準的標誌。

C. 對顧客所希望的要給予更多的關心，瞭解顧客的需求是很重要的，所以要仔細詢問，並認真做好記錄。

D. 遵守這些規定，將會更多地取得顧客的信賴。

2. 安全感

美容師的技能被顧客所相信，認為其可靠有保障，顧客就會產生安全感。給顧客安全感的三個原則是：

A. 專業知識

顧客要求美容師有較高的技術水平，並對所用產品的性能及頭髮、皮膚等相關知識有全面的瞭解，否則就不具備專業美容師的水準，難以給顧客安全感。

B. 美容院的方針

顧客對美容院的整體狀況是很注意的，良好的協作可以給顧客高度的安全感，適時地向顧客介紹一些店中的情況是必要的。

C. 傾聽技巧

認真傾聽也可給顧客以安全感，要清楚地聽懂顧客的要求，也可做些適當地詢問，以便正確理解後迅速進入服務狀態。

3. 共感性（自身重要感）

不同顧客各自的條件不同，對服務的要求、期望也就千差萬別，所以要區別對待。誰都不喜歡接受冷淡的機器人式的服務。要使每一位顧客滿意，就要分別對待他們的不同要求。

A. 提高顧客的自身重要感

在服務中要努力創造良好的交流氣氛，對顧客的姓名要加以尊稱，真摯地讚揚對方的優點，一定不能帶有不快的情緒，要使顧客有受到重視的感覺。

B. 提高員工的自身重要感

要經常審視自己內心的自身重要感是否充足，從業主到員工都必須不斷地提高自身重要感。自身重要感低的人，外界的任何一點刺激都可能損傷其自尊心而變為以我為中心的人，這樣不論對工作還是對生活都有害而無益。

C. 對顧客所關心的事要予以回應

顧客常會對自己關心的話題津津樂道，如趣事、體育、旅遊、時裝等。適時地予以回應，顧客會有一種被認同感，從而創造出輕鬆、愉悅的氛圍。隨著生活節奏的加快，人與人之間的交往會越來越少，顧客在接受服務的同時，常希望能與服務者有更多的接觸。一個好的美容師會比一般的美容師留給顧客更深刻的印象，她們瞭解顧客的心理，所以能提供最滿意的服務。如果是技術上乘而待人冷漠甚至無禮的只重技術性的一邊倒服務，恐怕也很難得到顧客的認可。

4. 迅速性

時間觀念較強的顧客對緩慢、冗長的服務會很反感，久之也會造成顧客的流失。所以要增強時間觀念，實行快速、適時的服務。

A. 合理調整時間

明確各服務項目的時間界限，以顧客入店時的緩急程度合理安排服務次序。

B. 適時與等待的顧客打招呼

尤其是在旺季、週末，要考慮到顧客等待的限度，要善於同顧客巧妙地打招呼。

C. 讓顧客感到受重視

繁忙中騰不出手時，對等待服務的顧客不能只用語言致意，要以親切的目光看顧客說話，表示馬上將為她服務的態度，並適當地引出一些話題。

5. 具象性

顧客與美容院的交往是一個非常具體的過程。

——顧客在去美容之前，從廣告、傳聞中已對該美容院有了大致的印象，如店堂的清潔狀況，員工的技術水平，服務態度等。

——從邁進店門到落座，又會得到親身體驗。如接待是否熱情、設施器具是否完善潔淨、等候的顧客是否可以翻閱最新的雜誌書籍等。

——在接受服務中，顧客會對其他一些具體的事給予評價，如該店是否有生日賀卡、會員優惠等特殊服務方式，更會對員工技術水平加以評判。

——至服務結束後，顧客便能得出各個項目及環節的收費是否合理，收據是否正確、清楚，甚至洗手間打掃得是否乾淨等結論。最後，顧客就能通過自己的所見所聞來綜合分析各個環節的服務質量與價格是否等值，最終判斷出該店的優劣。

2. 吸引新客戶，增加企業的客戶資源

客戶關係管理要求企業從「以產品為中心」的業務模式向「以客戶滿意為中心」的模式轉變。在這一思想指導下進行市場定位、細分，企業才能準確把握客戶的需求，預測客戶需求，領先客戶需求，提供更快速和周到的優質服務，吸引更多的客戶。這樣，企業才能不斷擴展新的市場，並通過提供標準化、個性化服務來提高客戶的滿意度、忠誠度。在具體業務活動中，客戶關係管理的理念指導企業收集、整理和分析每一個客戶的信息，力爭把客戶想要的產品或服務送到他們手中，以及觀察和分析客戶行為對企業收益的影響，從而使企業與客戶的關係及企業營利都得到優化。當企業新增客戶1%，競爭對手的客戶就減少1%。企業繼續保持老客戶的持續滿意，客戶關係推薦的效果隨之增強，市場佔有率大大提高，才會最終戰勝競爭對手。

3. 提高客戶滿意度，培育客戶忠誠度

在市場經濟起主導作用的時代，產品的同質化傾向越來越嚴重。產品的同質化使得商品品質不再是客戶消費選擇的主要標準，客戶越來越注重企業能否滿足其個性化的需求。在激烈的市場競爭中生存，客戶將是企業至關重要的資源。怎樣提高客戶資產的價值，不斷提高客戶滿意度和客戶忠誠度是唯一的選擇。有關客戶滿意度管理和客戶忠誠度管理的內容將在第七章和第八章闡述。

三、客戶關係管理的功能

隨著市場競爭的愈演愈烈，傳統的企業管理系統越來越難以勝任動態的客戶渠道和關係的管理，現代客戶關係管理給企業帶來經營管理方式上的重大變革。與傳統的管理模式

相比較，實施客戶關係管理的企業優勢更突出。

1. 識別目標市場

實施客戶關係管理，企業可以更好地識別目標市場。對任何企業而言，其目標市場都是由不同類型的客戶組成的。按照構成比例可將其客戶劃分為主客戶（1%）、大客戶（4%）、普通客戶（15%）、小客戶（80%）四大類型，如圖 2-4 所示。

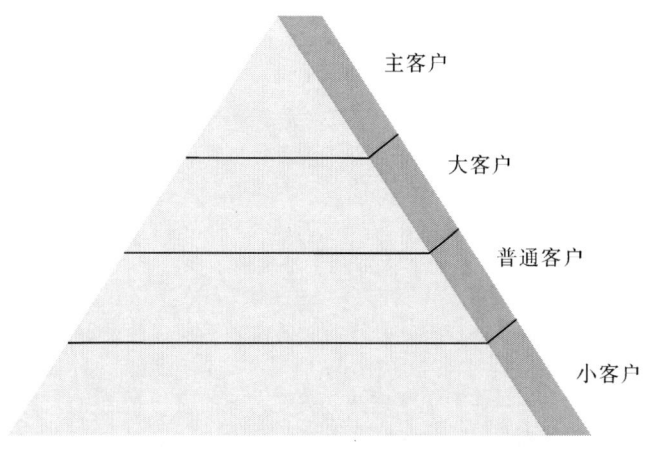

圖 2-4　客戶分類圖

按照 80/20 原則，不同類型的客戶給企業帶來的利潤不同，企業區分不同價值的客戶以后，可以和客戶建立不同的關係。

在圖 2-4 客戶類型示意圖中，小客戶好比是「開拖拉機」的客戶，他們是價格取向型的客戶，其關注的焦點是產品的基本功能和產品的價格。普通客戶是符合價值型客戶，他們除了關注價格，還關注產品和服務的功能、品質等。主客戶和大客戶是「開奔馳」的客戶，他們是價值取向型的客戶，關注的是產品和服務的價值。普通客戶、主客戶和大客戶的數量占總客戶群的 20%，而實現的利潤往往占利潤總額的 80% 以上，他們是企業最有價值的客戶。在實際運作中，很多企業不能夠準確識別其客戶，從而使企業的資源投入和經營戰略沒有明確的目標。而客戶關係管理能夠高效地支持企業的客戶商業價值分析，根據對不同客戶的成本利潤分析，來識別企業的重要客戶，並為企業對待這些不同的客戶制定不同的策略。

2. 客戶管理系統化

在企業傳統的管理模式下，客戶管理通常是分散的，沒有一個部門可以掌握客戶信息的全貌，也無法提供企業與客戶之間的完整信息。例如，財務部門掌握著客戶資金信息和信用信息，銷售部門掌握著客戶檔案資料和銷售信息，售後服務部門掌握著客戶投訴信息和維修方面的信息，設計部門根據客戶需求進行產品的研發和設計，生產部門根據訂單進行生產，物流部門根據訂單進行貨物配送，等等。各個部門信息溝通不協調，存在障礙，從表面上看好像都十分重視客戶管理，但實際上給企業自身和客戶帶來了許多不便。企業各部門客戶信息的零散分割，導致客戶服務質量下降。客戶關係管理的首要作用就是打破各部門信息封鎖的壁壘，借助於 CRM 系統，整合原本屬於各部門分散管理的客戶信息，將它們通過現代信息技術和客戶關係管理系統統一集成為一個信息中心。這個信息中心能夠為一線員工的客戶服務提供業務指導，協調各部門行為；為企業合作夥伴提供信息支持，保證供應、生產、銷售和服務的良性運作。

3. 增強企業的營利能力

企業之所以要實施客戶關係管理，其指導思想是通過瞭解客戶的需求並對其進行系統化的分析和追蹤研究，並在此基礎上進行「一對一」的個性化服務，提高客戶的滿意度和忠誠度，為企業帶來更多的利潤。

進入信息時代后，隨著競爭的不斷加劇以及產品和服務的極大豐富，特別是信息工具和渠道的快速發展，使得客戶對產品和服務的選擇範圍不斷擴大，選擇能力不斷提高，同時，選擇的慾望也不斷加強，因而客戶的需求呈現出個性化的特徵。企業根據客戶的特殊需求來相應調整自己的經營策略，使得企業與每一個客戶，尤其是那些對企業最具有價值的「金牌客戶」建立一種夥伴型的關係，滿足客戶的需求。從直接的目標層面看，企業通過實施客戶關係管理，一方面，可以降低自身的運作成本，提高運作效率；另一方面，可以給予客戶更多的關懷，提高客戶的滿意度，維持老客戶，並且在發展新客戶的過程中充分發揮老客戶的口碑作用，使企業的客戶群體日益壯大，從而相對降低企業行銷成本，最終實現利潤最大化。

4. 提高企業的核心競爭力

從深層次的內在動力看，客戶關係管理所起的作用不是多發展幾個新客戶，多留住幾個老客戶。它的獨特之處在於，通過實現前端的供應商夥伴關係管理和后端的客戶服務，使企業與其上游供應商和下游客戶之間能夠形成多方面的良性互動；在發展和維持客戶的同時，與業務夥伴和供應商建立良好的關係，最大限度地挖掘和協調利用企業資源，包括信息資源、客戶資源、生產資源和人力資源，拓展企業的生存和發展空間，提升企業的核心競爭力。

第四節　客戶關係管理的發展與創新

一、客戶關係管理在中國的發展

沒有客戶就沒有企業，客戶永遠是企業最重要的資源。市場競爭本質上是企業對客戶的爭奪，誰能贏得客戶，誰就能贏得競爭。隨著經濟全球化的發展、市場競爭的加劇，客戶爭奪日趨白熱化，開發和利用客戶資源也就成為企業最關心的課題，而這恰恰是 CRM 研究的課題。可以這麼說，只要客戶對企業是稀缺資源，客戶關係管理就永遠不會過時。

近幾年，CRM 成為繼企業資源計劃系統之后管理者談論得最熱門話題之一，越來越多的企業把實施 CRM 作為提升競爭力的法寶。眾多大中型企業都不惜投入巨資，購買世界著名信息技術廠商的 CRM 解決方案。同時更多的 CRM 軟件提供商也加入到這個行業裡來，形成供需兩旺的局面。

然而，CRM 在企業的實踐並不是一帆風順的。2000—2003 年，中國掀起了第一股 CRM 熱潮，眾多企業跟風而上，投入大量人力、財力，一兩年后卻發現沒有達到預期效果。因此，2003—2005 年 CRM 在中國的實踐進入冰凍期。痛定思痛，管理者們認識到：CRM 是一個系統而長期的工程，不可能靠一套軟件、諮詢公司幾個月的諮詢培訓就能解決問題，企業必須有專門的人員負責 CRM 的持續運行，而這個人必須是對 CRM 有著全面深刻理解的人才。

客戶關係管理在企業應用中的高失敗率，源自 CRM 本身不可避免的缺陷。

(1) CRM 關注的唯一焦點是企業利益。CRM 理論要求將企業的客戶劃分為不同的等級，評估和計算不同階層客戶的終身價值。在此基礎上有選擇地提供產品和服務。CRM 並

不像宣傳所言「以客戶為核心」「為客戶需要而生產和服務」，但它關注的中心依然未能脫離傳統行銷管理的「以企業為核心」理念，打著與客戶發展長期關係的旗號，只關心對企業有利可圖的群體，對那些終身價值小，對企業「沒用」的客戶不理不睬，甚至還要想辦法將其踢出門。CRM在建立、發展與客戶的關係時，往往從企業角度出發，採取一廂情願的做法，在整個過程中，客戶都處於被動地位，客戶接受的通常是一些程序化了的信息，並沒有真正參與到關係的建立和管理中，因而對關係發展的積極性不高，一旦遇到競爭對手提供更為有利的條件，便會馬上離去。

（2）以技術代替人情。許多企業理解的CRM是企業在行銷、銷售和服務業務內，對現實和潛在的客戶及業務夥伴關係進行多渠道管理的一系列過程和技術，他們在試圖改善客戶關係時，首先想到的是改善現有系統的性能，而忽視了最能打動客戶的人性化的東西。

（3）員工的作用被忽略。在許多企業，CRM是領導者和行銷人員關心的事，普遍員工不理解也不願去理解。CRM忽略了員工與客戶的交流對提高客戶滿意度的重要性，沒有調動起客戶和員工的雙重積極性；沒有倡導人性化、雙向交流、人人參與客戶管理的企業文化；沒有尋求將客戶關係資產和人力資源相結合的有效途徑。

二、客戶關係管理發展的主要因素

1. 實現經營戰略的轉變

隨著科學技術的進步和企業經營管理水平的提高，企業的生產效率大大提高，商品逐漸豐富，競爭越來越激烈。隨著競爭的加劇，如何把產品賣出去成了企業的第一目標，「產量中心論」被「銷售中心論」所取代，企業管理的重心轉向銷售環節。為了生存和發展，企業一方面提高產品質量，另一方面強化推銷。但是，質量競爭的結果是產品成本越來越高，銷售競爭使得銷售費用也越來越高，因此產品的銷售額上去了，可利潤卻下降了。這時，企業管理的重心轉向了以利潤為中心的成本管理上。可是，成本是不能無限壓縮的，當在一定質量保證的前提下成本的挖掘已經到了極限時，成本壓縮必然以產品質量的下降或提供給客戶價值的降低為代價，其結果必然是被市場所拋棄。於是，企業的目光開始從內部挖掘轉向爭取客戶，轉向企業的市場行銷、銷售和客戶服務等部門的管理。企業客戶意識開始加強，客戶地位逐漸提高，「客戶就是上帝」成為企業的口號。

縱觀企業管理的發展歷程，在日益激烈的競爭環境下，客戶對產品和服務滿意與否已經成為影響企業生存和發展的決定性因素。企業只有以客戶為中心，為客戶創造價值，通過不斷提高客戶滿意度來獲取利潤，才能實現企業與客戶的雙贏。

2. 提高有價值客戶的保持率

不同的客戶給企業帶來的價值是不同的，一個企業的絕大部分利潤往往是由少數有價值客戶創造的，能否保持這些有價值的客戶，不僅決定著企業能否贏得競爭優勢，而且關係到企業的生死存亡。這些客戶是價值導向型大客戶，關注的是產品和服務的價值和附加價值的感覺，客戶的需求呈現出個性化的特徵。企業根據客戶的特殊需求來相應調整自己的經營策略，通過與客戶的交往不斷加深對客戶的瞭解，不斷改進產品和服務，從而持續不斷地滿足客戶的需求。正是使客戶保持長期滿意的狀態，才實現了客戶的忠誠。研究表明，每年的客戶關係保持率增加5%，則利潤增長25%～85%。以客戶為導向的公司的利潤比不以客戶為導向的公司的利潤高出60%。

3. 提高客戶的增值潛力

在市場交易中，企業與客戶最基本的關係是交易關係。從這種交易關係建立和保持的過程來看，關係的深度和表現形式是不斷進化的。客戶關係的進化過程如圖2-5所示。

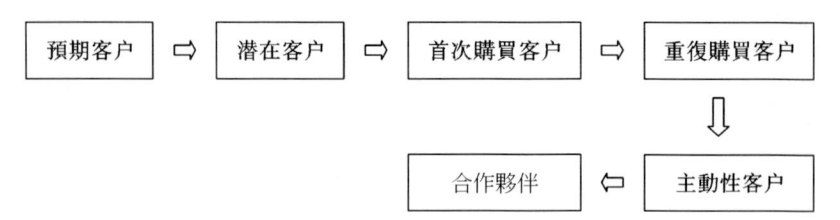

```
預期客戶 ⇨ 潛在客戶 ⇨ 首次購買客戶 ⇨ 重復購買客戶
                                              ⇩
            合作夥伴 ⇦ 主動性客戶
```

圖 2-5　客戶關係的進化圖

從圖 2-5 可以看出，在市場交易中，假定企業對誰是客戶不清楚，設想可能會購買產品和服務的人為預期客戶。經過確認，企業得知有的可能購買，成為潛在客戶，剩下的是不合格預期客戶，他們沒有購買動機。企業採取客戶關係管理，在潛在客戶上做文章，潛在客戶就會成為首次購買客戶，依次轉化為重複購買客戶、主動性客戶、合作夥伴。客戶關係管理的目的就是將發生購買行為的客戶逐步升級，將高價值客戶轉化為更高價值客戶，將低價值客戶轉化為高價值客戶，將無價值客戶轉化為有價值客戶，改善整個客戶群的質量，提升整體客戶資源的價值。

4. 在企業級上實現客戶信息整合、共享

CRM 的基本出發點就是要整合銷售、行銷和客戶服務等所有接觸點的客戶信息，建立高度集成的同步客戶信息庫，從而在企業整體層面上實現客戶信息即時共享。在現代企業管理中，企業引進 ERP 系統也在一定程度上提高了運行效率，但是其設計主要針對生產、流通和財務等領域，而對與客戶有關的行銷和服務活動無法進行整合。客戶關係管理要求「以客戶為中心」的商業運作流程實現自動化及通過先進的技術平臺來支持、改進業務流程。CRM 軟件系統主要過程是對行銷、銷售和客戶服務三部分業務流程的信息化；與客戶進行溝通所需要的各種渠道（如電話、傳真、網路和親自訪問等）的集成和自動化處理；對行銷和銷售兩部分功能所累積下的信息進行加工處理，產生客戶智能，為企業的戰略決策作支持。CRM 軟件系統以最新的信息技術為手段，運用先進的管理思想，通過業務流程與組織上的深度變革，幫助企業最終實現「以客戶為中心」的管理模式。信息技術是客戶關係管理的關鍵因素，借助於信息技術，企業可以更有效地收集和分析客戶信息，根據不同客戶的偏好和特徵，提供優質服務，提高客戶價值，實現企業利潤最大化。隨著互聯網、電子商務、數據庫、數據挖掘、專家系統、人工智能和呼叫中心等技術手段的不斷發展，客戶關係管理越來越完善。借助這些技術手段，企業可以在更高層級上實現客戶信息整合、共享。

三、客戶關係管理的創新

企業開展客戶關係管理，一方面，將實現從「以產品為中心」向「以客戶滿意為中心」的行銷管理模式的轉變；另一方面，企業的視角將從過於關注內部資源向通過整合外部資源以提高企業核心競爭力轉變。這兩個轉變不僅僅是觀念的轉變，更是企業管理模式的提升，為企業發展注入源源不斷的動力。由於客戶關係管理從一開始就是現代信息技術環境的產物，因而關於客戶關係管理的創新，這裡將從理念層面和技術層面作一一探討。

（一）理念層面

1. 客戶關係管理向大客戶關係管理的轉變

通過上面的分析可知，客戶關係管理一直處於動態的發展過程中。企業採用 CRM 通常是以企業利益為中心的，並且企業基本上主導著關係的發展和維持。而關係是雙方的，只

有合作互利才可以將關係長久化。客戶關係中的客戶不僅包括傳統意義上的客戶，而且包括那些將要購買或可能購買企業產品或服務，以及對企業產品或服務有潛在興趣的人和組織。從購買目的上講，它不僅包括為個人消費而進行購買的消費者，還包括以營利目的而實施購買的組織。

《質量管理體系——基礎和術語》（ISO 9000：2005）中指出，客戶指接受產品的組織和個人，它包括內部客戶和外部客戶，所有受影響的人都屬於客戶的範疇。外部客戶又包括中間客戶（批發商、分銷商、零售連鎖買方、其他大宗買方和服務提供商）和最終用戶（零售買方、折扣買方和服務買方等），內部客戶為組織內部接受服務和產品的組織或個人。有效地滿足內部客戶的需求對於服務外部客戶具有重要的影響。客戶關係管理的客戶是客戶狹義的理解範疇，僅僅包括最終產品的接受者。在組織的內部結構上形成了橫向的「客戶鏈」和縱向的「支持鏈」。橫向的「客戶鏈」將職能部門、員工與外部客戶聯繫起來，使得組織不但清楚如何滿足內部客戶的需要，也認識到在滿足外部客戶的需要方面所起的作用。縱向的「支持鏈」意味著由傳統的金字塔結構向以客戶為中心的倒金字塔結構轉變。以客戶為中心的組織機構如圖2-6所示。

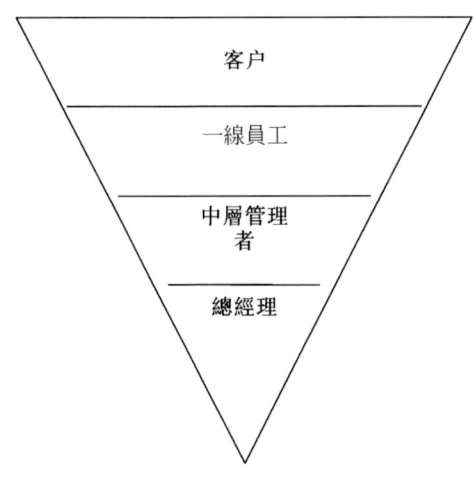

圖2-6 以客戶為中心的組織機構圖

圖2-6以客戶為中心的組織機構在倒金字塔結構中，客戶在最上層，其次是一線員工、中層管理者，總經理在最底層，下層對上層的支持，最終是對客戶的支持。可見，內部客戶對外部客戶的影響是最直接的，尤其是一線員工的影響更為直接。未來發展中將擴展客戶的理解範圍，包括員工和夥伴等其他關係的對象。也就是說，任何個人或組織，只要他們對企業的發展有貢獻（現實的或潛在的），都稱為客戶。這樣就建立起「大客戶關係管理」的概念。對一個企業來說，自下而上的支持是贏得客戶的關鍵。

2. 數據庫行銷向供應鏈一體化轉變

隨著供應鏈管理思想的不斷成熟與成功實踐，客戶關係管理的一個發展趨勢就是供應鏈一體化。這種趨勢首先表現在客戶關係管理的內在結構方面。

（1）原來的客戶關係管理是指在數據庫基礎上建立起來的客戶關係管理，普遍採用的結構模式是在本企業與客戶兩點之間建立直接關係。這種結構模式有三個缺陷：企業與客戶的直接關係，導致客戶關係簡單化，即A企業與甲客戶是一種客戶關係，A企業與乙客戶之間也是一種客戶關係，但這兩種關係可能是不相同的，因為客戶在這種關係中的地位

不盡相同。假如甲客戶與B企業也存在一種關係，那麼情況會更加複雜。這「一對一」的關係導致信息只能在企業與客戶之間進行流動，而不能將信息釋放到整個供應鏈中，從而人為地將企業價值鏈與客戶價值鏈分割開來，阻隔了上游企業協同為客戶服務的通道，不利於客戶價值的提高。此外，在本企業與客戶之間，由於企業受自身實力、規模和發展狀況的限制，不可能全面滿足所有客戶的需求，即形式上的客戶關係管理並沒有促進客戶服務質量實質上的提升。

（2）供應鏈一體化的客戶關係管理將企業與客戶關係視為整個一體化供應鏈上的供應商、製造商、銷售商等與供應商的所有下游企業所建立起來的關係。這種關係依託供應鏈本身的功能網狀結構生存和發展，自然也就形成了立體網狀型結構。這種結構的轉變使得企業以行銷服務代替銷售服務和售後服務。

（3）在數據庫行銷基礎上建立起來的客戶關係管理系統的目標是實現銷售，因此其功能就是銷售服務，即它關注的只是如何吸引客戶以實現銷售，至於銷售之前的服務則沒有引起足夠重視。供應鏈一體化的客戶關係管理的目標是使客戶價值最大化。為此，其功能擴展到圍繞客戶價值的整個過程，如按照客戶需求進行產品設計、客戶定制化和敏捷的物流體系建設等都是這種功能的體現。

（二）技術層面

1. 客戶檔案管理升級

企業客戶關係管理的工作步驟是建立客戶檔案——客戶細分——客戶關懷——建立動態數據庫。建立客戶檔案的詳細程度，決定企業對客戶分析的深入程度。根據客戶檔案進行統計分析的結果，指導企業戰略計劃的制訂。只有對客戶進行深入的瞭解和分析，企業戰略計劃與市場本質需求的偏差才會變小。就客戶關係管理的現狀看，客戶檔案中的信息項目有待於提高和深化。企業選擇了客戶關係管理這種管理模式，讓其充分發揮客戶資源的優勢，就要不斷完善客戶檔案。客戶檔案作為企業競爭的利器，其項目和類別會折射出客戶各個方面的信息：客戶偏好、客戶信仰、客戶類別、客戶身分識別、客戶素質、客戶意願、客戶的生活背景和客戶的特徵。「知己知彼，百戰不殆」，在客戶關係管理中，就要使得客戶檔案不斷升級，達到「知己，知彼，知他」的新境界。

2. 信息技術服務客戶關係管理

客戶關係管理除了現場服務，還需要應用在線服務。網路信息技術使信息在供應鏈中實現了流動和共享，滿足了客戶個性化、即時化的服務需求。在線服務就是讓信息技術服務於客戶關係管理。網路技術的飛速發展，使得企業可以同每一個客戶進行持續的、「一對一」的交流，準確瞭解客戶的偏好，使得滿足客戶的個性化需求成為可能。以往通過電話訂購需要由員工把訂單傳送給生產部門，而現在借助一些軟件系統就能夠對網上的電子訂單進行識別、分類，自動地傳輸給生產部門，從而提高了數據傳輸的準確性和效率。同時，如果客戶遇到什麼問題，也可以通過網路來尋找答案，或者通過電子郵件和客戶服務部門取得聯繫，大大提高了客戶與企業溝通的便利性，提高了客戶個性化服務質量。在線服務技術可以使企業有針對性地為一般性客戶、頂級客戶、終端客戶以及作為客戶的下游企業提供個性化服務。借助信息技術，大量服務並不需要在現場解決，通過在線狀態為客戶提供諮詢、答疑、指導、培訓和解決方案等服務已成為現實。信息技術的普及和提高被企業認為是提高管理效率、降低成本的最有效途徑。在這種形勢推動下，訂單處理、招標投標、在線談判、物流配送、增值服務等通過網路與企業專業化管理系統能夠自動地處理，流程簡化，操作規範，對企業和客戶來說都是雙贏。

借助信息技術的在線服務方式，不僅改進了信息的提交方式、加快了信息的提交速度，

而且還簡化了企業的客戶服務過程。但是，在線服務只是一種手段，它不能代替企業的現場服務。如果在線服務不能得到現場服務的有力支援，在線服務就成了無源之水，無本之木。良好的現場服務與強大的在線服務相結合，企業才能在市場競爭中所向披靡。

本章小結

  1. 本章從客戶關係管理的產生入手，對客戶關係管理產生的背景及發展動因、發展趨勢進行分析，就客戶關係管理的核心、任務和功能進行探討，並在此基礎上展望了 CRM 未來的發展趨勢。

  2. 客戶關係管理是指企業運用一定的資源、政策、結構和流程來瞭解客戶、分析客戶、選擇客戶、獲得客戶和維繫客戶，在充分滿足客戶需要的基礎上提高客戶忠誠度和終生價值，為提升企業營利能力和競爭優勢而開展的所有活動。客戶關係管理的目的是挖掘關鍵客戶、留住現有客戶、放棄回報低的客戶。客戶關係的內容包括客戶關係的五個特徵、客戶關係管理的分類和客戶關係管理的流程。

  3. 客戶是企業最重要的資產。客戶關係管理的核心是提高客戶滿意度，留住老客戶，爭取新客戶，為客戶創造價值，穩固客戶的忠誠度。其任務主要有：保留老客戶，避免客戶流失；吸引新客戶，增加企業的客戶資源；提高客戶滿意度，培育客戶忠誠度。客戶關係管理的功能是識別目標市場，客戶管理系統化，增強企業的營利能力，提高企業的核心競爭力。

  4. 客戶關係管理發展的主要因素有四個方面：一是實現經營戰略的轉變；二是提高有價值客戶的保持率；三是提高客戶的增值潛力；四是在企業級上實現客戶信息整合、共享。客戶關係管理的創新主要從理念層面和技術層面來實現。

復習思考題

  1. 試述客戶關係管理產生的背景。
  2. 客戶關係管理的內涵是什麼？
  3. 瞭解客戶管理關係有哪些內容？
  4. 客戶關係管理的理念是什麼？它與現代行銷管理理論之間的關係如何？
  5. 如何才能建立良好的客戶關係？

案例分析

聯邦快遞的客戶關係管理體系

  聯邦快遞的創始者佛萊德·史密斯有一句名言，「想稱霸市場，首先要讓客戶的心跟著你走，然后讓客戶的腰包跟著你走」。競爭者很容易採用降價策略參與競爭，聯邦快遞則認為提高服務水平才是長久維持客戶關係的關鍵。

  一、聯邦快遞的全球運送服務

  電子商務的興起，為快遞業者提供了良好的機遇。電子商務體系中，很多企業可通過網路的連接，快速傳遞必要信息，但對一些企業來講，運送實體的東西是一個難解決的問題。舉例來講，對於產品週期短、跌價風險高的計算機硬件產品來講，在接到顧客的訂單後，取得物料、組裝、配送，以降低庫存風險及掌握市場先機，是非常重要的課題。因此

對大量採用網路直銷的戴爾電腦來講，如果借助聯邦快遞的及時配送服務來提升整體的運籌效率，可為規避經營風險做出貢獻。有一些小企業，由於經費人力的不足，往往不能建立自己的配送體系，這時就可以借助聯邦快遞。要成為企業運送貨物的管家，聯邦快遞需要與客戶建立良好的互動與信息流通模式，使得企業能掌握自己的貨物配送流程與狀態。在聯邦快遞，所有顧客可借助其網站同步追蹤貨物狀況，還可以免費下載實用軟件，進入聯邦快遞協助建立的亞太經濟合作組織關稅資料庫。它的線上交易軟件可協助客戶整合線上交易的所有環節，從訂貨到收款、開發票、庫存管理一直到將貨物交到收貨人手中。這個軟件能使無店鋪零售企業以較低成本比較迅速地在網路上進行銷售。另外，聯邦快遞特別強調，要與顧客相配合，針對顧客的特定需求，如公司大小、生產銷地點、業務辦公室地點、客戶群科技化程度、公司未來目標等，和顧客一起制訂配送方案。聯邦快遞還有一些高附加值的服務，主要是三個方面：①提供整合式維修運送服務。聯邦快遞提供貨物的維修運送服務，如將已壞的電腦或電子產品，送修或修好后送還所有者。②扮演客戶的零件或備料銀行。扮演相關經營者的零售商的角色，提供諸如接受訂單與客戶服務處理、倉儲服務等功能。③協助顧客簡化並合併行銷業務環節。幫助顧客協調數個地點之間的產品組件運送流程，在過去由顧客自己設法將零件由製造商送到終端顧客手中，現在的快遞業者可完全代勞。綜上所述，聯邦快遞的服務特點在於，協助顧客節省了倉儲費用，而且在交由聯邦快遞運送后，顧客仍然能準確掌握貨物的行蹤，可利用聯邦快遞的系統來管理貨物訂單。

二、聯邦快遞的客戶服務信息系統

聯邦快遞的客戶服務信息系統主要有兩個，一是一系列的自動運送軟件，如 Power Ship、FedEx Ship 和 FedEx interNetShip，二是客戶服務線上作業系統（Customer Operations Service Master On–line System，COSMOS）。

①自動運送軟件。為了協助顧客上網，聯邦快遞向顧客提供了自動運送軟件，有三個版本：DOS 版的 Power Ship、視窗版的 FedEx Ship 和網路版的 FedEx interNetShip。利用這套系統，客戶可以方便地安排取貨日程、追蹤和確認運送路線、列印條碼、建立並維護寄送清單、追蹤寄送記錄。而聯邦快遞則通過這套系統瞭解顧客打算寄送的貨物，預先得到的信息有助於運送流程的整合，貨艙機位、航班的調派等。②COSMOS。這個系統可追溯到 20 世紀 60 年代，當時航空業所用的電腦定位系統備受矚目，聯邦快遞受到啟發，從 IBM、Avis 租車公司和美國航空等處組織了專家，成立了自動化研發小組，建起了 COSMOS。在 1980 年，系統增加了主動跟蹤、狀態信息顯示等重要功能。1997 年又推出了網路業務系統 VirtualOrder。聯邦快遞通過這些信息系統的運作，建立起全球的電子化服務網路，目前有三分之二的貨物量是通過 Power Ship、FedEx Ship 和 FedEx interNetShip 進行，主要利用它們的訂單處理、包裹追蹤、信息儲存和帳單寄送等功能。

三、員工理念在客戶關係中扮演的角色

我們都知道，良好的客戶關係絕對不是單靠技術就能實現的，員工的主觀能動性的重要性怎麼強調也不過分。

在對員工進行管理以提供顧客滿意度方面，具體方案有三個：第一，建立呼叫中心，傾聽顧客的聲音。聯邦快遞臺灣分公司有 700 名員工，其中 80 人在呼叫中心工作，主要任務除了接聽成千上萬的電話外，還要主動打出電話與客戶聯繫，收集客戶信息。呼叫中心中的員工是絕大多數顧客接觸聯邦快遞的第一個媒介，因此他們的服務質量很重要。呼叫中心中的員工要先經過一個月的課堂培訓，然后接受兩個月的操作訓練，學習與顧客打交道的技巧，考核合格后，才能正式接聽顧客來電。另外，聯邦快遞臺灣分公司為了瞭解顧

客需求，有效控制呼叫中心服務質量，每月都會從每個接聽電話員工負責的顧客中抽取 5 人，打電話詢問他們對服務品質的評價，瞭解其潛在需求和建議。第二，提高第一線員工的素質。為了使與顧客密切接觸的運務員符合企業形象和服務要求，在招收新員工時，聯邦快遞是臺灣少數作心理和性格測驗的公司。對新進員工的入門培訓強調企業文化的灌輸，先接受兩週的課堂訓練，接下是服務站的訓練，然後讓正式的運務員帶半個月，最後才獨立作業。第三，運用獎勵制度。聯邦快遞最主要的管理理念是，只有善待員工，才能讓員工熱愛工作，不僅做好自己的工作，而且主動提供服務。例如聯邦快遞臺灣分公司每年會向員工提供平均 2,500 美元的經費，讓員工學習自己感興趣的新事物，如語言、信息技術、演講等，只要對工作有益即可。另外，在聯邦快遞，當公司利潤達到預定指標後，會加發紅利，這筆錢甚至可達到年薪的 10%。值得注意的是，為避免各區域主管的本位主義，各區域主管不參加這種分紅。各層主管的分紅以整個集團是否達到預定計劃為根據，以增強他們的全局觀念。

資料來源：方懷銀. 聯邦快遞的客戶關係管理［J］. 中國郵政，2004（7）.

【問題】：
美國聯邦快遞公司的客戶關係管理體系包括哪些內容？體現了什麼思想？

實訓設計：客戶關係管理調查

【實訓目標】
1. 瞭解客戶關係管理思想。
2. 掌握客戶關係管理的重要作用。

【實訓內容】
以小組的形式調查身邊的超市、商場或公司等企業，瞭解它們有沒有應用客戶關係管理系統，瞭解其客戶關係管理的思想及實際應用中取得的效果。

【實訓要求】
1. 根據實訓目標和內容，通過現場觀察、詢問和實習等方法，完成調查報告。
2. 在課堂上介紹客戶關係管理比較成功的企業的經驗做法。

【成果與檢驗】
每位同學的成績由兩部分組成：書面調查報告（60%）和課堂匯報（40%）。

第三章 識別客戶

知識與技能目標

（一）知識目標
- 掌握客戶的內涵；
- 熟悉客戶的分類；
- 熟悉客戶價值的理論模型；
- 重點把握如何提高客戶價值。

（二）技能目標
- 能夠結合實際識別哪些是有價值的客戶；
- 從公司角度出發識別客戶的有效需求是什麼。

引例

通用汽車的成功

通用汽車取得成功是在20世紀20年代中期。那時候亨利·福特和他有名的T型車統治了美國的汽車工業。福特汽車公司早期成功的關鍵是它只生產一種產品。福特認為如果一種型號能適合所有的人，那麼，零部件的標準化以及批量生產將會使成本和價格降低，會使客戶滿意。那時福特是對的。隨著市場的發展，美國的汽車買主開始有了不同的選擇口味。有人想買娛樂用的車，有人想要時髦的車，有人希望車內有更多的空間。當然，福特也對其轎車進行了改進，原來的轎車更加堅固耐用、更安靜、駕駛更平穩。可是，當客戶們參觀福特汽車展覽廳時，他們看到的全是與老式汽車一樣的模型——還是那些深淺不同的黑色轎車。而這時，艾爾弗雷德·斯隆這位具有傳奇色彩的通用汽車公司總裁開始嶄露頭角。斯隆的天才在於他認識到買車的人並不是都想要同一種車。他抓住了這一發現，說道：「通用汽車要生產出各種用途和適合不同收入階層的轎車。」斯隆不久招聘了一批新僱員——市場研究人員，讓他們研究購買轎車的潛在客戶的真正需要是什麼。雖然他並不能為每個客戶生產出一種特別的車，但他通過對市場的研究，識別出有相似口味和需求的客戶。他指導設計師和工程師設計生產出能滿足這些需要的轎車。結果就有了與市場細分相聯繫的新產品：

- 雪佛蘭是為那些剛剛能買起車的人生產的；
- 龐蒂克是為那些收入稍高一點的客戶生產的；
- 奧茲莫比爾是為中產階級生產的；
- 別克是為那些想要更好的車的人士生產的；

・凱迪拉克是為那些想顯示自己地位的人生產的。

因此通用汽車不久就開始比福特汽車更暢銷了，而市場細分作為公司計劃中一種重要的技巧，不僅對汽車，而且對美國全國乃至於全世界的主要工業都發揮了重要的作用。

問題：

通過分析本案例，闡述通用汽車成功的秘訣是什麼。

在競爭激烈的時代下，一切以客戶為中心，企業的一切活動都應以滿足和引導客戶的需求為出發點。做好客戶關係管理，首先要從識別客戶開始。只有深入分析客戶的分類，深入研究客戶的價值，才能正確選擇和確定企業要大力開發的客戶、最有利潤的客戶、對企業具有真正價值的客戶，這正是本章要解決的問題。

第一節　客戶概述

一、客戶的內涵

客戶作為行銷理論的一個重要概念誕生於20世紀初。菲利普·科特勒認為，客戶是具有特定需要或慾望，而且願意通過交換來滿足這種需要或慾望的人。市場行銷必須成為商業活動的中心，它的重點必須是在客戶身上，在一個產品泛濫而客戶短缺的世界裡，以客戶為中心是成功的關鍵。對中國大多數企業來說，其對「客戶」的理解還是處於比較模糊的階段，有必要對「客戶」的概念進行重新認識。

客戶的概念是在商品交換中產生的，是承接價值的主體，而其承接價值是因為要獲得商品的使用價值，也就是要滿足相應需求。當然，也有的客戶買商品是用來賣的，但這樣交換下去，最終還是要落到需求上，所以那些為滿足需求而購買商品的人才是客戶。客戶是需求的載體或代表，離不開需求這個深層的東西。滿足客戶是經營的表面現象，滿足需求才是本質。所以對企業而言，客戶是對本企業產品和服務有特定需求的群體，是企業生產經營活動得以維持的根本保證。

閱讀材料1：

滿足客戶需求，變革業務流程

在美國休斯敦，如果一名客戶打電話給比薩店，訂購一塊上周曾經訂購過的義大利比薩餅，即夾著重辣硬香腸和蘑菇的餡餅，那麼，營業員就會向客戶推薦新品種的餡餅，問他是否願意品嘗。如果客戶說「行」，營業員就會按照該客戶的具體要求製作餡餅並且在送貨上門的同時附上優惠券。如果一名客戶撥打了惠而浦（Whirlpool）公司的購物服務專線，那麼，電話就會自動接通與該客戶上一次通過話的營業員，從而使該客戶感到這家公司800名員工中有自己的私人關係，產生一種親切感。凡是有能力收集到關於客戶的大量信息資料的、做郵購業務的零售商，往往能提供更有針對性的、更高水平的服務。客戶一旦體會到這種高水平的服務，就不願去接受差一點的服務。

從客戶關係的角度來看，客戶是一個寬泛的概念。它不僅指購買企業產品或服務的客戶，還包括公司內部員工、供應商、合作夥伴、股東、債權人、競爭對手及其他利益相關者等。如果企業僅把消費者作為客戶管理中的客戶，那股東憑什麼向你投資？員工憑什麼跟著你？合作夥伴憑什麼選擇你？社會憑什麼歡迎你？企業只有保證客戶的價值，保證員工的價值，保證合作夥伴的價值，最后才能帶來自己的價值。所以在客戶關係管理中，客

戶不僅僅是消費者，而且是與企業經營有關的任何客戶。客戶資源是企業生存和發展的戰略資源，是企業經營活動的出發點和歸宿，是企業生存之本。

為了更好地理解客戶的概念，需要把客戶、消費者和用戶三個概念加以區分。客戶（Customer）就是購買或有意購買企業產品和服務的群體，購買是為了滿足其特定的需求；消費者（Consumer）就是為個人的目的購買或使用商品和接受服務的社會成員，是產品和服務的最終使用者，他（她）買商品的目的主要是用於個人或家庭需要而不是經營或銷售；用戶（User）就是正在使用產品或服務的群體，用戶可能不是購買者而僅僅是使用者。從傳統意義上講，客戶和消費者兩者的含義可以不加區分，但對企業來說，客戶和消費者應該是加以區別的，它們之間的差別表現在以下幾個方面：

（1）客戶是針對某一特定細分市場而言的，是為了滿足細分市場的需求，如某證券公司把客戶分成主客戶、大客戶、普通客戶、小客戶。而消費者則是針對個體而言的，他們處於比較分散的狀態。

（2）客戶的需求相對較為複雜，要求較高，交易過程延續的時間比較長，如某公司購買了計算機以後，牽涉到維修、易損件的供應和重複購買等。而消費者與企業的關係一般是短期的，其需求較為簡單，不需要複雜的服務。

（3）客戶更加強調一種服務，一種往來關係，注重與企業的感情溝通，需要企業安排專職人員負責處理他們的事務，而且需要企業對客戶的基本情況有深入地瞭解。而消費者與企業的關係相對比較簡單，即使企業知道消費者是誰，也不一定與其發生進一步的聯繫。

（4）客戶是分層次的，不同層次的客戶需要企業採取不同的客戶策略，如對大客戶採取各種優惠的政策，進行客戶關懷等。而普通消費者可看成一個整體，並不需要進行嚴格區分。

二、客戶的形成

客戶的形成和發展過程如圖 3-1 所示，下面對其內容進行簡單介紹。

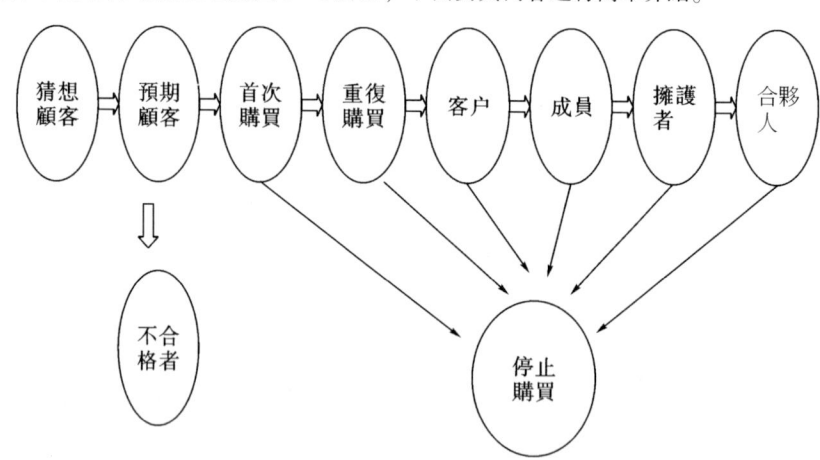

猜想顧客 → 預期顧客 → 首次購買 → 重復購買 → 客戶 → 成員 → 擁護者 → 合夥人

預期顧客 → 不合格者

重復購買、客戶、成員、擁護者、合夥人 → 停止購買

圖 3-1　客戶的形成過程圖

首先是猜想客戶，即猜想可能會購買產品和服務的人。企業要把他們確定為預期客戶（對企業產品有強烈的潛在興趣和有能力購買的人）是困難的，不合格的預期客戶（由於他們缺乏信用或不能為企業提供利潤）將遭到企業的拒絕。企業希望把合格的預期客戶轉變成首次購買客戶，然後再把滿意的客戶轉變為重複購買客戶，但他們可能同時向競爭者

購買，因此，企業必須把重複購買客戶轉換為忠誠的客戶，即在相關的產品類目中只購買本企業產品的人。下一步的挑戰是把客戶轉化為成員，即企業開始為這些參與的客戶提供一整套利益相關的成員計劃方案，然后再把成員轉化為擁護者，擁護者會稱讚企業產品並鼓勵其他人也購買。企業的最后一個挑戰是把擁護者轉化為合夥人，與企業共同開展工作。

三、客戶的分類

並不是所有客戶的需求都相同，只要存在兩個以上的客戶，需求就會不同。但他們在某些方面具有一些相似性，相似的客戶具有相似的客戶價值。因此，企業需要經過細分找到具有相似客戶價值的目標客戶，集中企業資源，制定科學的競爭戰略，以取得和增強競爭優勢。按照不同的標準，可把客戶分成以下幾種類型：

（一）按銷售收入或利潤等重要客戶行為分類

以銷售收入或利潤等重要客戶行為指針為標準，可以把客戶分為鉑金客戶、黃金客戶、鐵客戶和鉛客戶四種類別，如圖3-2所示。

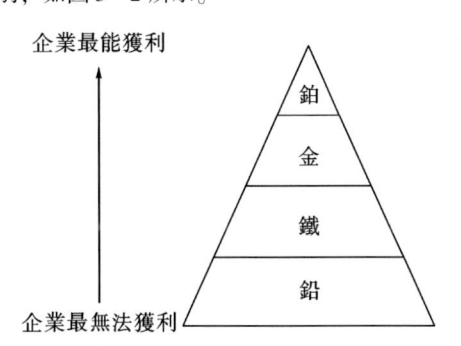

圖3-2　按銷售收入或利潤等重要客戶行為分類示意圖

1. 鉑金客戶

鉑金客戶即主客戶，是指金字塔中最上層的客戶，即在過去特定期間內，購買金額最多的前1%的客戶。若所有客戶數為1,000位，則鉑金客戶所指的是花錢最多的10位客戶。

2. 黃金客戶

黃金客戶即大客戶。在客戶金字塔中，除了鉑金客戶外，在過去特定期間內，消費金額最多的前5%的客戶為黃金客戶。若所有客戶數為1,000位，則主要客戶是扣除鉑金客戶，花錢最多的40位客戶。

3. 鐵客戶

鐵客戶即普通客戶。除了鉑金客戶與黃金客戶，購買金額最多的前20%的客戶。若所有客戶數為1,000位，則鐵客戶是扣除鉑金客戶與黃金客戶，花錢最多的150位客戶。

4. 鉛客戶

鉛客戶即小客戶，指除了上述三種客戶外，其他80%的客戶。若所有客戶數為1,000人，則鉛客戶是扣除鉑金客戶、黃金客戶以及鐵客戶后，其余的800位客戶。

國內某知名證券業公司發現他們的VIP客戶雖然僅占公司總客戶的20%，但卻是公司經營利潤90%的主要來源。換句話說，有八成客戶是讓公司幾乎賺不到錢的。這充分印證了帕累托法則（Pareto Principle）的實用性。因此，想要真正深入地瞭解客戶，可以試著根據客戶對企業所貢獻的收益或效益，區分出客戶金字塔的分佈情況，並找出最重要的20%客戶。當然這其中因不同行業或公司的差異，比例可能是10%～30%。

閱讀材料2：

銀行帳戶與 80/20 原則

國外一家銀行對其客戶進行了一次全面的研究。研究結果符合典型的 80/20 原則：大約 19% 的客戶產生了 90% 的利潤，另外 81% 的客戶的主要特點是，他們大多數支票帳戶的平均結余都不到 250 美元，但他們却寫了許多支票。結果，銀行在這種客戶身上損失了很多錢。內部辦理手續的成本遠遠多於利用儲蓄資金獲得的收入。這家銀行作了進一步的研究。顯然，並不是所有的客戶都不好。例如，他們當中有些已到退休年齡的，1% 是新客戶，經過一段時間后會成為有用的客戶。銀行想培養這種關係，因此鼓勵新客戶在有關的存款上累積資金。然而，銀行也知道許多客戶不會改變，對銀行利潤來說，只會造成消耗。因此銀行想辦法限制沒利可圖的客戶。其做法是採用一種新的收費結構，即在每月平均結余低於某個標準時，除非客戶在存款中還有些結余，否則就加以處罰。

下面介紹每類客戶的特點以及應該分別採用的相關管理對策。

（1）鉛客戶。鉛客戶是最沒吸引力的一類客戶，其當前價值和增值潛力都很低，甚至是負利潤。如偶爾一些小額訂單客戶；經常延期支付甚至不付款的客戶（高信用風險客戶）；提出苛刻客戶服務要求的客戶；定制化要求過高的客戶等。這些客戶是企業的一個負擔。

（2）鐵客戶。鐵客戶有很高的增值潛力，但目前尚未成功地獲取其大部分價值。可以預計，如果加深與這些客戶的關係，在未來這些客戶將有潛力為企業創造可觀的利潤。因此，對這類客戶，要不斷向其提供高質量的產品、有價值的信息、優質服務甚至個性化方案等，讓這類客戶持續滿意，並形成對企業的高度信任，從而促使客戶關係越過考察期，順利通過形成期，並最終進入穩定期，進而獲得客戶的增量購買、交叉購買和新客戶推薦。

（3）黃金客戶。黃金客戶有很高的當前價值和低的增值潛力。從客戶生命週期的角度看這類客戶可能是客戶關係已經進入穩定期的高度忠誠客戶，他們已將其業務幾乎 100% 地給了本企業。因此，未來在增量購買、交叉購買和新客戶推薦等方面已沒有多少潛力可供進一步挖掘。

顯然，這類客戶十分重要，是企業僅次於下面鉑金客戶的一類最有價值客戶。

（4）鉑金客戶。鉑金客戶既有很高的當前價值，又有巨大的增值潛力，是企業最有價值的一類客戶。

和上面黃金客戶一樣，從客戶生命週期的角度看，這類客戶與企業的關係可能也已進入穩定期，他們已將其當前業務幾乎 100% 地給了本企業，也一直真誠、積極地為本企業推薦新客戶。與黃金客戶不同的是，這類客戶本身具有巨大的發展潛力，業務總量在不斷增大，因此，這類客戶未來在增量購買、交叉購買等方面尚有巨大的潛力可挖。這類客戶是企業利潤的基石，企業要千方百計、不遺余力地保持住他們。

（二）按客戶忠誠度分類

按照客戶對企業的忠誠度不同，可把客戶分成潛在客戶、新客戶、老客戶和忠誠客戶四種。

1. 潛在客戶

潛在客戶是指對企業的產品和服務有需求，但目前未與公司進行交易。潛在客戶具有「尚未發現」的特點，因此導致了「賣家找不著買家，買家找不著賣家」，是需要公司花大力氣爭取的客戶。

閱讀材料 3：

250 定律：不得罪一個客戶

喬・吉拉德，因售出 13,000 多輛汽車創造了商品銷售最高紀錄而被載入吉尼斯大全。他曾經連續 15 年成為世界上售出新汽車最多的人，其中 6 年平均售出汽車 1,300 輛。銷售是需要智慧和策略的事業。每位推銷員都有自己獨特的成功訣竅。那麼，喬的推銷業績如此輝煌，他的秘訣是什麼呢？

在每位顧客的背后，都大約站著 250 個人，這是與他關係比較親近的人：同事、鄰居、親戚、朋友。

如果一個推銷員在年初的一個星期裡見到 50 個人，其中只要有兩個顧客對他的態度感到不愉快，到了年底，由於連鎖影響就可能有 5,000 個人不願意和這個推銷員打交道。他們知道一件事：不要跟這位推銷員做生意。

這就是喬・吉拉德的 250 定律。由此，喬得出結論：在任何情況下，都不要得罪任何一個顧客。

在喬的推銷生涯中，他每天都將 250 定律牢記在心，抱定生意至上的態度，時刻控制著自己的情緒，不因顧客的刁難，或是不喜歡對方，或是自己心緒不佳等原因而怠慢顧客。喬說得好：「你只要趕走一個顧客，就等於趕走了潛在的 250 個顧客。」

2. 新客戶

新客戶是指那些剛開始與公司開展交易，對公司產品和服務還缺乏全面瞭解的客戶。企業的客服人員需要打電話或發短信，使問候客戶成為工作的一部分，但要尊重他人的私人空間，在合適的時間段進行必要地跟進聯絡，加深客戶的意識。

3. 老客戶

老客戶是指與公司已有較長時間的交易，對企業的產品和服務有較深地瞭解，但同時還與其他公司有交易往來的客戶。為了留住老客戶，企業要通過提高客戶滿意度、提供超值服務、留下美好回憶等來提高客戶忠誠度。

4. 忠誠客戶

忠誠客戶是指對企業產品和服務有深刻瞭解，對公司有高度信任和偏好，並與公司建立起了長期、穩定關係的客戶。不同忠誠度的客戶對企業利潤的貢獻有較大的差別。一般來說，客戶的忠誠程度與客戶和公司交易的時間長短、次數的多少相關，只有忠誠的客戶才能長時間、多頻度地與公司發生交易。

客戶的忠誠程度是不斷發生變化的，只要公司對客戶的服務方法得當，帶給客戶的不再僅僅是產品，而是解決方案，就能夠贏得客戶的信任，潛在客戶就可以變成新客戶，新客戶可以變成老客戶，老客戶可以轉化成忠誠客戶；反過來也是如此，如果公司不注意提高客戶服務水平，沒有及時處理客戶的不滿和抱怨，沒有用心對待客戶，客戶的利益一旦受到損害，都有可能使潛在客戶、新客戶、老客戶和忠誠客戶中止與公司的交易，棄公司而去。

（三）按是否實現交換分類

按照交換是否實現，可將客戶分為現實客戶和潛在客戶。

現實客戶就是指企業提供的產品和服務符合其需求和慾望，已經與企業實現交易的客戶。潛在客戶就是本身他們是需要企業的產品的客戶，但他們並沒有意識到需要企業的產品，不知道通過企業的產品的幫助，可以提升他們的實力或者增加店鋪的銷售額。所以企業要做的就是介紹產品，挖掘潛在客戶的需求，讓客戶明白他們需要企業的產品、需要企

業的幫助，最終購買企業的產品。

對潛在客戶進行卓有成效地溝通是將潛在客戶轉化為現實客戶的第一步，除此之外，企業還要通過各種行銷手段將產品或服務的有關信息傳遞給潛在客戶，以便促進他們向企業現實客戶的轉化。在促進潛在客戶向現實客戶轉化的過程中，企業必須做好以下5個方面：

1. 從客戶的需求出發

企業只有強調產品的特點和品質與客戶需求之間的一致性，潛在客戶才會逐漸接受該產品和服務；否則，儘管產品的特點和品質客觀存在，但如果它們與潛在客戶的需求不相符，客戶對企業產品仍會視而不見。所以，在與客戶溝通時，企業要對潛在客戶的需求、客戶的個性品位、客戶對產品的評價標準等進行充分瞭解。對潛在客戶來說，根據這些信息制定的行銷和溝通策略才是最不可抗拒的。

2. 為客戶制訂解決問題的方案

企業一定要有這樣一個信念：企業是為了解決客戶的問題才提供產品或服務的，為客戶提供的是解決問題的方案，而不單純是銷售產品或提供服務。因此，客服人員要把自己定位為該行的專家，以客戶的參謀或朋友的姿態出現，對客戶有著很強的同理心，永遠站在客戶的角度，把自己專業的想法坦誠地告訴客戶，與客戶同呼吸、共命運，為客戶創造價值。這樣才能夠贏得客戶的心，贏得客戶的認同，潛在客戶自然也就變成了現實客戶。

3. 瞭解客戶成交的阻力

潛在客戶準備購買產品的決策過程中往往會遇到各種各樣的阻力。這些阻力可能來自經濟方面，也可能來自社會、時間、心理和競爭者的影響等其他方面，它們影響著潛在客戶購買的決策。企業要及時瞭解潛在客戶所面臨的購買阻力是什麼，並及時採取有效措施，對產品行銷和客戶溝通策略進行有針對性地調整，儘量消除客戶購買的阻力，使潛在客戶轉化為現實客戶。

4. 識別客戶資料，準確鎖定客戶

行銷人員根據自己掌握的資料，對潛在客戶進行認真篩選，選擇最具有可能性和最具有購買實力的準客戶作拜訪。鎖定客戶后，行銷人員應該尋找恰當的拜訪時間和拜訪方式，精心準備拜訪話題，精心設計拜訪方案。雖然是陌生拜訪，但由於對客戶的資料已經了如指掌，這樣就做到了有的放矢，句句切中要害，說到客戶的心坎上。同時，行銷人員給客戶介紹公司成功的案例，用事實證明公司的信譽與能力，以贏得客戶認可，促成交易的完成。

5. 盡量降低客戶的交易成本

客戶購買產品的交易成本包括貨幣成本、時間成本、精力成本和心理成本。有時候，儘管客戶有產品方面的需求和慾望，但他們却不一定付諸行動，原因往往是他們認為交易成本太高。很多企業在考慮降低客戶的交易成本時，往往只考慮客戶的貨幣成本，對客戶為購買產品而耗費的其他成本視而不見，這是極其錯誤的。企業不僅要降低客戶購買產品的貨幣成本，還要為客戶提供各種便利條件，節約客戶時間，提高客戶的滿意度。

閱讀材料4：

滿足客戶需求，提升客戶的滿意度

20世紀80年代后期，日本豐田公司準備爭奪美國的高檔豪華車市場，為此豐田公司派出專家小組前往美國，觀察記錄美國人的生活習慣和審美情趣，並運用問卷調查、座談會等形式對美國人開車和坐車的方式、姿勢，平常會在車裡干些什麼等習慣進行了5年的深

入調查，日本人最終推出了凌志車。「凌志」首創了汽車方向盤可升降的模式，無論是高個子還是矮個子，都可選擇最適合自己的方向盤進行駕駛；車載電話和手機鈴聲一響，音響就會自動調低或關閉，大大提高了安全系數，給開車者帶來了方便。這種在汽車性能細節上的改進對人性的關愛可謂達到了極點。試想，這樣的產品推出市場怎麼可能不受到歡迎！

一項調查顯示，全美前 500 強企業的財務總監多數人首選車便是「凌志」，凌志車在歐美市場樹立起了真誠的品牌形象。據瞭解，美國在發動機、變速箱等核心技術領域一直領先於日本，豐田公司創造銷售佳績的重要一點就是以滿足客戶的要求作為提升服務質量的突破口，想盡辦法研究客戶真正需求什麼，怎麼樣才能讓他們滿意。在探究的過程中，思維靈活，不斷創新服務意識，將服務的新理念和客戶的具體要求體現在產品的設計當中，從而取得了巨大成功。

四、客戶價值

菲利普·科特勒在其著作《如何創造、贏取並主宰市場》中，將行銷定義為「發展、維繫並培養具有獲利性客戶的科學與藝術」，並強調須分析「客戶獲得成本」與「客戶終身收益」，指出行銷符合「20/80/30 定律」，即最能讓公司獲利的 20% 的客戶，貢獻了公司總利潤的 80%，而最差的 30% 的客戶會使公司的潛在利潤減半。贏得高價值的客戶，使得客戶價值最大化是企業追求的目標。眾多企業由重視市場佔有率發展到重視客戶價值。如何區分各種客戶的價值，就成為企業必須解決的問題。

（一）客戶價值的概念

客戶價值（Customer Value）是 20 世紀 90 年代以來西方行銷學者和企業經理人員共同關注的焦點，並被看作是企業獲得競爭優勢的來源。企業的經營過程可以看作是一條價值鏈，因此，企業的活動本身可以看作是一個創造價值的過程，客戶價值是企業價值創造活動的出發點。

到底什麼是客戶價值，不同學者從不同角度給出了不同的答案。詹姆斯·安德森（James Anderson）、蘇比哈什·賈殷（Subhash Jain）、普拉迪·普納光（Pradeep Chintagunta）從單個情景的角度出發，認為客戶價值是基於感知利得與感知利失的權衡或對產品效用的綜合評價；安尼卡·拉瓦爾德（Annika Ravald）和克里斯琴·格羅路斯（Christian Gronroos）從關係角度出發，重點強調關係對客戶價值的影響，將客戶價值定義為整個過程的價值＝（單個情景的利得＋關係的利得）／（單個情景的利失＋關係的利失），認為利得和利失之間的權衡不能僅僅局限在單個情景上，而應該擴展到對整個關係持續過程的價值衡量；霍華德·巴茨（Howard Butz）和倫納德·古德斯坦（Leonard Goldstein）也強調客戶價值的產生來源於客戶購買和使用產品后發現產品的額外價值，即給客戶帶來的實際價值比期望價值高，從而與供應商之間建立起感情紐帶；在諸多對客戶價值定義的研究者中，大多數學者都比較認同羅伯特·伍德拉夫（Robert Woodruff）對客戶價值的定義，並在其基礎上進行了很多相關研究。伍德拉夫通過對客戶如何看待價值的實證研究，提出客戶價值是客戶對特定使用情景下有助於（有礙於）實現自己目標和目的的產品屬性的實效以及使用的結果所感知的偏好與評價。該定義強調客戶價值來源於客戶通過使用、學習和比較得到的感知、偏好和評價，並將產品、使用情景和目標導向的客戶所經歷的相關結果聯繫起來。

通過以上客戶價值概念分析，可以總結出客戶價值的幾個基本特徵：

（1）客戶價值是客戶通過接觸企業提供的產品或服務后對企業產品的一種評價，是與

企業提供的產品掛勾的，是個人的一種主觀判斷。

（2）客戶感知價值的核心是對客戶所得到的東西與所付出的東西的一種權衡，即利得與利失之間的權衡。

（3）客戶的所得與所失比較複雜，都由很多具體的要素組成。分析客戶的價值往往從產品的屬性、屬性帶來的效用及期望結果等方面來考慮，具有層次性。

（二）客戶價值理論模型

1. 科特勒的讓渡價值理論

科特勒是從客戶讓渡價值和客戶滿意的角度來闡述客戶價值的。其研究的前提是：客戶將從那些他們認為能夠為其提供最大價值的公司購買產品。

總客戶價值就是客戶從某一特定產品或服務中獲得的一系列利益，它包括產品價值、服務價值、人員價值和形象價值等。客戶總成本是指客戶為了購買產品或服務而付出的一系列成本，包括貨幣成本、時間成本、精神成本和體力成本。價值最大化是客戶要追求的目標，因而在購買產品時，總希望用最低的成本獲得最大的收益，以使自己的需要得到最大限度的滿足。客戶讓渡價值模型如圖 3-3 所示。

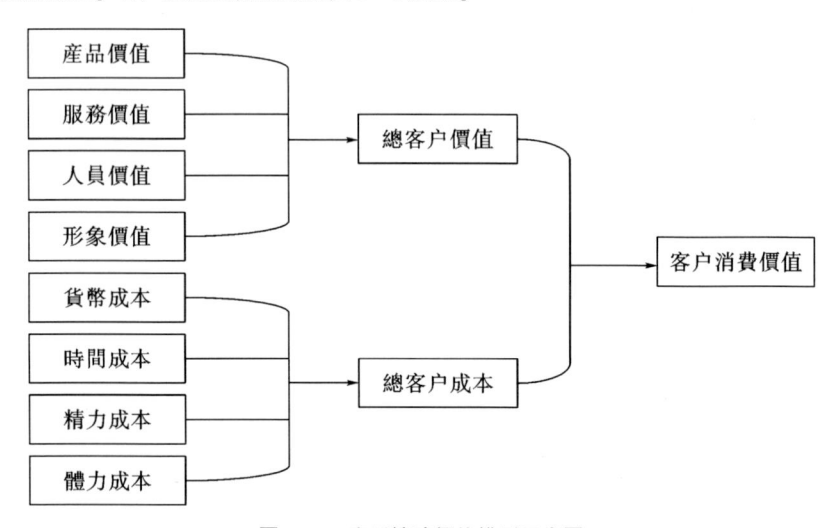

圖 3-3　客戶讓渡價值模型示意圖

2. Jeanke、Ron、Onno 的客戶價值模型

Jeanke、Ron、Onno 的模型從供應商和客戶兩個角度描述了價值轉化的過程。一方面，從供應商的角度看，企業是通過自身的感知、對社會需求的瞭解、對客戶的瞭解及有關信息資料的收集，結合企業的戰略目標和自身所具備的經營資源、核心能力及競爭優勢等因素，形成了自己心目中的「想提供價值」，但由於受到企業自身條件及研發能力等諸多因素的限制，使得企業心目中的「想提供價值」很難百分之百地轉變成「設計價值」，這樣，「想提供價值」與「設計價值」兩者之間就會存在「設計差距」；從客戶的角度看，客戶總是希望獲得完全符合自身需求的「想得到價值」，但由於受到科技發展水平、社會文化環境及法律法規等諸多客觀因素的限制，市場上提供的產品或服務不可能與客戶的「想得到價值」完全吻合，這樣，與客戶的「期望價值」相比就存在「折中差距」。另一方面，從市場的角度看，由於企業與客戶之間的信息不對稱，供應商在客戶需求的調研過程中，調查面過窄，導致信息來源可能不太全面，在對信息的理解上存在偏頗，有時企業又摻雜一些

自身想當然的想法，這樣對客戶的需求分析就未必客觀準確，導致企業的「想提供價值」與客戶的「想得到價值」存在「信息差距」。但由於市場的客觀存在，客戶只能通過市場瞭解產品的「設計價值」，這就使得客戶的「期望價值」與「設計價值」存在「感知差距」。當客戶購買產品後，在使用中得知產品的「獲得價值」，而「獲得價值」與客戶的「期望價值」兩者仍存在「滿意差距」。企業只有縮小與客戶間的各種差距，才能提供客戶真正需要的價值，才能在市場中佔有一席之地。Jeanke、Ron、Onno 的客戶價值模型如圖 3-4 所示。

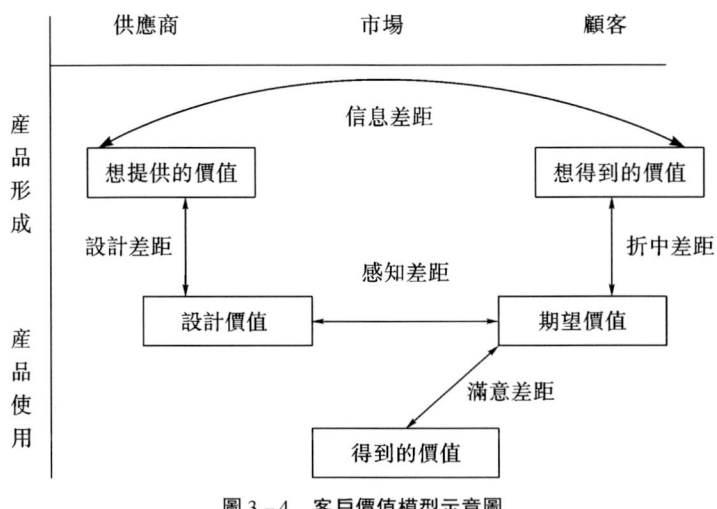

圖 3-4　客戶價值模型示意圖

3. 伍德拉夫的客戶價值層次模型

美國田納西大學行銷學教授羅伯特·伍德拉夫的客戶價值層次模型對客戶如何感知企業所提供的價值問題進行了回答。基於途徑—目標的方式形成的客戶價值層次模型包含兩個方面，即客戶價值要素和結構，要素即顧客對產品屬性、屬性表現、結果和目標的認知，結構則指的是三個層次間的聯繫。一種產品可能由很多屬性組成，以飲料為例，一種飲料可能包含的屬性有口味、價格以及成分，對應的結果可能有解渴、省錢和健康，最終的目標可能包括享受生活以及成功等，這些屬於顧客價值的要素。而結構則是這些內容間的聯繫，例如，口味——解渴——享受生活以及成分——健康——成功。

從下往上看，是客戶期望與感知價值的過程。在購買和使用某一具體產品的時候，客戶將會考慮所購產品的具體屬性和效能，進而形成對某種屬性的偏好，依據屬性的能力完成他們想要的結果；客戶還會根據這些結果對其目標的實現能力形成期望。從上往下看，客戶會根據自己的目標來確定產品在使用情況下各種結果的權重，結果又確定屬性和屬性效能的重要性。

從對伍德拉夫的客戶價值層次模型的分析中可以看出，客戶價值對客戶而言不是一個抽象的概念，客戶會在不同層次上分別形成感知價值，形成不同滿足感。當使用情景發生變化時，產品的屬性、結果和目標之間的聯繫都會發生變化。伍德拉夫的客戶價值層次模型如圖 3-5 所示。

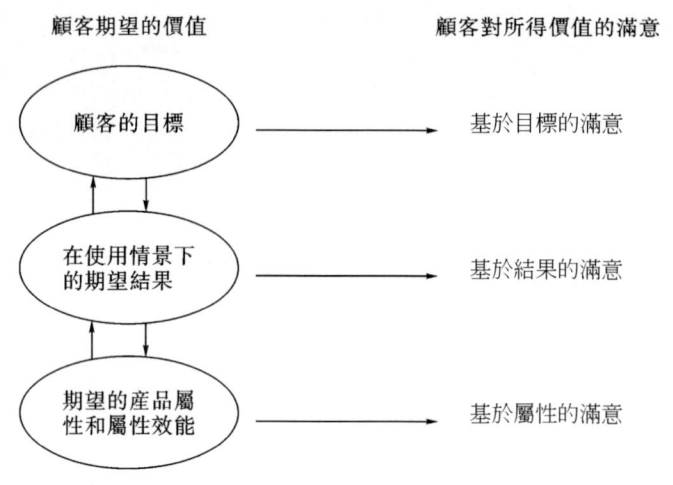

图 3-5 客戶價值層次模型示意圖

4. 威根德的客戶層次模型

美國學者達林·威根德（Darlene Weingand）在進行圖書館的實證研究過程中，將客戶價值劃分為四個層次，即基本的價值、期望的價值、需求的價值和未預期的價值，各個層次都對應不同的客戶價值。實現基本的價值、期望的價值，可以促使客戶滿意。如果客戶沒有感知到基本的價值和期望的價值，客戶就會不滿意，就會產生抱怨，就會引發客戶的投訴；如果客戶的需求價值得到實現，客戶就會忠誠於企業；如果客戶未預期的價值降臨，就會給客戶帶來意外驚喜，帶來額外的價值，客戶的心理滿足感即心理價值就會相應提高，客戶的忠誠度就會得到極大地培養。威根德的客戶層次模型如圖3-6所示。

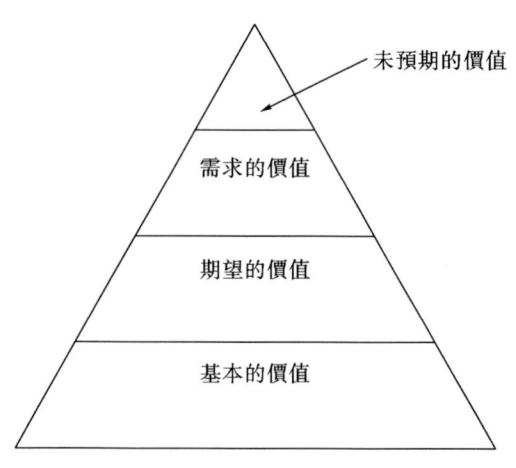

圖 3-6 客戶層次模型

（三）提高客戶價值的策略

對期望持續發展的企業來說，在以客戶需求為中心的行銷導向下，企業的目標應該轉變為客戶價值最大化。但是，有不少企業認為：客戶一旦收益，企業就會有損失。這裡講的客戶價值最大化並不是為客戶創造最大的價值，而是在保證利潤的前提下，較競爭對手向客戶提供更多的價值。企業為了戰勝競爭對手，吸引更多潛在客戶，需要從三個方面來

改進自己的工作：一是通過改進產品、服務、人員和形象來提高產品的總價值；二是通過減少客戶購買產品的時間成本、精神及體力成本來降低客戶的非貨幣成本；三是加強客戶關懷，提高客戶的心理價值。

1. 提高產品的總價值

使客戶獲得更大「讓渡價值」的途徑之一是改進產品、服務、人員與形象，從而提高產品或服務的總價值。讓渡價值是菲利普・科特勒在《行銷管理》一書中提出來的。他認為，讓渡價值就是顧客總價值與顧客總成本之差。其中每一項價值因素的變化都對總價值產生影響，進而決定了企業生產經營的績效。

（1）產品價值。產品價值是由產品的質量、功能、規格和式樣等因素所產生的價值。產品價值的高低是客戶選擇商品或服務所考慮的首要因素。要提高產品價值，就必須把產品創新放在企業經營的首位。企業進行產品創新的目的是更好地滿足市場需求，進而使企業獲得更多的利潤。

（2）服務價值。服務價值是指企業向客戶提供「滿意」所產生的價值。從服務競爭的基本形式看，可分為追加服務與核心服務兩大類。追加服務是伴隨產品實體的購買而發生的服務，其特點表現為服務僅僅是生產經營的追加要素。從追加服務的特點不難看出，雖然服務已被視為價值創造的一個重要內容，但它的出現和作用卻是被動的，是技術和產品的附加物。顯然，在高度發達的市場競爭中，服務價值不能以這種被動的競爭形式為其核心。核心服務是消費者所要購買的對象，服務本身為購買者提供了其所尋求的效用。核心服務是把服務內在的價值作為主要展示對象。

（3）人員價值。人員價值是指企業員工的經營思想、知識水平、業務能力、工作效率與質量、經營作風以及應變能力等所產生的價值。只有企業所有部門和員工協調一致地成功設計實施價值讓渡系統，行銷才會變得卓有成效。因此，企業的全體員工是否就經營觀念、質量意識和取向等方面形成共同信念和準則，是否具有良好的文化素質、市場及專業知識，以及能否在共同的價值觀念基礎上建立崇高的目標，作為規範企業內部員工一切行為的最終準則，決定著企業為客戶提供的產品與服務的質量，從而決定客戶購買總價值的大小。由此可見，人員價值對企業進而對客戶的影響作用是巨大的。

（4）形象價值。形象價值是指企業及其產品在社會公眾中形成的總體形象所產生的價值。形象價值是企業各種內在要素質量的反應。任何一個內在要素的質量不佳都會使企業的整體形象遭受損害，進而影響社會公眾對企業的評價，因此，塑造企業形象是一項綜合性的系統工程，涉及的內容非常廣泛。顯然，形象價值與產品價值、服務價值、人員價值密切相關，在很大程度上是上述三方面價值綜合作用的反應和結果。所以形象價值是企業知名度的競爭，是產品附加值的部分，說到底，是企業「含金量」和形象力的競爭。它使企業行銷從感性走向理性化的軌道。

2. 降低客戶的購買成本

提高客戶價值除了提高企業產品的總價值外，另一個主要因素便是降低客戶的購買成本，主要包括時間成本及精神和體力成本。

（1）時間成本。時間成本是客戶為想得到所期望的商品或服務而必須處於等待狀態的時期和代價。在客戶價值和其他成本一定的情況下，時間成本越低，客戶購買的總成本越小，客戶讓渡價值越大。因此，為降低客戶購買的時間成本，企業經營者對提供商品或服務必須要有強烈的責任感和事前的準備，在經營網點的廣泛度和密集度等方面均須做出周密的安排；同時努力提高工作效率，在保證商品和服務質量的前提下，盡可能減少客戶為購買商品或服務所花費的時間成本，從而降低客戶購買成本，增強企業產品的市場競爭力。

(2) 精神和體力成本。精神和體力成本是指客戶購買商品時，在精神和體力方面的耗費與支出。在客戶總價值與其他成本一定的情況下，精神和體力成本越小，客戶為購買商品所支出的總成本越低，讓渡價值越大。因此，如何採取有力的行銷措施，從企業經營的各個方面和各個環節為客戶提供便利，使客戶以最小的成本耗費，取得最大的實際價值是每個企業需要深入探究的問題。

閱讀材料 5：

「一站式」購買，降低交易成本

廣告價格貴不貴在於值不值，這是大家都認同的。企業需要注意的是，廣告成本除了投放成本，實際上還應包括對廣告資源評估識別的成本，投放廣告前後的業務過程成本，建立媒體合作關係所付出的時間、精力等關係成本，以及各類媒體不確定性帶來的風險成本。而中央電視臺（以下簡稱央視）通過資源價值化、服務精益化、經營與品牌的國際化和管理科學化等一系列努力，一直有效地降低客戶的這些成本，遠遠走在了同行的前列。

2009 年的廣告招標，企業通過央視廣告部可以實現對 2009 年央視優質資源的「一站式」購買，降低了企業廣告購買的交易成本，控制了風險；通過建設廣告產品超市、整合臺內的廣告資源，央視廣告部滿足了客戶對廣告產品靈活性、豐富性的需求，節省了客戶搜索和識別服務產品的成本；通過建立大客戶服務中心、升級網上招標系統等措施，為客戶創造了一個清晰、直觀、便捷的服務界面，節省了客戶業務往來溝通的時間和精力付出；通過對註冊、審查等服務流程進行優化，節省了不必要的客戶等待和重置成本。

3. 提高客戶的心理價值

企業要想真正地感動客戶，必須要有足夠的愛心與恒心，貼近客戶情感，實行情感行銷。因為很多客戶並不能夠在一次企業廣告信息的影響下，立即行動來購買企業的產品，總是有一個循序漸進的認知過程。其實，客戶都是有需求的，只是企業沒有挖掘到客戶真正要採取購買行動的理由。企業就要站在客戶的角度上考慮問題，設身處地為客戶著想，給客戶所遇到的問題提供解決方案。在處理抱怨和投訴時要有快速反應機制，要把小事做大，小事做精，要舍得付出。這樣即使再「頑固」的客戶也會被企業感動，其心理滿足程度會有一個極大提高，客戶就會購買企業的產品。客戶的需求是多方面的，只要抓住客戶的有效需求，客戶就會買帳，就會覺得心裡舒服，其心理價值就會得到提高。

研究表明：2/3 的成功企業的首要目標就是滿足客戶的需求和保持長久的客戶關係。例如，星巴克（Starbucks）認為他們的產品不單是咖啡，而且是咖啡店的體驗。顧客到星巴克的目的不僅是喝一杯咖啡，更重要的是體驗氣氛，體驗個性化的店內設計、暖色燈光及柔和音樂，通過體驗客戶的心理得到滿足。星巴克一個主要的競爭戰略就是在咖啡店中同客戶進行交流，特別重視同客戶之間的溝通。每一位服務員都要接受一系列培訓，如基本銷售技巧、咖啡基本知識、咖啡的製作技巧等。要求每一位服務員都能夠預感客戶的需求。相比之下，那些業績較差的公司，這方面做得很不夠，他們更多的精力是放在降低成本和剝離不良資產上。所以世界上成功的企業往往是重視客戶價值的企業。

閱讀材料 6：

「施樂」品牌的倒塌

施樂（Xerox）創建於 1906 年，總部位於美國康涅狄格州斯坦福市。施樂公司曾經是複印機產業的龍頭老大，是「複印機」的代名詞，但是昔日的輝煌已經不再。在打印機和複印機的產業領域內，因為施樂公司的故步自封，已經喪失了很多市場份額。施樂在 20 世

紀 80 年代處於龍頭地位，它的複印機產品機型大、價格高，可是沒有變革的緊迫感，也沒有努力去控制生產成本。2000 年，施樂公司市值 80 億美元，負債 180 億美元，員工近 9 萬人，開始走向衰退。

其實施樂公司的衰退最為關鍵的因素是對客戶價值的漠視。施樂公司最初是利用出租複印機，靠出售色帶和複印紙來賺取利潤。另外，由於施樂機器容易壞，施樂公司專門組建服務隊伍進行維修服務從而賺取服務利潤。但是客戶充滿抱怨，因為客戶需要的是高質量的產品而不是反復維修的產品。后來隨著技術進步，激光打印機的推出，更多競爭對手（如惠普、佳能、理光、美能達等）的進入，讓施樂的很多客戶進行了大規模的品牌轉移。

第二節　識別客戶的意義、對象及內容

在產品和服務差異越來越小，企業之間的市場競爭日趨激烈的情況下，消費需求呈現出個性化、多樣化和複雜化等趨勢，客戶有了越來越大的選擇自由。實施「以客戶為中心」的客戶關係管理，是企業保持持久進步的重要舉措。企業的一切活動必須圍繞滿足客戶的需要展開，設法吸引消費者，使其成為自己的客戶，並盡力與其建立長期的、良好的關係，達到長期、穩定發展的目的。可是，如果無法知道哪些客戶是重要的，哪些客戶是最有潛力的，那麼客戶關係管理將無從談起。因此，識別客戶將成為客戶關係管理實際運作過程中非常重要的一環。

一、識別客戶的意義

21 世紀是一個以客戶為導向的時期。企業經營的基本活動就是與客戶的交流合作，客戶不但是企業的服務對象，更是企業一切活動的風向標。因此，企業只有明確了誰是自己的客戶，才能夠少走冤枉路。客戶識別對企業客戶關係管理實施具有重要意義，主要體現在對企業客戶保持和客戶獲取的指導上。

1. 識別客戶對客戶保持的影響

保住客戶使其不再流失是企業實施客戶關係管理的主要目標之一，對企業的利潤有主要影響。美國行銷學者弗雷德里克・賴克赫爾德（Frederick Reichheld）和厄爾・賽斯（Earl Sasser）對美國 9 個行業的調查數據表明，客戶保持率增加 5%，行業平均利潤增加幅度為 25%～85%。客戶保持對公司利潤的影響之所以如此之大，是因為保持現有客戶比獲取新客戶的成本低得多，一般僅是獲取新客戶成本的 1/10～1/5。但是客戶保持也是需要成本的，在現有的客戶群體中，並不是所有的客戶都會同企業建立並發展長期合作關係。如果不加區別地對所有客戶都進行保持努力，勢必會造成客戶保持成本的浪費。如果事先通過客戶識別方法，識別出具有較大概率同企業保持客戶關係的客戶，並有區別地開展客戶保持努力，就會起到事半功倍的效果，大大節省企業的客戶保持成本。

2. 識別客戶對新客戶獲取的影響

儘管客戶關係管理把重點放在客戶保持上，但由於客戶關係的發展是一個動態而不是靜態的過程，總有一部分老客戶要流失，企業還是需要獲取新客戶的。新客戶的獲取成本大大高於老客戶的保持成本，其主要原因就是在新客戶的開發過程中，面對新客戶，客服人員要一遍又一遍、不厭其煩地向其介紹企業的產品和服務。企業要接受新客戶的質疑，要三番五次地和客戶討價還價，甚至還要接受客戶試用公司產品的要求，及其要求更低的價格，導致獲取每個客戶的平均成本居高不下。如果客服人員能夠有效識別最有可能成為

企業客戶的潛在客戶，並有針對性地開展新客戶公關，勢必能夠大大節省企業的新客戶獲取成本。這樣就可以杜絕新客戶開發中無謂的投入，用盡可能少的客戶獲取成本獲取盡可能多的客戶。通過客戶識別可以有效降低企業客戶關係管理的實施成本，為企業創造競爭優勢。

3. 識別客戶對客戶關係的影響

企業在注重新客戶獲取和老客戶保持的基礎上，有必要加強對流失客戶的管理。客戶關係恢復的目標是充分挖掘客戶的潛力，與流失客戶重新建立客戶關係，盡可能地減低客戶流失帶來的不良影響。然而，在流失的客戶群體中，並不是所有的客戶關係都值得企業去恢復。如果不加區別地對所有流失客戶採取補救措施，勢必會造成客戶關係恢復成本大幅提高。如果事先能夠明確流失客戶的商業價值和關係恢復的可能性，並有區別地開展客戶關係恢復措施，就會起到事半功倍的效果，並有效提高客戶關係恢復的價值。

閱讀材料7：

保持老客戶，識別新客戶

一位客戶在銷售員的幫助下買下了一套大房子。房子雖說不錯，可畢竟是價格不菲，所以該客戶總有一種買貴了的感覺。幾個星期之後，房產銷售員打來電話說要登門拜訪，這位客戶不禁有些奇怪，因為不知他來有什麼目的。星期天上午，銷售員來了。一進屋就祝賀這位客戶選擇了一套好房子。在聊天中，銷售員講了好多當地的小掌故，又帶客戶圍著房子轉了一圈，把其他房子指給他看，說明他的房子與眾不同。銷售員還告訴他，附近幾個住戶都是有身分的人。這一番話讓這位客戶疑慮頓消，得意滿懷，覺得很值。那天，銷售員表現出的熱情甚至超過賣房子的時候，他的熱情造訪讓客戶大受感染，這位客戶確信自己買對了房子，很開心。一週後，這位客戶的朋友來這裡玩，對旁邊的一幢房子產生了興趣。自然，他介紹了那位房產銷售員給朋友。結果，這位銷售員又順利地完成了一筆生意。

二、識別客戶的對象

識別客戶就是通過一系列技術手段，根據大量客戶的個性特徵、購買記錄等建立客戶數據庫，事先確定出對企業有意義的客戶，作為企業客戶關係管理的實施對象，從而為企業成功實施客戶關係管理提供保障。哪些客戶是對企業有意義的客戶呢？這裡主要從潛在客戶和有價值客戶來闡述。

（一）識別潛在客戶

由於潛在客戶雖然對企業的產品和服務有需求，但目前未與公司進行交易，因此具有「尚未發現」的特點，是經營性組織機構的產品或服務的可能購買者，是需要公司花大力氣爭取的客戶。新客戶的加入為企業注入新的血液，特別是大的潛在客戶的加入，對企業營利產生重要的影響。

識別潛在客戶需要具備幾個條件：一是行銷人員要有觀察力，充分利用眼、鼻、嘴、耳和身五方面，同時充分利用人的第六感官使自己處於一種意境當中，觀察到客戶內心深處而不是表象；二是行銷人員要有極強的判斷力和敏感性來判斷客戶的性格。

1. 潛在客戶的特徵

潛在客戶的特徵主要表現為以下幾點：

（1）潛在客戶要有足夠的資金。一個沒錢的人，就是想買東西，也沒有能力付款。設想一個月薪2,000元的人，不可能買一棟價值100萬元的別墅。因此，銷售員向他推銷別

墅是白費力氣，但他通過抵押貸款購買微利房也許是可能的。

（2）潛在客戶要有決定權。就家庭而言，決策者可能是父親，但母親和子女也可能是決策的影響者。決策者就是有決定權的人，這就是推銷員要找的對象。

（3）潛在客戶要有真正的需求。向視力正常的人推銷近視眼鏡，向失去雙手的人推銷手套，向「聰明絕頂」的人推銷洗髮水，這些能夠成功嗎？通常不能。因為他們通常無此需要。

2. 識別潛在客戶時，要遵循的原則

一般來說，在潛在客戶識別中，企業需要遵循以下原則：

（1）尋找那些關注未來，並對長期合作關係感興趣的客戶。當前的客戶或許就是最具潛力的長期合作夥伴，但在檢查客戶名單時必須區分輕重。許多企業都在提倡對每一個客戶的終身價值進行評估，即在他們關係的持續期內，對客戶產生的業務總量進行分析、評價。

（2）搜索那些具有持續性特徵的客戶，即那些需要不斷改進產品性能和表現的「彈性」客戶。Silicon Graphics 公司是一家生產高性能的可視計算機系統的生產商，它把一群特定的最終用戶看作是「燈塔」用戶，這些挑選出來的群體在其產品和運用上與企業共同工作。同時，為了保護對基本使命的關注——為最終客戶提供能在市場上脫穎而出的技術，企業對「燈塔」客戶的數量作了一定的限定。

（3）對客戶的評估態度具有適應性，並且能在與客戶的合作問題上發揮作用。提倡雙方分享共同的思維方式和對合作成功毫不動搖的承諾。雙方都必須表現出忍耐和寬容，而且文化必須具有相容性。

（4）認真考慮合作關係的財務前景，這是對理想的潛在客戶的一個重要的資格認證。當企業與客戶達成一項補償協議時，就意味著企業願意分擔客戶的一些風險，並從客戶的產品或服務中得到一部分利潤作為補償。企業和客戶能否建立利潤上的風險和回報共享關係是對財務適應性的真正校驗。

（5）應該知道何時需要謹慎小心。那種在初期看起來完美無缺的潛在客戶可能最終對企業毫無意義。識別理想客戶是至關重要的，企業要特別警惕三種類型的客戶：

①那些只有一次購買歷史的客戶。這些客戶以標準的方式對待市場，四處搜尋以獲取最好的交易，沒有與一個或幾個企業有過長期合作的記錄。這些客戶追求的是短期利潤，而不是從與特定企業緊密、持久的聯繫中得到利益。

②過於自信、權力欲強的客戶。這些客戶不需要過多的幫助。合作和引導，他們是喜歡 DIY（Do it yourself）的群體，過於親密會使他們緊張不安。

③沒有耐心的客戶。這些客戶不會給予長期關係開花結果的時間。他們不喜歡為一個最終更加完美的解決方案進行時間上的投資。當他們不得不進行等待時，就會心存不滿。他們無法想像長期的客戶關係將會帶來多麼大的收益。

3. 挖掘潛在客戶的方法

老客戶是企業發展的基石，是企業獲得穩定收入的主要來源。然而，無論客戶滿意度如何高，只要競爭對手存在，就總有一部分客戶要流失。根據漏鬥原理，流失的老客戶需要用新客戶來代替，這樣才能保證企業的客戶份額。因而挖掘新客戶就成為企業的一項重要任務。新客戶的加入，特別是大的潛在客戶的加入，對企業營利將產生重要影響。挖掘潛在客戶的常用方法有以下幾種：

（1）連鎖介紹法。連鎖介紹法是指通過老客戶或朋友的介紹來尋找其他客戶的方法。行銷人員只要在每次訪問客戶之後，問有無可能介紹其他對該產品或服務感興趣的人。第

一次訪問產生2個客戶，這2個客戶又帶來4個客戶，4個又產生8個，無窮的關係鏈可一直持續發展下去，銷售人員最終可能因此建立起一個自己的潛在客戶群。這種方法尤其適合保險或證券等一些服務性的行業，而且這種方法最大的優點在於其能夠減少行銷過程中的盲目性。但是在使用該方法時，銷售人員需要提及推薦人以便取得潛在客戶的信任，提高成功率。

（2）討論會法。討論會法是指利用專題討論會的形式來挖掘潛在客戶。由於參加討論會的聽眾基本上是合格的潛在客戶，因為來參加的必定是感興趣的。但是在使用討論會方式時，應注意以下幾點：一是時間的選擇，時間選擇應注意適當原則，不宜過長也不宜過短，以連續兩天為宜，因為第一天沒有時間到會的潛在客戶可以在第二天趕上；二是地點的選擇，要想最大限度增加到會人數，應選擇諸如飯店、賓館等具備洽談交流條件的場所；三是會議主持人要具有較高的專業水平，具有較強的親和力和轟動效應；四是準備一套含有服務清單、個案研究、流程簡介及公司發展史的市場推廣材料，設計出色的推廣材料能夠幫助企業脫穎而出；五是備案與會者的資料，盡可能做到詳細、具體。

（3）電話尋找法。電話尋找法是指行銷人員利用打電話的方式尋找潛在客戶的方法。它是一種重要的行銷手段。這種方法的最大優點是速度快，但是採用這種方法時一定要注意談話技巧，要能引起對方的注意力，並繼而引發其興趣，否則很容易遭到拒絕。而且通話的時機要把握一定的分寸。

（4）「名人」效應法。「名人」效應法是指在某一特定的區域內選擇一些有影響的名人，使其成為產品或服務的消費者，並盡可能取得其幫助或協作。這種方法的關鍵在於「名人」，即那些因其地位、職務、成就或人格等而對周圍的人有影響力的人物。這些人具有相當強的說服力，他們的影響能夠輻射到四面八方，對廣大客戶具有示範效應，因而較易取得其他客戶的信賴。而且這些有影響的人物經常活躍於商業、社會、政治和宗教等領域，他們可能會因為資深的財務背景或德高望重的品行而備受他人尊敬，因此如果能夠得到他們的推薦，效果尤其明顯，因為他們代表了權威。但是，在使用該法時，應注意同有影響的「名人」保持聯繫，而且當他把你推薦給他人之後，不管交易是否成功，一定要向他表示感謝。

（5）直郵廣告法。直郵廣告即直接郵寄廣告媒體，是指通過郵寄網路把印刷品廣告有選擇性地直接送到用戶手中的廣告形式所依賴的媒介物。常見形式有商品目錄、說明書、價目表、明信片、宣傳小冊子、招貼畫、企業刊物、樣品和徵訂單等。直郵廣告是最古老的廣告媒體之一。電子郵件的廣泛發送和「一對一」的個性化電子郵件增強了行銷商的能力，使他們通過個人間對話與客戶建立起牢固、持久的關係。

挖掘潛在客戶除了上述的五種方法外，還可以通過上門尋找、廣告尋找及從沒有競爭關係的其他銷售人員中獲取相關信息，也可以通過國際國內的會展等渠道來獲得資料。總之，尋找識別潛在客戶是一項艱鉅的工作過程，需要行銷人員綜合運用以上各種方法與技巧，才能取得最終的成功。

閱讀材料8：

「偶然相遇」挖掘潛在客戶

戴爾公司有一個年輕的行銷員，非常成功地利用「偶然相遇」獲取了一個訂單。

某年，北京電信有一個項目，當時戴爾、惠普等幾家公司都在競爭。戴爾沒有任何優勢，沒有客戶關係。大家知道，電信行業的銷售都以客戶關係為導向，所以該行銷員幾乎沒有機會。但是他非常成功地運用了「偶然相遇」的方法。因為他瞭解到北京電信的一位

領導要坐飛機從北京到南京出差，所以他買了同樣一個航班的飛機票，然后想辦法坐在那位領導的旁邊。而且，做了精心準備。去之前他把那位領導過去寫過的各種文章整理成冊。在飛機上，他故意拿出來反反復復地看，這樣，自然引起了那位領導的注意，並詢問他：「小伙子，你是哪個公司的呀？為什麽對這樣的文章感興趣？」

這樣，飛機從北京到南京飛了一個多小時以後，兩個人的關係就很好了。那位領導下飛機的時候，留下一句話：「小伙子，我兩天以后回北京，有時間你打電話給我。」由於他們的「偶然相遇」，這個項目後來就給他了。

（二）識別有價值客戶

在產品差異化越來越小和企業促銷的手段大同小異的競爭時代，總是存在著這樣一些客戶，他們的購買決策僅受到價格因素的影響，如果他們發現別的商家的價格比你的還要低，則會馬上離你而去，所以並不是所有的客戶都想與你的公司保持長久的關係。同時有些客戶更關注商品的質量、服務、時間、精神及體力成本以及由於擁有優先級而享有的價格優惠。在某些情況下，為了避免四處購物所帶來的煩惱，他們寧願多花些錢。對於企業來說，並不是每位客戶都有同樣的價值，根據帕累托原則，一個企業80%的利潤往往是由20%最有價值的客戶創造的，其餘80%的客戶為微利、無利，甚至是負利潤的。企業要保持的是有價值的客戶，所以，你無須與所有的客戶建立關係。

各個行業都可以看到核心客戶的身影，從股市的大客戶室，中國電信大客戶事業部，商業銀行的VIP理財室，再到航空公司的頭等艙，等等，衡量一個客戶價值的標準不只是看他的社會地位和身分，更重要的指標是看他對公司利潤貢獻的大小。因此識別一位客戶是否為有價值客戶，不應僅看眼前的客戶規模、交易量和交易額等指標，更關鍵是這個客戶對企業的利潤貢獻度，以及該客戶的成長潛力，即要看客戶的終生價值。據此把客戶分為兩種類型：一類是交易型客戶，另一類是關係型客戶。交易型客戶只關心商品的價格，在購買商品之前，他們會花很長的時間去打聽價格，即使最終成交，他們帶給企業的利潤也有限。關係型客戶希望能夠找到一個可以長期合作的供應商，尋找一家能夠提供可靠商品的、友好的公司，並與這家公司形成唇齒相依的關係。一旦他們找到了這樣的一家供應商，就會一直在那裡購買東西和服務。

閱讀材料9：
聯想集團的市場內部變革

2004年，聯想的主要競爭者在中國市場的份額連續五年不斷擴大，而聯想却在收縮，並且競爭者的利潤率相對要比聯想高。這是怎麽形成的？以楊元慶為首的領導班子花了相當長的時間作了深刻的調查和分析，最后認為，在個人電腦（PC）領域裡面客戶分成兩類，一類稱為關係型客戶，一類稱為交易型客戶。關係型客戶是指那些大的中型商業客戶，如政府部門和大中企業。聯想賣給他們機器不是賣一臺、賣一批，而是希望他們長期地買下去。關係型客戶要考慮為客戶自身打造的問題，他們要什麽東西，聯想要深刻地去理解。另一類為交易型客戶，交易型客戶主要就是聯想的銷售渠道、代理商，而他們的客戶最后是廣大的個人消費者和中小企業。對這些廣大的消費者來說，他們買的就是一臺具體機器。

當時，聯想的競爭者主要是通過直銷方式做大客戶，后來客戶也包括中等企業。而聯想對所有的客戶全是當做交易型的客戶來做，這明顯是不合適的。聯想集團就根據這個進行大規模的變革：從研發開始，到供應鏈體系的每個環節以及銷售和服務，形成了為兩種不同客戶服務的體系。2004年開始推進的時候受到非常嚴峻的考驗。從9月份開始，各種關係理順了，報表也逐漸好看了。2005年，聯想在中國市場的份額超過30%。

識別有價值的客戶要求企業對於不同客戶要區別對待，企業不但要區分商業客戶與個人客戶，還要針對不同的客戶級別採取不同的管理措施，尤其在服務政策方面。其實，這不僅是企業向管理要效益的需要，也是客戶的需要。企業不妨從這個角度來考慮，如果採取「一刀切」的管理政策，一些高價值客戶可能會感到自己不被重視，並且也沒得到相應回報，這些客戶就容易失去積極性。另外，把用於高價值客戶身上的資源同樣用於中低價值客戶身上，這也容易造成企業資源的浪費，使企業有限的資源不能用在「刀刃」上。如果從客戶的角度來說，客戶需求越來越個性化，不喜歡接受企業提供的大眾化服務，客戶喜歡通過差異來顯示他們與其他人的區別。因此，企業在客戶管理政策的制定上必須量體裁衣，並且政策要能對低價值客戶形成激勵，促使他們向高價值客戶轉變。

在識別有價值客戶時，要根據對企業長期價值的貢獻將客戶分為四類：

（1）對企業市場戰略具有重大影響，給公司帶來最大營利的客戶，稱為戰略型或燈塔型客戶。這類客戶購買的產品約占公司銷售量的10％，却實現30％～50％的銷售收入，對其進行客戶關係管理的目標就是留住這些客戶，保持一種長期穩定的戰略關係。

（2）能夠給企業帶來可觀利潤並且有可能成為公司最大利潤來源的客戶，稱為主要客戶。這類客戶給公司帶來的銷售額和銷售利潤約為40％～50％，並且有可能給公司帶來巨大的利潤。對這類客戶實施客戶關係管理的目的就是提高他們在公司購買產品或接受服務的份額。戰略客戶和主要客戶就是前邊講述的關係型客戶，占企業客戶份額的20％，需要企業在客戶關懷、客戶情感方面加以重點關注。

（3）對企業價值貢獻不大的為數眾多的客戶。他們就目前來講，能夠給企業帶來利潤，但正在失去價值，這類客戶稱為交易客戶。這類客戶約占企業客戶份額的50％，需要企業加以維持，但不需要進行特別的關照。

（4）讓企業蒙受損失的客戶，稱為企業的風險客戶。這類客戶約占企業客戶份額的20％，不僅浪費企業客戶資源，而且也不能給企業帶來相應的利潤。正如射擊前先要對準靶心才有可能打出好成績，企業在面對客戶時道理也相同。並非所有的客戶都是企業要為之服務的，如菲利普·科特勒所言，「每一分收入並不都是利潤」，對過多地占用企業資源却不能給企業帶來利潤的客戶企業必須學會放棄，剔除這部分客戶可以大大降低企業進行客戶關係管理的工作量。

三、識別客戶的內容

客戶是企業產品的受用者，是企業的利潤源泉，是企業生存發展的根本。企業要想在競爭激烈的市場中獲勝，必須首先確定客戶的需求，然后生產出產品和提供服務來滿足這些需求。因此，越來越多的企業開始從「以市場為中心」逐步轉向「以客戶為中心」。客戶導向型的企業必須充分研究客戶，瞭解客戶需要什麼樣的產品和服務，把握客戶的真正需求是什麼。

（一）從兩種角度識別客戶的需求

在海爾的管理中，有這樣一種觀念：「市場設計產品」。這裡的「市場設計產品」遠遠不同於「為市場設計產品」。「市場設計產品」的主語是市場，主體是消費者，中心思想是要讓產品或服務的設計更貼近市場，貼近消費者，也就是用消費者的眼睛去觀察和理解客戶自身的要求，應用外部視角來設計產品和服務。「為市場設計產品」的主體是企業自身，而市場或消費者往往是被動地接受，后果是客戶的被動接受，直至客戶不滿意，常常導致客戶的流失。事實上，企業的產品和服務是否為客戶所滿意完全取決於客戶的期望要求，是由客戶說了算。

識別客戶的需求通常有兩種角度。一是從客戶的角度出發，進行換位思考。客戶最終是否滿意，關鍵就在於是否滿足了客戶的需求尤其是深層次的心理需求。因為客戶購買的不僅僅是功能，而是功能為他們帶來的利益和心理滿足。例如，某人要娶媳婦了，要趕在國慶節前把新房裝修好，裝修隊伍也簽了合同，滿口答應按期完工，但到9月下旬，裝修工程還沒進行一半。這時候他的心情又如何？可能會發誓：以后再也不找這個施工隊了，也會告訴所有認識的朋友和親戚，不要再上這個施工隊的當了。把娶媳婦的好心情全弄沒了，自然心理得不到滿足。二是從企業管理者、內部員工等企業自身的角度去觀察和理解客戶的需求，即企業自認為客戶的要求是什麼。客戶價值是客戶想要的，企業很多時候都犯了「我以為」的錯誤。例如，「我以為客戶說的是下午」「我以為客戶選擇北京」「我以為客戶會同意」……結果沒想到「我以為」的東西都不是客戶想要的。所以客戶想要的才是創造客戶價值的必要條件，才會真正符合客戶的有效要求，提高客戶的滿意度。

（二）識別客戶需求的基本程序

1. 瞭解客戶過去的購買經歷

這個階段要求銷售人員對客戶的過去有一個清晰的瞭解和認識，掌握客戶過去使用哪個廠家的產品、使用數量的多少、使用頻率的高低等信息。

2. 收集客戶要求

銷售人員利用各種資源以清單的方式列出所有可能的顧客需求，如品質需求、功能需求、服務需求、心理需求和價格需求等方面。

3. 識別客戶的核心需求

客戶的需求有很多，但一定要識別客戶最重要的需求並去滿足他，這樣企業才能夠取得更大的成功。例如，企業要銷售一支記號筆，安全無毒、使用時間長、易清洗、有檔次，這些都是客戶的需求。如果客戶是一位四歲孩子的媽媽，那安全無毒就是她最大的需求；而對一名非常優秀的培訓師來講，有檔次就是他最大的需求，高檔次的筆更能凸顯他的身分。

4. 發現客戶的問題與不滿

不同地區不同客戶群對產品有不同的需求強度，因而滿意水平也不同。當客戶需求強度較高時，稍有瑕疵，客戶就會有不滿或強烈不滿；當客戶需求強度低時，只需低水平的滿足即可。例如，對於空調，收入豐厚的人喜歡高檔名牌，對空調品質和功能需求的強度就高，對價格的需求並不強烈，所以就可能購買功能齊全的變頻空調；低收入群體的心理需求是追求物美價廉，因此對價格和服務的需求強度高，質次、價高、服務差勁是他們產生不滿的主要因素，而對功能需求則相對較弱。因此，企業應根據不同層次客戶的需求，發現其問題和不滿及時予以解決，以滿足不同層次客戶的需求。

5. 確認客戶的期望

客戶過去的經歷、口碑的傳遞、客戶個人的需求等幾方面的因素形成了客戶的期望值。對企業來說，最重要的是通過降低客戶的期望值來達到提高客戶滿意度的目的，讓客戶的感知超過客戶的期望，從而有效地提高客戶的忠誠度。客戶的期望會隨著時間的推移而上升，從最初的驚喜需求轉為期望需求甚至是基本需求。企業要做的是按自己的實際能力，合理引導客戶的期望水平，有效地控制客戶期望攀升。

（三）識別客戶需求的渠道

在企業經營中，人的需求因其所處環境、所處階段不同而不同。需求不是一個固定的靶子，而是一個隨著客戶所處的環境、時段、心情而隨時飄移的「靶子」。例如，當某人的太太懷孕時，他在街上看到的孕婦是之前的很多倍，這是因為他關注了相似的人群，大家

會很自然地交流與懷孕有關的信息，問問「在聽什麼胎教音樂」「孕婦日常靠什麼保健」等。某人第一次患頸椎病，到了醫院，發現有頸椎病的人「如此之多」，「據說超過了80%」，而他原來根本沒有感覺到。他可能開始和病友們聊起「怎麼避免」「如何注意少復發」的問題了。所以不瞭解客戶的需求，就無法提供有效的服務，難以提高客戶的滿意度，會影響企業的競爭實力。找到識別客戶需求的渠道已成為諸多企業提高客戶份額、增強企業競爭力的有效手段。

1. 直接詢問客戶來瞭解相關的信息

要瞭解客戶的需求，提問題是最好的方式。通過提問可以準確而有效地瞭解到客戶的真正需求，為客戶提供他們所需要的服務。一般有以下幾種提問方式：

（1）詢問式提問。單刀直入、觀點明確的提問能使客戶詳述銷售員自己所不知道的情況。例如，銷售可以問：「王總，當發貨延誤或數量出現錯誤時，您會怎麼辦？」或者說：「王總，當客人要買的香菸品牌沒有時，您會怎麼辦？」這常常是為客戶服務時最先問的問題，提這個問題可以獲得更多的細節。

（2）肯定式提問。肯定式的問題即讓客戶回答「是」或「否」，目的是確認某種事實、客戶的觀點、希望或反應的情況。銷售員問這種問題可以更快地發現問題，找出問題的癥結所在。例如，銷售員可以問：「老板，您在貨物送過來收貨時，是否清點？」這些問題是讓客戶回答「有」還是「沒有」。如果沒有得到回答，還應該繼續問一些其他的問題，從而確認問題的所在。

（3）徵求式提問。讓客戶描述情況，談談客戶的想法、意見和觀點，有利於瞭解客戶的興趣和問題所在。對於有結果的問題，銷售員可以問問客戶對提供的服務是否滿意，是否有需要改進的地方，如何改進，等等。這有助於提示客戶，表達銷售員的誠意，提高客戶忠誠度。

（4）澄清式問題。對於客戶所說的問題，有些是必須要給予澄清的。銷售員在適當的時候，以委婉的詢問澄清一些規定、政策和信息等，有助於解疑釋惑，澄清事實，減少不必要的麻煩和爭論。

閱讀材料 10：

老太太買酸棗的故事

一條街上有三家水果店。一天，有位老太太來到第一家店裡，問：「有棗子賣嗎？」店主見有生意，馬上迎上前說：「老太太，買棗子啊？您看我這棗子又大又甜，剛進回來的，新鮮得很呢！」沒想到老太太一聽，竟扭頭走了。店主很納悶：奇怪！我哪裡得罪老太太了？

老太太接著來到第二家水果店，同樣問：「有棗子賣嗎？」第二位店主馬上迎上前說：「老太太，您要買棗子啊？我這裡棗子有酸的，也有甜的，您是想買酸的還是想買甜的？」「我想買一斤酸棗子。」於是老太太買了一斤酸棗子就回去了。

第二天，老太太來到第三家水果店，同樣問：「有棗子賣嗎？」第三位店主馬上迎上前說：「老太太，您要買棗子啊？我這裡棗子有酸的，也有甜的，您是想買酸的還是想買甜的？」「我想買一斤酸棗子。」與前一天在第二家店裡發生的那一幕一樣。但第三位店主邊給老太太稱酸棗子邊聊道：「在我這兒買棗子的人一般都喜歡甜的，可您為什麼要買酸的呢？」「哦，最近我兒媳婦懷上孩子啦，特別喜歡吃酸棗子！」「哎呀！那要特別恭喜您老人家快抱孫子了！有您這樣會照顧人的婆婆可真是您兒媳婦天大的福氣啊！」「懷孕期間最要緊的當然是吃好，胃口好，營養好啊！」「是啊，懷孕期間的營養非常關鍵，不僅要多補充

些高蛋白的食物,聽說多吃些維生素豐富的水果,生下的寶寶會更聰明些!」「是啊!哪種水果含的維生素更豐富些呢?」「很多書上說獼猴桃含維生素最豐富!」「那你這兒有獼猴桃賣嗎?」「當然有,您看我這進口的獼猴桃個大、汁多、含維生素豐富,您要不先買一斤回去給您兒媳婦嘗嘗?」這樣,老太太不僅買了一斤棗子,還買了一斤進口的獼猴桃,而且以後幾乎每隔一兩天就要來這家店裡買各種水果。

同樣的水果店,之所以呈現出不同的市場銷售與營利狀況,是由於經營思想上對市場的「加工」深度不同。在開拓商品市場過程中,因為經營者的思維認識總是有局限性,所以往往淺嘗輒止,便會留下諸多的市場機會。誰善於在「前人」止步的地方起步,進行「深加工」,誰就有可能贏得市場。由此可見,勢均力敵的競爭中,一定要找出對手的「死穴」,才能勝出。

2. 設立公司的意見箱、客戶的意見卡

很多公司在客戶可以看得見的地方設立意見箱,通過意見箱和客戶的意見卡,公司經常會收集到關於客戶抱怨和不滿的信息。需要注意的是,公司必須要有專門人員來負責意見的反饋,反應要迅速。

3. 調查問卷

企業可以通過郵寄、網上發布和現場問答等方法進行調查。作為工作的一部分,客戶服務代表的職責是設計問卷並展開調查,然后對結果進行分析總結。一般情況下,他們會詢問客戶需要什麼產品和服務,公司對他們的需求滿足得怎樣,以及在哪些地方需要做出改進。另一種方法是詢問客戶:客戶服務的其他方面是比期望的好很多或是一樣好,還是比期望的糟得多。他們的回答會表明需要在哪裡做出改進、客戶重視哪些產品和服務以及他們的需要怎樣才能被更好地滿足。

4. 舉行座談會

客服部門定期召集主要客戶舉行產品或服務的座談會,討論客戶的需求、想法和對服務的期望。由於參加座談會的人員均是企業的主要目標客戶群,他們的意見更具有代表性。作為舉辦方,企業態度一定要謙虛,要虛心接受。

5. 公司的服務臺、客戶服務部門

公司的服務臺、客戶服務部門是客戶反應問題或表示感謝的直接部門,這些部門會在產品銷售或服務提供過程中直接得到客戶對產品或服務的態度和意見等。客服部門需要把客戶的需求及相關產品或服務建議匯總分析后及時提交給決策部門,使客戶的需求盡快得到滿足。

6. 客戶數據庫分析

客戶數據庫提供了可以用來判斷客戶需求和需要的豐富信息。舉例來講,對數據庫信息的分析可以表明誰購買了何種產品、哪種產品暢銷或滯銷、客戶購買了多少和他們何時購買。今天,很多商業機構使用客戶關係管理軟件將公司裡所有的數據庫連接在一起。一個部門輸入的信息對於每一個使用數據庫的人都是可以獲得的。

識別客戶需求的渠道除了以上幾種外,對於一些行業(如醫藥行業)可以舉行相關科普知識講座來徵求與會者的意見,還可以給與會者設計需求;有的還通過電子郵件、現場品嘗等方式來獲得客戶的需求,從中發現潛在客戶,擴大企業的客戶份額。

第三節　識別客戶情景劇

如此推銷

王夫人和她先生是一對年輕的夫婦，住在錦州市太和區，都受過高等教育。他們有兩個孩子，一個九歲，一個五歲。夫婦倆非常關心孩子的教育，並決心要讓他們接受最好的教育。

隨著孩子的長大，王夫人意識到該是讓他們看一些百科讀物的時候了。一天，當她翻閱一本雜誌時，一則有關百科讀物的廣告吸引了她，於是她打電話給當地的代理商，問是否能見面談一談。以下為兩人有關此事的談話摘錄。

王夫人：請告訴我你們這套百科全書有哪些優點？

推銷員：首先請您看看我帶的這套樣書。正如你所見到的，本書的裝幀是一流的，整套五十卷都是這種真皮套封燙金字的裝幀，擺在您的書架上，那感覺一定極了。

王夫人：我能想像得出，你能給我講講其中的內容嗎？

推銷員：當然可以，本書內容編排按字母排序，這樣便於您很容易地查找資料。每幅圖片都很漂亮逼真。

王夫人：我看得出，不過我更感興趣的是……

推銷員：我知道您想說什麼。本書內容包羅萬象，有了這套書您就如同有了一套地圖集，而且還附有詳盡的地形圖，這對你們這些年齡的人來說一定很有好處。

王夫人：我要為我的孩子著想。

推銷員：當然！我完全理解。由於我公司為此書特別配有帶鎖的玻璃門書箱，這樣您的小天使就無法玩弄它們，無法在上面塗抹了。而且，您知道，這的確是一筆很有價值的投資。即使以后想出售也絕不會賠錢。何況時間越長收藏價值還會越大。此外它還是一件很漂亮的室內裝飾品，那個精美的小書箱就算我們贈送的。現在我可以給您填訂單了嗎？

王夫人：哦，我得考慮考慮。你是否能留下其中的某部分，比如文學部分，以便讓我進一步瞭解其中的內容呢？

推銷員：我真的沒有帶文學部分來，不過我想告訴您我公司本周內有一次特別的優惠售書活動，我希望您有好運。

王夫人：我恐怕不需要了。

推銷員：我們明天再談好嗎？這套書可是給您丈夫的一件很好的禮物。

王夫人：哦，不必了，我們已經沒興趣了，多謝。

推銷員：謝謝，再見，如果您改變了主意請給我打電話。

王夫人：再見。

資料來源：張永. 人員推銷教程［M］. 北京：機械工業出版社，2001.

從以上這個情景劇裡不難看出這位推銷員是很不成熟的。在沒有弄清楚客戶的購買行為以及購買目的的情況下，就很主觀、很片面地做出判斷，導致推銷失敗。好的推銷員善於抓住客戶心理，運用各種策略來對客戶加以誘導。通過上述案例請您討論以下兩個問題：

1. 這位推銷員的失誤之處在哪兒？
2. 王夫人購買此書的動機是什麼？

(續集)

旁白：推銷員回去遇見經理。

推銷員：經理，你現在有沒有客戶需要我們幫助的？

經理：有。對了，你今天去王夫人那兒一定把訂單簽了吧？

推銷員：別提了，她一點誠意都沒有。我剛說了幾句她就說不要了，所以我就回來了。

經理：是這樣啊！那把事情的經過說給我聽聽。

旁白：推銷員把事情的經過向經理訴說了一遍。

經理：你說的我大致明白了，但我還是希望你把這筆業務繼續下去，我們不要錯過每一位客戶，要努力爭取每一位客戶。我希望你回去好好想一想，只要對百科全書有興趣的人多半會買我們的產品。因為我們的產品和推銷員都是最優秀的，有空再去一次吧！

推銷員：好的，我回去想一想。

旁白：推銷員又一次來到王夫人家。

推銷員：對不起，打擾一下，我是3+1公司的業務員。我聽說您需要一部百科全書，也許我能幫您的忙。

王夫人：現在我不想要了。

推銷員：這套百科全書適合任何一個年齡段，對您家人的知識儲備會有所幫助。

王夫人：哦，是嗎？請等一下。

推銷員：王夫人，是我！

王夫人：怎麼是你？我對你的這本書已經沒什麼興趣了。

推銷員：王夫人可能您對我這套書沒興趣了，或者您的孩子需要也說不定呢？

王夫人：這套書對我的孩子有什麼幫助呢？

推銷員：現在的孩子不管是智力，還是生活環境都越來越好，不像我們那時候，就算腦袋好使，也沒有條件買書，是吧？

王夫人：可不是嗎！條件好了就想投資教育，一切不都是為了孩子嘛。

推銷員：你真是一位好媽媽，這是您孩子的照片吧？幾歲了？

王夫人：九歲了。

推銷員：上小學幾年級了？

王夫人：三年級。

推銷員：哎呀，一看就知道這孩子聰明，上學這麼早以后一定有發展。王夫人，您看孩子這個年齡正是汲取知識的時候，我們做家長的可不能耽誤孩子啊！我們這套書就是為了豐富孩子的知識，開闊孩子的視野，專為他們設計的，我把您昨天想要的文學部分拿來了，您看看。

王夫人：嗯，是不錯！

推銷員：王夫人，我先給你留一個樣本，等孩子回來讓他先看看。看是否能對這套書產生興趣，孩子喜不喜歡。

王夫人：好，謝謝你。再見！

推銷員：這是我們應該做的，能為您的孩子帶去知識我很高興。再見！

隨后王夫人給公司打去訂書電話。

資料來源：張永. 人員推銷教程 [M]. 北京：機械工業出版社, 2001.

問題：

1. 這位推銷員真的成功了嗎？

2. 他真正識別客戶的需求了嗎?
3. 如果是你,你將如何識別客戶的需求?如何準備臺詞?

本章小結

　　1. 在企業競爭日益激烈的今天,客戶已成為企業經營管理的主要資源。如何識別潛在客戶,如何識別有價值的客戶,如何識別客戶的需求就成為本章的主要內容。

　　2. 對企業而言,客戶是對本企業產品和服務有特定需求的群體,是企業生產經營活動得以維持的根本保證。按照不同的標準,可以將客戶分成不同的類型,而企業經營的重要作用就是根據客戶的價值分類,找到最有價值的客戶,對客戶關係進行深入有效地研究。提高客戶價值的途徑,一是提高產品的總價值;二是降低客戶的購買成本;三是提高客戶的心理價值。

　　3. 潛在客戶是指對企業的產品和服務有需求,但目前未與公司進行交易的客戶。識別潛在客戶的方法主要有連鎖介紹法、討論會法、電話尋找法、「名人」效應法、直郵廣告法。識別有價值的客戶就是要求企業對於不同的客戶要區別對待。

　　4. 識別客戶需求的基本程序:一是要瞭解客戶過去的購買經歷;二是要收集客戶要求;三是要識別客戶的核心需求;四是要發現客戶的問題與不滿;五是要確認客戶的期望。識別客戶的渠道主要有:一是直接詢問客戶來瞭解相關的信息;二是設立公司的意見箱、客戶的意見卡;三是調查問卷;四是舉行座談會;五是公司的服務臺、客戶服務部門;六是客戶數據庫分析。

復習思考題

1. 簡述客戶的內涵及客戶、用戶和消費者之間的區別。
2. 按照不同的分類標準,客戶有哪些類型?
3. 如何理解客戶價值?提高客戶價值的途徑有哪些?
4. 挖掘潛在客戶的方法有哪些?
5. 識別客戶需求的渠道有哪些?

案例分析

國航客戶關係管理直指 VIP

　　張先生是國內某大型民營企業的首席執行官(CEO),他乘坐中國國際航空公司的航班前往紐約。雖然機票價格從過去的 3.5 萬元人民幣漲到 7.5 萬元人民幣,但他認為這次「昂貴」的頭等艙體驗物有所值。國航用專用奧迪車來接他到首都國際機場,像往常一樣走過快速 VIP 安檢通道,坐在頭等艙裡,新式、寬敞的座椅讓他感覺舒服極了,座椅可伸展至 180 度,成為一張真正的「空中睡床」。乘務員還為他提供了新配備的睡衣、艙內可模仿日出、日落的燈光,讓他覺得很人性化;飛行過程中,他從幾十部電影中選擇了兩部自己喜歡的;餐食是他在登機前就預訂好的北京烤鴨、法國紅酒。這次,張先生覺得漫長的 13 小時航行居然輕鬆度過。到紐約後,國航又派奧迪車將他從機場送到了目的地。

　　從 2006 年 7 月開始到年底,國航斥資 6.88 億元進行「兩艙」(頭等艙、公務艙)改造的 15 架飛機陸續投入中美、中歐航線,越來越多的乘客都享受到了張先生式的貴賓服務。

国航这次改造头等舱、公务舱，单个座椅投入资金分别是60万元和40万元。配合「两舱」的硬件改造，国航还在餐饮、酒水、杂志、电影等配套方面进行了精心的提升。如今，凡乘坐国航新「两舱」的头等舱乘客均由国航派出的奥迪车接送，公务舱客人由帕萨特接送。所有航班的乘务员由计算机按照年龄、所掌握的语言、职位等合理搭配。

随着「两舱」改造的完成，国航的两舱票价也上升了一倍左右。但像张先生这样的商务人士对国航的满意度并没有随着票价的升高而降低。「只要服务好，价格贵点可以接受，而且这条航线上外国航空公司的头等舱价格更贵。」张先生说。

仅仅两个月，国航的「两舱」改造效果已经开始显现。据国航统计，其北京—纽约、北京—法兰克福航线，来自新「两舱」的收入分别占整个飞机收入的48%和30%。「目前，我们的两舱还没有坐满，一旦坐满，其占总收入的比例可能更大。」中国国际航空公司市场部总经理充满自信地说。目前，这两条航线的「两舱」客座率在70%左右。

国航「两舱」改造可谓一次成功的客户关系管理，达到了客户满意度和利润提高的效果。国航关注客户关系管理至少五年时间，涉及常旅客管理、直销客户管理、渠道管理等各层面。他们并没有购买客户关系管理系统，对这些客户群的数据管理甚至用的不是一套软件和一个团队。在他们看来，「所谓客户关系管理，就是找到高价值客户、获得高价值客户，培养客户的忠诚度和提高客户的价值。」

国航在1994年就开始实施国内第一个常旅客计划——知音卡。截至2006年年初，其发放的知音卡已超过350万张。对于如何提高会员的贡献度，国航也经过一番摸索。最初，国航只是单纯地根据飞行里程来判定会员的贡献度——飞行里程多贡献就大。但是他们通过会员信息分析，发现很多会员几年才有一次飞行行为，尽管这次飞行距离很远，但对国航的贡献度反而不如那些经常乘坐国内航班的客户。于是，国航改变策略，对会员的飞行里程和频率都作统计，并按新标准将会员分为四级：普通知音卡会员、银卡会员、金卡会员及白金卡会员，级别越高的会员获得的奖励也越多。目前，国航VIP会员（包括白金卡、金卡、银卡）共有6万多人，这部分高端客户以每年10%以上的速度增长着。据悉，他们每年贡献给国航的收入达六七十亿元。

对于负责常旅客工作的管理人员来说，其现在并不看重6万多会员的数量，而更看重这些会员中有多少在「活动」，有多少在「睡眠」。国航将VIP会员划分为「活动」和「睡眠」两类状态，那些在一定时间内没有航空活动的会员被认为处于「睡眠」状态。对国航来说，只有「活动」的会员才是有价值的会员。

2006年下半年，国航在2005年电话回访150名VIP会员的基础上，采取更多举措，将6万多VIP会员按照联系地址划分到国航位于全球的6大分公司142个营业部。各营业部和分公司的老总将知道其所管辖的区域有多少白金卡、金卡、银卡会员，并且要主动电话问候这些VIP会员，了解他们新的需求。国航将这次活动叫作「亲切关怀」，以鼓励和刺激会员增加每年的飞行次数。

「对高收益、高价值旅客，投入更多的成本和精力；对低价值的客户则通过电话、网络等低成本手段提供更便捷的服务」是国航全面客户关系管理的准则。

通过几年来对各层面客户的细分，国航除了正确识别出VIP客户群，还在直销客户管理、渠道管理环节中，尝试挖掘出高价值客户。例如，国航实施了协议大客户计划以让国航更直接地了解企业、政府机构中的公商务群体。为此，国航将售票终端搬进这些组织的办公室，为高端旅客群体进行一对一服务。由于省去了中间环节，客户的满意度大大提高，国航也因此获得了稳定的销售收入。

资料来源：李圆. 国航直指VIP [J]. IT经理世界，2006 (17).

問題：
1. 國航為什麼對會員進行分類管理？
2. 通過該案例，可以如何理解帕累托法則？

實訓設計：如何識別客戶的需求

【實訓目標】
1. 瞭解識別客戶需求的兩種角度。
2. 掌握識別客戶需求的渠道。
3. 根據課堂實際情況設計合適的情景對話。

【實訓內容】
根據課堂實際情況，由教師扮演某客戶，學生作為公司代表瞭解該客戶的需求情況。根據對話，分析公司代表是否真正瞭解客戶的需求，如何做到對客戶的需求信息進行收集整理。

【實訓要求】
1. 根據實訓目標和內容，確定情景對話內容。
2. 通過現場觀察、詢問和實習等方法，完成調查報告。

【成果與檢驗】
每位同學的成績由兩部分組成：學生瞭解客戶需求情況（60％）和調查報告（40％）。

第四章
建立客戶關係

知識與技能目標

（一）知識目標
- 熟悉客戶關係的類型；
- 熟練描述客戶關係的精髓；
- 掌握如何維持客戶關係；
- 掌握客戶關係生命週期。

（二）技能目標
- 能夠結合實際應用客戶關係生命週期模型；
- 能夠結合實際建立長期的客戶關係。

引例

別讓客戶感到無奈

劉雲興沖沖地回到工作崗位，剛拿起杯子準備喝口水，桌上的電話鈴響了起來。「喂，您好！我是劉雲」，「劉小姐，您好！我是天一集團廣告部的小張，聽說貴公司目前正在準備招標，挑選市場方面的合作夥伴……」劉雲心裡說這些公司真厲害，老總剛點頭，就有人開始聯繫了。「您方便給我留一下您的 Email 地址嗎？我想給您發一份我們公司的基本資料，希望我們有合作的機會。」劉雲心想正好收集一下供應商的資料，便痛快地把詳細的聯繫方式告訴了小張。

放下電話，劉雲想老板今年為市場推廣工作批了錢，一定要找個合適的合作夥伴，將今年的市場工作做得有聲有色。下午臨近下班了，劉雲正在埋頭寫招標書，電話又響起來了。「劉小姐，您好，我是天一集團市場部的小王，聽說貴公司目前正在準備招標……」劉雲不禁納悶，這個公司是怎麼回事，上午不是剛剛打過電話。轉念一想，他們公司可能人員多，還沒來得及信息共享，算了。於是把自己的聯繫方式又留給了對方。

過了兩天，劉雲正忙著招標會的事情，不停地穿梭於工作崗位和會議室，就在這當兒，電話又響了起來。劉雲估計可能又是哪家希望參加競標的公司，誰知拿起話筒，「您好，我是天一集團策劃部的小李，請問貴公司是不是正在招標呀……」劉雲一聽，頭立刻大了好幾圈，很不高興地問：「你們公司怎麼回事？這麼多人給我打電話問同一個事情，要我回答多少遍呀？」「噢，我們部門剛剛得到消息，真不好意思，打擾了。」這個公司是怎麼搞的，基本的信息共享都做不到，還能指望他們做好什麼呢？想到這裡，劉雲順手把天一集團的競標書扔進了垃圾桶……

問題：

如何與客戶建立良好的客戶關係？

客戶資源是企業生命的核心資源，市場競爭的實質是對客戶資源的爭奪。企業在爭取新客戶的同時，還必須留住老客戶，培育和發展客戶忠誠，建立長期的客戶關係。客戶關係是企業生存發展之本，企業只有打造長期、良好的客戶關係，在客戶關係價值上開展競爭，才能獲取持續的經濟效益。

第一節　客戶關係概述

一、客戶關係的定義

要想更好地理解客戶關係的定義，首先必須理解「關係」一詞。關係是指人和人或人和事物之間的某種性質的聯繫。服務行銷大師克里斯琴‧格羅路斯認為，關係在很大程度上就是一種態度。人們如果感到在他們之間有相互聯繫的紐帶，不管這種紐帶是什麼，這些人就很可能難以分開，這種感覺就說明了關係的存在。客戶行為是顯性的，關係的關鍵在於雙方「感覺」。客戶關係可以簡單地用圖 4-1 來表示。

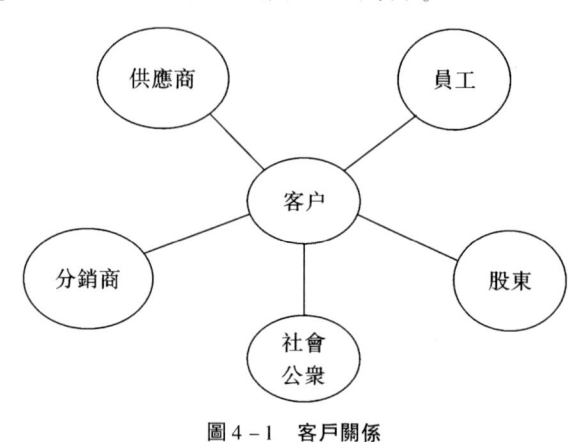

圖 4-1　客戶關係

圖 4-1 客戶關係的簡單表述是，關係發生在人與人之間，具有行為和感覺兩種特性，關係的好與壞是人的一種主觀判斷，關係的雙方受到某種約束，如果中止這種關係就會發生成本。

客戶關係不是單次的交易，而是與過去的交易以及未來可能的交易持續聯繫在一起時產生的。客戶關係是存在於企業與客戶之間的、是與獨立交易相區別的、是企業與客戶之間交易狀態的集合。客戶關係一方面作為靜態的含義，反應的是企業持續關係管理的結果，是企業與客戶之間交易關係與合作關係等各種關係的連續統一體；另一方面作為動態的過程，反應的是企業與客戶之間從交易關係到合作關係的發展歷程。客戶關係是企業與客戶共同構成的利益共同體，按特定的方式組合，共同創造和分享價值。客戶關係的價值體現在交易成本和風險的減少以及效益的提高上。

通過對客戶關係的瞭解，我們可以發現並不是所有的客戶與企業之間的互動活動都能稱為客戶關係。將這些互動活動轉化為客戶關係是需要條件的，即這些互動活動必須要具

備關係要素——信任和價值。這些要素的組合構成客戶與企業之間的特定關係，客戶關係是這些關係要素的結果函數。

1. 信任

信任是從過去的經歷和行為中發展來的，認為合作者具備信任感和可靠性，願意自己去冒險。信任被認為是客戶關係的關鍵因素，它對減少機會主義行為、更好地整合以及減少正式契約是有效的。與信任相似，承諾被認為是成功的長期關係的重要組成部分。承諾被定義為「一個維持有價值關係的渴望」。客戶關係形成的關鍵在於信任的形成，承諾是信任的行為結果。以信任為特徵的關係對關係雙方而言具有非常高的價值，以至於他們都期望對這種關係做出承諾。信任是關係承諾的重要決定因素，也是客戶關係建立與發展最關鍵的因素。

客戶關係的形成是建立在相互信任基礎之上的，相互信任的程度不同則形成不同層次的客戶關係。客戶關係的建立與維持是因為關係雙方之間相互約束的信任，這種信任使得關係雙方產生了對關係的依賴。從經濟角度來分析，關係主體的相互約束是成本，包括關係轉換成本、對關係方的技術依賴以及關係的外在因素（如競爭對手的吸引力等）對關係雙方的約束力。而依賴則體現在維持和發展現有關係產生的收益上，也就是說，關係主體對關係對象能帶來令自己滿意的價值深信不疑，進而願意建立或提高關係層級，所以，構成客戶關係的基礎要素是信任，產生的根源是價值。價值是關係建立的基礎，也是客戶關係發展的驅動力與目的。

2. 價值

客戶關係是能夠帶來價值的，而基於信任的合作關係可以實現雙方價值的最大化。對於關係雙方而言，客戶關係建立與發展信任，使關係雙方產生了共同的價值觀、共同的目標。價值是客戶關係產生的根本原因，客戶關係的本質是價值。

信任關係對客戶關係雙方具有一定的約束性，體現在關係雙方感知成本而出現的不中止關係的行為決策上，也就是信任約束性是關係得以維持的原因。隨關係雙方參與的時間、經歷以及投入的貨幣成本增加，一旦中止關係，就會損失各方面的利益，關係雙方的投資不能回收，形成退出壁壘，從而形成關係雙方的經濟約束。雙方投資越多，越無法避免關係依賴性的產生。此外，關係雙方競爭對手的可替代性對於關係雙方的依賴性會產生極大的影響。可供選擇的企業越多，客戶對關係的依賴程度越低，而企業對關係的依賴程度越高。

由於關係雙方具有類似的價值觀，設定了共同的目標，並堅信在關係的發展中能給自己帶來更大的收益。因此認同的客戶關係會使得關係更進一步，這種持續的關係會給雙方帶來更大的收益。關係雙方都自願為關係的發展做出自身的努力，雙方表現出積極的態度甚至情感。例如，豐田發現有著積極購買經歷的消費者再次購買的可能會從平均的37%上升到45%，有著滿意的服務經歷的消費者再次購買的可能會從37%上升到79%，而同時有正面的購買與服務經歷的可能會上升到91%。由於關係互動的持續滿意，關係雙方之間產生了高度的信任，對關係的依賴程度增強。此外，信任和溝通是正相關的，關係雙方不斷溝通，使得信息充分交流，可以減少交易風險，增進雙方實現收益的信心，增強信任程度。關係雙方如果存在共同的價值觀，會使得關係雙方在外來關係收益與分享方面高度一致，保障客戶關係向縱深方向發展。

不論是什麼類型的客戶關係，信任關係要素的提出強調了關係帶來的預期收益是以價值為基礎的。一方面，信任對客戶關係發揮著維持的作用，在一定時間內做出不中止這一關係的決策。另一方面，信任對客戶關係起著促進發展的作用，使關係層級在一定期間內

有更進一步的提升，與客戶關係特徵中的關係深度直接相關。不論關係是維持發展還是破裂，價值是唯一的驅動因素。

閱讀材料1：

寶潔與沃爾瑪共同的價值使命——環保

2008年10月31日，全球消費品領先企業寶潔（中國）有限公司與沃爾瑪（中國）共同推出了一系列積極倡導綠色環保的活動。

活動中，寶潔大中華區對外事務部高級總監在發布會上表示：用細小但有意義的方式美化消費者每一天的生活——寶潔公司得以在170余年中持續增長。如今，寶潔已在中國發展20周年，中國市場成為寶潔全球發展速度最快的市場之一。對於可持續發展的承諾是履行寶潔宗旨的重要組成部分，寶潔通過在經濟、環境和社會責任等方面的一系列努力，履行著對中國社會可持續發展所肩負的責任。對於在中國市場與沃爾瑪公司就這一領域的首度合作，我們充滿期待和信心。我們希望能夠發揮雙方在消費者中的積極影響力，共同美化消費者的生活。

沃爾瑪營運部區域經理也談道：沃爾瑪通過構建負責任的採購體系，正在逐步成為中國一流的可持續發展零售商。除此以外，沃爾瑪正在為其在中國的所有商店制定和實施可持續發展目標。作為全球最大的零售商，沃爾瑪與寶潔一直緊密合作謀求實質的進步，沃爾瑪也積極通過採購決策和與我們有著同樣環保承諾的廠商共同實現我們的環保目標，與致力於提高能效並保護環境的供應商共同成長。

與沃爾瑪一樣，寶潔長期以來一直致力於推進可持續性發展戰略。通過產品、營運、社會責任、員工參與和外部合作實現對可持續發展的承諾。作為沃爾瑪的全球戰略合作夥伴，寶潔在回饋社會、環境保護方面有著和沃爾瑪相同的目標和使命。

二、客戶關係的特徵

企業只有真正認識客戶關係的特徵，才能建立和維護長期、優質的客戶關係。從客戶關係的定義可以看出，客戶關係具有以下五個特徵：

1. 持續性

持續性是客戶關係最基本的特徵。關係是個動態連續的過程，每一次互動都存在潛在改變現有關係的可能。史蒂夫·鄧克認為：與其將關係作為一種永恆的狀態，還不如將它當作一種不斷地變化。菲利普·克羅斯比（Philip Crosby）等人將客戶與企業之間的關係作了一次交易與關係的區分，指出了一次交易與關係最大的區別在於各次交易之間的相互關聯性或持續性。所以客戶關係與離散型交易的最根本區別在於關係具有持續性，前期關係的結果是后期關係發展的基礎與前提。例如，經常去一家飯店吃飯，經常去一家理髮店理髮，經常去一家超市購物，等等，都體現了客戶關係的持續性。

2. 排他性

客戶關係對於企業與客戶交易雙方而言都具有或多或少的約束性或吸引力，所以這種關係具有一定的排他性特徵。對於關係雙方而言，都需要投入相應的關係專用資源來建立與發展關係，任何退出關係的一方都必須承擔一定的轉換成本，故此客戶關係對關係雙方行為都存在約束。特別是對於相互競爭的企業來說，由於在一定市場範圍內客戶資源是有限的，這一關係資源具有稀缺性，因為客戶的感覺等其他非物質的情感因素，從效果上說不易控制和記錄，所以客戶關係作為企業內部的專有資源是企業的關鍵競爭優勢，比之於其他資源如技術資源、物質資源等更具有專有資源的特徵。

3. 相互依賴性

相互依賴性是影響長期關係導向的重要因素，沒有企業與客戶的相互依賴，關係也就沒有存在的空間。客戶雙方依賴程度越強，感情越深厚，越會產生繼續合作的意願，從而維持雙方的合作關係。客戶關係的依賴通常分為經濟依賴與情感依賴。經濟上的依賴（如財政支持）即成本約束，而情感依賴（如信任）則為自願貢獻。關係成員間的相互依賴性更能創造關係價值，使得客戶關係不斷地向縱深方向發展。所以客戶關係的相互依賴性是其產生及發展的根本性特徵。

4. 互動性

從某種意義上說，關係越使用則越具有價值，不使用則會造成價值的消亡。哈佛大學社會學教授羅伯特·帕特南（Robert Putnam）把互動行為看成是社會資本的一項內容。他認為，參與博弈的重複性和博弈之間的聯繫性，增加了人們在任何離散式交易中進行欺騙的潛在成本；參與也有助於協調和溝通，培育了強大的互惠規範；同時放大了他人值得信任的信息。理查德·伯蘭德（Richard Boland）和拉姆·滕卡西（Ram Tenkasi）認為交互行為有利於發展關係成員的共同經驗和共同語言，也可擴大成員間多樣化的關係；反過來，多樣化關係又強化了成員間的親密性和信任。所以從行為層面來看，客戶關係客觀上表現出來的是企業與客戶之間的互動聯繫過程，這種互動既可能是重複的交易行為，也可能是雙方之間的信息交流過程。例如，某軟件公司為某計算機公司量身定做一套軟件系統，只有軟件公司做的軟件，這家計算機公司才可以使用，所以雙方關係非常緊密，雙方的企業文化也能融合在一起，這樣可以促進雙方共同發展。

5. 價值性

關係的建立、維繫在於它為雙方提供利益，使雙方都得到各自所需的價值。客戶資產概念的提出，將企業與客戶的關係視為企業的一項可經營的資產。會計中對資產的定義有很多觀點，其中比較典型的有這麼幾種：資產的獲取要花費成本；資產代表的是一種財產權利；資產是企業的一種經濟資源；資產的本質在於企業控制或擁有的有形資產和無形資產並能給企業帶來經濟效益。客戶關係作為一種資產，就是因為企業與客戶之間的關係蘊藏著未來經濟效益。客戶資產的觀念強調企業應與客戶保持長期的交易關係，應注重客戶在其整個生命週期內尤其是將來所能產生的價值，它將企業與客戶的關係看成是一種可以長期經營並能產生持續現金流的資產。

三、客戶關係的類型

只對客戶進行技術性的劃分還不夠，企業還要對其進行進一步的考察。根據不同的標準，客戶關係可以劃分為不同的類型。不同的客戶關係會給企業帶來不同的利潤，因此企業要根據不同的客戶關係採取不同的策略。

企業在具體的經營管理實踐中，建立何種類型的客戶關係，必須針對其商品的特性和客戶的定位來做出抉擇。菲利普·科特勒將企業建立的不同程度的客戶關係概括為五種。如表4-1所示的五種類型。

表4-1　　　　　　　　　　　客戶關係的類型

類型	特徵描述
基本型	銷售人員把產品銷售出去就不再與客戶接觸
被動型	銷售人員把產品銷售出去，同意或鼓勵客戶在遇到問題或有意見時聯繫企業

表4-1（續）

類型	特徵描述
負責型	產品銷售完成后，企業及時聯繫客戶，詢問產品是否符合客戶的要求，有何缺陷或不足，有何意見或建議，以幫助企業不斷改進產品，使之更加符合客戶需求
能動型	銷售完成后，企業不斷聯繫客戶提供有關改進產品的建議和新產品的信息
夥伴型	企業不斷地協同客戶努力，幫助客戶解決問題，支持客戶的建議，實現共同發展

以上五種客戶關係類型之間並不具有簡單的優劣對比順序，因為企業所採用的客戶關係類型既然取決於它的產品以及客戶的特徵，那麼不同企業甚至同一企業在對待不同客戶時，都有可能採用不同的客戶類型。例如，一家家電產品生產企業與它的終端消費者之間常會建立一種被動型的客戶關係，企業設立的客戶服務中心將聽取客戶的意見、處理客戶投訴以改進產品；但這家企業與大型批發商、專業家電市場、綜合零售商場或連鎖家電銷售機構之間，可能會建立一種夥伴型的客戶關係，以便實現產銷企業之間的互利互惠。

四、客戶關係的精髓

企業開展關係行銷並發展為客戶關係管理的過程中，可以把企業和客戶建立客戶關係的過程簡化為：建立關係——維繫關係——增進關係，也就是企業如何吸引客戶——留住客戶——升級客戶的過程，這就是客戶關係的精髓。

（一）建立關係——吸引客戶

企業要建立客戶關係，首先要端正對客戶關係的理解，然后要對客戶關係進行初步的確認，從哪裡著手去建立客戶關係，也就是客戶關係定位。企業要端正對客戶關係的理解，就要明確企業的客戶關係涉及哪些因素。企業的客戶關係從對應的主體來講，涉及企業的外延客戶和內涵客戶。外延客戶是指市場中廣泛存在的、對企業的產品或服務有不同需求的個體或群體消費者；內涵客戶則是指企業的供應商、分銷商，以及下屬的不同職能部門、分公司、辦事處和分支機構等。從對應的內容上來講，則涉及與客戶的接觸、聯絡、交流、反饋、合作、評估和調整七個直接的方面，以及測量統計、需求挖掘和聯動客戶三個間接的方面。企業不僅要滿足外延客戶的需求，而且還要滿足內涵客戶的需求，才能使企業的價值鏈順暢。企業客戶關係整體內容的基本框架如圖4-2所示。

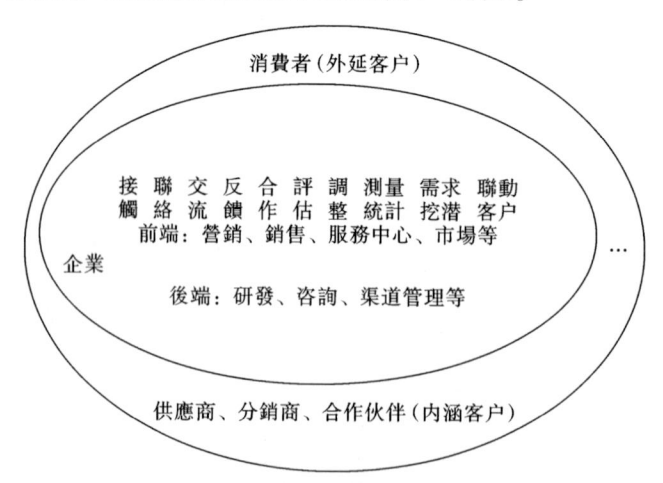

圖4-2 企業客戶關係整體內容的基本框架示意圖

白鯨（White Whale）公司提出了客戶關係定位的「四步法」，被視為開展客戶關係定位的一種有效的方法。其步驟是：

1. 準確識別客戶

通過分析來自於內部帳目、客戶服務部門和客戶數據庫的客戶記錄來瞭解客戶群，獲得客戶真實、具體、詳細的身分，以便開展下一步的交流和互動。

2. 區分客戶群中不同的客戶

衡量客戶對企業的價值標準要看客戶對企業的價值。對企業價值最大的客戶被稱為最具有價值的客戶；對企業的價值僅次於最具有價值的客戶被稱為最具成長性的客戶；還有一類被稱為低於零點的客戶，對企業來說存在負面價值。最具成長性客戶與低於零點客戶之間還會有很多其他類型客戶，他們沒有明顯的長期價值，但仍然會給企業帶來利潤。

閱讀材料2：

尋找對的客戶

上海K諮詢公司是一家才成立五年的管理諮詢公司，在最初的三年中，公司發展得非常順利，擁有了很多的客戶，甚至擁有了不少大客戶。但進入第四個年頭以來，公司的業務却不再增長了。

起初公司的領導層還以為是公司的新客戶數量增長得太慢，后來經過仔細調查研究后發現，公司的客戶不是太少，而是太多，但好客戶太少，而且似乎也很難分辨出哪些是好的客戶，哪些是不好的客戶。經過公司上下的出謀劃策，終於找出了一個解决方法：K公司决定依照銷售量及獲利率，將公司的138位客戶進行排名。他們將客戶在當年度為公司帶來的營業收入減掉直接成本以及銷售費用，接著將這些客戶置放在「銷售量—邊際利潤」構成的四個象限中。最好的當然是「高銷售量，高利潤」這一象限中的客戶，接著是「低銷售量，高利潤」「高銷售量，低利潤」，最后才是「低銷售量，低利潤」。區分高與低的標準則是非常主觀的——這反應出K公司對利潤數字的目標。

K公司現有的138位客戶中，只有10位客戶落在公司最想要的「高銷售量，高利潤」象限中，占了公司銷售總量的29%，但在公司利潤的比例上則高達69.5%。其他有97位客戶都介於中間，對公司的利潤沒有特別的貢獻，也沒有太大的損害。再加上銷售成本來看，其中許多客戶對公司來講幾乎是無利可圖的。而殘酷的事實是：儘管K公司做了最大的努力要獲取這97家公司的忠誠，但他們的忠誠度不太可能再有什麼提升。鑒於此，公司决策層决定削減對那些不能獲利客戶所投入的資源，並將注意力集中在對公司未來成長真正有幫助的最佳客戶和潛力客戶身上。

通過上述的篩選，將焦點放在對的地方，該公司在接下來的兩年中，將顧客縮減到原來的2/3，但銷售量却比過去增長了1/3。

3. 與有價值的客戶發展「一對一」的互動行銷

企業對於不同的客戶要區別對待，通過讓最有價值客戶參與產品的開發和生產流程設計，讓他們知道企業是按照他們的需要提供產品的。對於最具成長性的客戶，企業在一定範圍內提供個性化的服務，促使其成長為最有價值的客戶。對於低於零點的客戶，企業提高價格，使這批客戶變為有價值的客戶，或者讓其轉向購買競爭對手的產品。

4. 提供個性化的產品和服務

企業採取措施，最快、最準確地發現客戶的真正需求，並致力於滿足客戶的這種需求，提供個性化的服務，提高客戶的滿意度，培育客戶對企業的忠誠度。

(二) 維繫關係——留住客戶

真正的客戶關係可以用 CCPR（Convenient，便利；Care，親切；Personalized，個性化；Real time，立即反應）來描述，企業只有做到 CCPR，才能更好地維繫客戶關係，才能留住客戶。

1. 讓客戶更便利

要讓客戶更便於獲得企業的服務，就如同小區門口的便利店、小商店等，有什麼需要，隨時都可以去購買。在信息化時代，毋庸置疑，企業必須做到實體整合虛擬，讓客戶自己選擇不同的溝通方式，與企業接觸取得產品信息或服務信息。

2. 對客戶更親切

對客戶更親切體現在客戶服務人性化、溝通方式直接化上。隨著科學技術的發展，高科技的設備或技術的應用雖然方便了社會經濟生活，但是使得企業與客戶接觸都成了人與機器的互動。而關係體現在人與人之間的交流和溝通上，當企業與客戶的關係僅僅局限於便利的人與機器的交易之上，客戶對企業選擇的唯一標準就是價格。在這種情況下，企業的競爭只有靠價格取勝；否則，客戶就流失了，客戶對企業毫無忠誠度可言。

3. 個性化

企業要把每一個客戶當作一個取之不盡的金礦，要注重客戶關係的價值，而不是一兩次簡單的交易。所以，企業要借助一些方法和手段，充分瞭解每一個客戶的偏好，根據客戶的不同特徵，提供個性化的服務，要投其所好、投其周圍人所好，適時提供購買建議，提高客戶重複購買的頻率和效益。

4. 立即反應

企業對客戶行為，必須通過每次接觸不斷地加深對客戶的瞭解。當客戶將要採取不同的購買行為時，及時做出反應。例如，經驗豐富的雜貨店老板，對常來光顧的客戶購買習慣非常瞭解。當客戶去而復返，而且再拿起一件商品，說明這個客戶對這種商品很感興趣，但他有可能正在比較兩家店同種商品的價格和品質。這時老板應該立即反應，在最短的時間內主動說服客戶購買。

在信息化時代，客戶關係管理就是建立 CCPR 的經營模式，通過網路和技術手段讓客戶感受企業的關懷。

(三) 增進關係——升級客戶

企業通過市場細分，認識了與客戶在現階段的關係之後，就要想辦法提升客戶關係。提升客戶關係的主要途徑就是讓具有足夠吸引力和潛力的客戶升級為企業的重點客戶，通過實現客戶忠誠提升客戶關係。

由前面內容可知，以銷售收入或利潤等重要客戶行為指針為基準，客戶可分為鉑金客戶、黃金客戶、鐵客戶和鉛客戶四種類別，呈現「金字塔」式的分佈。保證客戶在金字塔中被升級對銷售收入具有舉足輕重的作用。美國客戶行銷機構（CMI）主席杰伊·柯里（Jay Curry）是客戶行銷策略最著名的倡導者，他總結出了客戶金字塔的經驗：企業收入的 80% 來自頂端 20% 的客戶；客戶升級 2% 可能帶來銷售收入 10% 的增加、利潤 50% 的增加。提升客戶關係工作的有效性體現在：總能在客戶需要的時候及時地滿足客戶需要，超越客戶需要。

閱讀材料3：

最佳傳球手

終結者重要嗎？這一點不可否認。然而生活中承擔中間搬運工作的工作者却是社會穩定和發展的關鍵。個體和群體是相對的概念，放在宏觀的角度，每個人都是一個團體的一

分子，導致最終結果的不是某個人，而是大家相互影響後的結果。如足球隊，射手很重要，可是沒有中場隊員的支援，單打獨鬥怎麼能承載和對方11個人的較量。著名球星大衛·貝克漢姆（David Beckham）一腳香蕉球傳中獨步天下，一樣可以在傳球支援的位置上做到極致，讓每個人尊重他。所以位置並不重要，重要的是人們能否兢兢業業地對待自己的工作，能不能創造性地在自己的位置上做得比別人多，比別人好。

在客戶關係管理條件下，通過網路接收與客戶建立互動式管理，創造並穩定客戶關係，實現客戶忠誠和客戶升級。

客戶作為企業重要的資源，具有價值和生命週期，客戶關係管理中的客戶關係生命週期是傳統行銷理論中產品生命週期的演變。企業對客戶關係進行識別時，客戶關係生命週期是一項重要的指標。客戶關係生命週期（簡稱客戶生命週期）是指從一個客戶開始對企業進行瞭解或從企業欲對某一客戶進行開發開始，經過成長、成熟、危險和解約以至終止的過程。客戶生命週期理論是從動態角度研究客戶關係的重要理論工具，在生命週期框架下研究客戶關係問題，可以清晰地洞察客戶關係的動態特徵：客戶關係的發展是分階段的，不同階段客戶的行為特徵和為企業創造的利潤是不同的；不同階段驅動客戶關係發展的因素不同，同一因素在不同階段其內涵也不同。

第二節　客戶關係生命週期

一、客戶關係生命週期的四階段模型

隨著對客戶動態關係特徵重要性認識的不斷加強，對客戶生命週期的理論研究也越來越多。其中比較具有代表性的觀點認為，按照企業為關係付出成本的大小變化，可以將企業與客戶的關係發展劃分為培育期、成長期、成熟期和衰退期四個階段。

1. 培育期

培育期是關係的探索和試驗階段。這一階段是指企業與客戶建立關係的初期，客戶剛剛開始對企業的產品或服務產生興趣，並開始收集有關信息。這一時期，客戶與企業的關係還未真正建立，是企業為建立與客戶的穩定關係而付出較大成本的時期。在這一時期，企業應主要圍繞發掘潛在客戶、鎖定目標客戶、建立客戶關係展開，針對不同的客戶類型採取不同的方式，將潛在客戶變為現實客戶，建立初步的客戶關係，為長期的客戶關係打下基礎。

2. 成長期

成長期是關係的快速發展階段。這一階段是指當企業對目標客戶開發成功，企業與客戶之間逐步產生信任感后，客戶開始重複購買產品，客戶價值逐步提高，而企業為客戶關係所需付出成本大幅度降低的時期。在這一時期，客戶群體還不夠穩定，在進行購買決策時，客戶還會對競爭性的產品進行評價對比，社會因素和心理因素會影響客戶的購買決策。企業若採取合適的行銷策略，讓客戶認識到企業有能力提供令客戶滿意的價值，將會使關係雙方從關係中獲得收益日益增多，依賴性相互增強。

3. 成熟期

成熟期是關係發展的最高階段。這一階段是指企業與客戶之間建立了相互信任關係，企業向客戶提供最大的價值，而客戶也以極大的價值回報企業的時期。從關係培育期到成長期，客戶的期望得到了不同程度的滿足，客戶關係水平不斷推進。客戶對企業的行為感

到滿意，忠誠度不斷提高，對競爭對手的產品很少關注，客戶繼續保持重複購買狀態，客戶關係處於一種相對穩定的狀態。

4. 衰退期

衰退期是關係發展過程中關係水平逆轉的階段。這一階段是指由於競爭產品和同類企業出現而導致客戶價值下降的時期，也是企業需要加大投入以挽回客戶關係的時期。如果因某種原因導致客戶與企業的關係終止，可能會結束客戶關係的生命。客戶關係進入衰退期的原因很多，要想恢復企業與客戶之間的關係，就要對客戶流失的原因進行分析。如果由於客戶偏好轉移或企業主動放棄導致的客戶關係衰退，企業可以不再恢復客戶關係；如果由於競爭對手吸引或本身過失導致客戶流失，企業需要進行關係投入重建客戶忠誠。此時，企業有兩種選擇：一種是加大對客戶的投入，重新恢復與客戶的關係，進行客戶關係的二次開發；另一種做法便是不再做過多的投入，漸漸放棄這些客戶。企業的兩種不同做法自然就會有不同的投入產出效益。當企業的客戶不再與企業發生業務關係，且企業與客戶之間的債權債務關係已經理清時，意味著客戶生命週期的完全終止。此時企業有少許成本支出而無收益。

閱讀材料4：

聯想的「五心」服務

在當前競爭激烈的市場環境下，聯想集團在人才與技術均處於劣勢的情況下，通過成功運用關係行銷的思想，與客戶建立了長久的良性關係，贏得了廣大消費者的滿意和信賴，一舉成為亞太地區信息技術業的霸主。

為了提高客戶的滿意度，聯想推行了「五心」服務的承諾，即「買得放心、用得開心、諮詢后舒心、服務到家省心、聯想與用戶心連心」，滿足客戶在各個階段的需求，從而大大拉近了企業與客戶的關係。不少企業由於對關係行銷缺乏認識，只重視客戶購前和購買階段的行銷工作，卻忽視了售后階段的行銷工作。他們不斷地花大量的人力、物力和財力去吸引新客戶，卻不想方設法提高服務質量，滿足客戶的需要，導致老客戶不斷「跳槽」，因為競爭對手能提供更優質的服務。於是企業出現了嚴重的惡性循環，不斷吸引新客戶，不斷失去老客戶。儘管企業花費了大量的銷售費用，但效果甚微。而聯想卻非常注意在各個環節都與客戶保持聯繫，最大限度地滿足客戶的需要。在購前階段，聯想不僅採取廣告、營業推廣和公關等傳統的行銷手段，而且通過新產品發布會、展示會和巡展等形式來介紹企業的產品，提供諮詢服務。在客戶購買階段，聯想不僅提供各種優質的售中服務（接收訂單、確認訂單、處理憑證、提供信息、安排送貨和組裝配件等），而且幫助零售商店營業人員掌握必要的產品知識，使他們能更好地為客戶提供售中服務。同時，聯想還推出家用計算機送貨上門服務，幫助用戶安裝、調試等。在售后階段，聯想設立投訴信箱，認真處理客戶的投訴，虛心徵求客戶的意見，並採取一系列補救措施，努力消除客戶的不滿情緒。另外，聯想還通過加強諮詢、培訓，創立用戶協會及創辦「1+1」俱樂部刊物等工作，並經常舉辦各種活動，如「電腦樂園」「溫馨週末」等，向客戶傳授計算機知識，提供信息，解答疑問。這樣，聯想創造和保持了一批忠誠的客戶。

聯想把幫助客戶使用計算機看作是自己神聖的職責。為此，他們在「龍騰計劃」中提出了全面服務的策略：一切為了用戶，為了用戶的一切，為了一切的用戶。聯想在很多城市設有多家聯想計算機服務站，保證遍布全國的聯想計算機用戶都能接受到完善、周到和快捷的服務。為提高服務人員的服務質量，聯想制定了持證上崗制度，企業的維修人員上崗前都必須經過考試，拿到上崗證方可上崗，這對提高維修水平起到了很好的保障作用。

聯想正是始終如一地貫徹維護和發展客戶關係的策略，才使它獲得今日的輝煌。

二、客戶關係生命週期各階段的特徵

企業在對客戶進行識別時，客戶關係生命週期是一項重要的指標。客戶關係生命週期中培育期是客戶關係的考察期，成長期是客戶關係的快速發展期，成熟期是客戶關係的穩定期，衰退期是客戶關係水平發生逆轉以致關係完全終止的時期。

1. 培育期的特徵

在這一階段，雙方考察和測試目標的相容性、對方的誠意、對方的績效，考慮如果建立長期關係雙方潛在的職責、權利和義務。這一階段的基本特徵是雙方相互瞭解不足、不確定性大。評價對方的潛在價值、增進對對方的瞭解和降低不確定性是這一階段的中心目標。客戶會下一些嘗試性的訂單，企業與客戶開始交流並建立聯繫。企業面對的客戶大多是潛在客戶，企業對所有客戶進行調研，以便確定出可開發的目標客戶。此時企業有客戶關係調研的投入成本，但客戶尚未對企業作出大的貢獻。

2. 成長期的特徵

雙方關係能進入這一階段，表明在培育期企業和客戶相互滿意，企業和客戶的相互信任和相互依賴程度增加。在這一階段，隨著雙方瞭解和信任的不斷加深，關係日趨成熟，雙方的風險承受意願增加，雙方交易不斷增加。當企業對目標客戶開發成功后，客戶已經與企業發生業務往來，而且業務在逐步擴大，此時已進入客戶成長期。企業的投入和培育期相比要小得多，主要是發展投入，目的是進一步融洽與客戶的關係，提高客戶的滿意度、忠誠度，進一步擴大交易量。此時，企業從客戶交易中獲得的收入已經大於投入，開始營利。但是客戶尚未產生相互推薦的意願，企業獲得的僅是基本購買收益和增加購買量的收益。

3. 成熟期的特徵

在這一階段，企業與客戶關係處於一種相對穩定的狀態，交易數量變動不大，雙方對持續長期關係作了保證。這一階段有如下明顯特徵：雙方對對方提供的價值高度滿意；為維持長期穩定的關係，雙方都做了大量有形和無形投入；大量的交易存在。因此，在這一時期雙方的相互依賴水平達到整個關係發展過程中的最高點，雙方關係處於一種相對穩定狀態。此時，企業的投入較少，客戶為企業作出較大的貢獻，企業與客戶交易量處於較高的營利時期。在這一階段，客戶忠誠度增加，開始出現相互推薦的行為，企業獲得推薦收益，因為推薦的新客戶節省了企業開發客戶的成本。客戶影響力越大，企業獲得的推薦收益越多。

4. 衰退期的特徵

關係的衰退並不總是發生在成熟期后的第四階段，實際上，在任何一階段關係都可能退化。衰退期的主要特徵有：交易量下降；一方或雙方正在考慮結束關係，甚至重新考慮其他的關係夥伴；開始交流結束關係的意圖；等等。當客戶與企業的業務交易量逐漸下降或急遽下降，客戶自身的總業務量並未下降時，說明客戶已進入衰退期。

三、客戶關係的價值體現

客戶關係對企業的價值體現在多個方面，它是企業利潤的主要源泉，是對付激烈競爭的主要利器，同時還具有聚客效應、口碑效應和重要的信息價值。

1. 客戶是利潤的源泉

企業要實現營利必須依賴客戶。因為只有客戶購買了企業的產品或者服務,才能使企業得利潤得以實現,因此客戶是企業利潤的源泉,管好了客戶就等於管好了「錢袋子」。

企業的命運是建立在與客戶長遠利益關係基礎之上的,二者之間的關係好比是「船與水」的關係,水能載舟也能覆舟,客戶可以給企業帶來利潤,同時也可以是企業倒閉。

對於客戶在企業發展中的重要性,許多管理大師和著名企業家都有論述。例如:

「公司無法提供職業保障,只有客戶才行。」——通用電氣總裁韋爾奇

「企業的首要任務就是『創造客戶』。」——管理學大師彼德·德魯克

「實際上只有一個真正的老板,那就是客戶。他只要用把錢花在別處的方式,就能將公司的董事長和所有雇員全部都炒魷魚。」——沃爾瑪公司創始人山姆·沃爾頓

可見,客戶是企業生存和發展的基礎,客戶起的作用是決定性的,一個企業不管它有多好的設備、技術、品牌和團隊,如果沒有客戶及客戶的忠誠,那麼一切都將是零。

2. 客戶是對付競爭的利器

在當前激烈的市場競爭中,一個企業的競爭力有多強,不僅要看技術、看資金、看管理、看市場佔有率,更為關鍵的是要看它到底擁有了多少忠誠的優質客戶。

業務流程重組的創始人哈默先生就曾經說:「所謂新經濟,就是客戶經濟」。

在產品與服務供過於求,買方市場已經形成的今天,客戶對產品或者品牌的選擇自由越來越大,企業間的競爭已經從產品的競爭轉向對有限的客戶資源的爭奪,儘管當前企業間的競爭更多地表現為品牌競爭、價格競爭、廣告競爭等方面,但實質上都是在爭奪客戶。

在小地攤買一根油條要0.5元,而在麥當勞却要3元,並且購買者都是心甘情願的,因為他們覺得值。所以,企業如果能夠擁有較多的、比較高滿意度、以較高價格去購買企業的產品或者服務的客戶,企業就能在激烈的競爭中站穩腳跟,立於不敗之地。

此外,企業如果擁有的客戶越多,就越可能降低企業為客戶提供產品或服務的成本,這樣企業就能以等量的費用比競爭對手更好地為客戶提供更高價值的產品和服務,提高客戶滿足度,從而在激烈的競爭中處於領先地位,有效地戰勝競爭對手。

3. 龐大的客戶群具有聚客效應

自古以來,人氣就是商家發達的生意經。一般來說,人們的從眾心理都很強,總是喜歡錦上添花,追捧那些「熱門」企業,這樣,是否已經擁有大量的客戶會成為人們選擇企業的重要考慮因素。也就是說,已經擁有較多客戶的企業將容易吸引更多的新客戶加盟,從而使企業的客戶規模形成良性循環。如果沒有老客戶所帶來的旺盛的人氣,很難想像企業能夠源源不斷地吸引新客戶,企業也不可能長久地持續發展。

4. 龐大的客戶群會帶來口碑價值

客戶的口碑價值是指由於滿意的客戶向他人宣傳本企業的產品或者服務,從而吸引更多新客戶的加盟,而使企業銷售增長、收益增加所創造的價值。研究表明,在客戶購買決策的信息源中,口碑傳播的可信度最大,遠勝過商業廣告和公共宣傳對客戶購買決策的影響。因此,客戶主動的推薦和口碑傳播會使企業的知名度和美譽度迅速提升。

5. 龐大的客戶群帶來信息價值

客戶的信息價值是指客戶為企業提供信息,從而使企業更有效、更有的放矢地開展經營活動所產生的價值。這些基本信息包括:企業在建立客戶檔案時由客戶無償提供信息;企業與客戶進行雙向、互動的溝通過程中,由客戶以各種方式(如抱怨、建議、要求等)向企業提供的各類信息,包括客戶需求信息、競爭對手信息、客戶滿意度信息等。

客戶提供的這些信息不僅為企業節省收集信息的費用，而且為企業制訂行銷策略提供了真實、準確的一手資料。所以，客戶給企業提供的信息也是企業的巨大財富。

四、客戶終生價值

目前，客戶終生價值正越來越廣泛地被應用到一般行銷領域，因為隨著信息技術的迅速發展，許多公司開始擁有愈來愈完整的包括交易數據在內的客戶數據，過去不可能實現的對客戶行為的追蹤和理解現在變得可能和容易。縱觀有關客戶終生價值的文獻，發現當前對於它有各種不同表述的定義。如表4-2所示。

表4-2　　　　　　　　　不同學者對客戶終生價值的理解

提出時間	代表人物	對客戶終生價值的理解
1985年	Barbara	客戶當前以及將來所產生的貨幣利益的淨現值
1989年	Dwyer	客戶在與企業保持客戶關係的全過程中為企業創造的全部利潤的現值
1994年	Jackson	企業期望未來從客戶身上用全部費用獲得的收益和利潤的淨現值。他強調了企業客戶價值的成本和費用問題
1994年	Pearson	企業在向消費者進行產品和服務的提供以及對消費者的承諾及履行的過程中，所產生的成本和費用帶來的未來收益和利潤流入的淨現值
2000年	Hughes Arthur	企業在客戶生命週期內在同客戶連續交易中獲得的全部收益的淨現值之和，或者是在一定時期內，企業在同某個特定客戶的一系列的交易中獲得的全部收益減去全部成本后的總剩餘

可以看出在客戶終生價值的具體含義上，一種觀點是將收益定義為利潤流，一種觀點是將收益定義為客戶在企業降低經營費用和增加利潤上的收益，這兩種看法其實並無太多的異議。關於時間的界定上有較多的偏差，一種看法是認為客戶終生價值中的時間是從當前客戶關係解體時的剩餘生命週期時間段，另外一種看法是從客戶關係的開始直至客戶關係解體的生命週期。客戶終生價值即某一客戶在其一生中為企業提供的價值總和的現值，在計算客戶終生價值時充分考慮客戶的所有價值。既要考慮當前價值，也要考慮潛在價值。對客戶剩餘生命週期的價值評價，是影響企業是否繼續投資於該客戶關係的重要因素。例如客戶當前經濟狀況欠佳，但只需一段時間的等待，將會發生改觀。那麼企業就應該繼續保持該客戶關係，維持原有的投入，等待客戶經濟狀況改變之後的回報。

客戶終生價值（Customer Lifetime Value，CLV）最早由弗雷德里克·賴克赫爾德（Frederick Reichheld）提出來，是指一個客戶在與企業關係維持的整個時間段內為企業所帶來的淨利潤，表現為客戶為企業帶來的利潤減去企業為獲得和維繫與該客戶的關係而產生的成本之後得到的差額。

1. 客戶收益

客戶收益包括基本利潤、交叉銷售和成本節約。基本利潤是客戶支付的價格高出企業成本的部分，不受時間、忠誠、效率或任何其他因素的影響。顯而易見，客戶關係生命週期越長，客戶給企業帶來基本利潤的時間也就越長。除了基本銷售外，隨著客戶對企業服務信任度的增加，客戶開始認同企業，在企業推出新產品或服務時，這些客戶幾乎不需要深入瞭解便會接受企業的新產品或服務。這種交叉銷售效應能夠提高企業的銷售額，增加企業利潤。並且，隨著企業對客戶的深入瞭解，企業掌握客戶的信息越有價值，就越能更

好地滿足客戶的需要。這種業務機會是非競爭性的，不但增加了利潤，更提高了其他供應商的進入成本。隨著企業與客戶打交道經驗的累積，企業無須投入大量時間進行客戶研究和行業研究，如培養客戶的品牌意識等活動不再需要，在產品交付後的首次使用和安裝費用也會有所降低。此外，隨著客戶份額增加的規模經濟，企業還可以實現產量、庫存管理和維修保養等各種成本的節約。

2. 客戶成本

客戶成本包括獲取客戶成本、忠誠回報成本和客戶流失成本。獲取客戶成本是客戶關係生命週期的各個階段給企業帶來的成本，如開發成本、發展成本和維繫成本。為了向忠誠的客戶表示感謝，企業會實施一些忠誠回報活動，如給忠誠客戶的獎勵等。當客戶流失時，企業需要花費更多的努力和成本將客戶從競爭對手處搶來，這種額外的成本就是客戶流失成本。此外，客戶成本還包括流失的客戶和現實客戶由於不滿意給企業造成的負面影響帶來的成本。

客戶終生價值的提出，提醒企業對客戶當前價值和未來價值的關注，避免出現短期、狹隘的視覺。在分析客戶價值時，客戶生命週期是一個很重要的概念，因為客戶生命週期的長短是客戶價值大小的決定因素之一，客戶生命週期是客戶價值最大化的基礎。要想提高客戶價值，企業就要盡可能地延長客戶的生命週期，尤其是成熟期。如果無法延長客戶生命週期，還可以採取相應的行銷策略來縮短客戶與企業關係的培養期和衰退期的時間，延長客戶成長期和成熟期的時間，從而提高客戶價值。此外，企業還要針對不同客戶的特點實施企業的客戶忠誠度計劃，使客戶價值始終處於成熟期，從而為企業提供長期的客戶價值，因為客戶成熟期的長短可以充分反應出一個企業的營利能力。

總之，面對激烈的市場競爭，企業應當根據客戶生命週期的不同特點，充分挖掘每一個客戶的價值，從而增強企業的競爭能力。

第三節　客戶資產及其管理

發展新客戶，實現客戶關係數量的增長；挽留老客戶，實現客戶關係時間的延長；實現交叉銷售，實現客戶關係深度的成長，都是客戶關係管理的策略和方法。而客戶關係管理的最終目標是實現客戶資產的最大化，這是實施有效的客戶關係管理的關鍵。本節介紹客戶資產的含義、驅動因素、管理手段，以及客戶資產與客戶終生價值的關係。

一、客戶資產的含義

國外學者在 20 世紀八九十年代就提出了「客戶資產」的概念。例如。SAS 航空公司的前首席執行官卡爾森（Jan Carlson）認為：在公司資產負債表的資產欄，記錄了十億的飛機價值，僅僅只有這些是不夠的，還應該在資產欄記錄去年企業擁有多少滿意和忠誠的客戶，因為企業唯一能得到的資產是對企業的服務滿意並願意再次成為客戶的客戶。

與資產負債表中的股東資產類似，也存在著客戶資產。所謂客戶資產，就是指企業當前客戶與潛在客戶的貨幣價值潛力，即在某一個計劃期內，企業現有的與潛在的客戶在忠誠於企業的時間裡，所產生營利的折現價值之和。企業要真正實現以客戶為中心的經營思想，就必須重視客戶的終生價值，把客戶作為企業最重要的資產進行經營；通過客戶資產的最大化來構建強大的客戶忠誠，塑造動態競爭優勢和獲取持續的超額收益。

二、客戶資產的決定因素

如圖4-3所示，客戶資產整體受價值資產、品牌資產和關係資產三個因素影響，其中：

（1）價值資產是客戶對某個品牌的產品和服務效率的客觀評價，在客戶獲取和客戶挽留方面扮演著重要的角色，主要由產品服務質量、價格、便利性等因素驅動。

（2）品牌資產是客戶對品牌的主觀評價，是超出客觀感知價值的部分，它在構建認知度、構建感情聯繫、提高客戶重複購買率，以及吸引新客戶方面作用重大，其構成要素包括客戶對品牌的認知度、對品牌的態度和對公司倫理的感知等。

（3）關係資產是指客戶偏愛某一品牌的產品和服務的傾向，在客戶挽留、促使客戶購買成熟品牌的產品方面有決定性的影響，涉及客戶忠誠項目、特殊認可項目等。

客戶資產的決定因素之間相互影響、相互制約，彼此之間有很密切的關係。如圖4-3所示，價值資產、品牌資產和關係資產三者之間的相互作用，動態地決定了客戶的終生價值，從而決定企業的客戶資產。例如，通過創造和交付強大的價值資產，企業不僅可以更有效地挽留客戶，促使客戶進行種類更多、數量更大的資源投入，從而不斷提升關係資產。同時，還可以幫助企業建立強大的品牌和良好的企業形象，提升品牌資產。

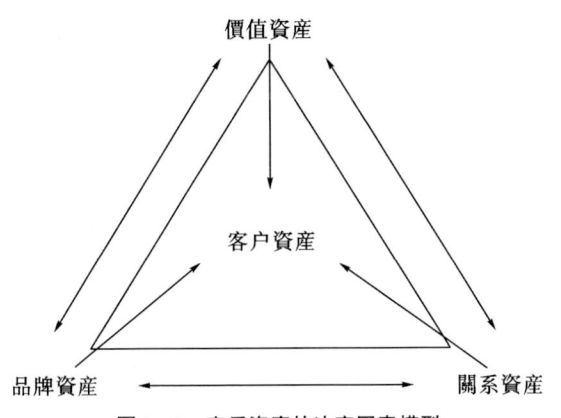

圖4-3　客戶資產的決定因素模型

但是對於不同的行業，客戶對各種資產及其驅動因素有不同的側重。例如，在汽車租賃市場上，對客戶最重要的是關係資產；而對於汽車銷售市場而言，客戶更看重價值資產。而在價值資產中又最看重質量。因此企業要能夠界定對本行業最重要的客戶資產（價值資產、品牌資產和關係資產）及各資產中對本行業最重要的驅動因素。只有瞭解影響資產的哪種活動更有效果，企業才能制定出有針對性的策略來提升客戶資產。

三、客戶資產與客戶終生價值的關係

客戶資產是企業客戶終生價值之和，因此常常用客戶終生價值來測度客戶資產，即
客戶資產＝單個客戶的終生價值×客戶基礎
圖4-4為客戶資產與客戶終生價值的一個結構模型。

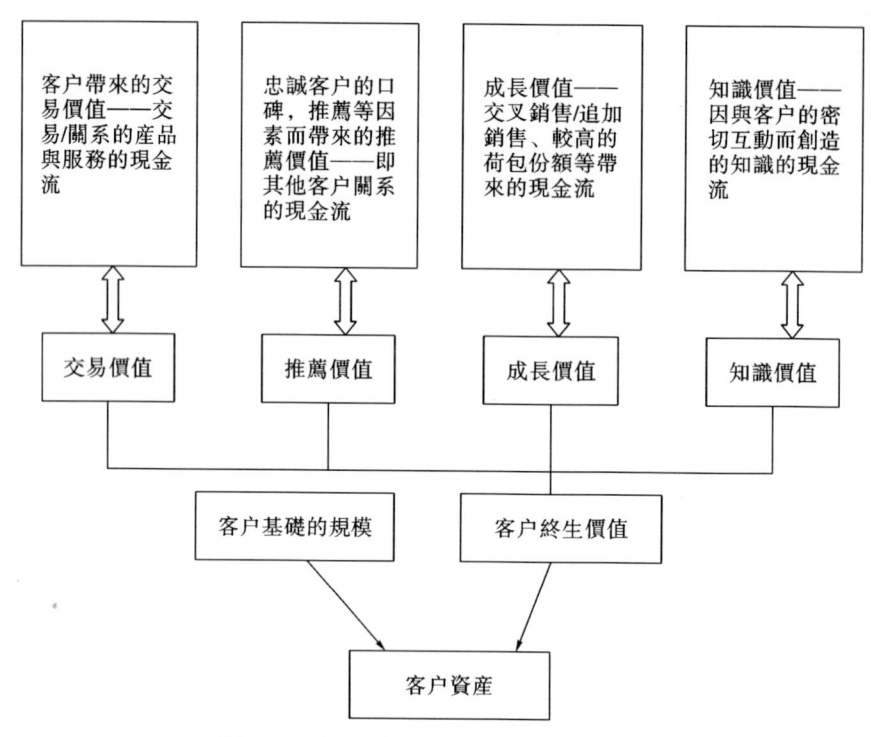

```
┌──────────┐  ┌──────────┐  ┌──────────┐  ┌──────────┐
│客戶帶來的交│  │忠誠客戶的口│  │成長價值——│  │知識價值——│
│易價值——交│  │碑，推薦等因│  │交叉銷售/追│  │因與客戶的密│
│易/關係的產品│  │素而帶來的推│  │加銷售、較高│  │切互動而創造│
│與服務的現金│  │薦價值——即│  │的荷包份額等│  │的知識的現金│
│流        │  │其他客戶關係│  │帶來的現金 │  │流        │
│          │  │的現金流    │  │流        │  │          │
└────⇅─────┘  └────⇅─────┘  └────⇅─────┘  └────⇅─────┘
  ┌──────┐      ┌──────┐      ┌──────┐      ┌──────┐
  │交易價值│      │推薦價值│      │成長價值│      │知識價值│
  └──────┘      └──────┘      └──────┘      └──────┘
           ┌──────────┐        ┌──────────┐
           │客戶基礎的規模│        │客戶終生價值│
           └──────────┘        └──────────┘
                    ↘          ↙
                   ┌──────┐
                   │客戶資產│
                   └──────┘
```

圖4-4 客戶資產與客戶終生價值的結構模型

從圖4-4所示的模型可以看出，客戶資產的大小依賴於客戶基礎的規模以及客戶的終生價值；而客戶終生價值包括交易價值、推薦價值、成長價值和知識價值四個方面。其中：

（1）交易價值是指構成核心交易/關係的產品與服務的現金流，是客戶直接購買為企業提供的價值，是企業從客戶那裡獲得的核心價值。

（2）推薦價值主要指因口碑與推薦等因素而形成的新客戶關係所帶來的現金流。例如，購買了海爾產品的某些客戶，向他人推薦海爾產品或海爾品牌，從而說服他人深信海爾品牌/產品，並在需要時發生購買行為，與海爾建立起新的關係。

（3）成長價值主要指源於交叉銷售和較高的荷包份額等渠道的現金，又稱為交叉銷售/追加銷售/升級購買價值。

（4）知識價值主要指因企業與客戶的頻繁而密切互動而創造的知識所帶來的價值。例如，通過與客戶密切合作，廣泛理解、吸取和運用客戶知識，與客戶共同開發定制化的產品所帶來的價值。同時，在與客戶的頻繁而密切的互動過程中，企業不僅可以更深入地瞭解客戶需要，為客戶提供更好的服務，而且還可以把這種專長運用到面向其他客戶的服務中去，從而使企業的整體服務水平不斷提高。此外，企業對客戶需求的理解能力和快速反應能力本身，也是一種可以運用到不同客戶服務過程中去的獨特知識，而由此帶來的價值，同樣也是知識價值的一種體現。

四、促使客戶資產最大化的管理手段

企業進行客戶資產管理的最終目標是客戶資產最大化。因此，企業在經營管理中進行生產、經營、投資等任何一項戰略決策時都必須參考是否能達成客戶資產最大化這一標準

來衡量。具體來講，企業要使客戶資產達到最大化，可以考慮從以下幾個方面入手：

1. 實施客戶基礎管理

客戶資產主要取決於客戶終生價值和客戶基礎兩個方面。因此，企業需要識別新的有價值的客戶來擴大企業客戶基礎；同時充分運用客戶基礎，深入開發已有客戶，提高客戶份額。具體做法可以通過前面所論述的客戶關係的多、久、深三個維度進行客戶基礎擴展。例如，現在很多銀行就常常會通過交叉銷售或組合銷售來開發已有客戶，提高客戶份額。銀行客戶經理不僅可以向個人客戶提供儲蓄帳戶服務，還可以同時提供信用卡、消費信貸、保險、住房貸款和財務諮詢等業務方面的服務。

2. 實施客戶終生價值管理

由於客戶在不同生命週期會有不同的需要，客戶生命週期階段的變化往往會影響行業發展趨勢，因此企業可以根據客戶的生命週期實施客戶終生價值管理。公司可以通過瞭解客戶不同生命週期的不同需求來開發商品或服務，滿足客戶在生命週期不同階段的需求。

例如，銀行客戶經理也常常會採取客戶終生價值管理，針對年輕夫婦提供儲蓄帳戶、消費信貸等金融產品來滿足他們的需求；當他們變為有子女的家庭時，進而向其提供抵押住房、子女教育基金準備儲蓄等金融產品；而他們步入老年時，則向其提供重置抵押或更換住房改善貸款、信託投資服務和服務諮詢等金融產品來滿足他們的需求等。

3. 建設以客戶需求為導向的差異化渠道

隨著渠道影響力在消費者購買決策中作用的日益上升，從客戶資產管理的角度，企業還應該從成本效率、消費者偏好及客戶關係建立能力等維度出發，進行差異化渠道建設。美國的通信企業是這方面的榜樣，他們根據客戶行為與實際需求建立差異化的渠道，然后針對不同的渠道提供不同等級的資源配置支持。例如，美國某電話公司就是根據消費者對渠道偏好需求，調研通過實施「渠道轉換計劃」，將自己5%的業務量委託給較低成本的渠道，為公司節省了1,500萬美元的成本支出，同時還帶來了4,000萬美元的營業收入增長。

4. 以客戶為導向的內部業務流程重組

只有實現內部業務流程與客戶需求取向相匹配，才能使企業獲得更高的客戶滿意度，進而使自己在行銷和客戶服務上的投資「物超所值」，最大化企業的客戶資產。

例如，美國一家美容沙龍為了塑造其高端品牌進行了大量投入，但其糟糕的「紐約快餐式」客戶預約服務卻嚇跑了許多本想得到「巴黎式情調」服務的客戶。后來美容沙龍的管理層及時調整了呼叫中心的預約流程，設定了更高的客戶服務標準：負責客戶預約的話務員必須在鈴響兩聲內接通100%的客戶來電，且90%的預約要求必須在45秒內處理完畢。同時，公司還特意從法國航空公司雇用了有法國南部口音的乘務員作為呼叫中心的兼職話務員。她們的法國口音與美容沙龍所要營造的整體形象完全一致，其高標準的客戶服務亦滿足了客戶的期望，最終造就了其美容沙龍業界的良好口碑。

5. 利用數據挖掘技術進行數據庫動態管理

利用數據挖掘技術有助於提高企業識別和滿足客戶需求的能力，實現客戶資產最大化。為此，企業首先要構建一體化的動態客戶數據庫。通過客戶數據庫，企業可以不斷挖掘、再發現現有客戶潛力，並且隨著客戶的成長演進和變化不斷調整對客戶的理解。例如，通過記錄客戶的購買歷史及企業的行銷活動，企業可以生成當前客戶的簡要信息，如客戶的特徵、偏好和價值潛力等信息。這樣就可以更好地掌握客戶購買情況，識別營利能力強的客戶，進行更有效的信息溝通，減少在營利能力差的客戶身上所花費的成本，促進交叉購買和購買升級等。

第四節　建立長期的客戶關係

企業的客戶群是一個動態變化的客戶集合。行銷大師丹尼爾·查密考爾（Daniel Char-michael）曾經用漏桶來形象地比喻企業的行銷行為，一只木桶上有許多洞，這些洞分別代表不同的名字：粗魯、沒有存貨、劣質服務、未經訓練的員工、質量低劣、選擇性差等。桶中流出的水比作客戶。丹尼爾指出，企業為了保住原有的營業額，必須從桶頂不斷注入「新客戶」來補充流失的客戶，這是一個昂貴的、沒有盡頭的過程。而堵住漏洞帶來的則遠不止客戶數量的維持和提高，留下來的客戶意味著「客戶質量的提高」。由此可知，從企業的角度來說，與客戶建立長期、穩定和良好的關係是增加企業利潤的一個很重要的因素。

一、分析客戶關係的類型

基本型的客戶關係、被動型的客戶關係、負責型的客戶關係、主動型的客戶關係和夥伴型的客戶關係這五種類型之間並不具有簡單的優劣對比程度或順序，因為企業所採用的客戶關係類型既然取決於它的產品以及客戶的特徵，那麼不同企業甚至同一企業在對待不同的客戶時，就有可能採用不同類型的客戶關係。例如，寶潔公司與其洗髮水、洗衣粉等的消費客戶之間是一種被動型關係，寶潔公司設立客戶抱怨處理機構，聽取客戶的意見，處理客戶投訴，改進產品；但是寶潔公司和沃爾瑪公司之間卻可以建立互惠互利的夥伴型關係。

菲利普·科特勒提出，企業可以根據其客戶的數量以及產品的邊際利潤水平選擇合適的客戶關係類型。由於維持企業客戶關係的較高水平需要消耗大量資源，因此企業必須根據實際情況採取靈活對策，選擇適當的客戶關係。

企業在經營管理實踐中，要建立何種類型的客戶關係，必須針對其商品的特性和對客戶的定位來作出抉擇。具體操作中，企業可以根據其擁有的客戶數量，以及產品的邊際利潤水平，根據如圖4-5所示的思路，選擇合適的客戶關係類型。

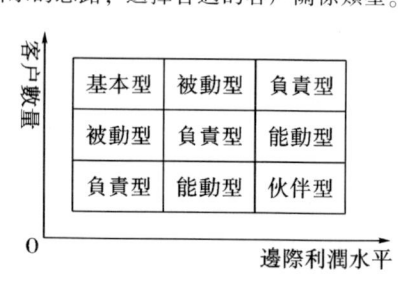

客戶數量			
	基本型	被動型	負責型
	被動型	負責型	能動型
	負責型	能動型	伙伴型
0			邊際利潤水平

圖4-5　企業客戶關係類型的選擇方法示意圖

一般來講，企業的客戶關係類型並不是一成不變的，那麼該如何選擇適當的客戶關係類型呢？從圖4-5中可以看出，如果企業在面對少量客戶時，提供的產品或服務的邊際利潤水平相當高，那麼它應當採用「夥伴型」的客戶關係，力爭實現客戶成功的同時，自己也獲得豐厚的回報；但如果產品或服務的邊際利潤水平很低，客戶數量極其龐大，那麼企業會傾向於採用「基本型」的客戶關係，否則它可能因為售後服務的較高成本而出現虧損；其餘的類型則可以由企業自行選擇或組合。因此，一般來說，企業對客戶關係進行管理或改進的趨勢應當朝著為每個客戶提供滿意的服務和提高產品的邊際利潤水平的方向轉變。

1. 夥伴型關係的選擇

如果企業在面對少量的客戶時，提供的產品或服務的邊際利潤水平要求相當高，就應採取夥伴型的客戶關係，在取得客戶的同時，自己也獲得豐厚的回報。例如，對生產大型產品和特殊產品的企業，則需要和客戶加強聯繫，按照用戶的需要進行產品的開發和生產，並保證能滿足用戶的要求。波音公司就與它的客戶保持緊密的夥伴關係，既滿足了客戶的需要，又取得了企業的發展。

2. 基本型關係的選擇

一般來講，如果產品或服務的邊際利潤水平很低，客戶數量極其龐大，那麼企業會傾向於採用基本型的客戶關係；否則，可能因為售後服務的較高成本而出現虧損。如生產日用品的企業一般都採用基本型的關係，企業所要做的只是建立售後服務部門，搞好產品的售後服務工作，對客戶在使用產品中提出的問題進行解答並解決問題。

3. 其餘類型關係的選擇

企業所把握和能夠影響的資源條件決定了客戶關係的實際水平，其餘類型的關係可由企業自行選擇或組合。客戶認為已經接受的服務水平是個認知水平，這和客戶關係的實際水平一般都存在差異，因為客戶在認知過程中加上了主觀的因素作為判斷的依據。如果客戶與企業的關係越好，對每次交易的評價就會越高。這樣的良性循環就會造就忠誠的客戶。因此，企業對客戶關係進行管理或改進的目標，應是向著為每個客戶提供滿意服務並提高產品的邊際利潤水平的方向轉變。

4. 由客戶的忠誠度和銷售額建立不同的客戶關係

企業與客戶的關係是十分複雜的，因企業與客戶的相互依賴程度、客戶的忠誠度不同而具有不同的形式和特徵。由客戶的忠誠度和銷售額對企業的全部客戶按照一定的標準進行分類，根據具體的情況建立不同的客戶關係。企業進行客戶關係選擇時應當首先考慮客戶忠誠度。衡量客戶忠誠度的指標有很多，如客戶重複購買的次數、客戶購買量占其對產品總需求的比例、客戶對本企業產品品牌的關注程度、客戶對競爭產品的態度等因素都應當著重考慮。如果企業對客戶的忠誠度水平判斷不準，客戶關係的選擇可能就不適當。例如，對於一位十分忠誠的客戶，如企業按照被動型或基本型的客戶關係對待，會影響客戶的忠誠度。客戶的銷售額由於直接反應企業從該客戶身上獲利的程度，所以企業在選擇客戶關係時還要考慮銷售額指標。

因此，在客戶管理中，企業需要進行客戶關係類型分析，以瞭解客戶與企業聯繫的動機、要求條件，以及企業的有利和不利條件，充分利用一切可能的機會，採取相應的信息交流、產品、服務和價格策略等，以取得客戶的全面信任，建立良好的企業客戶關係。而且，企業必須從客戶的角度來考慮客戶關係。對於企業來說，不是單純地為了獲取收入和利潤而尋找一個錢袋飽滿的客戶，然后誘惑他盡可能多地從錢袋裡掏出錢來。現在，評價客戶關係必須完全站在客戶的立場，這一點是很重要的。企業必須理解客戶是如何看待和定義客戶關係的。

二、提高客戶的忠誠度

亞當‧斯密（Adam Smith）在《國民財富的性質和原因的研究》（簡稱《國富論》）中討論過，當分工與專業化深度和廣度增加時，勞動生產率隨之增長；而分工與專業化的發展帶來創新機會的增長，又促進新工具的設計和推廣。這又進一步導致了分工與專業化。同理，「一對一」的行銷會增加企業營利和客戶的忠誠度。「一對一」戰略是保持目標客戶的基礎，採用這一戰略可以充分發揮競爭力和信譽在客戶價值鏈中的槓桿作用，從而提高

客戶價值，加快企業成長，使客戶關係收益逐漸遞增。因此，企業要留住客戶，可以在正確識別客戶的基礎上按照以下三個步驟發展客戶關係，提高客戶忠誠度。

(一) 對客戶進行差異分析

1. 不同價值客戶的戰略不同

不同客戶之間的差異主要在於兩點：一是不同的客戶對企業有不同的價值貢獻，客戶終生價值不同。客戶關係管理會幫助企業改變臨時光顧的客戶，把他們吸引到為企業帶來主要收入和利潤的核心客戶中去。客戶關係管理也可以幫助企業識別那些沒有營利潛力的客戶，從而放棄沒有價值的客戶。二是在企業與客戶發展關係的過程中，受多種複雜因素的影響，客戶對企業的忠誠也是有差異的。

忠誠度和客戶終生價值都是衡量客戶關係的重要標準。根據價值和忠誠度的大小不同，客戶關係可分為不同的類型，這些關係的特徵及對企業的作用都是不同的。因此，對客戶進行有效地差異分析可以幫助企業更好地配置資源，使得產品或服務的改進更有成效，牢牢抓住最有價值的客戶，取得最大程度的收益。對不同價值的客戶採取不同的戰略。

（1）戰略夥伴。戰略夥伴是指那些對企業的信任度與忠誠度都很高的客戶，他們與企業一樣十分重視雙方關係，並有明確的購買和重複購買意向。關係雙方的近期目標和遠景目標都是一致的，可以通過共同安排爭取獲得更大的利潤。戰略夥伴往往是企業產品和服務的大量購買者，同時，企業却不需要對之投入大量談判、促銷等費用，因此企業對這類客戶的營利率一般高於平均水平。這種朋友關係是最為理想和可靠的客戶關係。建立這種戰略夥伴關係一般要花費較長的時間和較多的精力。例如，某企業的一位高級客戶經理足足花了五年時間才與一家客戶發展成這種親密的夥伴關係。

（2）客戶保留。有些客戶對與企業的關係情況並不重視，他們認為企業只是眾多賣主或普通供應商中的一位。然而他們的採購量却很大，所以對企業利潤也有明顯貢獻。這種低忠誠度、高購買量的關係可以稱為賣主關係。賣主關係在實踐中十分常見，對這種類型的客戶，企業要仔細分析其原因，探討提高其忠誠度的可能性，防止企業與他們的關係滑向一般的購買關係，保留現有客戶。

（3）客戶開發。有些客戶與企業建立了很好的人際關係，雙方比較信任和熟悉。但是他們的採購量不大，這可能是受他們的需求規模小所限。這種關係的密切程度與戰略夥伴關係相似，但是却對企業利潤貢獻不大。對於這種情況，企業要充分瞭解客戶的需要，提供滿足客戶需要的新產品或服務，進行客戶開發。

（4）建立關係。有些客戶與企業僅有少量的交易往來，他們對企業既沒有多大的利潤貢獻，也沒有多大的企業忠誠度。企業與這類客戶的關係被稱之為認知關係，這往往是企業與一些新客戶的關係或者是由於企業管理不善而從前三類關係滑落到這種情況的客戶關係，可以說這是一種最為不利而又脆弱的客戶關係，一般難以長久維持。在這種情況下，企業要努力建立起與客戶的關係，防止客戶流失帶來成本增加。

針對上述四種不同的客戶關係，企業銷售人員應該採取不同的對策，努力保持戰略夥伴關係，並根據客觀條件和企業發展的需要，促使其他形式關係向有利方面轉變，必要時也可放棄某些關係。

2. 具體做法

在這一階段，企業具體的做法和步驟如下：

（1）識別企業的「鉑金」客戶。企業可以運用上年度的銷售數據或其他現有的比較簡易的數據來預測本年度占到客戶數目5%的「金牌」客戶有哪些。

（2）識別出哪些客戶導致了企業成本的發生。尋找一種簡易的方法，找出占到客戶總

數目20%的「鉛客戶」，他們往往一年都不會下一單，或者總是令企業在投標中遭淘汰，減少寄送給這些客戶的信件。

（3）選擇出企業本年度最想建立關係的客戶，把他們加到數據庫中，對於每位客戶，至少記錄下三名客戶方聯繫人的名字。

（4）列示出上年度有哪些大客戶對企業的產品或服務多次提出抱怨。細心呵護與客戶的關係，派業務精湛的人員經常與這些客戶聯繫，檢查銷售訂單的完成情況。

（5）找出去年最大的客戶今年是否還保持了與企業的交易關係。要和競爭對手比較，趕在競爭對手之前去拜訪客戶。

（6）找出那些與競爭對手保持大量業務關係的客戶。與這些客戶積極地交流溝通，讓這些客戶嘗試購買企業的其他產品。

（7）根據客戶給企業帶來的價值，用 ABC 分類法把客戶分為三類。減少對 C 類客戶的市場投入與其他花費，把節約的資金投向 A 類客戶。

閱讀材料5：
對不同的客戶差別對待

20世紀90年代以前，國際商業機器有限公司（IBM）信奉這樣一個哲理：任何一位客戶都會成為重點客戶。在個人計算機發明之前，IBM 公司一直是這樣服務客戶的。事實上，IBM 公司運用專家銷售力量來服務所有的客戶，認為所有客戶都有可能成為 IBM 公司大宗產品、IBM 主機的購買者。長期以來，每位客戶都能得到銷售人員和服務人員的服務，這也是 IBM 公司的服務哲學。直到20世紀90年代，IBM 公司才開始認識到這個策略並不是永遠都正確。20世紀90年代以後，IBM 公司果斷地與傳統脫鉤，成立了幾個電話銷售和服務中心。當小客戶需要購買少量計算機時，用電話與 IBM 公司聯繫。當他們需要服務的時候，客戶還是用電話與 IBM 公司聯繫，由不同的服務維修人員處理，通常客戶的問題不需要上門就可以解決。當 IBM 公司認識到不能長期地把所有客戶都當做頂級客戶來提供服務時，公司的利潤就大幅上漲了。

（二）與客戶保持良好的接觸

「一對一」行銷的一個重要組成部分就是降低與客戶接觸的成本，增加與客戶接觸的收益。降低與客戶接觸的成本可以通過開拓自動服務等接觸渠道來實現，如利用互聯網上的信息交互代替人工的重複工作。增加與客戶接觸的收益需要企業更及時地、更充分地更新客戶信息，從而加強對客戶需求的透視深度，更準確地描述客戶的需求。具體來說，就是建立一條完善的客戶信息鏈。

1. 與客戶接觸的策略選擇

企業與客戶關係的建立是以雙方互相需要為條件的。但在不同條件下，雙方互相需要的程度各不相同，彼此依賴的強度有或大或小的差異。哪一方表現的依賴程度大，哪一方就處於比較被動的地位，另一方則掌握更大的主動權，並借此在交易中獲得有利地位。當然，在彼此需求程度相近的情況下，互相依賴程度也比較類似，這就會形成一種比較平等的關係。

買賣雙方相互依賴程度的高低對於雙方關係具有明顯的影響，隨著雙方依賴程度的變化，雙方關係依次發生變化。當買賣雙方依賴程度都很低時，只是一種間斷式的交易，隨著依賴程度的上升以及買方依賴和賣方依賴的不同改變，關係的性質也在發生變化，依次出現買方維持的關係、賣方維持的關係、鬆散的交易關係和平等合作的關係。對企業與客戶相互依賴性的分析，有助於企業深入瞭解在交易活動中買賣雙方的互相影響、在交易進

行中的合作與競爭情況，以及雙方聯繫的不同結果，如合作程度、企業獲利水平及客戶的滿足情況等。

根據企業與客戶的依賴程度不同，企業與客戶接觸的策略可以分成差異化、傳統、即時性和信息提供四種。其中，差異化和即時性是偏重關係導向的策略，而傳統和信息提供是事件導向的互動方式。

（1）信息提供策略。在購買者與供應商彼此依賴性都很低的情況下，雙方關係處於一種鬆散的狀態。這表現為企業與客戶之間往來不多且只限於間斷的交易合同，交易額占企業銷售額比重往往也比較小。總之，雙方交易與否對企業和客戶來說都無關緊要，所以缺乏進一步交流與合作的基礎。在這種情況下，企業與這類客戶難以建立穩定的關係，也不是企業客戶關係管理的重點，而且雙方聯繫隨時可能中斷。對於這種關係，與客戶接觸的策略可以採用信息提供策略。

（2）差異化策略。當企業與客戶之間相互依賴性共同上升時，就會形成一種平等合作的關係。在這種情況下，關係的質量與穩定性對雙方利益都有舉足輕重的影響，關心自身利益的動機促使雙方都具有建立、保持良好關係的願望，並會為此投入時間、費用和精力。

買賣雙方的互相依賴為建立和發展關係提供了十分有利的條件。這種關係下，企業與客戶接觸中適合採用差異化策略。企業與客戶可以開展多方面的合作，包括在生產、行銷和消費領域的不同合作。由於共同利益的約束，這種關係一旦建立，也會比較穩定，競爭者難以介入。此外，由於雙方都有建立良好關係的願望，企業與客戶的交流也會更為頻繁和暢通，並不斷加深雙方的瞭解和信任。

因此，企業要對這種客戶給予應有的重視和有效的管理，關心客戶的利益，與客戶進行互惠互利的交易，這樣就會得到客戶的積極合作，並有希望最終將其發展為理想的夥伴關係。

（3）即時性策略。買賣雙方對關係的依賴程度並不總是一致的，在賣方對某些客戶依賴性很強，而這種關係對客戶却不太重要的情況下，就形成了由賣方維持的關係。在這種關係中，企業建立客戶關係的難度較大，不僅需要投入更多的時間、財力和精力吸引客戶，而且需要以更多的服務和優惠才能留住客戶。而客戶則在這種關係中處於主動地位。企業十分需要這類客戶，雙方交易對客戶來說可能無關緊要，却占企業銷售的很大份額。在大型組織客戶與小型供應商之間經常會出現這種情況。

因此，在賣方維持的關係中，企業的銷售成本較高，服務開支也比較大，而在價格方面還要對客戶作出一定讓步，所以對這類客戶的獲利水平往往較低。這也是企業的大客戶並不一定是營利大戶的原因。針對這種情況，採用即時性策略與客戶接觸。其最根本的措施是通過參與對方購買決策等，設法提高客戶對企業的依賴性。同時，企業要努力加強與客戶的合作，以充分開發客戶資源，盡力改變由賣方維持關係的局面，逐步建立一種平等的合作關係。

（4）傳統策略。當客戶對某個供應商的產品和服務依賴程度很高，而這個客戶對供應商來說却並不十分重要的情況下，就會由買方主動建立和維持關係。顯然這是一種對賣方比較有利的局面。首先，由於客戶的依賴性會使企業建立客戶關係的工作變得容易，他們的購買條件也會比較合理，因而比較容易得到滿足。此外，這種關係也十分有利於與客戶進行生產、行銷和消費等方面的合作。可以說，這種買方維持的關係為企業開發客戶資源提供了最為有利的機會，企業對這類客戶的營利水平往往也較高。

但是，這種有利地位也會使企業進入某種誤區。正像在賣方市場的條件一樣，在客戶維持的關係中，有些企業會放開客戶導向的正確行銷觀念，坐等客戶上門，降低企業的產

品和服務水平；也有些企業面對這種買方被動的局面出現短期行為，認為無論如何對方也會繼續購買。這樣的結果會失去客戶的信任，雙方關係雖然還可能會維持下去，但關係的質量却很差，而且十分容易中斷。這種偏倚關係並不是一成不變的，一旦客戶找到更為滿意的供應商或市場供應情況發生變化時，他們就會很快放棄這種缺乏信任基礎的關係，如果企業一方這時再想努力維持這種關係，就為時晚矣。在這種關係下，適合採用傳統策略與客戶接觸，充分利用這種有利機會，主動配合客戶建立關係的願望，提供對方滿意的產品和服務，以公平交易刺激對方增加購買量。由於這時的客戶比較容易滿足，所以企業不需要多少投入，却可收到事半功倍的效果，贏得客戶的信任。在此基礎上發展起來的關係，即使從不平衡轉向平衡或倒向另一方時，仍將比較容易維持，對於提高企業的競爭能力和利潤水平起到十分重要的作用。

無論採取何種策略，都必須先建立一個關於客戶的知識系統，不斷地收集客戶信息。此外，企業需要訓練不同層次員工，增強對客戶瞭解的程度。採取哪種與客戶接觸的策略，應該根據客戶對於企業的貢獻度、偏好或特性等因素作出判斷，進行差異化行銷。此外，企業還要完善各種支持體系，如付款機制、物流體系和售後服務系統等，以滿足客戶的需要。

2. 與客戶保持良好接觸的具體行動與步驟

（1）和競爭對手的客戶服務部門溝通，比較服務水平的優劣。

（2）把客戶主動與企業的溝通當作一次銷售機會，提供特價、清倉處理和試用產品等服務。

（3）測試客戶服務中心的自動通話系統的質量，努力使自動通話系統更完善，處理信息更便捷，縮短客戶等候時間。

（4）對企業內部記錄客戶信息的各種資料進行控制，嘗試減少不必要的步驟，縮短處理週期，提高客戶回應速度。

（5）主動與給企業帶來更高價值的客戶溝通。借助發票、報告書、信封等信息載體發布個性化的信息；專門起草信件，而不是發送大量的郵件；由最合適的員工向客戶方的聯繫人聯繫；聯繫過去兩年中失去的那些重要客戶，說明可以重新開始合作的原因。

（6）通過信息技術的應用，使得客戶與企業做生意更加方便。收集客戶的地址，保持持續的聯繫；向客戶提供多種可行的聯繫渠道；將客戶的信息保存到數據庫中。

（7）提高對客戶抱怨的處理能力。把客戶抱怨的信息收集整理，進行統計分析，提高對客戶抱怨的處理效率。

（三）調整產品或服務以滿足客戶的需要

要想和客戶建立戰略夥伴型的關係，企業就應該讓具有價值的客戶知道他們的重要性，讓他們能夠感覺到企業是按他們的需要為其提供個性化的產品、服務。為了使最具價值客戶的要求得到滿足，企業應該就信息進行雙向溝通，提供給客戶的產品和服務帶有個性化的特徵，個性化的程度應該與客戶的需求相對應。這會涉及大量的客戶工作，而且調整的重點並非在客戶直接需要的產品質量上，而是與產品相關的服務，如提交發票的方式、產品的包裝樣式等。在這一階段重要的行動和步驟如下：

（1）改進客戶服務過程，節省客戶時間，節約公司資金。按照區域或主題進行分類，提供不同版本的客戶服務相關文檔。

（2）發給客戶的郵件更加個性化。根據客戶信息，提供個性化的產品和服務，使用個性化的信息溝通方式和客戶進行交流。

（3）盡量節省各種交易手續，提高服務效率。使用一些技術手段或者設備，節省各種

交易手續，改善公司服務的形象。
（4）詢問客戶，瞭解客戶信息，掌握客戶獲得企業信息的方式和頻率。根據客戶的要求發送傳真、電子郵件，郵寄信函或者進行個人拜訪。
（5）瞭解客戶真實的需要。通過書面或郵件調查、電話調查、專人訪問、面對面訪問、焦點小組、客戶參與會、座談小組、評議卡、意見箱、觀察等來瞭解客戶的需要。如邀請客戶來參加討論會或專題組，激發客戶對產品或工作流程的期望，真實收集客戶語言表述的需要。

三、提升客戶關係

客戶關係水平是從交易關係到相互合作與信任，再到戰略合作一致達到雙方期望的理想階段的過程。客戶關係水平是不斷推進的，客戶關係發展是一個循序漸進的過程。因此，要提升企業與客戶之間的關係，提高客戶的忠誠度，還須從以下兩方面著手：

（一）提升客戶關係的行銷手段

建立和維繫客戶關係的基礎是企業提供給客戶的價值。提高客戶價值的體現是多方面的，比如優質的產品和服務，良好的客戶滿意度和口碑等。這些措施是吸引新客戶的重要手段，同時對於增進老客戶的關係也非常有效。提升客戶關係的過程，實際上是一個不斷增加客戶價值的過程。

培根（Bacon）認為，隨著企業提供給客戶的價值不斷增加，客戶對企業的認知度也會越來越高，雙方的關係也會由單純的賣主關係發展為戰略聯盟。美國行銷學家倫納德·貝瑞（Leonard Berry）和帕拉蘇拉曼（Parasuraman）歸納了三種建立客戶關係的行銷手段，即一級關係行銷、二級關係行銷和三級關係行銷，以便最大限度地建立和增加客戶價值。

1. 一級關係行銷

一級關係行銷是企業讓渡適當的財務收益給客戶，增加客戶價值，從而達到提高客戶滿意度和增進客戶關係的目的。這是最低層次的關係行銷，它維持客戶關係的主要手段是利用價格刺激增加目標市場客戶的財務利益。在客戶市場中經常被稱為頻繁市場行銷或頻率市場行銷，是對那些頻繁購買以及按一定數量進行購買的客戶給予財務獎勵的行銷手段。例如，香港匯豐銀行、花旗銀行等通過它們的信用證設備與航空公司開發了「里程項目」計劃，按累計的飛行里程達到一定標準之後，共同獎勵那些經常坐飛機的客戶。啟動頻繁購物計劃的一些成功嘗試證明，通過重複購買，客戶對產品及其競爭品牌產品的特點都累積了一定的知識。隨著客戶對產品瞭解程度的加深，客戶對保修、服務和改進經營特點等方面的需求也不斷增加。此時，企業只要重新安排其廣告費用，運用企業的資金資源，並不會增加成本。而且無論從短期還是從長期的角度來看，這樣都能增加銷售額和利潤。一級行銷的另一種常用形式是對不滿意的客戶承諾給予合理的補償。例如，新加坡奧迪公司承諾如果客戶購買汽車一年后不滿意，可以按原價退款。

2. 二級關係行銷

二級關係行銷通過瞭解客戶的需要和願望，提供個性化的服務來增加企業與客戶的社會關係。這種方法既增加目標客戶的財務收益，也增加他們的社會利益。這種行銷方法側重於關係的建立，效果優於價格刺激。對於一個企業來講，大部分客戶也許是不知名的，但是貴賓不可能不知名；客戶是針對一群人或一個人的細分市場的一部分而言的，而貴賓則是針對個體而言的；客戶是由任何相關的人來提供服務，而貴賓是由專職人員來為其服務的。二級關係行銷的主要表現形式是建立客戶俱樂部，以某種方式將客戶納入到企業的特定組織中，使企業與客戶保持更為緊密的聯繫，通過建立社交關係實現對客戶的有效管

理。對於企業的新客戶而言，以建立合作夥伴關係提高其忠誠度來達到保留客戶的目的是不太現實的，這時就需要建立良好的社交關係，減少客戶轉向競爭對手的可能性，使企業與客戶保持更為緊密的聯繫，實現其對客戶的有效控制。

3. 三級關係行銷

三級關係行銷是建立客戶聯盟，增加結構紐帶，同時附加財務利益和社會利益。結構性聯繫要求為客戶提供這樣的服務：它對客戶有價值，但不能通過其他來源得到。這種服務具有排他性。良好的結構關係將提高客戶轉向競爭者的機會成本，同時也將增加客戶脫離競爭者而轉向本企業的利益。特別是當面臨價格競爭的時候，這種關係作為一種非價格動力，能支撐價格的小額漲幅。當面對較大的價格差別時，交易雙難以維持低層次的銷售關係，只有通過提供買方需要的技術、服務和援助等深層次聯繫才能吸引客戶。特別是在產業市場上，由於產業服務通常是技術性組合，成本高、困難大，很難由客戶解決，這些特點有利於建立關係雙方的結構性合作。

建立和維繫客戶的關係，其基礎是企業讓渡給客戶令其滿意的價值，改變傳統的那種每一筆交易都追求利潤最大的做法。企業的最終目標應該是通過持續改進客戶關係，促進客戶升級而建立長期的、可營利的雙贏關係，實現客戶關係價值鏈的良性循環。

（二）持續改進客戶關係的方法

企業的最終目標是與客戶建立長期的雙贏關係。這個目標是通過持續改進客戶關係來實現的。這一點可以借助「PDCA」循環法來完成。

「PDCA」循環是質量管理專家威廉・戴明（William Deming）博士首先提出來的，又被稱為「戴明環」。「PDCA」是四個英文單詞 Plan（計劃）、Do（執行）、Check（檢查）、Action（處理）的首字母組合，具體包括四個階段：

（1）Plan（計劃）：分析現狀，確定工作目標和計劃，制訂實現目標的方法。

（2）Do（執行）：在明確了工作目標和實施步驟的情況下執行方案和計劃。

（3）Check（檢查）：檢查計劃實際執行的效果，比較和目標的差距。

（4）Action（處理）：總結成功的經驗，並予以標準化以鞏固成績；對於沒有解決的問題，查明原因，進入下一個階段的「PDCA」循環。由此周而復始，不斷推進工作的進展。

「PDCA」循環是質量改進的必不可少的工具，是對管理的持續改進的科學總結，能夠持續地推動管理水平的螺旋式上升。在客戶關係管理工作中，可以應用這種方法來提升客戶關係。企業的客戶關係建立，也包括計劃、執行、檢查和處理的環節。如果說客戶關係提升可以作為「PDCA」循環的 P 階段的工作目標，那麼三級關係行銷作為實現這個目標的重要方法就是 D 階段的重要內容。而「PDCA」循環在客戶關係管理中不斷循環的結果就是企業客戶關係水平不斷提升，實現客戶關係與企業價值鏈的良性循環。

當今時代是個性化需求的時代，客戶關係管理強調的是關係行銷、「一對一」行銷，並使企業借助科學的管理方法促進客戶升級，與客戶保持長期的合作關係。

閱讀材料 6：

解放公司提升客戶關係的舉措

在 2004 年，解放公司通過「感動服務，感動中國」的大型主題活動，取得了市場轟動效應，進一步拉近瞭解放與用戶之間的距離，使解放的客戶關係進一步強化。另外，在進一步深化客戶關係的基礎上，解放公司全面開展瞭解放「裂變」行動。通過精心的培育和呵護，初步形成了全國「核心」用戶口碑行銷網路。在這一年，該公司通過周密、科學的市場謀劃與運籌，抓住了市場時機，增強了應變能力，贏得了市場主動。靈活、準確地調

整行銷政策，保持了產品銷售的巨大成功，給解放公司和經銷商帶來了可觀的效益。

解放公司的領導人認為：堅持「用戶第一」的思想，大幅提升客戶關係水平，依賴於客戶關係管理能力的提升，而提升客戶關係管理能力的關鍵在於整個行銷隊伍的水平和能力的提升。在提升客戶關係方面，解放採取的舉措是借鑑國際上先進的汽車經銷體系的管理經驗，實施標準化流程；在流程的建立過程中，始終貫徹「用戶第一」的理念；本著用戶滿意度最大化的原則，通過培訓、實施、指導和檢查等階段，實現解放的客戶關係管理能力從個體行為期向系統保障期的轉變；形成解放品牌高水準的銷售服務體系；構建解放品牌標準化的銷售服務模式，不同的經銷商要達到相同的品質、相同的流程和相同的效果，實現「同一解放，同一服務」；逐步形成一套具有可操作性、實效性和長期性的協調管理機制。

在日益嚴峻的市場挑戰面前，解放公司只有提升行銷網路體系的競爭力，才能保證解放行銷網路的持續發展，才能繼續保持和提升市場份額，最終實現與廣大事業夥伴共贏的目標。

第五節　客戶關係的選擇策略

一般來說，在賣方市場情況下（例如，壟斷市場和中國過去物資匱乏的年代），企業可以單方面選擇自己想要服務的對象，而客戶是不能夠選擇企業的。然而，在產品和服務極為豐富的買方占主導地位的今天，情況卻翻了過來——客戶可以自由選擇企業，而企業是不太容易選擇客戶的。但是，從追求自身最大化利潤的角度考慮，即使在買方市場條件下，作為賣方的企業還是應當去主動選擇適合自己的「最優客戶」。本節對此進行內容介紹。

一、企業進行客戶選擇的必要性

企業之所以要對自己的目標客戶進行選擇，主要是基於以下幾方面原因的考慮：

1. 不是所有的購買者都是企業的目標客戶

由於不同客戶需求的差異性和企業本身資源的有限性，每個企業能夠有效地服務客戶的類別和數量是有限的，市場中只有一部分客戶能成為企業產品或服務的實際購買者，其餘則是非客戶。既然如此，在那些不願意購買或者沒有購買能力的非客戶身上浪費時間、精力和金錢，將有損企業的利益。相反，企業如果準確選擇屬於自己的客戶，就可以避免花費在非客戶上的成本，從而減少企業資源的浪費。因此，企業應當在眾多購買人群中選擇屬於自己的客戶，而不應當以服務天下客戶為己任，不能把所有的購買者都視為自己的目標客戶。有所舍，才能夠有所得，盲目求多求大，結果可能是失去所有的購買者。

2. 不是所有的購買者都能給企業帶來收益

傳統觀念認為「登門的都是客」，認為所有的客戶都很重要，因而盲目擴大客戶的數量，而忽視了客戶的質量。事實上，客戶天生就存在差異，有優劣之分，不是每個客戶都能夠帶來同樣的收益，都能給企業帶來正的價值。一般來說，優質客戶帶來大價值，普通客戶帶來小價值，劣質客戶帶來負價值，甚至還可能給企業帶來很大的風險，或將企業拖垮。

眾所周知，選擇正確的客戶能增加企業的營利能力。客戶的穩定是企業銷售穩定的前提，因為穩定的客戶給企業帶來的收益遠大於經常變動的客戶，而客戶的每一次變動對企業來說都意味著風險和費用。這就要企業在選擇客戶時一定要謹慎——首先要區分哪些客戶是能為企業帶來營利的，哪些不能，然后根據自身的資源和客戶的價值選擇那些能為企

業帶來營利的客戶作為目標客戶，並且從源頭減少或者乾脆不與「劣質」客戶交往。

3. 正確選擇客戶是成功開發客戶的前提

一方面，企業如果選錯了客戶，則開發客戶的難度將會比較大，開發成本將比較高，開發成功後維持客戶關係的難度也比較大，維護成本也比較高，企業很難為客戶提供相應、適宜的產品和服務。另一方面，客戶也會不樂意為企業買單。例如，一些小企業忽視了對自身的定位，沒有採取更適合自身發展的戰略，如市場補缺戰略等，而盲目採取進攻戰，與大企業正面爭奪大客戶，最終導致被動、尷尬的局面——使企業既失去了小客戶，又沒能力為大客戶提供相應的服務，遭遇大客戶的不滿，未能留住大客戶，結果是兩手空空。

相反，企業如果經過認真選擇，選對、選準了目標客戶，那麼開發客戶、實現客戶忠誠的可能性就很大，也只有選準了目標客戶，開發客戶和維持客戶的成本才會最低。

4. 目標客戶的選擇有助於企業的準確定位

一方面，不同的客戶群是有差異的，企業如果沒有選擇客戶，就不能為確定的目標客戶開發恰當的產品或者服務。另一方面，形形色色的客戶共存於同一家企業，也可能會造成企業定位混亂，從而導致客戶對企業形象產生模糊不清的印象。例如，一個為專業人士或音樂「發燒友」生產高保真音響的企業，如果出擊大眾音響的細分市場無疑是危險的，因為這樣破壞它生產高檔音響的專家形象。同樣，五星級酒店在為高消費的客戶提供高檔服務的同時，也為低消費的客戶提供廉價的服務，就可能令人對這樣的五星級酒店產生疑問。

相反，如果企業主動選擇特定的客戶，明確客戶定位，就能夠樹立鮮明的企業形象。例如，美國的「林肯」汽車定位在高檔市場，「雪佛萊」定位在中檔汽車市場，而「斑馬」則定位在低檔汽車市場。又如，新加坡航空公司、德國漢莎航空公司定位在高端市場，以航線網路的全方位服務和品牌優勢為商務乘客服務；而美國西南航空公司和四方噴氣航空公司定位在低端市場，為價格敏感型旅客提供服務。

總之，不是所有的購買者都是企業的客戶，不是所有的客戶都能夠給企業帶來收益，成功開發客戶、實現客戶忠誠的前提是正確選擇客戶。而對客戶不加選擇可能造成企業定位模糊不清，不利於樹立鮮明的企業形象。因此，企業應當對客戶加以選擇。

二、優質客戶的甄別標準

企業選擇目標客戶時，要盡量選擇好的優質客戶。但是，什麼是好的「優質」客戶呢？

1. 「優質」客戶與「劣質」客戶的不同表現

「優質」客戶指的是客戶本身的「素質」好，對企業貢獻大的客戶，他們是能不斷產生收入流的個人、家庭或公司，其為企業帶來的長期收入應該超過企業長期吸引、銷售和服務該客戶所花費的可接受範圍內的成本。一般來說，「優質」客戶要滿足以下條件：

（1）購買慾望強烈、購買力大，有足夠大的需求量來吸收企業提供的產品或服務。

（2）能夠保證企業營利，對價格的敏感度較低，付款及時，有良好的信譽。

（3）客戶服務成本的相對比例值較低，最好是不需要過多的額外服務成本。

（4）能夠正確處理與企業的關係，忠誠度高，經營風險小，有良好的發展前景。

（5）讓企業做擅長的事，通過提出新的要求，友善地教導企業如何超越現有的產品或服務，從而提高企業產品的技術創新和業務服務水平，並積極與企業建立長期夥伴關係。

閱讀材料7：

銀行貸款時選擇優質客戶的主要標準

- 法人治理結構完善，組織結構與企業的經營戰略相適應，機制靈活、管理科學。
- 有明確可行的經營戰略，目前的經營狀況良好，經營能力強。
- 與同類型客戶相比，有一定的競爭優勢。
- 財務狀況優良，財務結構合理，現金回流快。
- 屬於國家重點扶持或鼓勵發展的行業，符合產業技術政策的要求。
- 產品面向穩定增長的市場，擁有有力的供應商和通暢的銷售網路與渠道。

相對來說，「劣質」客戶一般滿足以下幾個條件：

(1) 只向企業購買很少一部分產品或服務，但要求很多，花費企業高額的服務費用。

(2) 不講信譽，給企業帶來呆帳、壞帳、死帳以及訴訟等，給企業帶來負效益。

(3) 讓企業做不擅長或做不了的事，分散企業的注意力，使企業改變戰略方向。

應當注意，「優質」客戶與「劣質」客戶是相對的，只要具備一定條件，他們是有可能相互轉化的，「優質」客戶會變成「劣質」客戶，「劣質」客戶也會變成「優質」客戶。

2. 大客戶不一定等同於「優質」客戶

大客戶因為購買量大，往往成為所有企業關注的重點。但是，如果認為所有的大客戶都是「優質」客戶，而不惜一切代價地角逐和保持大客戶，企業就要為之承擔一定的風險。

(1) 較大的財務風險。大客戶在付款方式上通常要求賒銷，這就容易使企業產生大量的、長期的應收帳款，也容易成為「欠款大戶」，使企業承擔呆帳、壞帳、死帳的風險。

(2) 較大的利潤風險。客戶越大，脾氣、架子就越大，所期望獲得的利益也大。另外，某些大客戶還會憑藉其強大的買方優勢和砍價實力，或利用自身的特殊影響與企業討價還價，向企業提出諸如減價、價格折扣、強索回扣、提供超值服務甚至無償占用資金等方面的額外要求。因此，這些訂單量大的客戶往往不但沒有給企業帶來大的價值，沒有為企業帶來預期的營利，反而使企業陷於被動局面，減少企業的獲利水平。例如，很多大型零售商巧立進場費、贊助費、廣告費、專營費、促銷費、上架費等費用，而使企業（供應商或生產商）的資金壓力很大，增加了企業的利潤風險。

(3) 較大的管理風險。大客戶往往容易濫用其強大的市場運作能力，擾亂市場秩序（如竄貨、私自提價或降價等），給企業管理造成負面影響，並可能影響小客戶的生存。

(4) 較大的流失風險。一方面，激烈的市場競爭往往是大客戶成為眾多商家盡力爭奪的對象，大客戶因而很容易被腐蝕、利誘而背叛。另一方面，在經濟過剩的背景下，產品或者服務日趨同質化，大客戶選擇新的合作夥伴的風險不斷降低。這兩個方面決定大客戶流失的可能性加大了，他們隨時都可能叛離企業。同時，大客戶往往擁有強大實力，容易採取縱向一體化戰略，自己開發品牌，這就存在著他們「自立門戶」的風險。

可見，大客戶未必都是「優質」客戶，為企業帶來最大利潤和價值的通常並不是購買量最大的客戶。此外，團購也未必都是「優質」客戶，因為團購未必忠於企業，像團購禮品，往往追求時尚，總是流行什麼就買什麼，而不能夠持續、恆久地為企業創造利潤。

3. 小客戶也有可能是「優質」客戶

在什麼樣的客戶是好客戶的標準上，要從客戶的終生價值來衡量。實際上，小客戶不等於「劣質」客戶，過分強調當前客戶給企業帶來的利潤，其結果有可能會忽視客戶將來的合作潛力。因為今天的「優質」客戶也經歷過創立階段，也有一個從小到大的過程。例如，家電經銷商「國美」在初創時並不突出，但有著與眾不同的經營風格，如今已經成長

為家電零售的「巨鱷」。同樣，2000年成立的「百度」在短短數年間從一個名不見經傳的小企業成長為一個大企業，它們都是從「螞蟻式」企業成長為「大象式」企業的實例。

可見，衡量客戶對企業的價值要用動態的眼光，要從客戶的成長性、增長潛力及其對企業長期價值來判斷。一些處於成長期的績優中小客戶，如一些中小型高新技術企業一旦得到大力支持，往往能快速成長為大客戶，而且可能成為好客戶。

因此，企業要善於發現和果斷選擇可以從「螞蟻」變為「大象」的有潛力的小客戶，給予重點支持和培養，甚至可以考慮與管理諮詢公司合作，提升有潛力的小客戶的「品質」。這樣，小客戶在企業的關照下成長壯大后，它們對企業的產品或者服務的需求也將隨之膨脹，而且會知恩圖報，對培養它們的企業有感情，有更好的忠誠度。在幾乎所有優質客戶都被各大企業瓜分殆盡的今天，這顯然是培養優質客戶的好途徑。

閱讀材料8：

IBM棄「小」的短視

在20世紀80年代初期，個人計算機市場還是一個很小的市場，那時IBM最有價值的客戶是主機用戶，因此，IBM決定放棄追求個人計算機這個小市場，雖然它在這個市場上有絕對的優勢。

然而，個人計算機市場却是二十多年中增長最快的市場之一，並且主宰了整個計算機市場。微軟因生產個人計算機軟件而成為世界上最大的公司之一，戴爾、聯想和其他許多公司則因為生產個人計算機而享譽全球。相反，IBM則錯失良機，在個人計算機市場上越來越落后於競爭對手，最終只有出局。

三、目標客戶選擇的方法和建議

在目標客戶的選擇方面，以下一些方法和建議值得企業進行借鑑。

1. 選擇客戶必須「門當戶對」

眾所周知，年輕人談對象時，如果要成功，一般要講究「門當戶對」。同樣，在企業進行客戶選擇時，也要注意「門當戶對」，這是因為——好客戶不一定是企業的「目標客戶」，「低級別」的企業如果瞄上「高級別」的客戶，儘管這類客戶很好，但是雙方的實力過於懸殊，「低級別」的企業服務的能力不夠，這樣「高級別」的客戶就不容易開發。即使最終開發成功，勉強建立了關係，以后維持關係的難度也較大。現實中，有些企業只注重服務於大客戶，動輒宣稱自己可以滿足大客戶的任何要求，似乎不如此不足以顯示自己的實力。然而，由於雙方實力的不對等，企業只能降低標準，委曲求全，甚至接受大客戶提出的苛刻條件，或者放棄管理的主動權，從而對大客戶的潛在風險無法進行有效的控制，結果一旦這些大客戶出事，企業只能幹着急，什麼都做不了。同樣，「高級別」的企業如果瞄上「低級別」的客戶往往也會吃力不討好——由於雙方關注點「錯位」的原因，會造成雙方不同步、不協調、不融洽，結果可能是不歡而散。

可見，實力相當的客戶才是最好的客戶，「門當戶對」是企業選擇客戶的宗旨。

2. 確定企業與客戶之間是雙向選擇

企業要尋找「門當客戶」的客戶，必須要實現企業與客戶之間的雙向選擇。這就要結合客戶的綜合價值與企業對其服務的綜合能力進行分析，然後找到兩者的交叉點。

首先，企業要判斷目標客戶是否有足夠的吸引力，是否有較高的綜合價值，是否能為企業帶來大的收益。這些可以從以下幾方面進行分析：

（1）客戶向企業購買產品或者服務的總金額。

（2）客戶擴大需求而產生的增量購買和交叉購買等。
（3）客戶的無形價值，包括規模效應價值、口碑價值和信息價值等。
（4）企業為客戶提供產品或者服務需要耗費的總成本。
（5）客戶為企業帶來的風險，如信用風險、資金風險、違約風險等。

其次，企業必須衡量一下自己是否有足夠的綜合能力去滿足目標客戶的需求，即要考慮自身的實力能否滿足目標客戶所需要的技術、人力、物力和管理能力等。對企業綜合能力的分析不能從企業自身的感知來確定，而應該從客戶的角度進行分析，可借用客戶讓渡價值的理念來衡量企業的綜合能力。也就是說，企業能夠為目標客戶提供的產品價值、服務價值、人員價值及形象價值之和減去目標客戶需要消耗的貨幣成本、時間成本、精力成本、體力成本，這樣就可以大致得出企業的綜合能力。

最後，尋找客戶的綜合價值與企業的綜合能力兩者的結合點，如圖4-6所示。

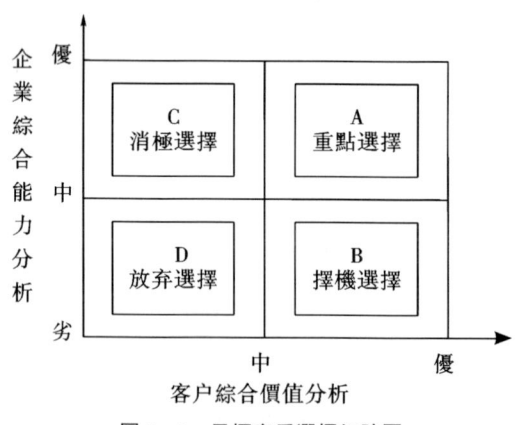

	中	優
優	C 消極選擇	A 重點選擇
劣	D 放棄選擇	B 擇機選擇

（縱軸：企業綜合能力分析；橫軸：客戶綜合價值分析）

圖4-6 目標客戶選擇矩陣圖

從圖4-6可以看出：A區域是企業應該重點選擇的目標客戶群；B區域應是該選擇的目標客戶群；C區域是應該消極選擇的客戶群；D區域是應該放棄選擇的客戶群。

3. 依據現有忠誠客戶的特徵來選擇目標客戶

企業可以進行類比，通過分析現有忠誠客戶具有的共同特徵，來尋找最合適的目標客戶，即以最忠誠的客戶為標準去尋找目標客戶，這是選擇最可能忠誠客戶的一個捷徑。

第六節　留住客戶情景劇

上島咖啡店是如何留住客戶的

客戶關係管理在現實生活中到底對企業有什麼樣的幫助？接下來通過潘先生在上島咖啡店喝咖啡的例子來說明。

潘先生很愛喝咖啡。一天，工作之餘，他很想喝咖啡，開著車在大街上轉，看上了上島咖啡店。他剛要走進去，門自動打開了。一位年輕的服務員微笑著給他鞠了一個躬。

服務員：先生，您好，歡迎光臨！您幾位？

潘先生：就我一位。

服務員：好的，請隨我來。

走了半分鐘，服務員把他帶到了一個臨窗的位置。

潘先生：我不想坐這兒，您能幫我找一個靠角落的位置嗎？我這個人比較喜歡安靜。
服務員：好的，先生，請隨我來。

於是，服務員把潘先生帶到一個靠角落的位置，剛坐那兒沒有半分鐘，他又把服務員叫過來了。

潘先生：小姐，我呀老開車，有點腰椎間盤突出，靠著不舒服，你能幫我拿個靠墊嗎？
服務員：好的，您稍等。

三分鐘之后，服務員給潘先生拿來一個靠墊，幫助潘先生靠上。服務員拿著單子和筆。
服務員：先生，您喝點什麼？
潘先生：給我來一杯冰摩卡吧，然后再來兩塊方糖、兩塊冰。
服務員：好的，您稍等。

過了四五分鐘，服務員端上來一杯冰摩卡，同時拿上來兩塊方糖、兩塊冰。潘先生看著報紙，喝著咖啡，大概過了一個小時，潘先生看了看手錶，感覺時間差不多了，便起身準備離開。他來到前臺掏出20元錢準備結帳的時候，剛才那個服務員攔住了他。

服務員：先生，您好，是這樣的，今天我們正在搞一個促銷活動，即凡是在這周一次性消費滿20元的顧客，就可以獲得一張VIP卡，以后憑這張VIP卡，您和您的朋友來本店喝咖啡可以享受八五折優惠。

潘先生也像其他90%的顧客一樣，願意花費兩分鐘的時間填寫一張表格，領取一張VIP卡。3個月以后，潘先生又想喝咖啡了，他還會來這家上島咖啡店嗎？不一定。為什麼呢？難道這家上島咖啡提供的不是優質服務嗎？因為可能一個月后，在潘先生家的樓下又開了一家名典咖啡屋，那裡的環境更優美，咖啡更純正，服務更熱情。潘先生想喝咖啡的時候，很可能就去了這家名典咖啡屋。如何讓潘先生再回到上島咖啡店喝咖啡呢？上島咖啡店請了一位客戶關係管理專家，來負責大客戶管理。這位客戶管理專家做了什麼呢？在潘先生離開上島咖啡店7天后，他的手機收到一條短消息：尊敬的潘先生您好，今天是週末，又恰逢您蒞臨我們上島咖啡店滿7個工作日，在此，我代表上島咖啡全體員工向您表示最誠摯的問候。同時祝您生意好、心情好！潘先生感覺很舒服。當過了20天，潘先生差不多要忘掉他們的時候，發現他們家信箱裡多了一份精美的手冊——《泡製咖啡精美手冊》，寄送人是上島咖啡。又過了15天，他又收到一本小冊子——《如何選擇精品咖啡豆》，寄送人還是上島咖啡。這樣經過三四次的客戶關懷之后，過了3個月，當潘先生再想喝咖啡的時候，他腦子第一反應就是上島咖啡。當潘先生再次來到上島咖啡並準備伸手開門時，門又自動打開了。一個服務員滿臉微笑，像看到熟客的感覺，向潘先生鞠一個躬。

服務員：潘先生，您好，歡迎再次光臨。

潘先生第一次感到舒服。還沒有等他說話，服務員就開口了：今天您還坐靠角落的位置嗎？潘先生第二次感到舒服。接下來，潘先生坐到靠角落的位置。沒有半分鐘，服務員送來一樣東西——靠墊。潘先生第三次感到舒服。服務員拿著單子問道：今天您還喝一杯冰摩卡嗎？潘先生第四次感到舒服。過了三四分鐘，當服務員端著冰摩卡上來的時候，還端著兩個小盤子，裡面放的是兩塊方糖、兩塊冰。潘先生第五次感到舒服。經過這五次舒服以后，毋庸置疑，潘先生會忠誠於這家上島咖啡。優質服務可以讓客戶滿意，但不足以讓客戶忠誠，讓客戶忠誠靠的是客戶關係管理。

問題：
1. 上島咖啡店是如何留住潘先生的？
2. 通過案例，思考如何建立長期的客戶關係。

本章小結

1. 企業生存的根本就在於如何留住客戶、發展新的客戶、培養客戶的忠誠度,如何建立長期客戶關係。這也是本章的主要內容。

2. 客戶關係一方面作為靜態的含義,反應的是企業持續關係管理的結果,是企業與客戶之間交易關係與合作關係等各種關係的連續統一體。另一方面作為動態的過程,反應的是企業與客戶之間從交易關係到合作關係的發展歷程。客戶關係是企業與客戶共同構成的利益共同體,按特定的方式組合共同創造和分享價值。客戶關係的價值體現為在這種獨特的交易中成本和風險的減少,交易效益的提高。客戶關係不僅可以為交易提供方便、節約交易成本,也可以為企業深入理解客戶的需求和交流雙方信息提供許多機會。

3. 客戶關係具有明顯的週期性特徵。將客戶關係的發展分為培育期、成長期、成熟期和衰退期四個階段,簡稱為客戶關係生命週期的四階段模型。其在每一個階段具有不同的特徵。客戶生命週期與客戶終生價值也有較大相關性,然后還介紹了客戶終生價值和客戶資產的兩者之間的關係;最後,介紹了客戶關係選擇的策略。

4. 客戶關係的進展程度與企業客戶管理的服務水平密切相關,客戶關係提升過程是行銷和管理精細化和信息化的過程,通過分析客戶關係類型、提高客戶忠誠度和提升客戶關係,運用一、二、三級關係行銷手段和「PDCA」循環法與客戶建立一種長期的客戶關係。

復習思考題

1. 客戶關係具有哪些特徵?
2. 簡述客戶關係的類型。
3. 企業如何才能更好地維繫客戶關係?
4. 簡述客戶關係生命週期。
5. 客戶關係的價值如何體現?
6. 什麼是客戶資產?它與客戶終生價值之間有什麼聯繫?
7. 企業如何建立長期的客戶關係?
8. 企業為什麼要對客戶進行選擇?一般的選擇標準是什麼?

案例分析

屈臣氏的客戶關係管理

屈臣氏是現階段亞洲地區最具規模的個人護理用品連鎖店,是目前全球最大的保健及美容產品零售商和香水及化妝品零售商之一。屈臣氏在個人立體養護和護理用品領域,不僅聚集了眾多世界頂級品牌,而且還自己開發生產了600余種自有品牌。其在中國(港澳臺除外)的門店總數已經突破200家。在CRM戰略中,屈臣氏發現在日益同質化競爭的零售行業,如何鎖定目標客戶群是至關重要的。

屈臣氏縱向截取目標消費群中的一部分優質客戶,橫向做精、做細、做全目標客戶市場,倡導「健康、美態、歡樂」經營理念,鎖定18~35歲的年輕女性消費群,專注於個人護理與保健品的經營。屈臣氏認為,這個年齡段的女性消費者是最富有挑戰精神的:她們喜歡用最好的產品,尋求新奇體驗,追求時尚,願意在朋友面前展示自我;她們更願意用

金錢為自己帶來大的變革，願意進行各種新的嘗試。而之所以更關注35歲以下的消費者，是因為年齡更長一些的女性大多早已經有了自己固定的品牌和生活方式。

【問題】：
屈臣氏是如何建立與客戶的關係的？

實訓設計：如何建立不同的客戶關係

【實訓目標】
1. 瞭解不同企業的客戶關係類型。
2. 掌握建立客戶關係的方法。

【實訓內容】
學生合理分組，利用課下時間，調查不同類型企業的客戶關係，掌握建立良好客戶關係的方法。

【實訓要求】
1. 根據實訓目標和內容，通過調查中小企業的客戶關係狀況，理解建立良好客戶關係的重要性，最后完成調查報告。
2. 每個小組派一名成員在課堂上匯報調查結果。

【成果與檢驗】
每位同學的成績由兩部分組成：學生匯報調查結果（60%）和調查報告（40%）。

第五章
客戶互動及其管理

知識與技能目標

（一）知識目標
- 理解客戶互動的含義、類型及功能；
- 掌握客戶互動管理的技巧與方法；
- 瞭解客戶互動的多渠道整合策略；
- 瞭解多渠道整合戰略在客戶關係管理中的應用；
- 瞭解客戶互動中心及其應用。

（二）技能目標
- 能夠從企業角度看待如何與客戶建立起長期的互動關係；
- 能夠結合企業實際情況通過有效整合渠道向客戶提供質量和價值較高的產品和服務，從而提高客戶滿意度和忠誠度。

引例

某花卉公司與客戶的在線互動

某花卉公司主營各類花卉銷售，並提供專業的花卉培訓等多項服務。隨著電子商務的興起，建立專業的網上商城，在線與客戶展開即時交流，定期組織會員向其提供專業的技術服務成為該公司的又一項業務需求。

如今，隨著互聯網業務的不斷升級，企業利用網路展開服務的形式也越來越多樣化。如何與客戶展開即時溝通、如何利用網上商城組織會員，如何利用網路定期與群體客戶進行交流等一系列伴隨電子商務發展所產生的問題日益突顯，解決好這些問題將成為企業提高市場競爭力的一大優勢。該花卉公司的王總，在啟用了某公司開發的一種稱為「今目標管理平臺」的網路工具加強公司內部管理取得成效後，決定繼續試用該公司的「今目標在線客服系統」，用於對網上商場進行專業的在線客戶服務。

在公司網站上，訪客瀏覽商城的同時，可以隨時開啟「今目標在線客服系統」。在線客服人員可以與訪客展開即時溝通，進行行銷或是提供諮詢服務。會話窗口除了具備基本的文字會話、圖片傳輸等功能，還可以對客服人員進行評分，方便公司考核員工，提高客服人員的服務技能。所有會話記錄都將完整地保存在「今目標管理平臺」中，客服人員可根據時間進行查詢。為了方便管理客戶信息，客服人員可以隨時創建客戶名片、修改客戶基本資料，對客戶提出的常見問題進行集中管理，以提高客服人員的專業服務水平。

在試用過程中，客服人員發現，「今目標在線客服系統」可以同時與「今目標管理平

臺」相關聯。開啓企業內部管理系統，客服人員可以接收來自企業內部的信息，並同時對在線訪客進行操作管理。一方面，訪客的會話記錄、名片信息等重要數據資料都能夠保存在「今目標管理平臺」中，這樣在同一設計結構的系統下，便於信息資料的查詢、共享與傳遞。另一方面，「今目標」還提供了專屬服務器、文件加密傳輸等多項安全保障服務，讓企業管理人員可以不必擔心關鍵信息的洩露問題。

使用「今目標在線客服系統」，該花卉公司能夠將網上的資料信息進行集中存儲和利用，準確把握潛在客戶的需求，及時提供所需要的幫助，同時能第一時間抓住商機。在試用了一個階段「今目標在線客服系統」之後，該花卉公司感受到了與在線訪客展開即時交流的便捷商務優勢，經過一段時間的客戶累積，該公司成功舉辦了多次專題性花卉技術培訓，這項服務已經成為公司又一項增值點。

問題：
結合本案例思考，企業該如何與客戶建立起長期的互動關係呢？

客戶關懷貫穿了市場行銷的所有環節。客戶關懷包括如下的方面：客戶服務（包括向客戶提供產品信息和服務建議等）、產品質量（應符合有關標準、適合客戶使用、保證安全可靠）、服務質量（指與企業接觸的過程中客戶的體驗）、售後服務（包括售後的查詢和投訴以及維護和修理）。

第一節　客戶互動概述

客戶關係管理是建立在服務或產品的提供者與購買者（包括組織購買者和最終消費者）之間互動的基礎上的，而且這種互動關係已經成為市場行銷中重要的因素。對這種互動關係的管理，將直接影響到客戶的購買行為，也影響著客戶關係的穩定和持久。

一、客戶互動的含義

為了在市場上為客戶提供優質的產品和服務，企業需要充分利用客戶信息的潛在內涵和各種與客戶的互動技巧，努力在客戶的購買流程中發展與客戶的合作關係。

那麼，什麼是客戶互動呢？實際上，客戶互動的概念十分廣泛，產品和服務的交換、商品信息的交流以及對業務流程的瞭解等都包括其中。可以說，客戶與企業雙方的任何接觸，都可以視為互動。從互動的方式上來看，客戶互動包括面對面的互動、電話和短信互動、書信和電子郵件互動、語音自動應答互動以及網上的即時通信、在線留言、網路論壇在線客戶互動等。從雙方互動的內容來說，包括產品或服務信息的諮詢與介紹、客戶關懷管理、客戶投訴處理、客戶抱怨及其處理等。

在客戶關係管理中，企業與客戶之間的互動應當是雙向溝通，也就是要包括兩個方面。一方面是企業與客戶的溝通，指企業積極保持與客戶的聯繫，通過人員溝通和非人員溝通的形式，把企業的產品或服務的信息及時傳給客戶，使客戶瞭解並且理解和認同企業及其產品或服務；另一方面是客戶與企業的溝通，是指企業要為客戶提供各種溝通渠道，並使客戶可以隨時隨地與企業進行溝通，包括客戶向企業提出的建議和投訴。

閱讀材料1：

網路行銷中的客戶互動方式

互動是行銷最重要的一環，網站訪問者瀏覽企業網站時，網站需要提供更多手段以支持互動，電話只是一種方式，網站需要在醒目的位置顯示聯繫電話。客戶電話是最有價值的，但數量非常有限，並且提高非常困難；即時通信將是一種不錯的方式，在瀏覽網站的時候，如果需要瞭解更多信息，即時通信將促進交流，更重要的是企業可以主動聯繫正在瀏覽網站的每一個客戶，這正在成為網路行銷的主要手段。

網站註冊不能忽視，然而網站註冊並不是簡單地設置註冊區，而是在客戶的訪問過程中，通過提供更多的內容來滿足客戶的需要，如：客戶瀏覽產品介紹時，就提供產品白皮書的連結。如果客戶有興趣，簡單的產品簡介就不夠，需要更完整的產品介紹，客戶必然會點擊產品白皮書。以此類推，企業可以設計更多的內容來滿足客戶需要，客戶獲取這些信息時，就需要註冊，只是註冊方式需要改變，將註冊信息分為聯繫信息和需求信息，除基本聯繫信息需要客戶填寫外，其餘信息可以通過選擇的方式來完成，由此提高客戶註冊的可能等等。總之將網站瀏覽者轉變成為真正的客戶，需要更多互動方式，除前面介紹的外，還有：客戶留言、在線廣播、集成短信等。

二、客戶互動的類型

企業與客戶之間的互動類型可以根據不同的標準加以區分。例如，按照參與的互動是人工還是機器，可以分為人工互動和機器互動；按照互動的方式可以分為個人互動和媒體支持互動；按照互動雙方的同步性可以分為同步互動和異步互動等。另外，對於以上的不同分類標準，還可以組合起來進行客戶互動類型的劃分和比較，如表5-1所示。

從表5-1中可以看出，媒體支持互動允許完全獨立的個體之間的互動，擴大了潛在的互動人員範圍；面對互動總是同步的。類似地，媒體支持互動也可以實現同步互動，但不同的是互動步驟被分散開來，只有相當有限的模擬互動程度，並有一定的時間跨度，如使用書信、電子郵件和短信息等進行的互動。在直接對話中，比較而言，媒體支持互動的特徵則是認知範圍縮小了。例如，視頻會議，儘管包含了幾種方式的互動（語言、文本、圖像等），並且具有較為廣泛的認知範圍，但也存在著一定的不足。它們對互動進行調整並使之適應客戶類型和行為的能力具有一定的局限性。如果將其應用於客戶關係也存在一定的不足，這是因為容易增加導致誤解的概率，這可能會造成客戶關係的終結。

表5-1　　　　　　　　　　客戶互動的類型及其比較

互動方	人工			機器	
互動方式	面對面互動	媒體支持互動			
同步性	同步	同步	不同步	同步	不同步
模擬溝通能力	高	中	低	很低	很低
數字溝通程度	中	高	高	很高	很高
提升潛能	中	高	很高	很高	很高
適應能力	很高	高	高	低	低
面向客戶類型	高價值客戶	大眾客戶	大眾客戶	大眾客戶	大眾客戶
需要支持的類型	諮詢與溝通	時效性強的交易	標準化的信息	自助服務	簡單信息
舉例	個人對話	視頻會議、屏幕共享、電話、網上即時通信/聊天	書信、電子郵件、短信息	互動式語音應答、自助服務助理和基於網路的自助服務	自動短信息應答、自動電子郵件應答

三、客戶互動方式的演變

企業的行銷與實踐經歷了一個從以前的直接銷售到20世紀60年代的大眾行銷，80年代的目標行銷、數據庫行銷、電話銷售、互動行銷再到當前的關係行銷和客戶關係管理的發展過程。相應地，在每個行銷發展階段中，客戶關係都呈現出不同的特徵。客戶關係在不同行銷階段的主要特徵以及客戶互動的方式演變與比較如表5-2所示。

表5-2　　　　　　不同行銷階段客戶互動方式的演變與比較

進化階段	時間	主要特徵	客戶互動方式
直接銷售	20世紀60年代前	小商店；熟客；重視關係；增加對客戶瞭解，培養客戶忠誠度和信任感	個人互動
大眾行銷	20世紀60年代	集中化大規模生產，大範圍分銷，單向媒體溝通為主；成本效益高；大眾媒體促銷；品牌認知和市場份額是衡量成功的重要標誌	以人工為主的媒體支持互動，頻率低，缺少個性化
目標行銷	20世紀80年代	通過郵件或電話等手段，聯繫特定目標客戶；與目標客戶進行雙向溝通；具有獲得客戶直接回應的潛在可能性	以人工為主的媒體支持互動，注重反饋
關係行銷與客戶關係管理	20世紀90年代至今	在維持大規模生產和分銷體系的同時，發展與客戶親密的接觸；客戶知識和個人接觸都是為了贏得客戶信任感和忠誠度；客戶份額是衡量成功的重要指標	媒體支持互動出現，互動深度增加，開始對互動進行定制化

第二節　客戶互動管理的有效實現

隨著目前客戶角色的轉變和企業競爭的加劇，企業必須與客戶進行有效互動。對於客戶互動管理而言，客戶與企業的互動並不只是簡單的信息交換，它可以讓企業與客戶之間建立一定的聯繫，並由此實現有效的客戶互動。本節介紹客戶互動管理的有效實現策略。

一、客戶互動管理的含義

客戶互動管理指的是當企業與客戶接觸時（可以通過面對面、電話、網路、電子郵件或傳真等不同接觸方式），如何向客戶提供最佳、最適合的服務或支援（如投訴問題的及時處理、快速為客戶進行信息介紹服務、后勤支援業務、客戶關懷問候、客戶異議處理等），並將接觸過程中的互動信息記錄下來（例如，聯繫記錄交辦事項、與相關部門和人員進行及時聯繫、布置后續作業等），它是企業進行客戶關係管理時面對的重要任務。

有效的客戶互動管理必須依賴於互動技巧、員工培訓以及互動渠道的整合與選擇。

閱讀材料2：

有效的客戶互動管理是促進客戶滿意的重要因素

雖然人們已經對客戶滿意及其重要性達成了共識，但長期以來，理論界和企業界對「客戶互動」的關注卻相對較少。所謂「客戶互動」就是指企業與自己的客戶之間的「互動」，這種互動的根本含義在於：企業要瞭解客戶，企業要持續地瞭解客戶，要使客戶瞭解企業，要使客戶關注企業，要在企業和客戶之間建立起「情感」紐帶。也許，有人對「客

戶瞭解企業」已經有了一定的認識，因為客戶如不瞭解企業，就不可能成為企業的客戶。但很多事實表明，較多企業卻對「使客戶瞭解企業」認識不足，或感到無能為力。正是由於這種「無能為力」，使企業在客戶滿意方面所做的很多努力的效果打了折扣。

「客戶互動」的關鍵是「互動」，這種「互動」表現在企業的「動」和客戶的「動」兩個方面。可能有人認為企業「動」容易，讓客戶「動」難。實際上，客戶時刻都在「動」，只不過是我們沒有去關注，沒有去利用而已，如所有客戶都會很認真地把自己的需要告訴給供應商，所有客戶都願意把自己的不滿告訴給供應商，所有客戶都更願意看到供應商在進行改進等。但問題是，有些企業對客戶的心態不瞭解、不關注，也未建立相應的互動渠道去傾聽客戶的心聲，更不願把自己的努力告知客戶，這就產生了認為客戶互動相對較難的認識。

在實踐中，多數企業都會不惜成本地宣傳自己的產品或服務，宣傳自己的企業，但往往在瞭解客戶、傾聽客戶的心聲方面投入不夠。也有的企業只讓客戶瞭解自己的正面，對負面和困難，對自己所做的改進則閉口不言，甚至納入「保密」範疇。殊不知，沒有一個客戶會相信自己選擇的供應商是十全十美的企業。大量研究和事實告訴我們，真誠有效的客戶互動將產生良好的效果。常見的客戶互動活動包括：拜訪、建立信息溝通渠道、互派培訓師、聯誼活動、共同組成改進專案組等。在互動活動中，形式是需要的，但內容更為重要。在內容方面，把產品和服務的真實質量水平，把一時難以克服的困難，把自己改進的努力和成效以適當的方式告知客戶，這是一個普遍未引起重視的領域。「客戶互動」的實施主體應該是企業，但這一互動需要的真正主體實際上是客戶。只要企業努力了，客戶將會樂觀其成，將會積極配合，這樣將會促進客戶滿意的提升。

二、有效的客戶互動管理的特徵

表5-3從尊敬、幫助、移情作用、社會適應、可信任性、明確性等方面概括出有效的客戶互動管理的主要特徵，並列舉了一些有共性的失敗例子。

表5-3　　　　　　　　　有效的客戶互動管理的特徵

特徵	評論	失敗共性舉例
尊敬的	不浪費消費者的時間，只在需要時才詢問客戶問題，並給出一套建議方案	網站一次又一次地不接受客戶提交的表格，提示客戶必須完成每個問題
有幫助的	促使任務完成	在線銀行系統要求輸入帳戶號碼，而操作員又重複同樣的問題
界面友好	使界面滿足不同偏好和個性	網站的設計過於簡單和冗長
社會適應	方式以是否確實需要為限，以適應環境	對於不需要郵寄的，可發送電子郵件
可信任的	提供可以影響行動的正確數據	網站不提供任何聯繫電話或郵寄地址
明確的	賦予每個聲明或要求唯一的含義	有歧義的承諾和規則
預想的	可以預測需求	第一次接觸時註冊，然后在所有后來的聯繫中，要求重新輸入相同的信息
有說服力的	應用社會技能來說服客戶採取特定行動	網站內容無法引發客戶注意或促使其採取進一步行動
反應性	對客戶的輸入作出反應	絕不對客戶的諮詢給予回答
情感的	以積極影響客戶感情的方式作出回應	自動化的電話詢問系統，雖然能提供多種選擇，但是回答問題的方式比較固定，無法靈活地獲取相關答案

三、客戶服務人員的客戶互動技巧

有效的客戶互動中客戶服務人員所應該具有的能力，以及客戶互動中應該注意的因素還有很多，限於篇幅，在此就不詳細說明。表 5-4 概括了與客戶互動的主要技巧。

表 5-4　　　　　　　　　　　　客戶互動的主要技巧

技 巧	內 容
明確目標	基於持久關係理念，與客戶發展關係，關注客戶關係而不是客戶交易
及時回應	收到客戶的各種相關請求以後，應盡快地反饋並告知客戶有關的計劃
理解客戶	盡可能多地瞭解客戶信息，掌握一些相關個人信息（如生日等），從而理解客戶
客戶信任	與客戶的每次接觸都是增強信任度的良好機會，要加以充分利用
有效傾聽	以理解客戶為目的，積極傾聽客戶心聲，瞭解客戶之所想
完美終結	當與客戶無法建立良好的關係時，可以用對雙方都沒有傷害的完美方式結束關係
會外之會	盡早與與會者見面並進行社交活動；會後與有共同商業興趣的與會者交談
正直坦誠	不要刻意對客戶隱瞞必要信息，但也不能跨越界限或自己角色，個人更正直坦誠
寬慰客戶	不要與客戶爭吵；瞭解客戶的業務受到影響的程度；不要作自己無法履行的承諾
密切接觸	經常與客戶接觸，把與客戶的接觸看成機會；但是在交談中不刻意摻雜商業要素
注意界限	在權責範圍內對客戶作出承諾；不說誇大的話或者作出超越自己權限的承諾
良好態度	注意態度，有禮貌，穿著得體，滿足客戶期望，展示對別人的敬意（包括競爭對手）

四、多渠道客戶互動的管理與整合

當前，企業中的客戶互動正在朝向多渠道整合的方向邁進。當面會談、電子郵件、即時通信、移動通信、網路交流、通過合作夥伴信息交流以及多媒體呼叫中心等多種方式都已經深入到客戶互動中，整合以上多種互動渠道已成為企業的重要任務。

1. 多渠道客戶互動管理的含義

所謂多渠道客戶互動管理，就是運用以上的渠道或媒介來與客戶開展互動活動而且在跨渠道或媒介中這些活動表現出協調一致性。需要強調的是，這裡的各個渠道或媒介應該協調一致，但並沒有說一定需要採用同樣的方式，這是因為不同渠道有不同的使用目的，而且使用方式也存在差異。例如，在一個複雜的、技術的、企業對企業（B-to-B）環境中，銷售人員可能在解釋產品性能、滿足目標、處理客戶疑問、建立首次客戶接觸方面做得最好。但即使在這種情形下，也可以利用網站或者呼叫中心來記錄和檢查企業產品和服務的交付能力。類似地，在某些情況下同一互動渠道的使用方式可能會存在差異。例如，如果有人想購買其他客戶在最後一刻退掉的飛機票，他可以登錄拍賣網站，因為其他互動渠道並不具備這種渠道的成本收益率。換句話說，多種互動渠道綜合運用，往往可以發揮每一種渠道的優勢。一般而言，多渠道客戶互動戰略，可以為許多客戶提供眾多的接觸點，客戶可以通過這些接觸點與企業進行更有效地互動。

閱讀材料 3：

客戶互動渠道整合

由於電信營運商服務的多樣化，當前營運商與客戶的接觸渠道日趨多樣化，企業需要一種更集成和更加簡便高效的方式來營運客戶服務中心。單一渠道，如電話、直郵、電子

郵件、互聯網、短信、互動式語音應答（IVR）等已經不能滿足對客戶行銷覆蓋的需求。企業需要建立以電話行銷中心為核心的，整合直郵、電子郵件行銷、網路行銷等多渠道的行銷手段，以增加對於終端客戶的行銷覆蓋與銷售滲透。

隨著多種客戶互動渠道之間進行溝通的需求愈發強烈，企業和其他大型的客戶服務中心營運者如何找到更有效的方式，從與客戶相關的各種複雜數據中查找並提供客戶服務代表需要的或客戶自身需要的相關信息。

一、客戶互動渠道整合的金鑰匙

當客戶與企業聯絡的時候，他會認為自己所面對的就是這家企業，而不只是企業的聯絡中心。而且，市場競爭日益激烈，客戶需求不斷提高，因此在企業的客戶聯絡中心實現客戶互動渠道整合已經是一種越來越緊迫的要求。實現這種整合，最有效的方法就是統一通信應用。

如果在客戶聯絡中心成功地部署了統一通信應用，座席代表就可以在客戶不知不覺之間立刻聯繫到企業內的所有相關人員，從而為客戶提供最滿意的服務。統一通信應用的關鍵技術之一就是「在線狀態」。這項技術讓座席代表隨時知道，此刻都有哪位專家處於可以回答問題的狀態以及每位專家最適合回答哪類客戶的哪些問題。總之，統一通信應用把客戶服務的能力延伸到了聯絡中心之外，深入到了企業內部的各個層面。

統一通信不僅是一項技術，更是一項應用。依照這樣的理念，就可以讓企業的客戶互動渠道完美地整合起來。不論企業的辦公地點有多麼分散，客戶聯絡方式有多麼的多樣化，統一通信應用解決方案都可以把企業的客戶聯絡點、CRM 系統以及內部管理報告系統整合起來，不僅確保客戶提出的問題由適當的人員來及時地予以答覆和處理，而且讓管理人員隨時全面掌握客戶溝通聯絡工作情況，不管這些客戶聯絡活動是發生在什麼地方、哪個部門。

統一通信應用不是一蹴而就的，企業需要循序漸進地走好這段旅程。

二、開創 WEB2.0 時代新局面

作為會員制的在線旅遊電子商務企業，傳統的「呼叫中心＋網站＋店面」三大客戶接觸點上大大加強了客戶互動提升體驗，通過多渠道的整合行銷，迎合了 WEB2.0 時代客戶對豐富、精準信息的需求，增強了客戶粘度，使會員重複消費比率得到顯著提高。

在線旅遊企業作為酒店、機票、旅遊產品的提供者其本質仍為代理銷售，企業所提供的產品實質是一種打包的體驗過程，企業的核心資產就是會員。隨著 2.0 時代的到來，越來越多的客戶更希望由自己判斷、選擇而非聽企業自賣自誇。以機票為例，大量的新會員不再由傳統渠道發展而是通過谷歌、百度的搜索連結，甚至去哪兒、酷訊比價渠道發展而來。外出旅遊的客人在青睞自由行的同時，不再滿足於傳統的景點介紹。網友的遊記和評論深受歡迎，網路社區大量原創的遊記和相約同遊板塊成為點擊最密集的地區。有一些網站更是一個由驢友完全自主定制的平臺。即使是預訂酒店的客人也喜歡查看用戶評論，瞭解之前入住的客人對酒店的環境、交通、飲食方面等近乎挑剔的關注。

企業在提供豐富的產品、便捷的預訂服務的同時，越來越注重營造企業與會員互動、會員與會員互動的良好氛圍。企業通過網站、店面、呼叫中心、短信、郵件與社區等為會員提供了全方位的互動渠道，在會員發展、維護、消費、反饋過程中持續關注客戶體驗，以「潤物細無聲」的方式累積信息並改進。

三、一線客服代表

企業所有的服務，不管是多渠道，還是單渠道，最終都是由一線客服代表實施的，所以無論服務策略設計得如何完善，沒有一群以客戶為中心的一線團隊，都將是無本之木，

投入越大，損失也就可能越大。

在中國，呼叫中心普遍存在著職業形象不佳、收入過低的現象，這和國內企業設立呼叫中心的初衷有直接的關係。企業為了更好地維護客戶關係的願望肯定是有的，但不得不說，降低服務成本似乎被看得更加重要。砍成本沒什麼不對，但關鍵在於平衡和公平。

在國外，這是不能被接受的，拿貝爾公司做例子，平均20%~25%的一線員工拿到手的工資比他們的直線主管要高，為什麼？第一，公司的思路是，服務最終客戶的不是那些一線主管，而是一線員工，主管是支持一線員工而不是去管理的，好的員工不需要管理。一線員工干得好的，例如得到客戶真實表揚的、提出合理化流程改進建議並付諸實施產生效果的，理應拿更高的薪水、得到更多的獎勵。第二，相信我們問到國內的一線員工對自己一兩年後的職業規劃時，絕大多數的員工會說想走管理路線，但現實嗎？為什麼是這種情況，而且幾年來並沒有顯著改觀？在貝爾，他們鼓勵員工「往上爬」，但同時很注意引導一線員工不要都盯著走管理路線，並且有實實在在的制度和方式方法進行保障：一線員工業績好，照樣可以拿得比經理、主管多；照樣可以得到帶著家人和貝爾首席執行官每月一次見面、共進晚餐的機會。這樣就規避了很多國內企業面臨的「萬人湧過獨木橋」的尷尬局面。

在我們談多渠道客戶互動渠道管理的同時，是否應該首先談員工治理？我堅信，在未來的五年內，中國呼叫中心從業人員的年齡分佈會更加趨於合理。我們即將迎來新世紀的第一個十年，很快我們就會發現現在的「90后」「95后」，將是不遠的將來中國呼叫中心從業人員的主力，他們是這麼一群人：①對新生事物、新概念接受能力強；②有良好的電腦及互聯網使用技巧；③通過在線社區、聊天室等的鍛煉，數據錄入能力已經成為他們的基本技能；④對自己和自己的家庭有較清晰的定位，知道自己應該得到什麼和可以得到什麼。

到那時，他（她）們恰好應該正在步入成熟的30歲左右。呼叫中心，不應該僅僅是初出校門的年輕人的行業。

2. 多渠道客戶互動的重要性

多渠道客戶互動的重要性主要體現在兩個方面：第一，它增加了互動信息的可靠性、存儲量，並有助於遠程信息的交流以及音頻、視頻和數據的會聚；第二，這也是客戶的期望，這些客戶期望可以用更加一致的方式使用技術和流程並對互動加以管理。

儘管現在讓每個互動渠道直接與特定的客戶保持聯繫已經變得相當容易，並且可以由此得到客戶與供應商互動的最新數據，並遵循相關的聯繫程序，但這麼做也是需要成本投入的。那些為多渠道客戶互動搖旗吶喊的企業，往往是實現多渠道策略過程中存在困難最多的企業。它們可能擁有龐大的客戶基礎、最複雜的產品線、最長的系統開發時間，而且這種特徵的企業大多為從事金融服務、物流配送和生產製造型企業。

3. 多渠道客戶互動的收益

多渠道客戶互動的整合與應用，可以帶來巨大好處，主要表現為以下四個方面：

（1）有助於客戶關係的改善。具體包括：確認和利用增加每位客戶價值的機會；增加便利性和改善客戶體驗；增強客戶購買產品的動機；改善企業新品牌營運的能力，為品牌認知創造積極影響，降低品牌失敗的風險，同時還能夠誘導客戶對品牌忠誠並增加購買率。

（2）有助於企業效率的提升。具體包括：通過共享流程、技術、信息來提高企業效率；增加企業柔性；提高與業務夥伴交易的效率，並削減他們的成本；提升從客戶數據中尋找客戶需求信息的效率，為企業的增長標明新的路徑等。

（3）客戶能夠得到一定的好處。具體包括：增加客戶與企業互動的渠道選擇自由度；提升在不同渠道之間進行轉換的能力，並輕鬆地根據情境選擇相應的互動渠道。這裡所說的情境包括客戶的偏好、特定的用途及互動的類型等。

（4）企業能夠得到一定的好處。具體包括：渠道整合加深了客戶數據在不同渠道間共享的程度，豐富了客戶資料，增加了交叉銷售機會，使企業更有可能充分滿足顧客的需求。

4. 多渠道客戶互動面臨的挑戰

企業在進行多渠道整合的時候，也存在著風險，並面臨著特定的挑戰。包括：對不能令人信服的多渠道進行大量投資，對技術進行投資的投資回報率（Return on Investment, ROI）偏低；對客戶數據整合併使之標準化的過程存在問題；不能很好地整合具有不同數據模型的不相關系統；削減和廢棄企業原有互動限制的困難。根據對50家美國零售企業的調查，有48%的企業對跨渠道互動的客戶一無所知。他們所遇到的最大的問題是：在各個客戶接觸點上，企業無法馬上識別出特定的客戶，也無法迅速地找到相關的客戶信息。

五、多渠道整合戰略在客戶關係管理中的應用研究

在關於渠道管理的文獻當中，發展了大量有關渠道戰略特定構成的方法論（如渠道鏈分析等），卻很少提及如何發展多渠道戰略整合框架。而多渠道整合是客戶關係管理戰略發展中的一個關鍵過程。本文首先考慮了客戶關係管理和多渠道整合的本質，強調了發展客戶關係管理戰略方法的需要。其次，我們對一系列的渠道選擇戰略進行研究，並指出了多渠道整合的優勢。然後，我們分析了多渠道整合中的客戶體驗。最後我們提出了建立多渠道整合的五個步驟。

（一）客戶關係管理和多渠道整合

客戶關係管理非常重要，因為它增強了使用數據來理解客戶並改良關係行銷戰略的機會。對客戶關係管理有許多不同的看法和定義，諸如「電子商務的應用」「使得組織可以通過管理客戶關係來確認、吸引並增加營利客戶的管理方法」「客戶關係管理是一種與科技相結合的商業戰略，可以有效地管理完整的客戶生命週期」等。

圖5-1表明了當今客戶的需求，以及其對傳統渠道模式所造成的壓力。傳統的渠道模式具有時間和空間的限制，而且基於「市場—供應」驅動，但如今的客戶更加希望隨時隨地地獲得個性化服務。企業要想贏得忠誠客戶，成功地進行客戶關係管理，必須要能夠對這些客戶的需求作出及時的回應。

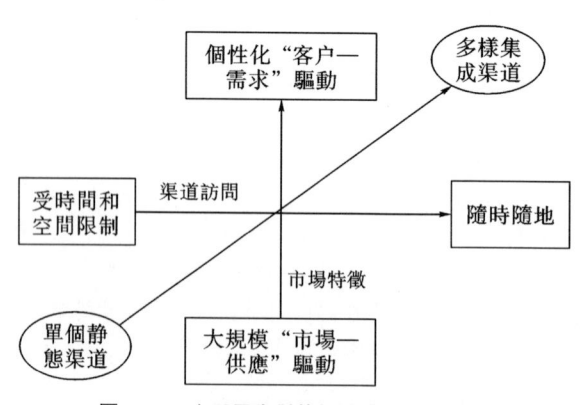

圖5-1　客戶需求對傳統渠道模式的壓力

多渠道整合過程在客戶關係管理中扮演了極其關鍵的角色。所謂渠道整合，是指將銷售過程中的任務進行分解，並分配給能以較低成本或更多銷量完成該任務的渠道。渠道整合可以從四個方面來理解。一是根據市場形勢的變化和產品的特徵將單一的分銷渠道逐步構建成多元化的分銷渠道；二是將分散、無序、小規模的分銷渠道逐步改造為規模化、系統化、嚴密型的分銷渠道；三是在整合的同時進一步根據市場變化和產品對應消費者的服務需求細分渠道；四是在同一分銷渠道內要盡量進行產品多品種的整合，以提高渠道的利潤率和利用率，從而降低渠道費用達到利益最大化。

渠道數量的增多為增強企業對企業（B2B）市場客戶關係創造了新的機會，但也給成功有效的管理渠道帶來了複雜性。在今天的環境中，許多傳統渠道的成本正以驚人的速度增長，企業不得不向新的渠道發展，努力尋找如客戶自助服務戰略來降低成本。不過，當公司努力降低成本的同時，引進新的渠道絕不能減少客戶的價值。因此，使用新的渠道既要增加客戶滿意度，又要增加銷售和利潤，同時還要降低銷售成本。

（二）渠道選擇戰略

關於渠道戰略的具體選擇，必須要首先考慮客戶的需要。此外，要想決定選擇使用哪些渠道，怎樣使用，還要瞭解可能的渠道選擇，並在具體情況之下進行具體分析。這就需要對每一個渠道類型的本質有一個全面的瞭解，包括他們如何起作用，會帶來什麼樣的好處和弊端。從實踐的角度出發，可以將目前的渠道類型大致分成以下幾個類別：①傳統零售；②品牌折扣銷售；③電話銷售（包括傳統電話、傳真、電報和呼叫中心）；④直接行銷（包括直接郵件、收音機、傳統的電視）；⑤電子商務（包括電子郵件、互聯網和交互式數字電視）；⑥移動商務（包括移動電話、SMS 和文本信息、WAP 和 3G 移動服務）。

單一渠道供應商戰略是通過某一個主要渠道來與客戶進行交互。英國的第一直接銀行最初僅僅依靠電話服務，而沒有別的方式（許多年以后才提供了互聯網）；在線環境中，某些 B2B 電子市場和拍賣公司，如亞馬遜（Amazon），已經採用了單一渠道的互聯網戰略，也就是所謂的「純網路公司」。

客戶細分渠道戰略認為對不同的客戶應該採用不同的渠道類型來進行交互。蘇黎世（Zurich）金融服務公司為 B2B 仲介市場和消費者市場提供金融服務，他們對不同的細分市場使用了不同的渠道和品牌，採用了不同的路線進軍市場，包括直接銷售、獨立金融顧問（IFAs）和電話聯繫中心等，對 18 個不同的客戶組進行服務。

渠道變遷戰略考慮到了客戶會從某個渠道變遷到另一個渠道。這種戰略的採用往往是由於新渠道可以給細分客戶更有利的服務，可以降低成本或增加客戶價值。英國易捷（EasyJet）航空公司開始只限於通過呼叫中心售票，但後來開始鼓勵顧客從互聯網上進行購票，並取得了成功。

行為渠道戰略認為客戶在執行不同的任務時往往會採用不同的渠道組合。例如，購買計算機的客戶會首先訪問某個分店對其進行考察，然後使用互聯網來選擇計算機的具體配置，並使用呼叫中心來確認這些配置是否滿足其需求，最后才會訂貨。戴爾（Dell）電腦公司就成功地採用了這種戰略。

多渠道整合戰略使用了所有有價值的渠道對客戶進行服務，在整合的同時並不影響客戶所希望使用的渠道。整合多渠道戰略必須要獲得所有渠道消費者的信息並將他們集成到一個數據庫當中去，這樣就可以通過之前與客戶的交互來增強客戶體驗，而不管這種交互是在哪個渠道發生的。

對於戰略客戶關係管理來說，渠道選擇必須在客戶關係的整個生命週期當中來進行考

慮，而並不應該只與銷售行為相關。例如，某計算機生產者有以下的一些關鍵元素：市場行銷通信、售前行為、銷售、安裝、售後服務和持久的客戶管理等。供應商所選擇的渠道應該使得公司能夠滿足不同客戶整個生命週期的需要並創造最大化的價值。

(三) 多渠道整合的優勢

當行銷從粗放走向集約，原先落後、凌亂、缺乏整合的渠道模式已不適應新的行銷環境。為了使整個行銷系統升級，多渠道整合勢在必行。多渠道整合就是形成一個互動聯盟，以優勢互補、集成增效強化渠道競爭能力。通過整合的渠道模式，企業能夠獲得更大範圍的客戶，實現較高的利潤率和市場覆蓋率。多渠道整合通過多方協調，發揮彼此的資源優勢，以實現延伸市場觸角、分散市場風險、擴大優勢範圍的目的，達到共生共榮、協同推進，多方長遠受益的效果，其作用是多方面的。

1. 有利於實現渠道的整體優化

渠道整合使渠道系統各方面的要素實現綜合運作，起到耦合聚變的作用，並由此產生放大各要素的功能和優勢的作用。渠道整合面向全局，從系統要素、結構和環境等角度綜合分析和解決問題，如惠普公司實施的「渠道升級」的「資源整合戰略」；聯想集團的「大聯想學院」，思科（Cisco）公司的「網路大學」等，從產品功能、技術趨勢、行銷技巧到服務策略，對渠道商乃至用戶展開深層次的培訓。特別強調以知識為核心的作用。同時還不斷尋找增強渠道系統完整、動態調試及有序演化的新途徑。充分發揮企業的主動性以促進渠道系統的整體優化。

2. 優勢互補，形成互動聯盟

通過整合，渠道成員深化從利益共同體到命運共同體的認識。渠道本身就是一個戰略聯盟，其中服務意識、服務內容、服務手段起著關鍵作用。供應商的服務從產品研發開始，通過對渠道的全面支持最終到達用戶，以獲得用戶的認同為指向，渠道企業的服務同時面向供應商和客戶。這個服務的鏈結使渠道聯盟更加穩固。渠道整合還通過借助與外界的聯繫實現多贏策略。如用友公司的「中國計算機用戶協會用友分會」，通過與消費者結盟，更好地識別並滿足消費者的需求。還有同生產商、供應商結盟以降低成本，減輕企業自身技術開發壓力；與科研機構結盟獲得人才、技術優勢；與政府結盟獲得人力、財力支持，加大產品的市場影響程度。

3. 有利於高效溝通，減少渠道衝突

渠道整合後企業可以充分利用學界、傳媒和政府的能力，在渠道中和用戶中普及、推廣現代觀念，營造高效溝通的機制。行銷渠道是包含多重文化的系統整體，溝通會引出中西文化、地域之間、企業文化之間的交流和交鋒，對不同文化進行系統整合，增進親和度，可以使渠道文化資源成為促進渠道系統提升的動力。此外，在渠道網路日益廣布、渠道溝通成本成為商家競技焦點之一的今天，渠道內實現信息交換、知識傳遞數字化。實現電子商務成為當務之急。目前國內聯想、方正等公司分別建立了電子商務或電子管理體系，電子化渠道（e-Channel）逐漸形成。

(四) 多渠道整合中的客戶體驗

面對給客戶提供不同的渠道類型以滿足他們整個銷售週期中不斷變化的需求（售前、售中和售後），越來越有必要將這些不同渠道的行為整合起來以產生良好的客戶體驗並創造最大化的價值。企業的競爭優勢已經不僅僅局限在銷售產品或服務給客戶，而是要在共同利益和信任的基礎上與客戶建立長期有利的關係。因此，要想取得成功，企業必須始終努力尋求對每一個客戶提供高質量的客戶體驗，而不管用什麼樣的渠道。

高質量的客戶體驗會增強好的情感，客戶會更加樂於接受供應商的產品和服務。相反，

不能夠傳遞個性化的關係價值主張會讓客戶變得失望和沮喪，會導致關係的不協調或使其更加糟糕，客戶最終會投向其競爭對手。因此，企業需要瞭解好的客戶體驗由什麼構成，應該如何去進行提升。

客戶體驗通過公司的通信行為開始，並在其后通過各種形式的交互而繼續。在與客戶交互的過程當中，公司可能使用各種不同的渠道或媒體，如廣告、直接信件、公共關係等。如果企業想要成功地在客戶的腦海中建立起對公司的特殊感知並在這個基礎上通過各種渠道建立關係，必須保證這些不同的方式傳遞信息的一致性。不同渠道信息的不一致或相互抵觸會干擾客戶，他們會曲解或根本搞不懂公司是幹什麼的，能夠提供什麼東西。這種渠道間的混亂會嚴重傷害客戶對公司的印象，而且有可能會產生一些負面的影響。

科技可以在很大程度上幫助實現美好的客戶體驗。例如，在一個呼叫中心，CM（主叫用戶識別）技術會識別出主叫用戶，控制系統會將重要客戶從隊列當中挑出來，CTI（計算機技術集成）工具與主叫用戶識別結合到一起，會很快地將客戶的電腦記錄調出來並顯示到呼叫中心操作員的屏幕上。再加上富有感召力和訓練有素的公司服務人員，這些科技會使客戶與呼叫中心聯繫時迅速提升客戶體驗。

專門的調查、分析和跟蹤活動也使得公司可以檢測市場行銷行為的效果和效率。通過記錄客戶對不同渠道所發出的信息，公司會越來越多地瞭解客戶以及他們對某種特定通信的可能反應。在此基礎上，公司會用模型預測客戶對不同類型的通信的反應行為，以幫助評估選擇通信程序以及這些投資可能帶來的收益，最終可以發展更多的多渠道戰略。

（五）發展多渠道整合戰略

對於有效的客戶關係管理來講，發展多渠道整合戰略來給公司的客戶傳遞合適的客戶體驗非常必要。在建立多渠道整合戰略時有五個關鍵步驟：發展多渠道戰略目標、重視客戶和渠道接觸點以發揮競爭優勢、渠道選擇和渠道使用模式的變遷、渠道經濟研究、發展整合渠道管理戰略。

1. 發展多渠道戰略目標

多渠道戰略的起點是要確定關鍵戰略目標。多渠道整合的總體目標是要提供顯著增強的客戶體驗以提升客戶滿意度，並增加銷售、利潤和股東利益。就理想狀態而言，這應該通過渠道的更替和更低的服務成本來實現，例如，從直接銷售到櫃臺客戶管理或者從櫃臺客戶管理到電子化的應用。

公司應該發展特定的戰略目標以反應早期的客戶關係管理戰略發展和價值創造過程。例如，企業為新的多渠道戰略設立一系列目標如下：提升客戶體驗、增加客戶覆蓋面、提高收入、減少操作成本。這些目標應該在理解類似公司的經驗或者通過執行前期試驗工作來進行更好地量化。例如：提升總體客戶體驗使客戶滿意度指數提升12%；降低銷售成本5%；增加客戶總監面對面的銷售時間20%；實現銷售收入增長15%等。

2. 重視客戶和渠道接觸點發揮競爭優勢

客戶的需要和顧慮應該是市場行銷渠道設計當中的基本考慮因素，這些需要和顧慮必須在客戶關係的整個生命週期當中不斷地被審視。理解並處理好客戶接觸點或客戶交互是多渠道整合和客戶關係管理當中非常重要的部分，關於客戶需要和顧慮的分析會幫助確定這些接觸點如何被用來發揮其競爭優勢。

整個客戶關係生命週期當中包含了許多元素（市場行銷通信、售前行為、銷售、安裝、售後服務和持久的客戶管理等），每一個元素都有可能包含許多接觸點或客戶交互，應該在每一個關係階段都設計相應的基於客戶需要的目標。在這些目標確定下來之後，過程可以被分解來評估是否目前是朝著實現這些目標去發展的，進而引發接觸點或交互內容的重新設計。

3. 渠道選擇和渠道使用模式的變遷

渠道選擇以及可能的渠道結構變化需要通過渠道鏈分析工具的幫助來進行，渠道鏈分析考慮了客戶與供應商進行交互的不同階段如何使用渠道的整合。例如，傳統的關鍵客戶管理結構目前主要應用於大型電腦或大型客戶；在20世紀90年代中期，戴爾等電腦公司引入了直銷模式；近些年，互聯網也加入到銷售渠道中來。

另外，要考慮可能的渠道選擇，必須要理解渠道使用模式如何發生變遷。例如，網路和電子郵件渠道比傳統渠道（如語音電話）的增長要快速得多。有一家歐洲銀行在現有傳統渠道的基礎上大量使用了新的電子渠道，結果成功地將客戶變遷到該渠道上來，帶來了巨大的業務增長。關於渠道使用的過去和未來趨勢預測應該在考慮企業的客戶細分的基礎上進行，此外，還應該考慮到不同客戶關係生命週期階段的不同渠道的相對重要性。

4. 渠道經濟研究

在某些行業，市場行銷渠道成本會超過收入的40％，因此這就給降低成本帶來了很大的空間。但是，不同渠道結構和渠道選擇的經濟成本相差非常大，如交易成本、基礎成本和相對使用成本等，因此這也成了渠道選擇所討論的重點。許多交易現在都採用網上在線渠道，因為它的交易成本比較低。但是，渠道交易成本固然重要，其他一些方面的渠道成本也必須加以研究，如網站的發展、執行成本和其他的一些成本。

5. 發展整合渠道管理策略

合適的多渠道戰略的選擇取決於關鍵細分目標的客戶體驗。渠道交互的複雜性，以及渠道成本等多個方面。渠道成本和不同類型客戶對不同渠道的相對使用程度會帶來顯著不同的利潤，正確地理解不同客戶的利潤差別並成功地加以應用是實現成功的渠道管理的重要因素。

發展整合渠道管理戰略會帶來以下一些問題：如何在不同渠道的通信程序中實現品牌的一致性；當客戶面對不同的渠道時如何實現客戶體驗的一致性；如何保證客戶通過不同渠道所接受的通信和服務是一致的、連貫的、符合他們的特定要求；如何去優化不同渠道間配置資源的回報（見圖5-2）。

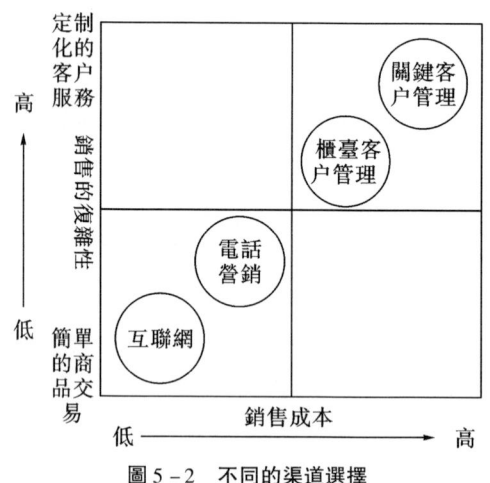

圖5-2　不同的渠道選擇

良好的渠道整合取決於與客戶的積極溝通，這就意味著要積極地尋求什麼是到達客戶的最佳渠道，客戶對不同的任務會偏好於哪些渠道。目前如何使用他們，未來會怎樣變化等。

第三節　客戶互動中心及其應用

客戶互動中心是過去企業中客戶聯繫中心新的發展方向，而且這種發展深深地影響了企業與客戶之間的互動方式，它已經成為整合客戶戰略和優化關係價值的有效途徑。

一、客戶互動中心的含義

客戶互動中心（Costumer Interacter Center，CIC）是站在現代信息技術發展的前沿，利用電話、計算機網路、數據庫等一切先進的信息技術，將資源進行有效地整合，並通過電話、電子郵件溝通的形式，進行現代化客戶互動的一種重要溝通渠道和手段。

只有建立客戶互動中心，才能真正為企業實現即時的、全面的客戶互動管理奠定技術基礎。而且，客戶互動中心的理念可以幫助企業改進原有的客戶聯繫中心，使客戶與企業之間的互動更富有效率。一般而言，客戶互動中心都是從客戶戰略開始的，它整合了從特定的客戶細分中獲取收入和利潤的業務流程，從而為企業帶來了持久的競爭優勢。

閱讀材料4：

幾個典型的應用多渠道客戶互動中心的例子

讓我們看幾個典型的應用多渠道客戶互動中心的例子。某人想要在到達機場後立即知道他的航班的位置，於是他一邊開車，一邊用移動電話與航空公司聯繫。當客戶互動中心接聽他的電話時，他只需要說出航班號，而無須耐心地聽完一整套菜單選項，或使用手機鍵盤吃力地輸入信息。接著，他請客戶互動中心發送一個包括航班號的語音郵件給他，以便再次查詢。只用了兩個步驟，他就得到了需要的東西。

在其他情況下，數據和語音相結合可能是更有效的。例如，某人打電話要求得到一份洗衣機故障排除指南。根據選擇，指南被自動發送到她的電子郵箱裡或傳真到她的家裡。這項技術可以靈活地接收客戶通過語音或音調的輸入並進行處理，最后以對客戶極為方便的方式做出回應，如將電話轉發給代理或通過記錄留言、文語轉換、電子郵件、傳真等方法，自動交付所請求的信息。

二、客戶互動中心的組成

客戶互動中心的是各種互動智能工具集在一起而形成交流應用軟件套裝。在技術層面上，CIC 主要包含技術文檔管理（Technical Doocument Management，TDM）和以網協（IP）為基礎的數據交換，以及桌面呼叫軟件（能夠進行完全的呼叫控制）、基於技術的路由和多媒體排隊與路由（可以自動分配呼叫）、帶有選擇性語言識別的互動語音應答（Interactive Vocie Respoone，IVR）、傳真服務器、屏幕彈出功能、網頁聊天與呼叫應回、統一信息以及呼叫管理與記錄等功能。圖5-3描繪了 CIC 的典型技術構成。

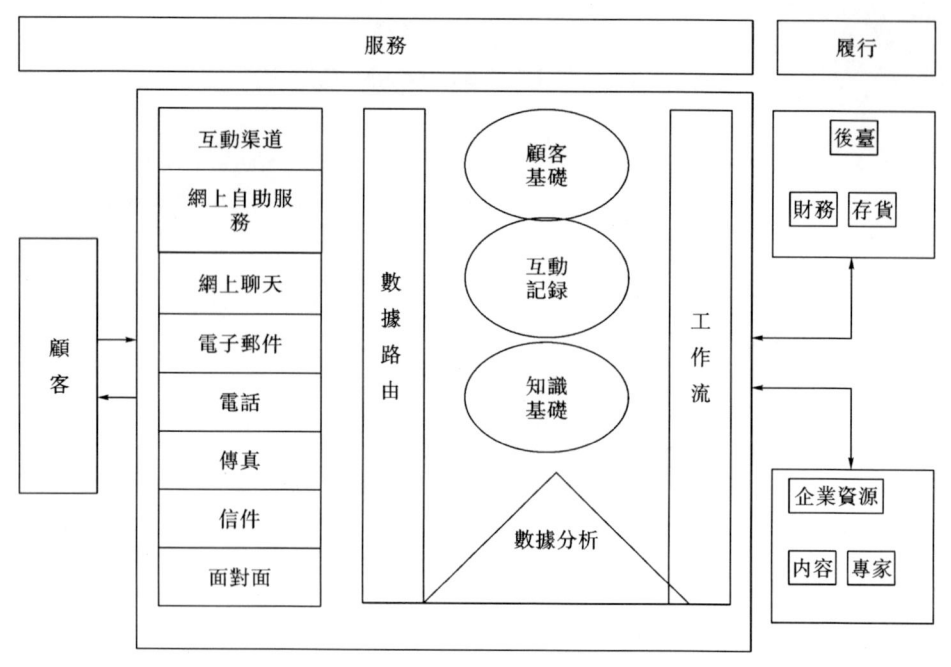

```
            服務                           履行

  ┌─────────────┐    ┌──────┐    ┌──────┐
  │  互動渠道   │    │      │    │ 後臺 │
  │  網上自助服務│    │      │    │財務 存貨│
  │  網上聊天   │    │  顧客基礎 │    └──────┘
顧│  電子郵件   │數據│  互動記錄 │工作│
客│  電話       │路由│  知識基礎 │流  │
  │  傳真       │    │          │    │企業資源│
  │  信件       │    │ 數據分析 │    │內容 專家│
  │  面對面     │    │          │    └──────┘
  └─────────────┘    └──────┘
```

圖 5－3　CIC 的典型技術構成

　　銷售以及服務渠道的成本的相對複雜性需要完整地加以考慮，圖 5－3 當中所表現出來的不同的渠道選擇具有不同的優勢和挑戰，每一個客戶交互的元素都需要加以分析以保證使用合適的渠道。雖然在許多客戶管理中使用面對面的渠道成本較高，但對於複雜的任務和重要細分客戶卻很有必要。櫃臺客戶管理有經驗豐富的銷售人員，他會及時瞭解客戶信息並據此使用合適的服務態度；而電話行銷會處理更加程序化的銷售、服務和詢問；互聯網和電子渠道雖然也給高質量的人性化自助服務提供了可能。但是，該渠道的發展依賴於高質量的入口、客戶教導和支持。

三、客戶互動中心的演變

　　在過去十幾年的發展過程中，企業的客戶互動發生了巨大的變化。在許多方面，呼叫中心都不能滿足企業的互動需求。傳統的呼叫中心，扭曲了客戶的價值且只關注企業內部的方方面面。結果，隨著環境的變化和技術的發展，許多驅動因素都促使傳統的互動中心發生轉變，如互動量的增加、互動渠道的進化和日益提高的客戶期望等。其中，每種驅動因素都驅動了客戶互動的轉變及互動需求的提高。

　　在 20 世紀 90 年代早、中期，入站呼叫中心應用電話交換技術和定向呼叫管理，有效地對呼叫和服務請求進行管理。在 20 世紀 90 年代末期，呼叫中心更加強調客戶關懷，強調利用計算機電話整合系統更快地認證呼叫者的身分，並以最大化客戶服務代理的生產率為目標。在最近幾年，隨著網路相關技術的採用和服務代理向通用代理的轉化，客戶服務中心開始向多渠道的聯繫中心演進。現在，客戶聯繫中心必須與企業的客戶戰略有機地整合在一起，並隨著時間的推移而努力優化企業與單個客戶的關係。可以說，客戶聯繫中心實際上已經成為客戶互動的樞紐，可以跨渠道提供有關每個客戶的、綜合的即時信息，從而為客戶聯繫中心的工作人員根據特定的情境和客戶特徵進行個性化的互動成為可能。

四、客戶互動中心的應用實例

下面的閱讀材料提供了客戶互動中心的一個應用實例。

閱讀材料5：

一汽大眾 mySAP CRM 客戶互動中心案例

一汽大眾汽車有限公司總部設在長春，它是中國第一汽車製造廠和德國大眾奧迪公司聯合組建的大型合資汽車製造企業。一汽大眾汽車有限公司成立於1991年。它開創了中國現代汽車的生產，也是中國唯一中檔型和豪華型轎車的生產企業。日前，該公司利用mySAP 客戶關係管理解決方案（mySAP CRM），實現了先進的客戶關係管理。

負責信息管理服務工作的高級經理王強先生介紹說：「我們主要採用 mySAP CRM 解決方案克服目前客戶服務反應遲鈍和應答次數較低的問題。在支持客戶服務方面，原有信息技術系統無法提供即時信息，數據和業務流程的集成不完整，而且缺少信息技術專業人員。」一汽大眾公司通過地區經銷商銷售產品，不能直接獲得所需的客戶反饋意見，因而無法保證為客戶提供優質服務並對市場進行智能化管理。公司在短短六個月的時間內實施了 mySAP 客戶關係管理解決方案（mySAP CRM），從而改進了客戶服務質量，並能掌握更多與客戶群相關的重要信息。王先生說：「mySAP CRM 明顯鞏固了我們與客戶之間的關係，並且從銷售、服務到市場行銷過程，在一個平臺上集成了所有客戶服務功能。」

一汽大眾公司實施了集銷售、服務和行銷為一體的 mySAP CRM 客戶互動中心（CIC）。現在，客戶可以通過電話、傳真、電子郵件和互聯網等多種方式與客戶聯繫中心聯繫。在一汽大眾項目中，mySAP CRM 與核心 SAP 企業解決方案緊密集成，客戶、服務代表及企業內部可以共享通信和信息。

王先生評價這套系統時說：「現在，通過 mySAP CRM 與核心 SAP 企業解決方案的集成，我們可以隨時訪問產品、經銷商和客戶的相關信息。因此，客戶服務代表能掌握最新的產品信息，隨時隨地解決客戶提出的問題。由於 mySAP CRM 系統中嵌入汽車生產的全部流程，因此服務代表們可以根據第一手資料做出更為準確可靠的決定，監控並更好地滿足客戶的需求。」

王先生說：「mySAP CRM 使我們更好地與客戶進行溝通，提高服務和產品質量，實現成為中國汽車生產龍頭企業的戰略目標。這一解決方案可以提高我們企業的整體形象：對市場變化作出更快速的回應，進一步提高客戶的滿意度。mySAP CRM 能為客戶提供最佳服務，因此還能吸引潛在客戶，從而提高我們的經濟效益。」

在選擇 mySAP CRM 之前，一汽大眾公司也曾考慮過其他一系列的解決方案。「在對可靠性、靈活性和穩定性進行了綜合評估之後，我們在各種客戶關係管理解決方案中選擇了 mySAP CRM，」王先生補充說，「而且這一解決方案可與我們現有 SAP 核心企業解決方案全面集成。mySAP CRM 良好的架構還有利於系統今后的升級。」一汽大眾採用 AcceleratedSAP 快速實施技術迅速部署了 mySAP CRM。公司的 mySAP CRM 服務端為運行在 UNIX 環境下的惠普企業級服務器，客戶端為 Oracle 數據庫和 Windows NT 系統。mySAP CRM 安裝在一汽大眾的客戶中心，與集成話音回應（IVR）系統、診斷系統和西門子系統構成的計算機和電話解決方案集成。

客戶聯繫中心有十多個客戶服務人員，每天處理往來呼叫約 800 人次。mySAP 客戶集成中心解決方案可處理往來呼叫、管理電子郵件和各種活動，跟蹤、監控並提高客戶聯絡的整體水平。

到目前為止，一汽大眾實施的解決方案已明顯改善了其營運狀況。一汽大眾公司下一步計劃實施 mySAP CRM 市場擴展功能和信息挖掘功能，進一步提高客戶服務水平。

王先生最后說，「mySAP 幫助我們快速準確地回應客戶的要求，使他們對公司的服務感到滿意，並進一步提高了客戶的忠誠度。這一解決方案還有助於理順我們的業務流程，提高工作效率，改進關鍵營運指標」。mySAP CRM 已經大大提高了一汽大眾的競爭實力。

本章小結

1. 企業在市場行銷，必須採用有效方式，通過多種渠道，加強與客戶的有效互動。這是企業保持客戶關係穩定和持久的重要手段，它將直接影響客戶今后的購買行為。

2. 本章首先介紹了客戶互動的基本知識，包括客戶互動含義、類型及功能，客戶互動管理的含義、標準、方法與技巧，多渠道客戶互動的整合，還有多渠道整合戰略在客戶關係管理中的應用。

3. 通過本章的學習，讀者應能夠充分認識到客戶互動工作的主要作用，靈活掌握常用的客戶互動方式。

復習思考題

1. 什麼是客戶互動？它可以分為哪些類型？客戶互動的方式是如何發展演變的？
2. 什麼叫客戶互動管理？有效的客戶互動管理具有哪些主要特徵？
3. 客戶服務人員在進行客戶互動時，需要注意哪些基本技巧？
4. 什麼是多渠道客戶互動？它在客戶服務中具有什麼優勢？
5. 多渠道整合戰略在客戶關係管理中是如何應用的？
6. 什麼是客戶互動中心？它一般由哪些部分組成？

案例分析

更好地與客戶互動

從 20 世紀 50 年代開始，尼康被認為是專業領域及民用領域內高質量相機的代名詞。隨著數碼影像時代的到來，尼康意識到客戶需要的不僅是最好的相機，而且需要以更快、更容易理解的方式獲得信息。

在過去的 4 年中，尼康公司發布了多款數碼相機及其他數碼產品。在不斷提高對數碼技術的關注程度的過程中，尼康認識到數碼產品的市場客戶比傳統相機的市場客戶需要更多的信息。沃德（Ward）解釋道：「一方面，數碼產品變得更複雜，需要向客戶傳遞更多的信息；另一方面，許多客戶缺乏數碼領域方面的經驗，不能通過翻閱手冊的方式完全掌握相機的使用。常規的方法已經無法將如此大量的信息以滿意的方式傳遞給客戶。」

與數碼產品業務比起來，尼康公司的傳統相機業務顯得從容不迫。在以前，尼康的發燒友們樂於通過快速翻閱手冊的方式學習所有與相機相關的內容。但是在數碼時代，人們需要以更快、更容易理解的方式獲得信息。

此外，尼康開始認為提供信息是一個十分重要的任務，而不僅僅是相機銷售后的輔助性工作。同時，尼康也認識到應當引導客戶參與到數碼攝影的創作、交流等活動中，體會數碼攝影的樂趣，而不是使客戶感覺到他們只是從尼康購買了某種產品。

正如沃德所言，人們的想像力正在被攝影的樂趣與電子影像相結合的美妙前景所激發。為他們提供各種入門的指導和各種材料，可以使尼康成為消費者享受攝影樂趣的一部分。就尼康而言，已有的知識累積非常適合滿足用戶對信息的大量需求。沃德說：「我們有50年的經驗供大家分享。主要的問題在於如何將我們所知道的知識以合適的方式傳遞給合適的人。」

尼康選擇了由知識管理軟件系統作為其泛歐洲地區的客戶服務的支持系統。作為尼康歐洲網站中「Nikon Vision」系統的后臺引擎，知識系統不僅僅提供了自動化的客戶服務支持，同時也形成了一個交互式的學習系統，它能夠與任何在尼康網站上瀏覽的人進行溝通，通過互動的方式學習。

但是，正如沃德所說：「累積的信息越多，用戶檢索到正確答案的難度越大，沒有經過過濾的信息就如同噪聲。」他也堅信能找到一種適當的機制將信息恰當地傳遞給客戶。

現在，尼康網站上的訪問者能夠在「Nikon Vision」欄目上使用英語（也可以使用法語或德語）輸入問題。系統自動將問題的答案推送到使用者面前，並且將合適的答案排列在第一位。主題知識系統在人與計算機系統之間建立起了橋樑，使用戶能夠使用非精確的語言甚至是含有錯誤拼寫的句子與計算機對話。在用戶結束使用系統之前，系統會要求使用者對問題的答案進行打分，用戶的回答將會用於調整答案的評分，提高系統下次回答相同問題的精確度。

沃德認為「Nikon Vision」對客戶反饋意見的處理超出了常規方法所能達到的水平。系統卻採用另外一種方式，能夠將所有用戶與系統的交互過程記錄下來，大大改進了尼康獲取客戶反饋信息的能力。基於知識系統的統計信息能夠改進尼康提供給客戶信息的質量，更重要的是，我們能夠更有效地設計將來的產品，因為我們非常清楚客戶需要什麼，不需要什麼。總而言之，知識系統能夠大大增強我們分發知識的能力，同時也大大增加了我們獲取知識的能力。

問題：
1. 在客戶中心時代，企業該如何更好地與客戶互動？
2. 從本案例中，你受到什麼啟發？
3. 要建立起長期的客戶互動關係，企業需要做好哪些相關的工作？

實訓設計：如何與客戶互動

【實訓目標】
1. 瞭解與客戶互動的重要性。
2. 掌握客戶服務人員的客戶互動技巧。

【實訓內容】
根據教學的實際情況，由學生分組扮演不同類型的客戶和銷售代表，創設各種情景。學生所扮演的銷售代表如何與客戶互動。

【實訓要求】
1. 根據實訓目標和內容，創設情景，學生自編自導。
2. 同學們通過現場觀察、提問，找到與客戶互動的各種技巧。

【成果與檢驗】
每位同學的成績由兩部分組成：與客戶互動情景表演（60%）和實訓報告（40%）。

第六章 客戶服務

知識與技能目標

（一）知識目標
·掌握客戶服務的三個環節；
·學會客戶關懷的方式；
·描述網路客戶服務的方式；
·重點把握客戶服務的技巧。

（二）技能目標
·能夠結合實際把握如何去接待客戶、理解客戶並滿足客戶需求；
·能夠綜合運用多種方式做好客戶關懷。

引例

IBM 公司的最佳服務

IBM 公司有三大基本信念：尊重每一位顧客；提供最佳服務；追求卓越之作。這三大信念貫穿於 IBM 公司的一切工作規範和經營活動之中。

IBM 公司總裁小托馬斯·沃森（Thomas Watson）對「服務」曾這樣說明：「多年以前，我們登了一則廣告，用一目了然的粗筆字體寫著『IBM 就是最佳服務的象徵』。我始終認為，這是我們有史以來最好的廣告。因為它清楚地表達出了 IBM 公司真正的經營理念——我們要提供世界上最好的服務。」

一次，亞特蘭大拉尼爾公司資料處理中心的計算機出了故障，IBM 請的八位專家幾小時內就從各地趕了過來，其中四位來自歐洲、一位來自加拿大，還有一位從拉丁美洲趕來。一位在菲尼克斯工作的服務小姐，駕車前往某地為顧客送一個小零件。然而，通常應是短暫而愉快的驅車旅行，此次却因瓢潑大雨、交通堵塞，使 25 分鐘的奔馳變成 4 個小時的爬行。這位小姐決定不能這樣失去整整一個下午的時間，她想到車裡有一雙旱冰鞋，於是拋下汽車，穿上旱冰鞋，一路滑行，為顧客雪中送炭。

迎接顧客各種具有挑戰性的服務難題已經成了 IBM 活動的重要部分。視顧客為上帝，奠定了 IBM 繁榮興旺的基礎，從而塑造了 IBM 公司守信譽、重服務的組織形象。

問題：
你從 IBM 以服務為中心的工作中得到了什麼啓發？

客戶服務管理不僅是當前企業經營管理最主要的戰略之一，也是一個企業健康成長的有效手段。一些佔有市場優勢的企業經營實踐表明，客戶服務管理已成為企業搶占市場競爭制高點的秘密武器，成為企業競爭制勝的法寶。本章圍繞客戶服務的主要環節以及開展客戶服務的一些技巧，如何實施客戶關懷等內容，為大家介紹客戶服務管理的實施要點。

第一節　客戶服務概述

一、客戶服務的概念

客戶服務，顧名思義，就是為客戶提供服務，是一種以客戶為導向的價值觀。目前，對客戶服務有以下三種典型的理解：

（1）菲利普‧科特勒將服務定義為：服務是一方能夠向另一方提供的基本上是無形的任何功效或禮儀，並且不導致任何所有權的產生，它的產生可能與某種有形產品密切聯繫在一起，也可能毫無聯繫。關於客戶服務的第一種解釋就是參考菲利普‧科特勒關於服務的定義來理解的。也就是說，客戶服務可能以實體產品為依託，也可能與實體產品沒有任何關係，是企業為客戶提供無償的技術或智力上的幫助，這種付出可以使接受者獲得滿意。服務不會產生物權，但會產生債權，服務是有價的。

（2）客戶服務就是企業以客戶為對象，以產品或服務為依託，以挖掘和開發客戶的潛在價值為目標，為客戶開展的各項服務活動。它強調的是客戶服務的目標就是挖掘和開發客戶的潛在價值。開展客戶服務的方式可以是具體服務行為，也可以是信息支持，還可以是價值導向等。

（3）客戶服務是一種活動，代表著企業的績效水平和管理理念。把客戶服務看作是一種活動，意味著客戶服務是企業與客戶之間的一種互動，在這種互動中企業要有管理控制能力。把客戶服務看作是績效水平，是指客戶服務可以精確衡量，並且可以作為評價企業的一個標準。把客戶服務看作是管理理念，則是強調行銷以客戶為核心的重要性和客戶服務的戰略性，其運行的基礎就是供應鏈一體化。

綜上所述，客戶服務的定義是在合適的時間和合適的場合以合適的價格和合適的方式向合適的客戶提供合適的產品和服務，使客戶的合適需求得到滿足，價值得到提高的活動過程。這裡強調客戶服務是一個過程，它以費用低廉的方法給供應鏈提供了重大的增值利益。

二、客戶服務的形成

其實「客戶服務」從人們有了物質交換行為起就產生了。最早的客戶服務行為產生於「以物易物」交易過程中的互助和物品使用方法傳授活動。隨著生產力的發展，人們有了剩餘產品，有了最原始的交換行為，這為客戶服務創造了前提條件。客戶服務是隨著社會分工而產生的，並隨著社會分工的精細日益發展、成熟，比如，客棧、驛站等。可是，最初的客戶服務大多屬於自發性的，這些服務的提供者大多處於客觀生存條件和生活需要而自發地形成了客戶服務的意識和傾向，頭腦中還沒有「客戶服務」這個概念和理念。隨著經濟的發展，依附在經濟活動中的客戶服務在資本主義萌芽時期凸現出來。

那個時候，伴隨著人類科學技術突飛猛進的發展大量的新發明、新創造像雨後春筍般湧現在人們面前，大多數人原有的技能已不足以掌握這些新發明的使用技術。在此條件下，為數眾多的新產品的發明者、生產者和銷售者有必要、有義務對客戶進行簡單的產品使用

技能培訓，於是「客戶服務」成了經濟活動中的常態和重要方式。現在，在經濟愈加發達的今天，客戶服務的重心內容又從產品的說明、介紹逐漸轉移到了產品的售後。

到今天又出現了物流、廣告、諮詢、培訓、客運、售後服務等諸多內容。歐美資本主義國家是在19世紀末20世紀初，中國則於20世紀90年代中期「客戶服務」才上升到理論層面，完成了由自發性的「客戶服務」向自覺性的「客戶服務」的轉變。至此，行為意義上的「客戶服務」實現了向概念和理念意義上的「客戶服務」的飛躍。

三、客戶服務的普遍性

客戶是一個系統的、動態的、相對的概念，它以交換為基礎，可以說哪裡有交換，哪裡就有客戶服務。所以從橫向的角度來看，客戶服務不僅存在於第三產業，第一產業的農業（包括採掘業、製造業、電力、煤氣、水的生產和供應業）和建築業也不例外。從縱向的角度，無論是哪個產業，它們的活動又都離不開生產、分配、交換、消費四個環節，而在這四環節中每個環節都有著經濟主客體之間的經濟往來，都存在著客戶服務。

市場經濟是競爭性經濟。在市場經濟環境下，競爭的範圍也逐漸由產品的競爭、技術的競爭，擴展至服務的競爭。服務成了企業制勝的關鍵。對此，經濟學家有著精闢的見解：「如果審視一下商品經濟活動的各個部門，我們很容易發現任何一種服務都是商業或服務生產系統中最核心的部分……服務已經和正在改變著我們的生活。」隨著市場經濟的完善，人們消費觀念的逐步成熟，我們正在向一個服務制勝的時代邁進。因此，在當代經濟活動中，客戶服務越來越受到普遍的重視，尤其是在產能過剩和產品質量比較接近的今天，優質的客戶服務已經成為企業爭奪市場、擴大營利的重要資源和途徑。

四、客戶服務的特性

與有形產品進行比較，客戶服務主要有以下幾個不同於產品的特點：

1. 無形性

無形性是客戶服務最明顯的特點。雖然有些客戶服務還有一定的實體成分，如餐館的食品、快遞公司的文件。但是，從本質上說，客戶服務是一種非實體的現象，是無形的。客戶服務是表現為活動形式的消費品，它不是由某種材料製成的，且沒有一定的重量、體積、顏色、形狀和輪廓，它不固定或不物化在任何耐久的對象或可以出售的物品之中，不能作為物而離開服務者獨立存在。客戶在購買服務之前，無法看見、聽見、品嘗、觸摸、嗅聞服務。服務之後，客戶並未獲得服務的物質所有權，而只是獲得一種消費經歷。

2. 不可儲存性

客戶服務行為的第二個特點就是容易消失，不可儲存。企業為客戶提供服務之後，服務就立即消失。因此，購買劣質服務的消費者通常無貨可退。由於客戶服務無法儲存，服務行為不可能像有形產品那樣，將淡季的產品儲存起來，在旺季時出售。需求管理成為企業客戶服務的一項極為重要的工作。在旺季，為了滿足市場需求和顧客需要，企業往往會增添服務設備，增加服務人員；在淡季，許多企業經常降價促銷，希望增加銷售量，以提高服務設施的利用率。

3. 差異性

客戶服務的第三個特徵是差異性。客戶服務具有差異性，主要因為企業提供的服務不可能完全相同，同一位服務人員提供的服務也不可能始終如一。與產品生產相比較，服務產生往往不易制定和執行服務質量標準，不易保證服務質量標準，不易保證服務質量。服務人員是服務行為的決定者，他們直接關係到客戶能否得到熱情周到的服務。

此外，客戶服務質量不僅與服務人員的服務態度和服務能力有關，也和顧客有關，這也是造成差異的原因之一。同樣的客戶服務，對一部分顧客提供優質服務的同時，對另一部分顧客卻可能是劣質服務。企業在為某一位顧客提供優質服務的同時，卻也有可能在無意中為另一位提供了劣質服務。

4. 生產和消費的同時性

客戶服務的第四個特點是服務過程與消費過程同時發生。有形產品可在生產和消費之間的一段時間內存在，並可作為商品在這段時間內流通，而客戶服務的生產和消費卻不能分離。顧客往往會參與服務，或通過與服務人員合作，積極地參與服務過程，來享受服務的實用價值。服務結束之後，顧客能繼續享受服務的效果，但他們卻並不擁有服務的所有權。

五、客戶服務狀態的類型

由於企業對客戶服務存在著不同的認識，因此，企業的客戶服務狀況也存在著不同的類型，而客戶服務狀況是由客戶服務特性決定的。客戶服務特性主要通過以下兩方面來體現。一是程序特性。程序特性是指一個企業為客戶所提供的服務的流程。例如，客戶購買了一臺冰箱，那麼客戶從購買之時起，就進入了這個冰箱企業所提供的服務程序。它規定了產品維修是由經銷商負責還是廠家負責，什麼情況下可以退貨或換貨，產品維修多長時間可以交還客戶，是否有補償，等等。這是企業為客戶所制定的。二是個人特性。個人特性是指客戶服務人員在與客戶溝通時，其自身的行為、態度和語言技巧，以及在客戶服務崗位上是否稱職等。這是企業為客戶服務人員制定的。

程序特性和個人特性兩者加在一起，就構成了一個企業客戶服務的基本特性。根據這兩種特性的不同結合，可以把客戶服務劃分為以下四種類型：

1. 漠不關心型的客戶服務

漠不關心型的客戶服務在個人特性和程序特性兩方面都較弱。其程序特性方面表現為無組織、程序非常混亂、不一致和不方便等。例如，顧客買的產品出現問題，需要維修，打電話給售後服務部門，結果發現，接線員根本就沒有給出明確的維修時間（應該維修多長時間、應該由誰來維修）。再如，小吳第一次乘坐飛機，不知道哪裡是候機廳，到哪裡登機，問詢處也沒有人，更不知道應該在哪裡得到幫助。這些都是典型的程序方面的問題。個人特性方面表現為服務人員缺乏熱情，也沒有服務意識和敬業精神，一問三不知。

這兩者結合在一起，傳達給客戶的信息是：「根本不關心，根本沒有什麼客戶服務，是買了東西就走人。」

2. 按部就班型的客戶服務

按部就班型的客戶服務的特點是程序特性方面很強，在個人特性方面很弱。程序特性表現為及時、有效率、正規和統一，在服務程序上制訂方案頭頭是道，並且設定了很多非常繁瑣的客戶服務的流程；個人特性方面表現為缺乏表現、不熱情、不感興趣、冷淡、疏遠。

它給客戶傳達的信息是：「要守規矩，誰都不能特殊，你只是一位客戶而已」「每位客戶都要遵守規矩，不能搞特殊化」。

3. 熱情友好型的客戶服務

熱情友好型的客戶服務在個人特性方面很強，卻在程序特性方面很弱。程序特性方面表現為無組織、怠慢、不一致、不方便和混亂，沒有一個好的客戶服務流程；個人特性方面表現為熱情、友好、有著良好的溝通技巧。

它最后導致傳達如下信息：企業確實很理解客戶，企業也知道自己的產品不好，會給客戶帶來不便，但企業也解決不了。總之就是企業很努力，但實在不知該怎麼做。

4. 優質服務型的客戶服務

優質服務型的客戶服務的特點是程序特性方面和個人特性方面都很強。程序特性方面表現為及時、有效、正規和統一；個人特性方面表現為熱情、友好、有著良好的溝通技巧。

它給客戶傳遞的信息是：「企業很重視客戶，並且希望用最好的服務來滿足客戶的需求。」這就是優質型的客戶服務，是最好的一種客戶服務類型。

六、客戶服務的意義

通過提供優質的、滿意的客戶服務是企業贏得客戶的最佳途徑，而擁有一批穩定、高價值、高忠誠度和高回頭率的客戶是企業發展壯大的重要保證。美國一位很有名的客戶服務人員霍利·斯蒂爾在他編寫的《頂尖服務》一書中說道：服務很簡單，甚至簡單到荒唐的程度，雖然它簡單，但是要不斷地為客戶提供高水平、熱情周到的服務，談何容易。這句話概括了一個客戶服務人員對客戶服務工作的認識，同時說明要做好客戶服務工作是非常不易的。

（一）優質、滿意的客戶服務有助於企業服務品牌的牢固樹立

服務品牌是企業贏得客戶的最好品牌。企業通過為客戶提供優質、滿意的服務，在客戶心中牢固地樹立起最好的服務品牌形象，從而贏得客戶對企業和產品的認可和信任。服務品牌創造的難度要遠遠高過廣告。

樹立服務品牌，要求企業的客戶服務必須具備以下四個條件：

1. 具備獨特性

企業所提供的服務至少在某些方面應與眾不同。例如，企業是強調服務本土化還是延長服務時間，是強調服務的親情還是突出服務的快速和全天候，是服務多一點還是全程「一站式」服務，等等。

2. 放大或傳遞核心的品牌承諾

品牌式服務必須通過體現核心的品牌承諾的行為來表現。例如，在迪士尼酒店，管家會把孩子們胡亂扔在房間裡的玩具擺成歡迎的造型。當孩子們在迪士尼樂園玩了一天後回到房間，會得到一個意外的驚喜。與此同時，整潔的房間、家庭式的服務及迪士尼品牌其他核心的特點也都會體現得淋漓盡致。

3. 有意識地提供客戶服務

企業可以在內部建立一個支持品牌的環境，這樣有利於員工品牌意識的養成。員工不僅應充分瞭解品牌，還必須知道如何通過自己的服務來體現品牌。另外，他們還必須掌握相應的技巧、系統、資源與工具，從而幫助自己更好地推廣品牌。

4. 在限定的範圍內，始終如一地提供服務

如果某項服務無法始終保持一致，那麼客戶會認為，該活動只是針對一部分特定的對象而已，他們則不會把它看作品牌的代表。

某商城耐克專櫃不僅在管理上嚴格有序，同時服務更是推陳出新。服務品牌先後推出了：售後維修的商品，市內免費送貨上門；櫃上備有鞋帶、鞋類清潔用品，隨時主動提供給有需要的顧客；售後服務可退可不退的以退為主，可修可不修的以修為主，責任不清的以專櫃為主，站在顧客角度換位思考，以顧客滿意為他們處理售後的宗旨；櫃組備有茶水、一次性試穿襪，為有需要的顧客提供耐克禮品紙袋；將櫃上的運動鞋及服裝穿著、維護和保養注意事項發放給每一位客戶進行貼心提示；根據顧客檔案確立重點顧客進行定期回訪、

跟蹤服務；完善售後服務，把來投訴的顧客看成是一種重要的客戶資源，並將每次退換處理過程詳細記錄在售後服務登記本上，以便事後做反省改進工作，以及做好售後處理回訪工作等七項措施，贏得了一大批回頭客。他們將自己的特色服務總結為：全員、全位、全時、全過程服務，滿意加驚喜服務，並公布服務格言：提供優質服務，共享時尚人生。通過這種對特色服務的實踐，他們的業績不斷攀升。

(二) 優質、滿意的客戶服務能給企業帶來巨大的經濟效益

客戶服務是企業價值鏈的重要內容。從事客戶服務的一線員工的滿意度會直接影響到客戶的滿意度和忠誠度，而客戶的滿意度又會影響到企業的經濟效益。

現代行銷理論指出：老客戶是企業未來銷售市場的最好支持者，即使企業的產品的購買間期長達數年，通過老客戶的耳口相傳，企業的產品或服務也可以被更多的相關客戶所認識。客戶資源是企業的無形資產，而且是企業中最重要、最有價值的無形資產。如果一個企業沒有客戶資源，其產品（或勞務）就不能實現交換，那麼企業的一切活動都將是徒勞無效的。

閱讀材料 1：

放棄也是一種收穫

國外的代理商和客戶在「十一」期間來大連討論 2009 年的合作事項和採購合同，因為中國部分農產品在國際市場上價格最低，所以這位國外客戶每年都 100% 從熊亮這裡進口。晚上吃完飯後，雙方準備談採購合同。

熊亮對客戶說：「今年中國北方氣候異常，不是大旱就是大澇，產品量小，質次價高，你們還是全部從當地買貨吧，質量好價格還低，就不要從我這兒進口了。」

客戶和代理商聽完就傻了，客戶反問：「那你今年做什麼？」

熊亮說：「我這你們不用擔心，會有辦法的。」

熊亮接著對代理商說：「你們今年也多買些當地貨吧，趁著現在價格還沒漲起來，盡快進貨。」

代理商很感動，馬上表示：「你也有難處，我那的利潤按照以前說好的分。」

熊亮馬上回應：「不用了，今年形勢不好，利潤你都自己留著吧，希望你多多掙錢。」

客戶臨行前，突然跟熊亮說：「今年的意向合同儘管不能全部執行，我還是決定其中的 1/3 由你來供貨，時間和價格你來定！」

按照商業常規，其他商家很難理解熊亮的這種做法，在商言商，困難時期有生意不做，還義務為對方提供諮詢。對此，熊亮回答：「我不能看著客戶和代理商的利益受到侵害，我們的合作也不是今后的一年和兩年，我們要看得更遠。這不，客戶還是將部分訂單主動給我們了，而且時間和價格由我們來定，這是多大的信任。代理商也表示會想盡一切辦法幫助我們，這就是客戶價值。還有，他們強大了，我們的生意才會越做越大、越做越久。」

(三) 優質、滿意的客戶服務是企業防止客戶流失的最佳屏障

一些高層管理人員經常詫異地說：「不久前與客戶的關係還好好的，一會兒『風向』就變了，真不明白。」客戶流失已成為很多企業所面臨的尷尬，他們大多也都知道失去一位老客戶會帶來巨大損失，也許需要企業再開發十個新客戶才能予以彌補。但當問及企業客戶為什麼流失時，很多企業領導一臉迷茫；談到如何防止時，他們更是誠惶誠恐。

優質、滿意的客戶服務是防止客戶流失的最佳屏障，即使別的企業產品價格比本企業的產品價格更低一些，但由於客戶不知道別的企業的服務到底好還是不好，而本企業提供的服務項目非常齊全，服務質量非常好，客戶感覺離不開你，那麼客戶就沒有理由離開；

即使客戶一時離開了你，但比較之後，還是感覺你是最好的，最終還是會回來的。

（四）優質、滿意的客戶服務是企業發展壯大的重要保障

優質、滿意的客戶服務將使企業擁有一批穩定、高價值、高忠誠度和高回頭率的老客戶。一方面，企業擁有一批老客戶將使企業獲得穩定而巨大的經濟效益；另一方面，企業可以將有限資金的一部分用來服務已有的老客戶，而將大部分的資金用於產品開發、市場開發等其他方面，從而使企業處於市場競爭的有利地位，使企業不斷發展壯大。

七、中國客戶服務存在的問題

目前，中國許多企業對客戶服務已經越來越重視，也逐步在開展客戶服務工作中應用了一些高科技手段，但是，中國的客戶服務仍然存在著許多問題，主要表現在以下幾個方面：

1. 企業和客戶服務人員缺乏服務客戶的意識

在這個以服務為導向的社會中，對服務意識的強調，早已經超出了「微笑服務」「關懷服務」的範疇，不僅要能夠設身處地為客戶著想，甚至要把客戶當作事業夥伴，當作是一起來實現共同目標的同道。但現在仍有不少企業的客戶服務人員思想上沒有樹立正確的客戶服務意識，總認為企業開展客戶服務是沒事找事，自己給自己添麻煩，「客戶會自己找上門來的」「商品出門概不負責」「少你一個不少、多你一個不多」的舊觀念仍然存在。因此，在客戶服務過程中服務態度差、對客戶應付了事的現象常常出現。如超市為了節省人員費用開支，常常將部分收款通道關閉，導致消費者花數分鐘甚至更長時間排長隊等候交款，因此，一些客戶不願意再到該超市消費，這就是企業的客戶服務意識問題。

閱讀材料2：

小林今天送同學出差，在火車站買完票順便就去某知名麵館吃點東西，進去一看生意非常紅火，好不容易擠到前臺。

「給我來兩碗牛肉拉面。」

「沒有了。」

「那幫我換成豬肉拉面。」

「也沒有了。」

「那就雞蛋面吧。」

「也沒有了。」

「那你有什麼呀？」

「只剩下素三鮮和……」

同學又要了兩個河粉在那裡等著。付完錢小林就開始找位子，滿場繞了兩圈愣是沒找到下腳的地方。好不容易看見有人起身了，趕緊占兩個位子。

等待中……

面上來了，開始狼吞虎咽。這時，不斷有人找位子、等待、叫服務員。他們吃完餃子發現要的兩個煲還沒有上，同學就問服務員：「我們要的河粉怎麼還沒有上來？」服務員卻在沉默中走開了，本來以為她會去幫忙看看，然后說「對不起，馬上就會上來了，請稍等」。結果五分鐘過去了，看看還是沒有希望，又叫了一聲服務員，依然無動於衷。小林只好自己去看，服務員才說「馬上就上來」。

雖然人多、東西也不是很貴（也不便宜），但是看見他們服務員那種冷淡的表情，一點客戶服務意識都沒有，小林想下次是不會再光顧這家店了。

2. 客戶服務人員缺乏敬業精神

許多客戶服務人員在與客戶打交道時不是站在客戶的立場為客戶著想，而是站在企業或自己的立場思考問題。例如，當客戶上門投訴企業的產品問題時，常常得到的回答是「我們得先分清楚到底是我們的產品問題還是你使用不當而導致的問題，然后才確定是否給你退換產品」；當你打電話到汽車站詢問有關班車的時刻時，你會聽到「你好」「謝謝」的問候，但聽起來十分生硬，完全是言不由衷。這種客戶服務人員缺乏敬業精神的狀況在中國許多行業都普遍存在，因為一般客戶服務人員底薪少，他們認為「微笑服務」「熱情服務」這些都是企業規定的，而自己只是不得不按照規定做而已。

閱讀材料 3：

客人憤懣離店

一位五十多歲的客人王先生提著旅行包從某賓館 403 房間匆匆走出，走到樓層中間拐彎處服務臺前，將房間鑰匙放到服務臺上，對值班服務員說：「小姐，這把鑰匙交給您，我這就下樓去總臺結帳。」却不料服務員小余不冷不熱地告訴他：「先生，請您稍等，等查完您的房后再走。」一面即撥電話召喚同伴。王先生頓時很尷尬，心裡很不高興，只得無可奈何地說：「那就請便吧。」這時，另一位服務員小李從工作間出來，走到王先生跟前，將他上下打量一番，又掃視一下那只旅行包。王先生覺得受到了侮辱，氣得臉色都變了，大聲嚷道：「你們太不尊重人了！」

小李也不搭理，拿了鑰匙，徑直往 403 號房間走去。她打開房門，走進去不緊不慢地清點：從床上用品到立櫃內的衣架，從衣箱裡的食品到盥洗室的毛巾，一一清查，還打開電控櫃的電視機開關看看屏幕。然后，她離房回到服務臺前，對王先生說：「先生，您現在可以走了。」王先生早就等得不耐煩了，聽到了她放行的「關照」，更覺惱火，待要發作或投訴，又想到要去趕火車，只得作罷，帶著一肚子怨氣離開賓館，心想以後再也不會光顧這家賓館了。

3. 客戶服務人員缺乏必要的培訓

現在稍具規模的企業都對員工進行客戶服務方面的培訓，但正規培訓却不多。這就導致許多企業的客戶服務人員沒有掌握開展客戶服務一些必需的技巧。因此，在服務客戶過程中出現了不知道什麼是客戶服務，也不知道該如何開展客戶服務工作，導致客戶對企業的不滿。例如，接聽電話的服務小姐不知道如何與客戶打招呼，不知道如何瞭解客戶的實際需要，不知道如何與客戶進行溝通，不知道如何解答客戶的問題，等等。

第二節 客戶服務質量管理

一、服務質量概念模型

服務的無形性、不可儲存性、差異性、生產和消費同時發生的特性決定了服務質量與有形產品質量存在的差異。與有形產品相比，服務消費者有著更為直接的關係，因此在進行服務質量研究過程中，研究者沒有應用製造業的質量概念，而是從消費者行為模型角度來發展服務質量的概念。

1982 年，克·格魯諾斯最早提出了顧客感知服務質量概念模型，如圖 6-1 所示。他認為服務質量是一個主觀範疇，它取決於顧客對服務的預期（預期服務）同顧客實際體驗到的服務水平（體驗服務）之間的對比。如果顧客對服務的體驗水平符合或高於其預期水平，

則顧客獲得較高的滿意度或質量驚喜，從而認為企業具有較高服務質量；反之，則認為企業的服務質量較低。

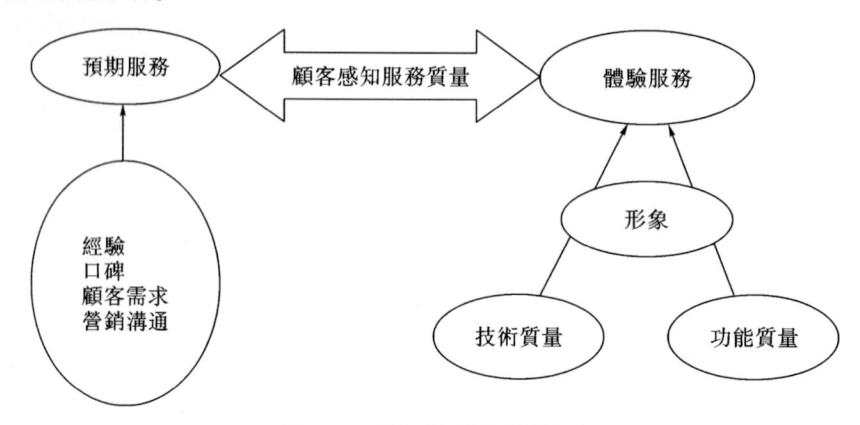

图 6－1 顧客感知服務質量模型

1. 預期服務的影響因素

顧客的預期服務主要受顧客經驗、口碑、顧客要求、行銷溝通等因素的影響。

顧客經驗：顧客過去的經驗以及與現在所提供的服務相關的服務經歷。

口碑：由其他群體而不是公司所做的關於服務將會像什麼的陳述。這些陳述既可能來自個人（如親戚、朋友），也可能來自專家（如消費報告、專家推薦）。

顧客需求：由顧客特定的身體、心理、社會特徵而產生的個人要求。

行銷溝通：具體包括企業給予顧客的明確服務承諾和暗示服務承諾。明確的服務承諾指企業對提供給顧客的服務所做的陳述（如廣告、人員推銷等）。暗示的服務承諾是指與服務有關的暗示，會導致顧客對服務應該或將會是什麼進行判斷（如價格、與服務相關係的有形物）。

在以上幾個影響因素中，企業的行銷溝通是直接為企業所控制的，企業可以通過有效的、恰當的行銷溝通來引導顧客對服務的合理預期。口碑只能間接地被企業所控制，並受許多外部條件的影響，但基本表現為與企業績效相關的函數關係。顧客經驗和顧客需求是企業的不可控因素，顧客需求千變萬化及消費習慣、消費偏好的不同，決定了對預期服務的巨大影響。

2. 服務質量的構成

西方學者普遍認為，顧客感知服務質量包括兩個基本方面，即技術質量（又稱結果質量）和功能質量（又稱過程質量）。

技術質量是指服務結果的質量，也就是顧客在服務結束後得到了什麼。主要包括服務本身的質量標準、環境條件、網點設置以及服務項目、服務時間、服務設備等是否適應和方便顧客的需要。技術質量作為對服務結果的評價，直接關係到顧客體驗到的服務質量的高低。通常，技術質量涉及的主要是技術方面的有關內容，因而顧客對技術質量的衡量是比較客觀的。

服務的生產和消費是同時進行的，因而顧客對服務提供者之間存在著包括關鍵時刻在內的互動關係，這種互動關係即所謂的買者—賣者互動或服務接觸。在顧客與服務提供者之間一系列的互動關係中，服務傳遞給顧客的方式以及顧客在服務消費過程中的體驗對於顧客感知服務質量也起到很重要的作用。這涉及服務質量的另外一個組成部分，即功能質

量，涉及服務人員的儀態儀表、服務態度、服務程序、服務行為等多方面是否滿足顧客需求，它與顧客的個性、態度、知識、行為等因素有關，並且也會受其他顧客的消費行為影響。與技術質量相比，功能質量更具有無形的特點，因此難以作出客觀的評價，而由顧客的主觀感受占據主導地位。

技術質量、功能質量作為影響服務質量水平的兩個方面，都可以從整體上提高顧客實際經歷的服務質量，兩者相輔相成，缺一不可。

二、服務質量五要素

服務質量保含五個基本要素：可靠性、回應性、保證性、移情性和有形性。顧客從這五個方面將預期的服務和實際感知到的服務相比較，最終形成自己對服務質量的判斷。

1. 可靠性

可靠性是指企業準確無誤地完成所承諾服務的能力。許多以優質服務著稱的企業都是通過可靠的服務來建立自己的聲譽。比如，麥當勞的顧客會發現，在除去文化背景因素之外，無論在美國還是中國，都能吃到具有同一質量水平的漢堡包。企業在服務過程中必須努力避免差錯，按照自己的承諾為顧客提供服務。

服務差錯會損害企業信譽，可能因此失去一些顧客或潛在顧客。因此，企業要注意以下幾點：按照承諾提供服務。第一次接觸就按照計劃的質量提供服務；按照預定時間提供服務；不出差錯。

2. 回應性

回應性指企業隨時準備為顧客提供快捷、有效服務的能力。要求服務企業員工具有幫助顧客的願望，並能夠對顧客所面臨的問題給予迅速而有效的解決辦法。對於顧客的要求，企業能及時作出反應，滿足顧客需求，可樹立企業形象，並體現企業的服務質量。同時服務傳遞的效率也是反應企業的服務質量的重要方面。

在服務傳遞過程中，顧客等候服務的時間是影響顧客感覺，顧客印象，以及顧客滿意度的重要因素。企業應提高服務傳遞效率。縮短顧客等候服務的時間，特別是對於工作繁忙的顧客更應該注重效率。提高回應性可從以下幾方面入手：對顧客的要求及時作出反應；樂於幫助顧客；幫助顧客作出選擇。

3. 保證性

保證性指服務人員的友好態度與勝任工作的能力，它能增強顧客對企業服務質量的信心和安全感，這就要求員工在服務中不僅要以友好、和善的態度對待顧客更要有豐富的知識，以及解決顧客問題所必須具備的能力。友好態度和勝任能力二者缺一不可。服務人員缺乏友善的態度自然會讓顧客感到不快，而且如果他們對專業知識懂得太少也會使顧客失望，尤其是在服務產品不斷推陳出新的今天，服務人員更應該擁有較高的知識水平。服務人員應具備以下標準：使顧客有信任感；給顧客以交易安全感；人員要具有妥當處理顧客問題的能力和服務的職業技術。

4. 移情性

移情性指企業要真誠地關心顧客，像對親人一樣關心顧客，自然地傳遞真摯的感情，設身處地為顧客著想，並對顧客給予特殊的關注，瞭解他們的實際需要，甚至是私人方面的特殊要求，並給予滿足。同時營業的時間要充分地考慮顧客的實際需要，使整個服務過程富於人情味。要求服務人員做到以下幾點：關心每一個顧客的問題；精心處理顧客的每一個問題；以人格魅力吸引顧客；理解顧客的需要；營業時間符合顧客的習慣。

5. 有形性

有形性指服務產品的有形部分，這個因素與服務企業的服務設施，設備原材料有關，也與員工的外表有關。由於服務的本質是一種行為過程而不是某種實物，具有不可感知的特性，所以，顧客只能借助這些有形的、可視的部分來把握服務的實質。服務的可感知性從兩個方面影響顧客對服務質量的認識，一方面它們提供了有關服務質量本身的有形線索，另一方面，它們又直接影響到顧客對服務質量的感知。顧客在評估其服務質量時自然會給以較高的評價。企業應從以下幾方面考慮：設備先進；設施和擺設要整潔；人員要表現得有秩序、有水準；與服務生產相關的材料要保證質量。

第三節　客戶服務方法——服務接觸

一、服務接觸的內涵

「服務接觸」（Service Encounter）一詞最早出現於 20 世紀 80 年代初的研討會中，它目前已經成了服務傳遞系統和服務營運管理的核心概念。對於服務接觸，國內外學者各有各的理解，但綜合而言大體可以分為狹義和廣義兩種。

1. 狹義的服務接觸內涵

由於服務的特徵之一就是顧客主動參與服務生產過程，而在服務過程中的每一個關鍵時刻都涉及顧客和服務提供者之間的交互作用。因此，員工和顧客是服務接觸點最主要的參與者，基於這一認識，服務接觸的內涵被部分學者鎖定在了顧客與員工之間的人際接觸上。如切皮耶爾等（1985）認為當員工與顧客之間發生面對面交互時，就叫服務接觸；Surprenant 和所羅門（Solomon, 1987）認為服務接觸其實就是服務人員的角色表演，因此將服務接觸定義為顧客和服務提供者之間的二元互動關係，即假設顧客的角色是多元的，而服務人員應當以適當的角色來應對，這樣才能促使互動順利進行；邁克爾（Micheal, 1995）提出了一對一的服務接觸概念框架，並從社會心理學的角度指出服務接觸是人與人之間的互動等。

2. 廣義的服務接觸內涵

持此類觀點的學者一般是根據服務過程理論得出的思考。新服務管理學派的學者根據服務的性質把服務看成是人體、物體、腦刺激及信息處理四個過程的統一。

因此他們認為組成服務的要素是非常廣泛的，除了服務人員、顧客服務過程還應包括其他有形要素的參與。服務接觸雖然只是服務過程中轉瞬即逝的短暫時刻，但其發生狀態卻是複雜的，內容豐富的。如蕭斯塔克（Shostack, 1985）認為服務接觸是消費者與服務交互的一段時期，囊括了在一段時間內顧客與服務系統可能發生的所有接觸，包括人員、設施和其他可見元素。比特納（Bitner, 1990）進一步指出服務接觸是抽象的集體性事件和行為，是顧客與服務傳遞系統間（Service Delivery System）的互動，而此互動會影響顧客對服務質量認知的評價。他把顧客可能與組織發生作用的所有方面都看成服務接觸的內容，包括服務人員、顧客、實體環境以及其他有形因素等。他認為，顧客與企業的接觸不僅僅局限於人際交互，在沒有人員交互因素條件下也可以產生服務接觸。安德魯·洛克伍德（Andrew Lockwood, 1994）也認為服務接觸除了人際互動之外，還包括了其他有形和無形的因素，如與顧客接觸的員工、實體環境等。隨著科技的發展，越來越多的非人際交互因素如自助設施接觸。阿米爾頓（Amilton, 2001）提出除了實體接觸外，公司網站等無形接觸也是服務接觸的重要組成部分。在這種背景下，服務接觸的內涵進一步得以擴展。

綜合上述，雖然學者們對服務接觸內涵的理解有所差異，但都一致認為服務接觸是即逝、短暫的，是一種互動過程。正是這一系列的互動接觸點構成了企業的服務過程，也構成了顧客感知的重要時刻。關於服務接觸的互動主體，本書傾向於廣義的服務內涵界定，即認為除了人際互動之外，還包括人與實體環境或其他有形物的互動。

二、服務接觸的相關概念研究

1. 關鍵時刻

關鍵時刻，又被譯為「真時瞬間」。它在英文中原指鬥牛士與公牛的交鋒。諾曼（Norman）於1984年最早將它引入服務管理文獻，意喻顧客與服務提供者之間的服務交互過程關係重大，成敗在此一舉。他認為，顧客心中的服務質量是由關鍵時刻的相互影響來定義的。一個顧客和服務提供者一起經歷多次接觸之時，在這經常的短暫相遇的瞬間中顧客評價著服務並形成對服務質量的看法。每一個關鍵時刻就是一次影響顧客感知和服務質量的機會。隨后，卡爾森（Carlzon, 1987）在《美國的服務》一書中也曾指出：「關鍵時刻就是客人與公司的面對面接觸，無論多麼微不足道，但都是給客人留下好印象或壞印象的一個機會。」

可以看出，以上觀點都將「服務接觸」看作是顧客得到關於服務質量印象的那段時間，是影響顧客最終體驗和感知的重要時刻。因此，本研究認為，所謂「關鍵時刻」只不過是從發生的時間點看待服務接觸而已。即「服務接觸」和「關鍵時刻」的概念範疇是一樣的。

2. 服務交互

所謂「交互」，又被譯為「互動」，按照《辭海》的解釋就是指對象之間相互作用而彼此產生改變的過程。而從市場行銷的角度來看，主要是指客戶和消費者之間通過雙向交流進行溝通與合作。

蕭斯塔克（1985）將其引入了服務管理文獻中，並第一次使用了「服務交互」概念，用來指比人際接觸更廣泛的「顧客與服務企業的直接交互」，既包括與服務人員的交互，也包括顧客與設備和其他有形物的交互。1998年南開大學教授範秀成又將服務交互引入了國內，並建立了立體多層次、多角度的服務交互模型。包括員工與顧客、系統、實體環境的交互；顧客與顧客、系統、實體環境的交互以及系統與實體環境的交互。

可以看出，服務交互是與服務接觸式密切相關的概念。服務接觸本質上就是一種交互過程，而顧客與企業之間的交互大部分是在服務接觸過程中發生的。

3. 服務接觸的重要地位

卡爾森認為服務接觸是顧客與服務系統之間互動過程中的真實瞬間，是影響顧客服務感知的直接來源。從顧客角度來看，當顧客與服務企業接觸時，一項服務在服務接觸或是「真實瞬間」中能夠給其帶來最生動的印象。例如顧客在一家飯店經歷的服務接觸包括：入住登記、由服務人員引導至房間、在餐廳就餐、要求提供喚醒服務以及結帳等。我們可以把這些關鍵時刻連接起來形成一個服務接觸層次，見圖6-2。這些顧客正是在這些接觸過程中獲得了對服務企業服務質量的第一印象，而且每一次服務接觸都會影響到整體體驗的質量。同時，從服務企業的角度來看，每一次接觸服務既是企業證明其服務能力和提高顧客忠誠的機會，也可能是令顧客失望，失去顧客的灰色瞬間。因此，服務過程中的零缺陷目標就是在服務接觸過程中100%的無缺陷服務。80%顧客滿意度依賴於對具體的服務接觸的管理和監測。

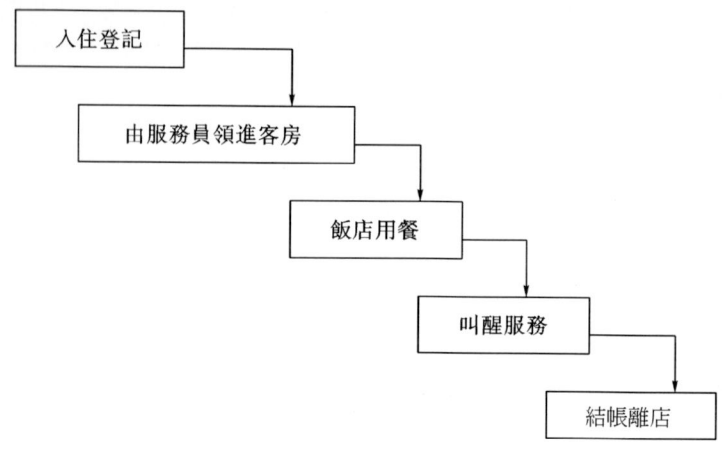

```
┌─────────┐
│ 入住登記 │
└────┬────┘
     ↓
  ┌──────────────┐
  │ 由服務員領進客房 │
  └──────┬───────┘
         ↓
      ┌────────┐
      │ 飯店用餐 │
      └───┬────┘
          ↓
       ┌────────┐
       │ 叫醒服務 │
       └───┬────┘
           ↓
        ┌────────┐
        │ 結帳離店 │
        └────────┘
```

圖 6-2　飯店服務接觸層次示意圖

三、服務接觸影響因素分析

服務接觸影響因素，即服務即接觸過程中影響水平和質量的因素。從以上服務接觸的理論和服務質量的特性可以看出，服務接觸是一個比較複雜的現象，牽涉到多方面，但從服務接觸的系統構成來看，根據系統學觀點，服務接觸的水平主要與及接觸過程中員工、服務組織、顧客這三個主體之間的相互作用和功能發揮有關。據此，影響服務接觸的關鍵因素即為員工、顧客以及服務組織三個方面。

1. 影響顧客服務接觸的員工因素分析

在服務接觸點的「服務提供者」特指的就是「一線員工」。所謂一線員工就是指在前臺可視線之上提供服務，並直接與顧客接觸的工作人員。在服務接觸中，這些一線員工的態度、行為等對於顧客感知質量具有至關重要的影響。一項針對服務業顧客所進行的調查指出，只有14%的顧客是因為對產品不滿意而不再光顧，超過2/3的顧客更換供應商的主要原因是被漠不關心或服務不周的員工惹火了。服務接觸是一個動態的過程，服務人員的行為對整個過程有很大的影響，顧客或許可以要求有效的設施，及時的服務傳遞，但是如果服務人員的不良表現導致顧客產生了消極印象，則其他所有的努力都將被忽視。

2. 影響顧客服務接觸點的顧客因素分析

由於顧客是服務需求的發起者，是服務接觸的必然參與者，因此其自身必將也會對服務接觸過程產生影響。顧客與員工接觸之前服務時刻的期望確實與其在接觸點的體驗同樣重要。這意味著顧客的期望與服務感知有著非常緊密的聯繫。顧客在服務接觸中可以扮演「臨時領導」的角色，即在服務接觸中，顧客可以替代管理人員為員工提供社會支持以及服務顧客需求的工作指導。只有顧客提供準確信息、進行積極反饋，服務人員才能提供，顧客也才能享受到優質的服務。當顧客懷有積極情緒時，要比消極的狀態（如憤怒、失望）時更容易滿意。正是由於顧客自身因素的存在，服務接觸才更加不穩定。服務接觸程度越高導致效率損失就越大。換言之，顧客與一線員工交往越密切，服務失誤的機會越多，服務效率就更不容易控制。

此外，很多服務接觸都是在其他顧客也在服務現場的情況下發生的，比如飯店、劇院、醫院服務等。因此，在這些多顧客並存的服務接觸中，其他顧客的存在也最終正面或負面地影響一個人的服務體驗，除了其本身行為外，顧客的絕對數量也會影響顧客的體驗。問

題顧客是導致顧客不滿意的重要原因之一。然而同樣，有時候其他顧客的存在也可以增加顧客的體驗，刺激顧客的參與。

3. 影響顧客服務接觸點的服務組織因素分析

企業提供一切滿足顧客需求的資源，保證服務有序進行，並建立和完善服務質量管理、控制體系，提高服務業的服務水平。然而在服務接觸過程中，服務企業並非直接參與過程，而是提供服務人員與顧客接觸的有形環境、服務程序及服務設施等。許多研究表明，物理的或者「建築」的環境是影響顧客質量認知的基礎性原因，對服務接觸的質量認知具有重大影響。

顧客在接受服務的開始階段，一般通過對環境設施的認知來推斷質量。由於服務的無形特徵，使物理環境成為向顧客展示服務組織能力與服務質量的有形線索而發揮作用，同時也向顧客傳達組織的形象與目標。因為顧客和員工都要體驗服務組織的服務設施，作為互動的媒介它不僅會對顧客與員工各自的行為產生影響而且會作用於他們之間的互動，是服務互動過程不可缺少的成分。

服務場景（環境）可分為三個維度，即場所氛圍、設計因素和社會因素。其中場所氛圍也就是有些學者所謂的周圍因素，是指顧客不大會立即意識到的環境因素，例如氣溫、濕度、通風、聲音、氣味、整潔等因素。這類因素通常被顧客認為是構成服務產品的必要組成部分。他們的存在並不會使顧客感到特別滿意，但是如果服務場景中氛圍讓顧客感覺不舒服，他們就會意識到服務場景中的問題。設計因素是指刺激顧客視覺的場景因素，這類因素主要用於改善產品的包裝，使產品的功能更為明顯和突出，以建立有形的、賞心悅目的產品形象。設計因素可以分為藝術設計因素（如建築物式樣、風格、顏色、規模、材料、格局）和功能設計因素（佈局、舒適程度等）。社會因素是指在服務場景中出現的一切參與影響服務過程的人，包括服務人員、顧客和其他在服務場所同時出現的各類人士。他們的外表和行為都會影響顧客對服務產品的預期和購買決策。

第四節　客戶服務的三個環節

如果說質量是一個企業的生命，那麼服務就是企業的靈魂。企業必須在售前、售中和售後都緊緊圍繞客戶的感受，在每一個環節給予客戶關心和問候。只要企業提供了方便、快捷和高效的整套服務，哪怕價格比市場上同類產品稍微高一點客戶也會覺得物有所值。

一、售前服務

（一）售前服務的含義

售前服務是指在產品銷售前階段，即產品相關信息獲取、產品選擇和產品試用等過程中所提供的服務，既有企業主動提供的服務，也有潛在客戶要求的服務。它的關鍵是樹立良好的第一印象，目的是盡可能地將商品信息迅速、準確和有效地傳遞給顧客，溝通雙方感情，同時也要瞭解客戶潛在的、尚未滿足的需求，並在企業能力範圍內盡量通過改變產品特色去滿足這種需求。

從服務的角度來說，售前服務是一種以交流信息、溝通感情、改善態度為中心的工作，必須全面、仔細、準確和實際。售前服務是所有企業贏得客戶良好印象的最初活動，所以企業的工作人員對待客戶都應該熱情主動，誠實可信，富有人情味。

（二）售前服務的方式

儘管所有商家都明白售前服務的重要性，但並不是所有的商家都能夠做好售前服務方面的工作。為了做好售前服務工作，建議從以下幾個方面著手：

1. 提供諮詢服務

無論何種商品，客戶在購買前都會存在或多或少的疑慮，這就需要企業的相關部門為其提供綜合諮詢服務，對方便客戶購買會有很大的幫助。

閱讀材料4：

售前洽談——抓住客戶的心

某企業經過幾年的研發欲在某行業推廣信息化產品，一方面提升企業自身在行業的影響力；另一方面收回企業研發產品的成本投入，並幫助企業成功推廣企業信息化建設。企業的產品研發經過行業試點、企業的支持和專家的協助，在最后的評審后能夠很好地適應企業的需求，並有針對性地通過信息化手段解決企業所面臨的管理困境，且控制生產成本。剩下就是如何有效地推廣該產品。在該產品的初期推廣階段，企業的售前顧問小佳在與一家企業的洽談過程中，對方所表達的潛臺詞都透露著該公司不準備實施該產品，也對該產品不感興趣，企業目前所關注的焦點仍然是如何擴大銷售，並提高生產管理水平並降低成本。小佳也經歷了很多次售前諮詢的工作，也輔助過銷售作了很多次售前技術支持與演示，在那些談話中小佳也發現企業關鍵點在於管理與成本，但是對如何控制企業並不清楚。小佳會根據經驗並結合企業現狀，迅速制訂溝通方案，從企業所關注的生產管理與成本為焦點出發，結合行業知識與管理經驗，為客戶簡要地梳理了成本發生的流程，並清晰地鎖定成本發生工序及其企業所關注的焦點……

但這次小佳並沒有急於給客戶講方案，而是引用了之前試點企業的成功應用案例，將企業如何通過應用該產品解決此類問題，並獲得收益及其管理上的提高等，為客戶下了一個足夠吸引人的「誘餌」。

就這樣，洽談的局面隨著小佳抛出誘餌發生了變化，原本30分鐘的洽談很快就要結束了，企業也想快點打發小佳他們離開。但是就在快要結束的時候，客戶好像一下子被觸動，請小佳詳細介紹該企業如何具體應用產品才能解決此類他們所關心的問題……結果與此客戶的初次接觸非常成功，客戶也主動約定下次請小佳來詳細講解方案。

在有限的時間內，直接講解方案或許會給客戶造成更大的反感，所以，在試探企業對此問題的感興趣程度后再酌情考慮。這就是售前服務的一種體現，要盡量抓住顧客的心。

2. 提供配套銷售服務

提供配套銷售服務就是將某些具有連帶性的商品或者配套使用的商品，按照客戶的需要組合在一起，以便客戶一次購買。例如，一些商家針對新婚夫婦的特點，推出了各種型號、各種價格檔次的家具和電器設備的組合類型，打消了客戶的疑慮，促進了他們的購買決心。

閱讀材料5：

廣州家具商分食家裝市場

2004年「五一」期間，廣東番禺吉盛偉邦家具博覽中心首度攜手圓方軟件，規模空前地推出了免費家具售前服務，給顧客提供家具擺設效果圖；聯邦家居廣場更是以免費的售前預知系統為依託，頗具氣魄地在家居行業首次推出「28天給你一個完美的家」的主題家裝服務。一時間，廣州家具界的這一系列行動讓人們有些不明白了：近兩年廣州的家裝業本就舉步維艱，家具業為何還要急速挺進？

聯邦家居廣場負責人認為，對廣大消費者來說，存在一個十分難以抉擇的問題——到底是先買家具還是先做裝修。比較傳統的觀念認為，裝修應該在買家具前就做好，但這樣就會出現後來買家具時風格與尺寸大小是否與原來的裝修相吻合的問題。因此，如果家具商直接參與到消費者的家裝設計與施工中，就可以對這個難以抉擇的問題進行比較協調的處理，從而為消費者省去不少麻煩。正是體會到消費者在購買家具與選購家裝時的兩難選擇，圓方公司針對家具業開發出了售前預知系統。但沒有想到的是，這一系統竟然成了家具業進軍家裝市場的「問路石」。對廣大消費者來說，售前預知系統可以提供以下幫助：消費者只需提供家居的結構及尺寸草圖，現場設計師就可在 15 分鐘內快速生成具體的家具模擬擺設圖。根據不同要求，設計師還可對家具擺設及組件進行增加或減少，並根據不同的燈光、地面、牆面和天花板等裝修效果修改效果圖，生成立體的家居裝修效果圖，讓消費者在買前即能看到未來家的模樣。而且聯邦家居廣場負責人還透露，正是由於使用該軟件後才發現廣州有很多消費者都希望自己的家裝與喜愛的家具完美搭配。因此，公司決定推出家裝配套服務。

家裝配套服務為家具公司爭取了更多的客源，可見，配套銷售服務在行銷中的作用非同一般，很多公司都可以應用這一服務將自己的產品進行更完美的搭配。

3. 提供缺貨代購服務

一般來說，商家比客戶掌握的商品信息要多，應該隨時為客戶提供代購服務。為了做好這項服務工作，可以建立一定的代購服務制度，如缺貨登記，將客戶需要購買而暫時沒有的商品登記下來，代為客戶購買。

4. 請客戶參與產品設計

售前服務其中一項任務就是挖掘客戶的需求。客戶的需求是產品設計開發的重要出發點和考察因素，企業為了使產品或者服務更加符合客戶的口味，在設計開發階段，有的企業便邀請客戶參與產品的設計與開發。

據哈佛大學商學院的一項調查，在上市的新產品中，有 57% 是直接由消費者創造的；美國斯隆管理學院調查結果則表明：成功的民用新產品中，有 60%～80% 來自用戶的建議，或是採用了用戶使用過程中的改革。今天，由於企業很難滿足客戶多變的、個性化的差別需求，客戶往往自己動手，以滿足其自身需要。他們的許多創意、也許並不完美的新設計、使用過程中的小改革以及使用領域的延伸，為企業開發新產品、改進老產品提供了無窮無盡的智慧源泉。如帶橡皮擦的鉛筆據說是一位美國畫家發明的。這位畫家在作畫時，由於鉛筆和橡皮是分開的，有時找到了鉛筆卻找不到橡皮，有時找到了橡皮又找不到鉛筆，尋找費時。於是，這位畫家用一塊薄鐵皮將橡皮擦一頭捆綁在鉛筆上，使用起來方便多了，這項設計很快被精明的製造商所吸收。

讓客戶參與產品開發通常有三種方法：替客戶設計產品，與客戶一起設計產品以及由客戶設計產品。在採取第三種方法時，有的企業的做法是讓客戶設想出他們理想中的產品和服務，或者說讓客戶進入一種「願望狀態」。

閱讀材料 6：

顧客參與的妙處

家居用品零售商宜家（IKEA）公司幾年前在芝加哥開了一家分店，該店的設計充分展示了上述做法的種種益處。

在建店之前，為了徵求顧客對新店設計的意見，宜家召集了九個顧客小組，然後告訴這些顧客：「請大家假設所有的宜家商店都毀於昨晚，你們要從零開始設計新店。」在這一

背景下，公司要求小組成員列出理想的購物體驗包括哪些具體內容。最終，宜家公司根據顧客提出的各種良好願望，建造了一座三層樓的八角形商場。商場中央是一個大廳，顧客可以將其作為大本營，從這個地方很容易找到各個樓層中八個商品門類的方位。相關的商品在店內集中擺放，如燈具、枕頭、窗簾、鏡框及CD架等商品就放置在沙發附近。此外，頂層的瑞典風味餐廳為商店增添了舒適愉快的氣氛。一項調查顯示，該商店85%的購物者對購物體驗表示「極滿意或滿意」，沒人表示「不滿意」，就連感覺「一般」的人也沒有。

此外，售前服務的方式還有舉辦免費培訓班、免費試用，參觀商品生產過程和使用實態，贈送宣傳資料，開展產品的宣傳活動，上門介紹，商品質量鑒定展示，調查客戶需要情況和使用條件，等等。

（三）企業售前服務的重要性

優質的售前服務不僅可以滿足客戶的購物需求，而且可以滿足客戶的心理和精神需求，還能有效地避免和減少售後服務。其實與售後服務相比，售前服務就是在為自己服務，因為它不直接面對客戶，但同時也就是因為這一點，它總是被很多企業忽視。售前服務具有以下優勢：

1. 可以擴大產品銷路，提高企業的競爭能力

優質的售前服務是產品銷售的前提和基礎，是提高企業經濟效益的關鍵。企業只需要多花些精力把這些已經出現或將會出現的隱患在產品出廠前消滅掉，就可以為自己在售後環節免去很多麻煩。對於消費者來說，「終身免修」的產品較「終身保修」的產品更會受到他們的青睞，畢竟誰都不願意去給自己添麻煩。

此外，企業還可以通過讓消費者參與產品設計的方式滿足其個性化消費，提高設計水平，增強與消費者的互動。企業贏得消費者的支持，贏得市場，也就是提高了自身的競爭能力。

2. 是企業經營決策之一

如果沒有售前服務，企業就會相對缺乏消費者信息，造成市場信息不完全，企業的經營決策不理想。隨著行業競爭的加劇，售前服務將成為越來越多的企業關注的焦點，只有切實將其做好，才會在競爭中勝出。

通過售前服務，企業可以瞭解到消費者和競爭對手的情況，從而設計出符合消費者需求的產品，可以制定出適當的促銷策略，這樣就會有事半功倍的效果。

3. 有利於創名牌

過去名牌與非名牌的區別體現在質量與售後服務上。今後，名牌還要做好售前服務工作。海爾等名牌家電廠商投入巨資建成電子商務系統，在網上接受各國消費者的訂單。哪怕是只生產一臺，海爾也能快速地拿出設計圖紙，在網上與用戶交流看法後，用最快速度生產，用最快的物流渠道送達用戶。

綜上所述，企業應強化售前服務意識，把售前服務看作關係企業生存與發展的大事，認真做好售前服務。做好售前服務工作，好處很多，難度也很大，對企業成本控制也不利。但是，有遠見的企業應當打「價值戰」，而非「價格戰」，把售前服務及售中、售後服務都做好，即使價格高一點，消費者也是會支持的。

二、售中服務

（一）售中服務的含義

售中服務是指企業向進入銷售現場或已經進入選購過程的客戶提供的服務。售中服務

主要由企業的銷售人員予以提供。企業應事先對銷售人員予以培訓，保證其專業性。售中服務與客戶的實際購買行動相伴隨，是促進商品成交的核心環節。

售中服務的目標是為客戶提供性價比最優的解決方案。針對客戶的售中服務，主要體現為銷售過程管理和銷售管理。銷售過程是以銷售機會為主線，圍繞著銷售機會的產生、銷售機會的控制和跟蹤、合同簽訂和價值交付等一個完整銷售週期而展開的，是既滿足客戶購買商品慾望的服務行為，又不斷滿足客戶心理需要的服務行為。

（二）售中服務的主要形式

1. 現場導購

企業銷售人員應熱情地為消費者介紹，詳細說明產品使用方法，耐心地幫助消費者挑選商品，解答消費者提出的問題等。如果需要，銷售人員還應對如何使用產品進行演示。

閱讀材料 7：

準確定位　幫「找書」

一位手拿著書單埋頭找書的家長模樣的顧客，已經在書架前呆了 20 多分鐘。隨後，他微皺著眉頭，向營業員走來。「現在的作文書這麼多，挑什麼樣的比較好？」（無論對於手持書單的顧客，還是長時間選書的顧客，都要格外關注，因為這些顧客購買的目的性很強，如果有問題向營業員諮詢，營業員要格外仔細地為他們進行解答，並進行針對性的導購。）

營業員：讀幾年級的孩子要用呀？

（營業員首先要精確鎖定讀者對象、讀者的層次、閱讀的目的，這些是首先要瞭解清楚的。）

顧客：上小學四年級。我們的孩子就是作文差，這不，今天來買書，順便多買幾本作文書給他開開小竈。但是，這兒的作文書也太多了，我都挑花眼了。

營業員：適合小學四年級的作文書，我們這裡有幾套賣得特別好，一套是「開心作文」系列，一套是「新概念話題作文」系列。

顧客：好在哪裡呢？

營業員：（找出書來，給顧客翻看）你看，這套「新概念話題作文」系列被不少學校當成了作文教學的教材。你看，《考場應對大全》《創新示範大全》，只要孩子能夠多看多讀，就能應對各種類型的作文考試。

（營業員拿著書給顧客介紹的時候，除了根據平時的銷量以外，也針對顧客的需求，現學現賣，瀏覽封面、封底等的文字，對客戶進行介紹。例如，該書系自我介紹的文字是：「方洲新概念話題作文的編輯都曾有過一線教學經驗，對作文教學有較深入的研究。為了編好這套話題作文，編輯們對專業問題進行了深入探討和研究，還走訪北京四中、北京五中、清華附中的不少名師，請他們參與編寫，為廣大讀者獻上了一系列既專業又實用的話題作文書。」——這些話就很不適合用語言向顧客進行全部轉述。）

顧客：可我的孩子最不喜歡寫作文了，看到作文就頭疼。

營業員：呵呵，孩子還小嘛，別著急！

（對顧客的感情交流、投入，也是營業員非常重要的工作內容。看似導購這番話有些離題，但這卻是導購最好的「潤滑劑」。）

營業員：你看，這些書是北京四中、清華附中的老師編寫的。

（從圖書自我介紹的賣點中迅速提煉出適合口頭表述的導購語言是營業員重要的基本功。）

顧客：還有哪些好的作文書？

（看來家長對於「北京四中」的名校背景並不「感冒」。也難怪，現在打名校牌子的書

太多了。或許導購的角度有問題，必須及時調整思路。孩子不願意寫作文，得找出能夠針對這個特點的作文書，那麼，「開心」是不是一個新的突破點呢？）

營業員：這套書能讓孩子開心快樂地寫作文，書名就是「開心作文」，專門針對不願寫作文的孩子們。

顧客：真的？

營業員：這套書側重讓孩子們記錄自己的喜怒哀樂，孩子的願望、孩子的不滿，都可以寫出來，雖然不直接和考試掛勾，但能讓孩子「不知不覺」地愛上寫東西，最後達到提高作文成績的目的。

（對於圖書賣點的介紹，切忌「大而全」，一二三四五，如果說得太多，家長反而會感覺到「推銷」的味道，不妨重點推出，把最關鍵的一個或兩個賣點說透就可以了。）

顧客：那我買一套試試吧。

2. 現場演示

屈原在《天問》中寫道：「師望在肆，昌何識？鼓刀揚聲，后何喜？」講的是：姜子牙在鋪子裡賣肉時，有意把刀剁得叮叮噹噹響，並高聲吆喝招攬顧客，說明在古代演示銷售就已經開始萌芽了。現場演示是指企業、製造商、經營者為推廣或銷售某種商品而進行的各種說明、示範活動，旨在向客戶宣傳商品、近距離接觸商品，從而讓消費者接受並達成交易。

目前，比較常見的演示商品主要集中在一些外形小巧、功能單一的商品上，如蒸汽熨斗、榨汁機、掃地機、手提式吸塵機、食品、保健器材等。但隨著整個社會消費水平的進步，越來越多的商品加入到了現場演示的行列當中。適合於現場演示的商品一般都有效果明顯、賣點獨特的特點。此外，在演示中要掌握一定的技巧，既要突出演示的重點，又要有一定的趣味性，具備良好的賣場氛圍。

如某品牌的榨汁機示範表演，推廣員為了演示其榨汁杯的「摔不爛」的特點，經常邀請客戶拿起杯子往地上摔、用腳踩，並承諾：如發現裂紋，當場贈送一臺榨汁機。隨著「乒乓乒乓」的聲音不斷響起，杯子任客戶怎麼摔也碎不了，圍觀的客戶紛紛點頭稱讚。接著，推廣員又拿出一個大塑料杯，將滿滿的一杯水朝榨汁機潑了下去，在客戶的一片驚訝聲中，推廣員打開電源開關，濕淋淋的榨汁機照樣正常運轉。客戶徹底信服了，紛紛購買。

3. 技術指導和培訓服務

客戶在產品使用過程中可能會存在種種疑問，如果企業能向用戶提供產品的技術指導和諮詢服務，就可以有效防止客戶因產品使用不當而導致事故或遭受損失，同時也保護了企業的聲譽。因此在銷售過程中，企業應主動向客戶提供知識性指導和技術諮詢服務，做到防患於未然，不要事事等到客戶提出問題或出現糾紛時，才想辦法去解決。企業應通過指導諮詢，爭取主動把問題消滅在萌芽狀態，預防客戶情緒的對立，防止加大解決問題的難度，避免問題擴大化對企業及其產品的消極影響。

為了讓客戶能熟悉產品性能、正確操作及維修，使產品可靠運行，企業應對用戶進行技術、業務訓練。特別是新產品，如不經訓練、指導，極易發生操作故障；相反，企業通過提供培訓服務，幫助用戶掌握一些業務及維修技術，就會產生良好的使用效果。

4. 免費送貨服務

對一些體積和重量較大的商品，消費者一般需要借助外力才能將它們運回家，此時企業如果能安排專人為消費者送貨，一方面可以使企業獲得競爭力；另一方面，消費者也會心存感激，增強對企業的好感。

5. 免費調試安裝

對一些技術含量較高的商品，如計算機、空調等，消費者由於缺乏相應的技術和工具，沒有能力將商品在使用前自行進行安裝。在此種情況下，企業應為消費者安排上門安裝調試服務。

售中服務的主要形式還有：提供舒適的購物現場，照看嬰兒，現場培訓，禮貌待客，熱情回答，等等。

優秀的售中服務將為客戶提供享受感，從而可以增強客戶的購買決策，融洽而自然的銷售服務還可以有效地消除客戶與企業銷售、市場和客戶關懷人員之間的隔閡，在買賣雙方之間形成一種相互信任的氣氛。銷售、市場和客戶關懷人員的服務質量是決定客戶是否購買的重要因素，因此，對於售中服務來說，提高服務質量尤為重要。

閱讀材料8：

顧客去購物，商場看護孩子

為了吸引顧客，商家使出了渾身解數，從兒童遊樂場、老公「寄存處」到新增的嬰兒看護室，使顧客到商場購物就像帶著保姆一樣方便。

在長春市某商場的20平方米嬰兒看護室裡，擺放了四張小床，床上整整齊齊地疊著小被褥，室內不僅設有專門的玩具櫃，還有小巧的桌椅、板凳、飲水機、微波爐、消毒櫃、加濕器等物件。據嬰兒看護室的專業看護人員徐小姐介紹，由於嬰兒室免費為顧客照看0～5歲的孩子，並免費提供「尿不濕」、濕巾和熱奶等服務，受到了母親們的熱烈歡迎。看護室裡每天至少要接待兩三位嬰兒，最多時一天可接待七八位嬰兒，甚至有些母親就是衝著看護室來這裡購物的。

一位在商場購物的劉女士表示，雖然自己的孩子已不需要這種服務，但商家這種全心全意為顧客著想的做法，很讓她感動。一位正在購物的孩子媽媽表示：「由於孩子太小，平時想上街都不敢，就怕孩子餓了、困了、尿了什麼的，很不方便。有了這個嬰兒看護室，我逛商場方便多了。」

三、售后服務

（一）售后服務的含義

售后服務是指企業向已購買商品的客戶所提供的服務。它是商品質量的延伸，也是對客戶感情的延伸。這種服務目的是增加產品實體的附加價值，解決客戶由於使用本企業產品而帶來的一切問題和麻煩，使其放心使用，降低使用成本和風險，從而增加客戶購買后的滿足感或減少客戶購買后的不滿情緒，以維繫和發展品牌的目標市場，使新客戶成為回頭客或者樂意向他人介紹推薦企業產品。售后服務管理的關鍵是堅持、守信、實在，售后服務項目是企業在設計服務項目中最有潛力可挖的一個方面。

（二）售后服務的方式

一般來說，企業的售后服務工作可從以下幾個方面做起：

1. 建立消費者檔案

企業建立消費者檔案不僅便於以后以上門拜訪、打電話、寄賀年片等形式的回訪，與消費者建立經常性的聯繫，增進雙方的感情，提高消費者的重複購買率，而且可以借此瞭解消費者的需求變化和消費心理，增加服務內容和項目，滿足市場需求，吸引消費者購買。

例如，日本某食品公司開業不久，精明的老板向戶籍部門索取市民生日資料，建立「客戶生日檔案」。每逢客戶生日，該公司派員工把精制的生日蛋糕送到其家中。這一舉措

讓客戶驚喜不已，與之相應，該公司的社會知名度愈來愈高，生意愈來愈紅火。

2. 及時回訪消費者

在消費者購買本企業的產品或服務后，企業要及時對消費者進行電話或信函回訪。這樣一方面可以監督本企業銷售人員和為消費者服務的其他人員的工作；另一方面，可以瞭解消費者在使用本企業的產品或服務后的感受和建議，以備以后進行改進。重視客戶回訪，說明企業在客戶意識方面的增強，但不容忽視的是，大部分企業並不能夠充分發揮客戶回訪的真正價值，很多只是為了回訪而回訪。

當客戶通過來信、來電等方式向零售企業詢求信息和幫助時，零售企業應認真對待，及時回覆，詳細解答客戶的問題，讓客戶感到自己被重視和尊重，從而增強對企業的認可和信賴。如果客戶所需要的服務在回覆中難以盡述，零售企業應派有關人員及時回訪客戶。回訪的目的是盡可能消除客戶的不滿情緒，為客戶解決問題。這不僅可以贏得客戶對企業的信賴，同時帶回有價值的信息，為零售企業今后產品的銷售和改進打下良好的基礎。

3. 對產品實行「三包」

企業應按國家規定對產品實行「三包」，或者自行與消費者約定「三包」內容。「三包」服務是指對售出商品的包修、包換和包退的服務。

（1）包修服務。包修服務是指對消費者購買本企業的產品，要在保修期內實行免費維修，超過保修期限收取維修費用。包修制度是售后服務的主要內容之一。有無保修對於客戶來講是非常重要的。客戶在購買有保修承諾的商品時，就如同吃了一顆「定心丸」，對銷售的促進作用十分顯著。

（2）包換服務。包換服務是指對消費者購買了不合適的商品予以調換。

（3）包退服務。包退服務是指如果消費者對購買的商品感到不滿意，或者質量有問題時，企業保證消費者有退貨的權利。客戶一旦認識到銷售者是誠心誠意為客戶服務時，退換反過來又會大大刺激企業銷售。若零售企業只顧眼前利益，不顧企業信譽而拒絕退換貨則無異於撿了芝麻丟了西瓜。當然，退換也要講原則，必須按規定退換。

對在「三包」期內出現的問題，企業應當負責修理、更換和退貨。如在「三包」期限內兩次修理仍不能正常使用的，企業應該負責更換或者退貨。《中華人民共和國消費者權益保護法》第四十八條規定：依法經有關行政部門認定為不合格的商品，消費者要求退貨的，經營者應當負責退貨。如果是這種情況，企業應負責換貨和退還由消費者支付的合理費用。

4. 妥善處理客戶的投訴

當客戶購買商品時，對商品本身和企業的服務都抱有良好的願望和期盼值，如果這些願望和要求得不到滿足，就會失去心理平衡，由此產生的抱怨和想「討個說法」的行為，就是客戶的投訴。

有交易的地方就會有投訴，投訴是客戶因不滿而向提供產品或服務的企業採取的一種對抗形式，實質上是一種企業與客戶的衝突形式。但即使是最優秀的企業，也難免因出現失誤引起客戶不滿而發生顧客投訴現象。一方面，企業和銷售人員應盡可能地減少這種情況的發生；另一方面，在遇到消費者投訴時要運用技巧妥善處理，使消費者由不滿意轉變為滿意。服務上存在一種叫做「服務補救悖論」的現象說明了妥善處理客戶投訴的重要性。如果前臺員工以積極正面的方式回應了服務失敗，客戶將會滿意地記住這次服務接觸。因此，即使服務接觸產生了服務失敗，客戶回憶起來仍會是一次愉快的消費經歷。事實上，如果發生了服務失敗並且前臺員工成功地彌補了失敗，較之服務交付第一次就成功，客戶會對服務績效有著更高的評價。

閱讀材料 9：

顧客的投訴是一面鏡子

「你們必須立刻將物品從這間房搬出去！」酒店服務員對穆勒吼道。在舊金山上海通孟信息技術服務有限公司（TMI）主辦的一個研討會結束后，穆勒準備跟學員們說再見，並處理完最后的問題。但是，酒店的服務員並不這麼想，他們當晚在這個房間安排了另一個會議，因此，讓公司的人必須在下午 5：30 準時離開。沒有徵求他們的意見，服務員將他們的用品堆放到走廊裡，這給大家留下了很壞的印象，雖然前幾天酒店的服務還算不錯。大家開始抱怨，結果被酒店的服務員看作是「麻煩」的顧客。

　　第二天，TMI 公司的后勤主管給這家酒店總經理寫了一封充滿氣憤字眼的投訴信，並且說再也不會到這家酒店來舉辦研討會了。兩天后，一束巨大的玫瑰出現在 TMI 公司后勤主管的辦公室裡，據說那是目前為止她收到的最大的一束花。不一會兒，酒店總經理打電話來誠懇地向他們道歉，並明確表示不願意失去他們公司的生意，他承諾下一次 TMI 公司在酒店舉行研討會，所有的房間都將免費，又寫了一封信確認他先前口頭的協議，並保證不會再犯令活動時間衝突的差錯。雖然之后很多 TMI 公司的員工都建議試試到其他酒店舉辦研討會，但是這位后勤主管堅決要求在這家特別的酒店舉辦。酒店曾經如此差勁地對待他們，但又奇跡般地改正了，讓她成了這家酒店的支持者。

　　客戶的投訴是一面鏡子，妥善處理客戶的投訴，不僅不會影響公司的聲譽，還可能會為公司贏得顧客的尊重和讚許，從而讓顧客成為公司的支持者。

　　企業可提供的售后服務還有用戶現場交流、用戶聯誼活動等。

　　在市場激烈競爭的今天，隨著消費者維權意識的提高和消費觀念的變化，消費者在選購產品時，不僅注意到產品實體本身，在同類產品的質量和性能相似的情況下，更加重視產品的售后服務。因此，企業在提供價廉物美產品的同時，向消費者提供完善的售后服務已成為現代企業市場競爭的新焦點。

資料來源：克洛斯·穆勒. 顧客的投訴是一面鏡子 [J]. IT 時代周刊，2008（21）.

第五節　客戶服務的技巧

要想做好客戶服務工作，還必須掌握一定的技巧，具體包括接待客戶的技巧、理解客戶的技巧以及如何滿足客戶需求。

一、接待客戶的技巧

客戶對服務的感知，在很大程度上取決於一開始接待服務的質量。接待並不僅僅指端茶送水，對訪客說「您好，請稍等」，接待也是一種藝術，是一門學問。客戶服務人員要掌握一定接待客戶的技巧，具體來講，可以從以下幾方面展開：

（一）確定客戶需求

根據亞伯拉罕·馬斯洛（Abraham Maslow）的需求層次理論，人類的需求可以劃分為五個層次，由低到高依次為生理、安全、社交、自尊、自我實現。任何社會經濟時代的產生和發展，都是生產力發展和人類需求不斷升級及其相互作用的產物。在生產力水平落后的產品經濟時代，人們的需求層次較低，主要是生理需求的滿足；過渡到物質產品日益豐富的商品經濟時代，客戶需求開始變得苛刻起來，商品質量和技術含量的提升引起他們的關注，需求也相應地發生了變化，又產生了安全需求；服務經濟時代，商品經濟空前繁榮，

客戶對服務的需求不斷增加，對服務的品質日益挑剔，這時又產生了客戶對社會地位、友情和自尊的追求；進入體驗經濟時代，隨著社會生產力水平、客戶收入水平的不斷提高，開始追求更加個性化、人性化的消費來實現自我，因此，客戶的需求也隨之上升到了「自我實現」層次。

把客戶對服務最基本的需求稱為期望的需求，如果客戶服務符合此需求，往往會被客戶所忘記，一旦服務欠缺，則會產生非常不滿意的結果。例如，咖啡是熱的，客戶不會在意，假使一旦是冷的或過燙，則不滿意會發生，因此期望的需求必須被滿足。又如，去餐廳吃飯，客戶會要求知道該餐廳都有什麼菜，哪道菜是招牌菜，哪道菜的口味最好，多長時間能夠上菜，價格是多少，等等。如果服務人員不能回答這些問題，客戶就會非常不滿意。

超過客戶期望的需求稱為刺激性需求，這種需求較不容易察覺，一旦欠缺並不會造成客戶不滿意，但如果有會給客戶帶來驚喜。例如，客戶對購物環境的需求以及情感的需求都屬於刺激性需求。滿足客戶的這種需求的難度是相當大的，這就需要服務代表有敏銳的洞察力，能夠觀察到客戶的這些需求去加以滿足。因此，企業有責任去發掘客戶這方面的需求，同時要注意這些需求會隨時間與環境不同而發生變化。例如，飯店以前都沒有提供幼兒座椅，第一家提供這種座椅的飯店就滿足了客戶的刺激性需求，但這種做法很快被其他店所效仿，現在客戶就認為稍具規模的飯店都應該有此服務，因此這種需求又下降為期望需求。

閱讀材料 10：

客戶

場景一

客戶（看著話單）：怎麼會這麼多錢？

營業員：好，我幫你查一下。

場景二

客戶（生氣地說）：你們只管收錢，不管服務！

營業員：錢又不是我們收的！

場景三

營業員：沒有沒有，你聽我說。

場景四

營業員：你先別那麼激動。

點評

場景一和場景二這兩段對話非常典型，沒有覺察出客戶說話背後的情感需求。場景一中的營業員只是關注於事情解決（幫你查一下怎麼回事），但對於客戶的情感需求不敏感，沒有關注，缺乏安撫。場景二中的營業員的錯誤最為嚴重，和客戶爭辯，既沒有關注客戶的情感（不高興），進行相應地安撫，也沒有把客戶注意力吸引到解決問題的軌道上來，只是和客戶爭辯。

場景三中營業員反應了營業員缺乏對客戶的關注，沒有做到「以客戶為中心」，只是著急為客戶澄清業務中的不解和疑惑。

場景四這句話往往是針對情緒激動的客戶說的。從實際效果來看，說了這句話以後，大部分的客戶情緒會更加激動。此時正確的處理方式應該是首先安撫情感，表示「不好意思」或對於客戶心情的理解（復述情感），然後告訴客戶將努力幫助他解決問題。

客戶服務人員在認識到客戶的需求以後，就應該根據客戶的這些需求做好相應的準備工作。如果每個客服人員都能根據本行業的特點做好接待客戶的準備工作，在真正面對客戶的時候就有可能為客戶提供滿意的服務。

(二) 歡迎客戶到來

服務代表在做好充分準備工作后，下一步的工作就是迎接你的客戶。客服人員在迎接客戶時要做好以下幾個方面的工作：

1. 良好的第一印象

在與陌生人交往的過程中，所得到的有關對方的最初印象稱為第一印象，主要是根據對方的表情、姿態、身體、儀表和服裝等形成的印象。第一印象並非總是正確的，但却總是最鮮明、最牢固的，並且決定著以后雙方交往的過程。對客服人員來說，最好讓客戶一看到你就能很快地判斷出你的職業，甚至你的職業水準。

要給客戶呈現良好的第一印象，可以從以下幾點著手：

首先是著裝。穿著是客戶見到客服人員的第一目標，著裝要贏得成功，就必須兼顧其個體性、整體性、整潔性、文明性和技巧性。對這五個方面，哪一點都不能偏廢。過去日本企業曾經推動「不打領帶去上班」的新方針，後來却窒礙難行。專家分析其中原因，發現捨棄西裝外套與領帶的上班族，同時也失去了專業形象，看起來就像坐在公園裡吃便利商店裡便當的失業者。偉大的英國作家莎士比亞曾經說，一個人的穿著打扮就是他教養、品味、地位的最真實的寫照。因此，客服人員必須認真去考慮自己的服飾問題。

其次是表情。在人際交往中，表情真實可信地反應著人們的思想、情感及其心理活動與變化。而且表情傳達的感情信息要比語言巧妙得多。在商務活動中，表情的作用更是不容小覷。具體而言，在面對他人時，應表現為：面帶微笑，註視對方，並且適度互動，不亢不卑。真誠的微笑是社交的通行證。它向對方表白自己沒有敵意，並可進一步表示歡迎和友善。因為微笑如春風，使人感到溫暖、親切和愉快，它能給談話帶來融洽平和的氣氛。常用面部表情的含義：點頭表示同意，搖頭表示否定，昂首表示驕傲，低頭表示屈服，垂頭表示沮喪，側首表示不服，咬唇表示堅決，撇嘴表示藐視，鼻孔張大表示憤怒，鼻孔朝人表示高興，咬牙切齒表示憤怒，神色飛揚表示得意，目瞪口呆表示驚訝，等等。

除此之外，還有一些像走路、站姿、坐姿等儀態方面的技巧，在此不再一一贅述。

2. 以客戶為中心

首先要注意客戶的情緒，生理週期、感情和工作壓力都會影響一個人的情緒。客戶滿面春風或是怒氣衝天地走近客服人員，他的需求肯定是不同的。所以，客服人員要體察客戶的心境，去滿足他不同的需求。其次，盡量記住客戶的名字和稱謂。每個人都希望別人重視自己。傳說中有這麼一位聰明的堡主，想要整修他的城堡以迎接貴客臨門，但由於當時的各項物質資源相當匱乏，聰明的堡主想出了一個好辦法：他頒發指令，凡是能提供對整修城堡有用東西的人，他就把他的名字刻在城堡入口的圓柱和磐石上。指令頒發不久，大樹、花卉、怪石等都有人絡繹不絕地捐出。瞭解名字的魔力，讓您不勞所費就能獲得別人的好感，千萬不要疏忽了它。客戶服務人員在面對顧客時，若能經常、流利、不斷地以尊重的方式稱呼客戶的名字，客戶對你的好感，也將愈來愈濃。

二、理解客戶的技巧

理解往往是客戶服務循環中最困難的階段，它要求客戶服務人員能全身心地集中精力聽客戶在說什麼，在聽的同時還要注意善於運用聽、問和復述的技巧來更好地為你的客戶服務。

(一) 傾聽的技巧

《語言的突破》一書的作者戴爾·卡耐基（Dale Carnegie）曾經說過：「當對方尚未言盡時，你說什麼都無濟於事。」這句話告訴人們，無論是想和他人進行良好地溝通，還是想有力地說服他人，首先要學會積極地傾聽別人的話語。積極地傾聽是促進理解的金色橋樑，是人際交往的一種藝術，體現了一個人的品德和修養。

傾聽是收集信息的過程，包括客戶的言語信息和非言語信息，這對理解客戶至關重要，忽視客戶表達的信息，就難以真正理解他。傾聽能夠創造一種安全溫暖的氣氛，使客戶能夠更加開放自己的內心，更加坦率地表達真實的想法。傾聽還能夠向來訪者反饋客服人員對他的尊重與關注，這會使其感到自己和自己的談話在客服人員心裡很重要。這在一定程度上起到了正強化作用。大量研究表明，每個人都喜歡和尊重自己談話的人交流。要做好客戶服務工作，必須掌握傾聽的技巧。

1. 站在對方的立場，仔細地傾聽

每個人都有他的立場及價值觀，因此，必須站在對方的立場，仔細地傾聽他所說的每一句話，不要用自己的價值觀去指責或評斷對方的想法，要與對方保持共同理解的態度。在傾聽時，客服人員不要急於作判斷和批評，好的傾聽者從不急於作出判斷，而是感受對方的情感，設身處地地看待問題。

閱讀材料11：

銷售時易犯的錯

曉雪是一家保健品專賣店的銷售人員，有一位客戶來購買保健品，交流中得知這位客戶是一名醫生，想給父親買些保健品。曉雪不停地對客戶進行產品介紹，不停地說產品如何如何好、對什麼疾病的康復和治療有一定的輔助營養效果時，客戶很不耐煩地打斷了她的介紹，說：「這些我都知道了，要不我也不會一直買這裡的產品。而且我是一名醫生，營養和療效我比你懂得要多！」緊接著她稍稍嘆了一口氣繼續說道：「這些產品其實是買給我父親的，他現在得了癌症，住在醫院，我現在買這麼多，還不知道他老人家能不能享用完。」然而曉雪腦子裡想得更多的是如何多銷售產品，她還是繼續她的介紹，介紹產品與醫院的藥品之間的區別，以及自己所屬保健公司的科研實力有多麼雄厚，對客戶後面的話幾乎沒有留意到。結果可想而知，客戶很不愉快地告辭了。

如果曉雪在這次銷售中能夠稍稍放下一些急於銷售產品的念頭，更加認真地傾聽這位客戶的話，不難從中發現：客戶買這些保健品的目的已不僅僅是滿足父親健康的需要了（因為得了癌症，這些保健食品是沒有太大直接用途的），她在敘述的過程中其實是在表達自己的「孝心」。她想通過這樣的表達來獲取曉雪的同情與理解，更重要的是讓曉雪知道「我是個多孝順的人啊，在父親得了癌症時還買這麼多保健品給他」。

2. 把握對方表達的重點

客服人員傾聽客戶談話時，最常出現的弱點是他只擺出傾聽客戶談話的樣子，內心裡迫不及待地等待機會，想要講他自己的話，完全將「傾聽」這個重要的武器捨棄不用。這樣就可能導致聽不出客戶的意圖、聽不出客戶的期望。

閱讀材料12：

喬·吉拉德的一次經歷

喬·吉拉德向一位客戶銷售汽車，交易過程十分順利。當客戶正要掏錢付款時，另一位銷售人員跟吉拉德談起昨天的籃球賽，吉拉德一邊跟同伴津津有味地說笑，一邊伸手去

接車款，不料客戶却突然掉頭而走，連車也不買了。吉拉德苦思冥想了一天，不明白客戶為什麼對已經挑選好的汽車突然放棄了。夜裡 11 點，他終於忍不住給客戶打了一個電話，詢問客戶突然改變主意的理由。客戶不高興地在電話中告訴他：「今天下午付款時，我同您談到了我的小兒子，他剛考上密歇根大學，是我們家的驕傲，可是您一點也沒有聽見，只顧跟您的同伴談籃球賽。」吉拉德明白了，這次生意失敗的根本原因是自己沒有認真傾聽客戶談論自己最得意的兒子。

　　銷售人員在為顧客服務時，要把握顧客表達的重點，並及時作出反應，這樣才能聽出顧客的期望，迎合顧客的需求，將產品銷售出去。

　　3. 確認自己所理解的是否就是對方所講的

　　傾聽別人的談話要注意信息反饋，及時查證自己是否瞭解對方。客服人員不妨這樣說：「不知我是否理解你的話，你的意思是……」，一旦確定了自己對客戶的瞭解，就要進入積極實際的幫助和建議。這樣做還可以讓客戶感受到，自己始終都在注意地聽，而且聽明白了。還有一個效果就是可以避免客服人員自己走神或疲憊。

　　4. 用誠懇、專注的態度傾聽對方的話語

　　客服人員要做到雙眼真誠地凝視對方的眼睛，因為眼睛是心靈的窗戶，在客戶說話時，如果客服人員左顧右盼、不停地看看表、翻翻手頭的資料等，會讓客戶感覺自己不受重視。

　　5. 不要打斷對方

　　當客戶在專心講述時，客服人員打斷對方是不適宜的、不禮貌的。客服人員無意識地打斷客戶的談話是可以理解的，但也應該盡量避免；有意識地打斷別人的談話，對於客戶來講，是非常不禮貌的。

　　6. 肯定對方的談話價值

　　在談話時，即使是一個小小的價值，如果能得到別人的肯定，講話者的內心也會很高興的，同時對肯定他的人必然產生好感。因此在談話中，客服人員一定要用心地去找客戶的價值，並加以積極的肯定和讚美，這是獲得客戶好感的一大絕招。例如，客戶說：「我現在確實比較忙。」你可以回答：「您坐在這樣的領導位子上，肯定很辛苦。」

　　7. 配合表情和恰當的肢體語言

　　與客戶交談時，對對方活動的關心與否直接反應在客服人員的臉上，所以客服人員無異於客戶的一面鏡子。光用嘴說話還難以造成氣勢，所以必須配合恰當的表情，用嘴、手、眼和心靈等各個器官去說話。但客服人員要牢記，切不可過度地賣弄，如過於豐富的面部表情、手舞足蹈、拍大腿和拍桌子等。

　　8. 避免虛假的反應

　　在客戶沒有表達完自己的意見和觀點之前，客服人員不要作出比如「好！我知道了」「我明白了」「我清楚了」等答覆。這樣空洞的答覆只會阻止客服人員去認真傾聽客戶的講話或阻止了客戶的進一步的解釋。

　　(二) 提問的技巧

　　客戶服務人員在傾聽的過程中，應該迅速地把客戶的需求找出來。如果客戶的需求不明確，客服人員必須幫助客戶找到一種需求，通常就是通過提問來達到這種目的。所以提問的目的就是能迅速而有效地幫助客戶找到正確的需求。為了有效地提問，銷售人員必須懂得問些什麼以及怎樣提問的技巧。

　　1. 問些什麼

　　客服人員應該問些什麼？瞭解客戶需求的問題內容大致可歸納為以下四種：

（1）相關情況問題：詢問客戶與產品相關的基本情況，這將有助於客服人員大致瞭解客戶的需求。

（2）疑難問題：詢問客戶覺察到的，與客服人員問到的有關問題、不滿或者困難。通過詢問疑難問題，能夠及時瞭解潛在客戶所面臨的或亟待解決的難題，也有助於客戶認清自己的問題所在和明確需求，進而激發他們解決問題的慾望。

（3）暗示性問題：詢問潛在客戶存在問題的內在含義，或者這些問題對其家庭、日常生活和工作產生的不良影響。暗示性問題能夠在潛移默化中引導客戶主動去討論目前存在的問題，並且認真思考如何加以改進，激發潛在客戶的購買慾望。

（4）需求確認問題：詢問客戶是否有重要或者明確的需求。

2. 提問的方式

提問可以採取兩種方式：開放式和封閉式。

（1）開放式提問是一種讓顧客可以自由地用自己的語言來回答和解釋的提問方式。這種提問的方式可以幫助客服人員去瞭解一些情況和事實。例如，一個人去醫院看病時，醫生會問他哪裡不舒服，這就是一個開放式的問題。以開放式提問詢問客戶並且耐心等待，或用鼓勵的語言讓客戶大膽地告訴客服人員有關信息，提高客戶的參與性，這樣，客服人員獲取的信息也就比較多。

為了獲得更詳細的材料或使討論繼續下去，進行開放式提問時需要掌握追問的技巧。通過追問可以完整地瞭解客戶的需求，並且知道每一需求背後的詳情和原因，知道需求的優先順序。

閱讀材料 13：

提問

甲問：「您對這種飲料有什麼不滿意的地方？」客戶第一次回答：「不好喝。」甲追問：「您還有什麼不滿意的呢？」客戶第二次回答：「包裝不好。」甲追問：「您還有沒有不滿意的呢？」客戶第三次回答：「沒有了。」

乙問：「您對這種飲料有什麼不滿意的地方？」客戶第一次回答：「不好喝。」乙追問：「您指的『不好喝』是指什麼呢？」客戶第二次回答：「太甜了，有些膩。」乙追問：「除了太甜了，有些膩外，您還有沒有其他不滿意的呢？」客戶第三次回答：「包裝不好。」乙追問：「包裝哪些地方不好？」客戶第四次回答：「顏色太紅了。」乙追問：「您還有沒有其他不滿意的呢？」客戶第五次回答：「沒有了。」

甲通過追問，完整地瞭解了顧客目前面臨的問題。但是，並沒有真正瞭解問題背後的詳情。乙則從「不好喝」「包裝不好」這一般化的回答中，瞭解到了客戶對飲料的具體要求，全面詳細地瞭解了客戶的問題。

一般來說，在服務一開始時，客服人員使用的都是開放式的提問。但由於是開放式的問題，客戶的回答也可能是開放的，很多時候往往起不到有效縮短服務時間的作用，因此，在很多時候客服代表還需要使用封閉式的問題進行提問。

（2）封閉式提問是限制在幾個固定選項中選擇的提問方式，客戶只需要回答「是」或「不是」就可以回答大多數的封閉式提問，如「……對您是否重要？」「您是否在尋找……」等。封閉式問題特別有利於將客戶引向一個具體的話題。採取這種提問方式，客戶的回答最好在客服人員的預料之中，這就要求客戶服務人員有非常豐富的專業知識。

閱讀材料 14：

修車

小趙自己不懂車，他感覺到車的發動機在怠速時，會「當當當」響，響得很讓人厭煩，於是他就把車開到了修理廠。一位小伙子接待了他，問：「車怎麼了?」小趙就說：「發動機有問題，『當當當』響。」小伙子接著又問：「哪兒響?」小趙說：「不清楚具體是哪兒響，反正就這一塊。」「是嗎，什麼時候開始的?」小趙說：「大概有一星期了。」

小伙子在車上東看看西看看，也找不到問題究竟出在哪裡。過了一會，小伙子把他師傅找過來。師傅提問的方式就轉變了：「發動機的機油換沒換?」小趙說：「好像是一個月之前換的。」接著，師傅又問：「你這兩天車是不是經常點著之后開不走?」小趙回答說：「是有這種情況。」然后師傅又問：「化油器清洗過嗎?」小趙說：「前段時間洗的。」這時，師傅說：「可能毛病出在化油器上。」小伙子拆下來一看，果然如此，化油器堵住了。

小伙子提出的一些開放式問題沒有起到作用，他的師傅用封閉式的問題提問，就馬上找到了汽車「當當當」響的原因所在。這就說明小伙子的師傅有很豐富的專業知識和非常準確的判斷能力。

3. 如何使用提問技巧

詢問的基本原則是客服人員在適當的時候告訴客戶為什麼需要這些資料，這可以使其更樂於回答客服人員的提問。在提問過程中，客服人員盡量使用開放式問題，如果客戶的需求不夠明確，必須追問清楚；如果客服人員不能肯定客戶的需求，可以用封閉式問題進行確認。但請注意，不要使用過多的封閉式問題，否則會令客戶有被審問的感覺。當然，如果客服人員能夠很成功地運用封閉式的問題，馬上就把客戶的問題找到，說明他的經驗非常豐富，因為多數服務代表在提封閉式問題的時候都是運用個人的經驗來作出判斷，這是提問的技巧。

（三）復述的技巧

麥肯錫（Mckinsey）公司，在走訪顧客之前每一位麥肯錫顧問都會接受這樣的訓練，即把某一主題的答案用稍微不同的形式復述出來。因為他們認為大多數人在思考或說話時無法以完全有條理的方式進行，會把重要的事實與毫不相干的事情混在一起。如果你能把他們的話重複給他們，那麼比較理想的方法就是按照條理復述給他們，這樣他們就會告訴你，你是否正確地理解了他們的意思。

復述技巧包括兩個方面：一方面是復述事實；另一方面是復述情感。

1. 復述事實

有技巧的重複好處在於可以讓潛在客戶感受到銷售人員在用心聆聽，關注客戶的需求，甚至是客戶這個人。一旦客戶有了這種心理認知，有利於銷售的關係就很容易建立起來了。銷售人員可以在平時有意識地練習重複這個技能來呼應對方的情緒、感受，快速提升與人建立關係的能力。很多優秀的銷售人員都是先不著痕跡地重複著潛在客戶的一些話，同時又不著痕跡地推進銷售進度，進入到客戶購買流程中。

閱讀材料 15：

銷售冰箱

某冰箱賣場正在進行促銷。

銷售人員：先生下午好。請問你對什麼有興趣？

客戶：我隨便看看。

銷售人員：那你隨便看看，有需要叫我。（閒聊的口吻）現在外面熱啊，都連著發了好

幾天高溫預警信號了，家裡沒有個冰箱，很多食物都放不久啊。

客戶：是啊。所以今天我先來看看，瞅準了再讓太太來看看。

銷售人員：那你真得瞅準了。現在冰箱品牌多，想選個稱心如意的還真得花點精力。比如說這種類型的冰箱吧……

上面的銷售人員在與顧客談話過程中，不著痕跡地將客戶引入了所推銷產品的購買流程中，推進著銷售進度。

2. 復述情感

對於那些對公司的產品或服務表示不滿的客戶，就要求客服人員做到在客戶發洩情感的過程中，認真地傾聽，表示同情，還應該去復述情感以表示理解。這樣客戶的心情就會逐漸地好起來。相互之間的談話就可以轉移到解決問題上來。在復述的過程中，復述情感的技巧是最為重要的，使用時也非常複雜。

美國的一家汽車修理廠有一條服務宗旨很有意思：先修理人，後修理車。一個人的車壞了，他的心情會非常不好，所以修理廠的員工應該先關注這個人的心情，然後再關注汽車的維修。「先修理人，後修理車」講的就是這個道理。可是這個簡單的道理卻常常被許多客服人員所忽略。

三、滿足客戶需求的技巧

前面講到了客戶需求，具體來講，不同類型的客戶需求不同，相應的服務方法也應有所區別。要想知道客戶到底哪種需求最為迫切，首先要進行客戶類型識別。客戶由於教育背景、家庭環境等因素的影響，性格不同，需求也不同。

1. 針對友善型的客戶

友善型的客戶的特點是：不維護自己，沉默寡言，懶得去抱怨，經常在沉默中忍受。但是一旦讓他不滿意，就會默默地轉向與你的競爭對手合作。

為了鼓勵這種客戶表達他對產品和服務的意見，客服人員必須主動地懇求他詳細地說明，給他們提供最好的服務。客服人員不能因為對方的寬容和理解而放鬆對自己的要求。越是這樣的客戶，越要提供最好的服務。

2. 針對好爭吵的客戶

好爭吵的客戶隨時準備大聲地、長時間地抱怨，有很強的報復心理，性格敏感多疑，有的甚至有些不講道理，胡攪蠻纏。這類客戶看似棘手，但實際上卻比第一種容易應付，因為除了他抱怨的內容外，客服人員根本不必再去小心地猜測到底什麼地方出了錯。

對待愛爭吵的客戶的難處在於，客服人員的火氣常常被勾起，結果「抱怨」升級為「戰爭」。所以客服人員要學會控制自己的情緒，以禮相待，對自己的過失真誠道歉。其中，控制自己的情緒是最重要的，客服人員必須允許客戶發洩怒火，最有效的辦法就是這時候靜靜地聽，沒必要承認他們是對的或向他講產品或服務不好的原因，等客戶發洩完了，再告訴他對他抱怨的處理辦法。

3. 針對獨斷型的客戶

獨斷型的客戶異常自信，無論正確與否，他都只相信自己，不善於理解別人。他對於自己的想法和要求，一定要求別人認可，不容易接受意見和建議。

對這類客戶，客戶服務人員要小心應對，盡可能滿足其要求，讓其有被尊重的感覺。

4. 針對分析型的客戶

分析型的客戶思維縝密，感情細膩，比較理智，有原則，有規律。這類客戶對待工作

比較細心、比較負責任。

對於這樣的客戶，最好、最有效的方式就是客服人員坦誠、直率地與其交流，不可以誇大其詞，把自己的能力、特長，產品的優勢、劣勢等直觀地展現給對方。客服人員給這類客戶的承諾一定要做到，這就是最好的服務方式了。

總之，無論是哪種客戶，客服人員都要誠心地對待，認真考慮他有哪幾種需求，設身處地地為他著想，提供人性化的服務。

第六節　客戶關懷

一、客戶關懷的含義

客戶關懷是市場行銷理論的基本概念，就是對每位客戶採取合適的行銷方式，向客戶提供量身定做的產品或服務。企業致力於保有和經營客戶資源，設法把更多的產品和服務提供給同一客戶。在行銷手段上，準確把握客戶需求、客戶滿意度和客戶忠誠度，企業專注於提供因人而異的產品和服務。客戶關懷貫穿了市場行銷的所有環節。客戶關懷思想的體現涉及「想客戶所想」「客戶的利益至高無上」「客戶永遠是對的」等。

客戶關懷既有操作的內涵，更重要的是具有友情或感受的內涵，正確的客戶關懷體現為尊重和誠信。客戶關懷應該體現出「親如一家人」的感情來，同時在待客中還要表現出誠意來，「以誠待人」是最基本的準則。要讓客戶感受到企業與他們之間的情感聯繫，這也有利於培養客戶忠誠。客戶如果感覺到了企業員工的親和力，與企業接觸的感覺很好，則會繼續光顧該企業並向他人進行大力推薦。因此對企業來說，重視對待客戶的方式和給客戶的感受是很重要的，良好的情感的創造是建立客戶關係的關鍵因素。

二、客戶關懷的內容

客戶關懷發展的領域原來只是在服務領域，由於服務的無形特點，注重客戶關懷可以明顯增強服務的效果，為企業帶來更多的利益。現在，客戶關懷不斷地向實體產品銷售領域擴展。當前，客戶關懷的發展自始至終同質量的提高和改進緊密地聯繫在一起。從時間上看，客戶關懷活動包含在客戶從購買前、購買中和購買後的客戶體驗的全部過程中。

1. 購買前的客戶關懷

購買前的客戶關懷為公司與客戶之間關係的建立打開了一扇大門，為鼓勵和促進客戶購買產品或服務作了前奏。售前服務就是賣產品之前讓人看，其主要形式包括產品推廣、展交會、廣告宣傳和知識講座等，就是通過各種途徑向客戶提供和介紹產品，因此它與行銷分不開。企業通過對客戶進行宣傳教育，加強客戶對產品知識的學習，也是適應市場導向的表現。售前服務的好壞直接關係到企業能否爭取到客戶資源，能否創造客戶價值。例如，上海交大昂立在售前服務方面做得就很有特色，他們走的是一條知識行銷的道路，在產品銷售之前主要是在市場上向客戶傳授知識，在產品科普知識的推廣上投入大量的人力和財力，這為他們給產品打開銷路打下了良好的基礎。

2. 購買中的客戶關懷

購買中的客戶關懷則與公司提供的產品或服務緊緊地聯繫在一起。包括訂單的處理以及各種有關的細節，都要與客戶的期望相吻合，滿足客戶的需求。產品質量達到一定程度並相差無幾的情況下，售中服務在這個時候就會顯出差別。好的售中服務可以為客戶提供各種便利，如與客戶洽談的環境和效率、手續的簡化以及盡可能地滿足客戶的要求等。售

中服務體現為過程性，在客戶購買產品的整個過程中讓客戶去感受。客戶所感受到的售中服務優，則容易促成購買行為；反之亦然。

3. 購買后的客戶關懷

購買后的客戶關懷活動則集中於高效地跟進和圓滿地完成產品的維護和修理的相關步驟，以及圍繞著產品、客戶，通過關懷、提醒或建議、追蹤，最終達到企業與客戶互動。售后的跟進和提供有效的關懷，其目的是使客戶能夠重複購買公司的產品或服務。向客戶提供更優質、更全面周到的售后服務是企業爭奪客戶資源的重要手段，售后服務的內容應該越來越豐富，水平應該越來越高。售后服務應實行跟蹤服務，從記住客戶到及時解除客戶的后顧之憂，經常走訪客戶、徵求意見、提供必要的特別服務等。客服人員要把售后服務視為下一次銷售工作的開始，積極促成再次購買，使產品銷售在服務中得以延續。

三、客戶關懷的方式

企業應該根據自身產品的特點，制定自己的關懷策略，應該區分不同規模、貢獻、層次、地區甚至民族、性別，採取不同的策略，從關懷頻度、關懷內容、關懷手段、關懷形式上制訂計劃，落實關懷。例如，銀行為金牌客戶每年安排一次旅遊，為銀牌客戶安排節日禮品，為普通客戶發送賀卡等，體現關懷的區別。

閱讀材料16：

××銀行的客戶關懷

某知名行銷管理公司在為一家銀行作策劃時就注意從客戶關懷著手進行客戶關懷管理。在從客戶數據庫中瞭解到客戶的生日、結婚紀念日等信息后，他們就把握時機為客戶送上祝福，加強與客戶的情感交流。以下是銀行為客戶送上的結婚紀念日祝福的內容：

尊貴的××先生和××太太：

你們好！

有了愛情的生活總是燦爛而忙碌的，不知不覺一年過去了，今天是一個值得用美酒和鮮花紀念的日子——你們的結婚紀念日。在這個溫馨而又幸福的日子裡，請接受××銀行送上的一份深情祝福：祝你們愛情甜蜜、比翼雙飛、白頭偕老！你們經過相識、相知、相愛，最后步入了愛的神聖殿堂，徜徉在濃濃的愛河之中。時光可以流逝，但年年的今天，都會留下永恆而美好的記憶。那是幸福美滿的見證，那是人生中最美麗的風景。一段段美好的記憶在今天想起，會顯得更加溫馨、浪漫而富有詩意。愛，在你們共度的這個日子裡表達得更為淋漓盡致、更為完美。茫茫人海中，你們找到了自己的真愛、自己的幸福和自己的追求。同樣，在人海中能夠與你們有緣結識，這也是我們莫大的收穫。在以后的日子裡，讓我們共同來分享生活的快樂。我們希望××銀行能以一個知心朋友的形象步入你們的生活，讓我們共同尋找生活中更為美麗的風景！

祝：花常開、月常圓！

××銀行行長（主任）偕夫人
××年××月××日

常見的客戶關懷管理方式主要有主動電話行銷、網站服務、呼叫中心等。

1. 主動電話行銷

主動電話行銷是指企業充分利用數據庫信息挖掘潛在客戶，通過電話主動拜訪客戶和推薦滿足客戶要求的產品，以達到充分瞭解客戶、充分為客戶著想的服務理念，同時也提高了銷售機會。

主動電話行銷必須注意針對性。但不是所有產品都適合電話行銷，如房子、汽車就很難通過電話行銷達到銷售目的。同時，企業也需要即時調整外撥策略，保持機動性。有時候拒絕訪問會造成銷售人員的挫敗感，所以企業必須進行靈活的策略調整。市場調查發現，至少有20%的人都遇到拒訪的情況，還有很多無人接聽、空號、錯號的情況。此外，即便客戶應答了電話，但對產品不感興趣，也會很容易挫傷銷售人員的積極性。因此，企業必須要瞭解原因並及時地對不同時間段進行調整。

2. 網站服務

通過網站上的電子商務平臺，企業可以提供及時且多樣化的服務。網站應該智能化，企業可以根據客戶點擊的網頁、在網頁上停留時間等信息及時捕捉網頁上客戶要求服務的信息。企業將客戶瀏覽網頁的記錄提供給客服人員，客服人員可通過瀏覽網頁以及與客戶共享應用軟件等方式，獲得其提供的文字、語音和影像等資料，通過多媒體的這些實際功能幫助企業與客戶進行互動或網上交易。

3. 呼叫中心

現代的呼叫中心，應用了計算機電話集成（CTI）技術使呼叫中心的服務功能大大加強。CTI技術是以電話語音為媒介，用戶可以通過電話機上的按鍵來操作呼叫中心的計算機。接入呼叫中心的方式可以是用戶電話撥號接入、傳真接入、計算機及調制解調器（Modem）撥號連接以及互聯網網址（IP地址）訪問等，用戶接入呼叫中心后，就能收到呼叫中心任務提示音，按照呼叫中心的語音提示，就能接入數據庫，獲得所需的信息服務，並進行存儲、轉發、查詢和交換等處理。用戶還可以通過呼叫中心完成交易。如果需要個性化和人工服務（如投訴），客服中心可以自動尋找最恰當的服務代理人員解答客戶的具體問題。

在傳統方式下，企業對單個客戶的瞭解幾乎為零，對客戶群體也只有有限的瞭解。而採用呼叫中心的企業，對客戶進行服務的同時，也在進行「一對一」的銷售。這樣的客服中心有一個詳細、龐大的數據庫，記錄著每個客戶的信息，它採用計算機技術對客戶信息進行分類。由於對客戶信息瞭解得非常充分，它可以主動預見客戶的要求，從而直接支持企業經營業務決策。

呼叫中心將傳統的櫃臺業務用電話自動查詢方式代替。呼叫中心能夠每天24小時不間斷地隨時提供服務，並且有比櫃臺服務更好的友好服務界面，用戶不必跑到營業處，只要通過電話就能迅速獲得信息，解決問題方便、快捷，增加用戶對企業服務的滿意度。

中國成功加入世界貿易組織后，各行各業都面臨著嚴峻的考驗。企業必須有的放矢地改變自身的服務內容、服務範圍、服務方式、服務對象、服務質量和服務意識，才能保持其市場競爭力。建設以呼叫中心為主體的客戶服務中心是順應大趨勢做出的最為積極的舉措。目前，無論是大到國際集團，還是小到幾個人的企業都在積極建設這樣的系統，目的只有一個，就是改善客戶服務的質量，提高客戶服務的水平。

四、客戶關懷的評價

作為一種服務性較強的管理工作，無論從客戶角度還是從企業角度考察，在許多方面客戶關懷的程度是很難測度和評價的。總體來說，可以從3個角度對客戶關懷進行評價：

1. 尋求特徵

尋求特徵是指客戶在購買之前就能夠決定的屬性。客戶尋求何種產品，在客戶購買之前企業一般無法掌握，如產品的包裝、外形、規格、型號和價格等。客服人員可以通過不同的定量方法管理識別出客戶期望，進而能夠設定出合適的規範、規則或步驟。

2. 體驗特徵

體驗特徵指的是客戶在購買過程中對購買體驗的滿意程度,如口味合適、禮貌待人、安排周到和值得信賴等,企業也無法完全把握。

3. 信用特徵

信用特徵指的是客戶在購買或消費了產品或服務后仍然無法評價某些特徵和屬性(原因在於客戶不具備這方面的專業知識或技能),因此,必須要依賴提供該產品或服務的企業的職業信用和品牌影響力。

客戶關係管理(CRM)系統則通過不同的定量方法將其量化,從而設定出合適的規範、規則或步驟供企業使用。CRM 系統將具有尋求客戶的特徵的變量作為硬件部分;將具有體驗特徵和信用特徵的變量作為客戶關懷中的軟件部分。硬件部分來源於企業的信息,軟件部分則要通過對接觸客戶的員工進行訓練和考核完善,也可以用定量技術來測量這些軟件部分。例如,麥當勞就明確規定:店門每天必須至少擦拭兩次,有些銀行也規定了每筆業務的等候時間、帳單查詢時間等。這些都要依賴於員工在工作中的規範行為。企業通過制定嚴格的業務操作程序和行為規範,將大大地提高服務水準。

在所有行銷變量中,客戶關懷的注意力要放在交易的不同階段上,營造出友好、激勵和高效的氛圍。對客戶關懷影響最大的四個實際行銷變量是:產品或服務(這是客戶關懷的核心)、溝通方式、銷售激勵和公共關係。CRM 系統的客戶關懷模塊充分地將有關的行銷變量納入其中,使得客戶關懷這個非常抽象的問題能夠通過一系列相關的指標來測量,便於企業及時調整對客戶的關懷策略,使得客戶對企業產生更高的忠誠度。

第七節 互聯網時代的網路客戶服務

在互聯網時代,如何利用系統和程序以增強客戶服務,提高企業提供客戶服務的可靠性和效率,進行有效的客戶關係管理,是企業必須面對的問題。

一、網路客戶服務的特點

網路時代客戶服務規則有許多新變化。客戶服務的傳統思維也已經發生變化。這種改變不僅無法忽略,甚至迫使企業不得不認真考慮網路時代顧客服務中新的游戲規則。目光敏銳的互聯網領先企業開始把這些游戲規則融入它們的產品之中。

1. 即時溝通

提及互聯網,人們首先想到的一個字就是「快」。現在的客戶早已對傳統商業模式中以「天」為單位的回應速度嗤之以鼻。他們要求的是在幾分鐘甚至幾秒鐘內能對他們的要求作出反饋。在他們的辭典裡,「及時」的意思就是「即時」「隨時」。

2. 系統性

正因為互聯網帶來了前所未有的溝通速度,物流的速度也要相應加快,對企業內部管理的要求也要更高。原來一個星期訂貨、兩個星期交貨是允許的,但現在是一秒鐘訂貨,再像以前那樣用兩個星期交貨就顯然不合適了。如果不進行改革,企業內部的信息交換速度根本無法適應互聯網和電子商務發展的要求。因此從這方面來講,企業內部的管理系統必須與外部的客戶服務系統相一致。進行網路化客戶服務並不意味著建立一個網頁就足夠了,整合整個公司的管理協作才是根本。

3. 個性化

互聯網時代使得獲取詳細信息成為可能，這也造就了提高客戶忠誠度的另一樣法寶——個性化服務。以廣受歡迎的網上書店亞馬遜為例，當顧客對某一特定書名感興趣時，亞馬遜便會自動建議其他相關題材的書籍。如果客戶要求，亞馬遜會以電子郵件的形式通知客戶某一本書的平裝版何時到貨，或者不斷提供客戶所選定的特定類型新書的信息。這種程度的個性化客戶服務無疑提高了全球顧客所期望的服務水準。

現在很多企業已經意識到沒有完全相同的兩個用戶。因此，企業應該允許客戶根據個人喜好和組織角色來定制，從而為每個角色中的用戶提供不同的服務和信息。它甚至包括一系列的預置角色，可以被個性化的特殊企業用來作為建立新角色的基礎。另外，客戶可以配置自己的工作環境，並可與經常使用的文件或重要的網上站點相連接。

4. 簡單且安全

黑客對互聯網技術了如指掌，使顧客時時擔心自身利益被侵害。這其中包括：應用互聯網進行支付時密碼洩露以及隨之而來的財產損失；重要機密和商業信息的暴露；系統遭到黑客的攻擊而導致癱瘓，從而造成經濟損失以及重要數據丟失或者被竊取；等等。因此，無論什麼公司在利用互聯網為顧客提供完善周到服務的同時，無不小心翼翼地預防突如其來的破壞。網路時代的企業應該採用防火牆等各種安全措施，並且將不斷採用最新技術來完善這方面的保障。但是，在互聯網時代，保密與破壞將繼續並存下去，安全性應該是所有客戶永遠警惕的一個問題，而在簡單方便與安全可靠之間達到完美的平衡依然是網路時代公司的理想目標。

二、網路客戶服務的方式

1. 電子郵件

電子郵件客戶服務管理是指及時回覆用戶的電子郵件來達到提高服務水平並改善客戶關係的目的。電子郵件是企業與用戶溝通的重要手段，也是客戶服務的有效工具。

運用電子郵件開展客戶服務，企業需要考慮如下一些問題：如何著手，誰來應答，如何轉發信息，是否外包，如何追蹤，使用何種工具與技術，等等。企業在完成電子郵件應答之後，應對其中部分回答用電話進行跟蹤。這種方法非常好，可以確保顧客對你的服務感到滿意。

回答電子郵件查詢最高效的方法就是安裝自動應答系統。該系統會對信息進行自動分類、按輕重緩急排序、應答或轉發並進行跟蹤，大大簡化了工作流程，並確保答覆得及時、準確。

在當今網路社會，自動電子郵件服務系統幾乎成為商業經營的必需品。一旦客戶利用電子郵件進行查詢，企業就要給予迅捷、有價值的正確回答。唯有如此，企業才能達到並超出客戶的期望。調查公司的研究表明，客戶對服務及時性的要求越來越高，期望的回覆時間越來越短，甚至為數不少的客戶在尋求獲得即時滿意的服務。但是目前只有少數企業可以做到這一點，有些甚至根本不予回覆，這種做法不僅對公司產生負面影響，同時對電子郵件客戶服務本身也造成傷害，結果使得客戶對通過電子郵件請求服務的情形大減。通常情況下，如果第一封郵件得不到回覆，客戶往往會繼續發郵件，或者通過電話等方式詢問，造成服務成本的提高和客戶滿意度的下降。這對企業的顧客服務是一個嚴峻的挑戰，企業應盡快適應顧客的需求，否則將在激烈的競爭中處於不利地位。

2. 即時通信

即時通信（Instant Messaging, IM）又稱即時傳訊，是一種可以讓使用者在網路上建立

某種私人聊天室（Chatroom）的即時通信服務。大部分的即時通信服務提供了狀態信息的特性——顯示聯絡人名單，聯絡人是否在線及能否與聯絡人交談。

通常 IM 服務會在使用者通話清單（類似電話簿）上的某人連上 IM 時發出信息通知使用者，使用者便可據此與此人通過互聯網開始進行即時的通信。除了文字外，在頻寬充足的前提下，大部分 IM 服務也有提供視頻通信的能力。即時通信與電子郵件最大的不同在於不用等候，不需要每隔兩分鐘就按一次「傳送與接收」，只要兩個人都同時在線，就能像多媒體電話一樣，傳送文字、檔案、聲音、影像給對方，只要有網路，無論雙方隔得多遠都不算距離。

目前，中國大多數網民所享受到的網路服務還停留在一些很基礎的網路服務上面。如淘寶，用戶對電子商務工具的要求比較高，屬於高端用戶，而在商務環節上則屬於低端用戶，淘寶旺旺等 IM 工具成為店家和顧客進行在線買賣的一個主要溝通工具。這樣的好處是成本低，但也有很大的隱患，主要表現在：首先，對帳號難以控制，一旦雇員離職，QQ 或 Windows Live Messenger 帳號容易被雇員帶走，從而帶來客戶的流失。其次，對服務品質難以控制，在線客服人員同客戶怎麼說、怎麼談，雖然在本地都有記錄，但如果計算機重裝，或者在線客服是在家工作，那麼這些交談記錄將無法查看或存檔。

3. 網站客服系統

網站客服或稱網上前臺，是一種以網站為媒介，向互聯網訪客與網站內部員工提供即時溝通的頁面通信技術。網站在線客服系統的出現替代了傳統的客服 QQ 在線、Windows Live Messenger 在線等的使用，雖然 QQ 以及 Windows Live Messenger 有些功能在個人用戶的使用上無法替代，但是網站在線客服系統作為一個專業的網頁客服工具，其良好的體驗度無可替代。所有的訪客不需要安裝插件就可以跟網站進行交流，這個是 QQ 以及 Windows Live Messenger 無法比擬的。

目前，在線客服有兩類模式：一類是以網站商務通、5107、Live800 為主的，一般以座席收費，價格偏高，需要安裝的客服系統，客服端運用 C/S 模式；另一類是以 51 客服、53 客服、贏客服為主的免安裝綠色客服系統，一般為無限座席收費，客服端為 B/S 模式。訪客端所有客服均為 B/S 模式。

網站在線客服系統作為企業網站的客戶服務和主動行銷工具，具有如下功能：

（1）無論任何人，無須下載或登錄客戶端，溝通率是 QQ、Windows Live Messenger 的兩倍，適合廣泛的商務人群，充分體現企業形象，確保不丟客戶。

（2）不僅可以等待客戶的在線洽談和即時通信，還可主動發起詢問訪客，在第一時間抓住每個潛在客戶。

（3）明確顯示訪客來源、正在瀏覽的頁面、可能的地域、IP 地址和搜索關鍵詞等。

（4）不在線時可設置為留言模式，可以收集更多客戶信息。

（5）聊天記錄自動保存到服務器備案，提高客服質量及工作效率。

第八節　開發客戶需求情景劇

看看下面三位顧問探尋客戶需求的技巧及取得的銷售成果（以人才服務機構銷售顧問與客戶的對話為案例）。

丙顧問：張經理，您好！請問貴公司有招聘的需要嗎？

張經理：有的，我們在招一名電工。

丙顧問：那要不要考慮來參加我們本周六的綜合招聘會？200元錢，效果很好，很超值。

張經理：不好意思，這個職務不急，暫時不需要，謝謝。

丙顧問：哦！沒關係，那您有需要時再給我電話，好嗎？

張經理：好的。再見！

請思考這樣做銷售有什麼問題，並請看下面的對話：

乙顧問：張經理，您好！請問貴公司有招聘的需要嗎？

張經理：有的，我們在招一名電工。

乙顧問：請問您這個職位空缺了多久了？

張經理：有一段時間了。

乙顧問：大概多久呢？

張經理：哦，有半個多月了吧。

乙顧問：啊！這麼久了？那您不著急嗎？

張經理：不急，老板也沒提這個事。

乙顧問：張經理，老板沒提這個事可能是因為他事情太多沒注意到這個問題。但是您想沒有，萬一在電工沒到位這段時間，工廠的電器或電路發生問題該怎麼辦呢？（張經理沉默。）

乙顧問：張經理，我知道您的工作一向做得很棒，老板非常認可。很多事情不怕一萬，就怕萬一。萬一工廠發生了什麼事情，而老板却發現電工還沒有到位，那肯定會對您有影響。您為這家公司也付出了很多，如果因為一件小事情而受到影響，肯定劃不來。建議您盡快把這名電工招到位。

張經理：你說的好像也有一點道理。

乙顧問：我本周六給您安排一場招聘會，您看怎麼樣呢？

張經理：好啊！那就安排一場吧。

乙顧問：好的，那麻煩您讓人盡快把資料發給我，我好在報紙上幫您做點宣傳，確保電工招聘到位。

張經理：好的。謝謝你了。再見。

請思考乙顧問比丙顧問做得好的地方在哪裡？探尋客戶需求的每一步他分別用在什麼地方？再讓我們來看看第三個顧問是如何與客戶溝通的：

甲顧問：張經理，您好！請問貴公司有招聘的需要嗎？

張經理：有的。我們在招一名電工。

甲顧問：請問您這個職位缺了多久了？

張經理：有一段時間了。

甲顧問：大概多久呢？

張經理：哦，有半個多月了吧。

甲顧問：啊！這麼久了？那您不著急嗎？

張經理：不急，老板也沒提這個事。

甲顧問：張經理，老板沒提這個事可能是因為他事情太多沒注意到這個問題。但是您想到沒有，萬一在電工沒到位這段時間，工廠的電器或電路發生問題該怎麼辦呢？（張經理沉默。）

甲顧問：張經理，我知道您的工作一向做得很棒，老板非常認可。很多事情不怕一萬，就怕萬一。萬一工廠發生了什麼事情，而老板却發現電工還沒有到位，那肯定會對您有影響。您為這家公司也付出了很多，如果因為一件小事情而受到影響，肯定劃不來。建議您盡快把這個電工招到位。

張經理：你說的好像也有一點道理。

甲顧問：張經理，能不能再請教您一下？（有價值的銷售人員沉得住氣。）

張經理：你說。

甲顧問：請問您要招的這名電工是一般的水電工呢，還是要懂一點設備維修維護的呢？

張經理：嘿，你還挺專業。我們工廠機器比較多，電工一般都要懂一些日常維護維修。前面那個電工就是因為對設備一竅不通，所以老板把他解雇了。

甲顧問：謝謝！那這個人你可得認真找找。你們給的待遇怎麼樣呢？

張經理：1,600元/月。

甲顧問：張經理，坦白講這個待遇低了點，現在一般的水電工大概是1,200～1,600元/月，如果要懂設備維修的話，一般在2,000元/月以上。

張經理：是嗎？難怪我們上次只招了一個「半桶水」的人。

甲顧問：是的，張經理，建議您跟老板提一下，把待遇提到2,000元/月，一名好的電工可以為工廠節省很多錢，相信您老板會明白這個道理的。另外，好電工可能不是那麼好招。我準備給您設計一個簡單的招聘方案，您覺得好嗎？

張經理：你都這麼專業了，我不聽你的聽誰的，你說吧。

甲顧問：我的建議是您安排兩場招聘會，一共350元，我們還在報紙上送你一格廣告版面。這個方案的好處是能夠集中時間把職位招聘到位。您看怎麼樣呢？

張經理：一名電工要訂兩場，不要吧？

甲顧問：張經理，雖然您是訂兩場，但是訂兩場可以送一格廣告版面，考慮您招的不是一般的電工，現場不一定能夠找到，所以有必要增加報紙渠道。我們的報紙會在××主要工業區派發，這對您的招聘效果是一個有力的保障。這個套餐比您一場一場的訂要優惠超值得多。您說呢？

張經理：有道理，好吧。那就這樣定了吧。跟你聊了一下，我還真想把這名電工招到。周六見。

甲顧問：謝謝！張經理，感謝您的信任，我會幫您安排好的，盡量幫您把電工招到位。再見。

討論題：
1. 甲顧問比乙顧問哪些地方做得好？他在哪些地方體現了探尋客戶需求的技巧？
2. 通過上面三個溝通案例，你從中學到了什麼？

本章小結

1. 本章圍繞客戶服務的主要環節以及開展客戶服務的一些技巧，如何實施客戶關懷等內容，簡要介紹了客戶服務管理的實施要點。

客戶服務的定義是在合適的時間和合適的場合以合適的價格和合適的方式向合適的客戶提供合適的產品和服務，使客戶的合適需求得到滿足，價值得到提高的活動過程。這裡強調客戶服務是一個過程，它以費用低廉的方法給供應鏈提供了重大的增值利益。根據客

戶服務的程序特性和個人特性可以將客戶服務劃分為四種類型：漠不關心型、按部就班型、熱情友好型、優質服務型。

2. 客戶服務主要分為售前服務、售中服務以及售後服務三個環節。這三個環節對企業來講同等重要，缺一不可。

3. 客戶服務技巧包括接待客戶的技巧、理解客戶的技巧和滿足客戶需求的技巧。接待客戶要做好準備工作，並做到以客戶為中心；理解客戶要把握傾聽、提問以及復述三方面的技巧；只有瞭解了你所面對的客戶是何種類型的，才能對症下藥，更好地滿足客戶需求。

4. 客戶關懷活動包含在客戶從購買前、購買中、購買後的客戶體驗的全部過程中，客戶關懷方式主要有主動電話行銷、網站服務、呼叫中心等，可以通過客戶的尋求特徵、體驗特徵、信用特徵三方面對其進行評價。

5. 互聯網時代的客服具備這樣幾個特點：可以實現即時溝通，必須做到公司各部門的系統性，為客戶提供個性化服務，注意安全性。常見的服務方式有電子郵件、即時通信、網站客服系統。這幾種方式各有優缺點，企業可根據自己的實際情況進行選擇，配合使用。

復習思考題

1. 什麼是客戶服務？客戶服務對企業有何重要意義？
2. 客戶服務質量的五要素是什麼？
3. 影響服務接觸的影響因素有哪些？
4. 客戶服務的四個特性是什麼？
5. 簡述售前服務、售中服務、售後服務的實施方式。
6. 如何實現有效傾聽？
7. 客戶關懷的主要方式有哪些？
8. 如何評價組織的客戶關懷？
9. 網路客服的方式主要有哪些？

案例分析

誰該為這 1,000 元買單

×日，雷先生到某銀行取款機上取 1,000 元，正操作時，手機響了，雷先生見取款機吐了卡，趕忙取出卡，轉身離開取款機接電話。等電話打完後，再次取款時，發現與他熟悉的開戶行的取款機的操作略有不同，這臺取款機是先吐卡，後出鈔。而且他的卡上已減少了 1,000 元。這時，他趕緊詢問這家銀行的員工，是否取款機有問題。

接待他的員工小王說：「你是怎麼操作的？取了卡有沒有等一下再離開？」雷先生說：「吐卡時，未出錢啊，我就接了一個電話。」小王告訴他，錢可能被後面取款的人拿走了，並抱怨這臺機器有時反應慢，特別是業務高峰時期。還說：「我們這家銀行的系統早就落後了，該換代了。這臺老爺機早該報廢了，唉！我們行有毛病的地方多著呢。」雷先生問他那丟的錢怎麼辦？小王回答：「誰叫你不等一下再離開，自認倒霉吧！」雷先生⋯⋯

問題：

1. 小王在接待客戶的過程中有哪些地方做得不對？並提出改正的方法。
2. 根據此案例分析如何去理解客戶並滿足其需求。

實訓設計：如何有效開展客戶服務

【實訓目標】
1. 熟悉如何接待客戶、理解客戶和滿足客戶需求。
2. 掌握傾聽的技巧、提問的技巧以及復述的技巧。
3. 根據課堂實際情況設計合適的情景對話。

【實訓內容】
根據班級學生人數，劃分若干小組，分別扮演客戶與服務代表，按照自選案例完成接待客戶、理解客戶和滿足客戶需求的工作流程。根據對話，集中討論分析服務代表工作中存在的問題。

【實訓要求】
1. 根據實訓目標和內容，確定情景對話內容。
2. 通過現場觀察、詢問、實習等方法，完成調查報告。

【成果與檢驗】
以團隊合作（40%）、工作成果評定（30%）為主，兼顧工作態度（20%）及工作角色、創新（10%）。

第七章
客戶滿意度管理

知識與技能目標

（一）知識目標
- 理解客戶滿意的內涵；
- 熟悉客戶滿意度的分類；
- 掌握衡量客戶滿意度的常用指標；
- 分析影響客戶滿意度的因素；
- 掌握提高客戶滿意度的有效途徑。

（二）技能目標
- 能夠結合企業實際調查客戶滿意度，制訂客戶滿意策略的實施方案；
- 掌握提高客戶滿意度的有效途徑。

引例1：

可口可樂的一次滿意度調查

1981年，可口可樂公司進行了一次顧客溝通的調查。調查是在對公司抱怨的顧客中進行的。下面是那次調查的主要發現：

1. 超過12%的人向20個或更多的人轉述可口可樂公司對他們抱怨的反應。
2. 對公司的反饋完全滿意的人向4～5名其他人轉述他們的經歷。
3. 10%對公司的反饋完全滿意的人會增加購買可口可樂公司產品的次數。
4. 那些認為他們的抱怨沒有完全解決好的人向9～10名其他人轉述他們的經歷。
5. 在那些覺得抱怨沒有完全解決好的人中，只有1/3的人完全抵制公司產品，其他45%的人會減少購買。

問題：
可口可樂公司針對顧客抱怨所做的客戶滿意度調查和調查結果，對其CRM有何意義？

引例2：

長城飯店的「絲綢之路」主題晚宴

某年初春，一位美國老者來到長城飯店宴會銷售部，聲稱自己是美國的學者，剛從中國西部遊歷了數月過來，回國前想在貴店宴請160多位同行業人士及重要貴賓。老先生願意付很高的餐價，但非常希望飯店將宴會廳裝飾出中國西部風情，因為他很留戀新疆的天

山和草原的駝鈴。客人走后，宴會部開始認真策劃，經過對幾個方案的篩選，最后終於決定為客人舉辦「絲綢之路」主題晚宴。

兩天后，當老先生及其數位隨從人員在宴會前1個小時走進宴會廳時，他們的驚喜無法用語言表達。展現在他們面前的宴會廳宛然一幅中國西部風景圖：從宴會廳的三個入口處至宴會的三個主桌，服務員用黃色絲綢裝飾成蜿蜒的絲綢之路；寬大的宴會廳背景板上，藍天白雲下一望無際的草原點綴著可愛的羊群；背景板前兩頭高大的駱駝昂首迎候來賓，其逼真的形象使人難以相信這是飯店美工人員在兩天內製作出來的……面對文化氛圍強烈的宴會廳，老先生激動地說：「你們做的一切大大超出了我的期望，你們是最出色的，將令我永生難忘。」宴會的成功不言而喻。

幾天以后，總經理收到了來自美國的老先生熱情洋溢的表揚信，他在信中說，回國后他已經向許多朋友談起了這個宴會，並高度稱讚了長城飯店宴會部的員工。

問題：
長城飯店為什麼給老人留下了非常滿意的印象？

贏得客戶的心，首先要使客戶感到滿意，客戶滿意是客戶關係管理的重要環節。在現代社會，商品越來越豐富，消費者可選擇的機會越來越多，企業要想提升市場份額越來越困難，於是，企業不得不開始重視和強化提高客戶滿意度。只有提高客戶的滿意度，才能提高老客戶的重複購買率，才能提高客戶的忠誠度，最終鞏固和提升企業的市場份額。通過客戶滿意度管理，最終實現包括利潤在內的企業目標，是現代企業市場行銷的基本精神。

第一節　客戶滿意概述

一、客戶滿意的概念、特性和層次

（一）客戶滿意的概念

客戶滿意（Customer Satisfaction，CS）是20世紀80年代中后期出現的一種經營思想。其基本內容是：企業的整個經營活動要以客戶滿意度為指針，要從客戶的角度、用客戶的觀點而不是企業自身的利益和觀點來分析考慮客戶的需求，盡可能全面尊重和維護客戶的利益。

所謂客戶滿意，是客戶需要得到滿足后的一種心理反應，是客戶對產品或服務本身或其滿足自己需要程度的一種評價。具體而言，就是客戶通過對一種產品感知的結果與自己的期望值相比較后所形成的愉悅或失望的感覺狀態。如果客戶所感知的結果達不到期望，那麼客戶就會感到不滿意；如果客戶所感知的結果與期望相稱甚至超出客戶的期望，那麼客戶就會感到滿意。

客戶的滿意狀況是由客戶的期望和客戶的感知這兩個因素決定的：客戶期望越低，就越容易滿足；實際感知結果越差，越難滿足。可見客戶是否滿意與期望成反比關係，與感知成正比關係。據此可以用一個簡單的函數式來描述客戶滿意狀況，即「客戶滿意度＝客戶的感知結果÷客戶的期望值」。當滿意度的數值小於1時，表示客戶對一種產品或服務可以感知到的結果低於自己的期望值，即沒有達到自己的期望目標，這時客戶就會產生不滿意。該值越小，表示越不滿意。當滿意度的數值等於1或接近於1時，表示客戶對一種產品或服務可以感知到的結果與自己事先的期望值是相匹配的，這時客戶就會表現出滿意。當滿意度的數值大於1時，表示客戶對一種產品或服務可以感知到的結果超過了自己事先

的期望，這時客戶就會感到興奮、驚奇和高興，客戶就會表現出高度滿意或非常滿意。客戶期望與客戶感知比較后的感受如圖7－1所示。

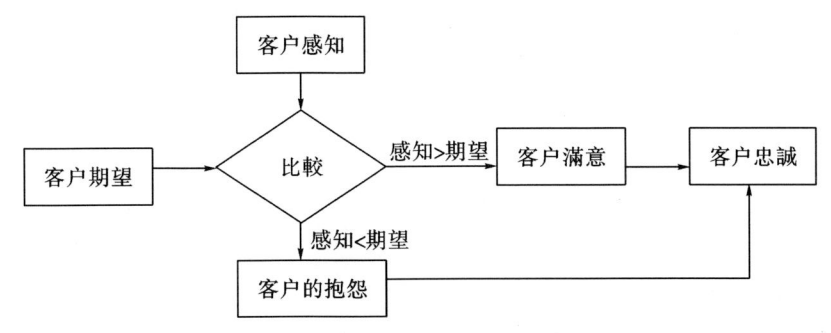

圖7－1 客戶期望與客戶感知比較后的感受

超出意外的驚喜。諾德史頓（Nordstorm）是美國一家著名的服飾公司，它的服務被稱為「英雄式服務」。公司對於找不到合適商品的客戶，除了從其他商店調貨之外，還以七折優惠出售；對於無法親自上門或者是轉機空檔只能在機場試穿的客戶，店員會把西服、皮鞋等產品直接送到客戶面前試穿；寒冬期間，店員會主動幫客戶發動引擎，替在其他停車場停車的客戶支付停車費。

一名國外的客戶寫信給諾德史頓負責人約翰，要求修改西服，約翰立刻親自帶了一套新的西服和裁縫師一起抵達這名客戶的辦公室，把經過修改之後的那套西服也一併免費送給這名客戶。還有一名客戶在諾德史頓訂購了兩套旅行用西服，但一直到他出發前還沒有送達，這名客戶有些不滿。但是當他抵達旅行地的旅館之後，發現他所訂購的兩套西服已經由貨運公司送達旅館，還附帶著一封道歉函和價值25美元的三條領帶。

（二）客戶滿意的特性

根據消費者的成長特性和行為習慣特點，一般來說客戶滿意具有以下四個基本特性：

1. 主觀性

客戶滿意是客戶的一種主觀感知活動的結果，客戶滿意的程度與客戶知識和經驗、收入狀況、生活習慣、價值觀念等密切相關，還與新聞媒體的廣告宣傳等有關。

2. 層次性

處於不同需求層次的客戶對同一產品和服務有不同的要求和感覺，因而不同地區、不同階層的人或同一個人在不同條件下對某個產品或服務的評價也不盡相同。

3. 相對性

客戶對產品的功能特性和技術指標通常不熟悉，他們習慣於把購買的產品和同類型的其他產品，或者和以往的經驗進行比較，由此得到滿意或不滿意的結論。這個結論具有相對性。

4. 階段性

任何產品都具有壽命週期，服務也有時間性。客戶滿意並非一成不變，客戶的滿意程度是隨著客戶的需求層次、客觀條件和經濟文化水平的發展而變化的。

（三）客戶滿意的層次

客戶滿意主要包含三個層次的內容，即物質滿意、精神滿意和社會滿意。

1. 物質滿意

第一個層次是物質滿意，物質滿意層次的要素是產品的使用價值，如功能、品質、設

計和包裝等，這是構成客戶滿意的基礎因素。企業通過提供產品的使用價值來使客戶感到物質上的滿意。例如，某洗衣機廠商的服務非常周到，當消費者的洗衣機產生故障，該企業的售后服務部門就會在兩小時內上門服務，如果不能立即修好，就立刻送一臺洗衣機給消費者替代，並將有故障的洗衣機拉回企業返修，修好后再將之送回。

2. 精神滿意

第二個層次是精神滿意，即客戶在企業提供產品形式和外延的過程中產生的滿意。它是客戶對企業的產品所帶來的精神上的享受、心理上的愉悅、價值觀念的實現和身分的變化等方面的滿意狀況。例如，企業提供的產品的外觀、色彩和品牌等能夠使消費者滿意、感覺有面子，表明客戶在精神層面得到滿意。企業如果僅僅是滿足客戶的物質需求，那麼，當競爭對手提供更有吸引力的東西時，這些客戶就會容易轉向競爭對手的產品。

3. 社會滿意

第三個層次是社會滿意，即客戶在購買和消費企業的產品或服務的過程中對社會利益的維護。社會滿意主要依靠產品所蘊含的道德價值、社會文化價值和生態價值來實現。它要求企業的產品和服務在被消費過程中，具有維護社會整體利益的道德價值、政治價值和生態價值的功能，從而有利於社會文明的發展、人類的環境、生存與進步的需要。

以上三個滿意層次具有遞進關係。從社會發展過程中的滿意趨勢看，人們首先尋求的是物質層次的滿意，之后才會推及精神上的滿意，最后才會進入社會滿意。

二、客戶滿意度的概念及分類

(一) 客戶滿意度的概念

客戶滿意度是指客戶滿意的程度，是客戶在購買和消費相應的產品或服務後所獲得的不同程度的滿足狀態。在客戶滿意度管理中，要想獲得進行客戶滿意管理的科學依據，必須建立客戶滿意級度來衡量客戶滿意的不同狀態，以便制定相應的行銷策略。

(二) 客戶滿意度的分類

如前所述，客戶滿意度是一種心理狀態，是一種自我體驗。對客戶的這種心理狀態也要進行界定，否則就無法對客戶滿意度進行評價。心理學家認為情感體驗可以按梯級理論劃分成若干層次，相應也可以把客戶滿意程度分成七個級度或五個級度。七個級度為：非常滿意、很滿意、較為滿意、一般、較不滿意、很不滿意和非常不滿意。五個級度為：十分滿意、滿意、基本可以、不滿意、十分不滿意。有的企業在調查客戶滿意度時，為了簡單操作，也常把客戶滿意度劃分為滿意、一般、不滿意三個層次。

1. 非常滿意

指徵：激動、滿足、感謝。

非常滿意是指客戶在購買與消費某種產品或服務後形成的激動、滿足和感謝狀態。在非常滿意的狀態下，客戶購買和消費某種產品或服務的感知結果遠遠超過了他的期望值，客戶沒有任何遺憾並且感到自豪。這時，客戶不僅會充分肯定自己的購買決策和消費行為，還會利用一切可能的機會向其他客戶宣傳、介紹和推薦這種產品或服務。

2. 很滿意

指徵：稱心、讚揚、愉快。

很滿意是指客戶在購買和消費某種產品或服務後產生的稱心、讚揚和愉快狀態。在這種狀態下，客戶不僅對自己的選擇予以肯定，還會樂於向其他客戶推薦，期望與現實基本相符，找不出大的遺憾所在。

3. 較為滿意

指徵：好感、肯定、讚許。

較為滿意是指客戶在購買和消費某種產品或服務後所形成的好感、肯定和讚許狀態。在這種狀態下，客戶在心理上通過比較獲得滿意感，按更高要求還差了一些，而與一些更差的情況相比，又令人安慰。例如，與高檔的產品相比，雖然質量、功能差一些，但價格卻便宜許多。

4. 一般

指徵：無明顯正、負情緒。

一般是指客戶在購買和消費某一產品或服務後所產生的沒有明顯情緒的狀態。在這種狀態下，客戶既沒有不滿意的情緒，也沒有滿意的感覺，對此既說不上好，也說不上差，還算過得去。客戶只是完成了購買和消費的過程而已。

5. 較不滿意

指徵：抱怨、遺憾。

較不滿意是指客戶在購買和消費某種產品或服務後產生的抱怨、遺憾狀態。這種狀態是由於產品或服務的某個非主要構成因素的缺陷或不足，雖對購買行為和消費行為沒有帶來較大的損失或傷害，但卻使客戶在心理上產生了不太滿意的感覺。雖然與其他購買行為和消費行為相比較，客戶覺得沒有必要在這個問題上進行計較，但以後他不會再購買和消費這種產品或服務了。

6. 很不滿意

指徵：氣憤、煩惱。

很不滿意是指客戶在購買和消費某種產品或服務後，由於物質效用和精神需要都沒能得到基本滿足而產生的氣憤、煩惱狀態。在這種狀態下，客戶希望通過某種方式對造成的損失獲得物質上或精神上的補償。在適當的時候，也會進行反面宣傳，提醒其他客戶不要去購買同樣的商品或服務。客戶不滿意的減少程度，與實際所獲得的補償與其期望獲得的補償有關。資料顯示，54%～70%的感到不滿意而投訴的客戶，如果投訴得到解決，他們還會與企業再次進行交易；如果客戶感到投訴很快得到解決，這一比例會上升到令人吃驚的95%；而在客戶對企業的投訴得到妥善解決後，他們會把處理的情況告訴五個人。

7. 非常不滿意

指徵：憤慨、惱怒、投訴、反宣傳。

非常不滿意是指客戶在購買和消費某種產品或服務後，由於產品或服務的質量低劣、數量短少或價格詐欺等給客戶造成物質或精神上的損失或傷害而產生的憤慨、惱羞成怒和難以容忍等心理狀態。在這種狀態下，客戶一方面積極尋求物質或精神上的補償；另一方面，則會利用一切機會對這種產品或服務進行反面宣傳，甚至阻止別人購買這種產品或服務，以發洩心中的不滿。

需要指出的是，客戶滿意作為一種重要的消費心理活動，雖然有層次之分，但各層次之間的界限是模糊的，從一個層次到另一個層次並沒有明顯的界限。因此，客戶滿意級度的界定是相對的，它只是為測量客戶的滿意水平提供了一個相對的標準。

三、影響客戶滿意度的相關因素

影響客戶滿意度的因素很多，許多學者從不同的角度對此進行了研究，其中客戶滿意的四分圖模型、卡諾（KANO）模型、層次分析模型和美國顧客滿意度指數模型是典型的對其解釋的理論。

(一) 四分圖模型

1. 四分圖模型介紹

四分圖模型又稱為重要因素推導模型，是一種偏於定性研究的診斷模型。它列出企業產品和服務的所有績效指標，每個績效指標有重要度和滿意度兩個屬性，根據顧客對該績效指標的重要程度及滿意程度打分，將影響企業滿意度的各個因素歸進4個象限內，企業可以按歸類結果對這些因素分別處理。如果企業需要，還可以匯總得到一個企業整體的顧客滿意度，如圖7-2所示。

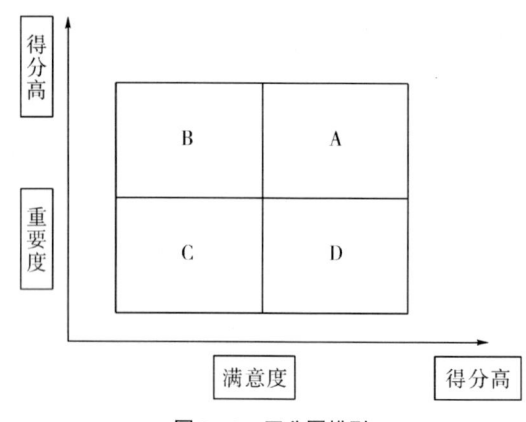

圖7-2　四分圖模型

A區——優勢區：指標分佈在這個區域時，表示對顧客來說，這些因素是重要的關鍵性因素，顧客目前對這些因素的滿意度評價也較高，這些因素是重要的關鍵因素，顧客目前對這些因素的滿意度評價也較高，這些因素需要繼續保持並發揚。

B區——修補區：指標分佈在這個區域時，表示對顧客來說，這些因素是重要的，但是企業在這些方面表現比較差，顧客滿意度評價較低，需要重點修補和改進。

C區——機會區：指標分佈在這個區域時，代表著這一部分因素對顧客不是最重要的，而且滿意度評價也較低，因此不是現在急需要解決的問題。

D區——維持區：滿意度評價較高，但對顧客來說不是重要的因素，屬於次要優勢（又稱錦上添花因素），對企業實際意義不大，如果考慮資源的有效分配，應先從該部分做起。

2. 優缺點介紹

四分圖模型目前在國內應用很廣，國內大多數企業在做顧客滿意度調查時均採用該模型，其簡單明瞭，分析方便，而且不需要應用太多的數學工具和手段，無論是設計、調研還是分析整理數據，都易於掌握，便於操作。

當然，這個模型也存在不足之處。它孤立地研究滿意度，沒有考慮顧客感知和顧客期望對滿意度的影響。在實際操作中，該模型列出各種詳細的績效指標由顧客來評價指標得分，這就可能有許多顧客重視但調查人員和企業沒有考慮到的因素未能包含在調查表中的情況出現。由於該模型不考慮誤差，僅各指標得分加權平均算出顧客滿意度的數值，得出的數據不一定準確，同時也不利於企業發現和解決問題。

另外，由於該模型使用的是具體的績效指標，很難進行跨行業的顧客滿意度比較。即使處在同一行業的各個企業，由於各個地區經濟發展不平衡，顧客要求不同，各指標對顧客的重要程度也可能不同，導致同一行業跨地區的可比性也大大降低。

(二) KANO 模型

1. 模型介紹

KANO 模型是由日本卡諾博士提出的。KANO 模型定義三個層次的顧客需求：基本型需求、期望型需求和興奮型需求。

這三種需求根據績效分類就是基本因素、績效因素和激勵因素。基本型需求是顧客認為產品「必須有」的屬性或者功能；期望型需求是要求提供的產品或服務比較優秀，但不是「必須」的產品屬性或服務行為，有些單向型需求連顧客都不清楚，但是是他們希望得到的。在市場調研中，顧客談論的通常是期望型需求，這種類型的需求在產品中實現得越多，顧客就越滿意；當沒有滿足這些需求時，顧客就不滿意。興奮型需求要求一些出乎意料的產品屬性或者服務行為，從而提高顧客的忠誠度。在實際操作中，企業首先要全力以赴地滿足顧客的基本需求，保證顧客提出的問題得到認真地解決，重視顧客認為企業有義務做到的事情，盡量為顧客提供方便。然后，企業盡力去滿足顧客的期望型需求，提供顧客喜愛的額外服務或產品功能，使其產品和服務優於競爭對手，並有所不同，引導顧客加強對本企業的良好印象，使顧客達到滿意。

2. 優缺點介紹

嚴格地說，該模型不是一個測量顧客滿意度的模型，而是對顧客需求或者對績效指標的分類，通常在滿意度評價工作前期作為輔助研究模型，幫助企業找出提高顧客滿意度的切入點。KANO 模型是一種典型的定性分析模型，一般不直接用來測量顧客的滿意度，它常用於對績效指標進行分類，幫助企業瞭解不同層次的顧客需求，找出顧客和企業的接觸點，識別出對顧客至關重要的因素。

(三) 層次分析模型

1. 模型介紹

層次分析法（The Analytic Hierarchy Process，AHP）是美國匹斯堡大學教授薩提（Stsay）於 20 世紀 70 年代初提出的一種多目標評價決策方法。該方法在客戶滿意度測評中應用十分廣泛，尤其是在企業層面的測評中得到了廣泛應用。AHP 在測評時首先將問題層次化處理，根據測評對象的特點，將影響客戶滿意度的不同因素，按其隸屬關係以不同的層次進行組合，形成一個遞階層次的多指標評價體系。然后通過建立兩兩對比關係矩陣確定各指標的權重。最后按隸屬關係至上計算總體客戶滿意度。AHP 由於方法簡單，易操作，在企業層面的滿意度測評廣泛應用，但無法進行行業間的比較。

圖 7-3 列出了企業進行顧客滿意度調查研究經常涉及的影響因素。企業可以依據本企業的實際情況，增減指標個數或層次。

2. 優缺點介紹

其優點是簡單靈活，可操作性強，適用範圍廣泛。它比四分圖模型更能定量描述具體指標的滿意度，各個指標都重要或者都不重要的尷尬。但是，它和四分圖模型具有同樣的局限性：孤立研究顧客滿意度，不考慮誤差項和主觀願望的影響，根據顧客的計分計算出一個精確的滿意度數值；僅適用於具體企業，在企業層面上運作有效，無法進行宏觀層面上的比較。

(四) 美國顧客滿意度指數模型（ACSI）

1. 模型介紹

ACSI 是由國家整體滿意度指數、部門滿意度指數、行業滿意度指數和企業滿意度指數四個層次構成，是目前體系最完整、應用效果最好的一個國家顧客滿意度理論模型。其模型結構如圖 7-4 所示。

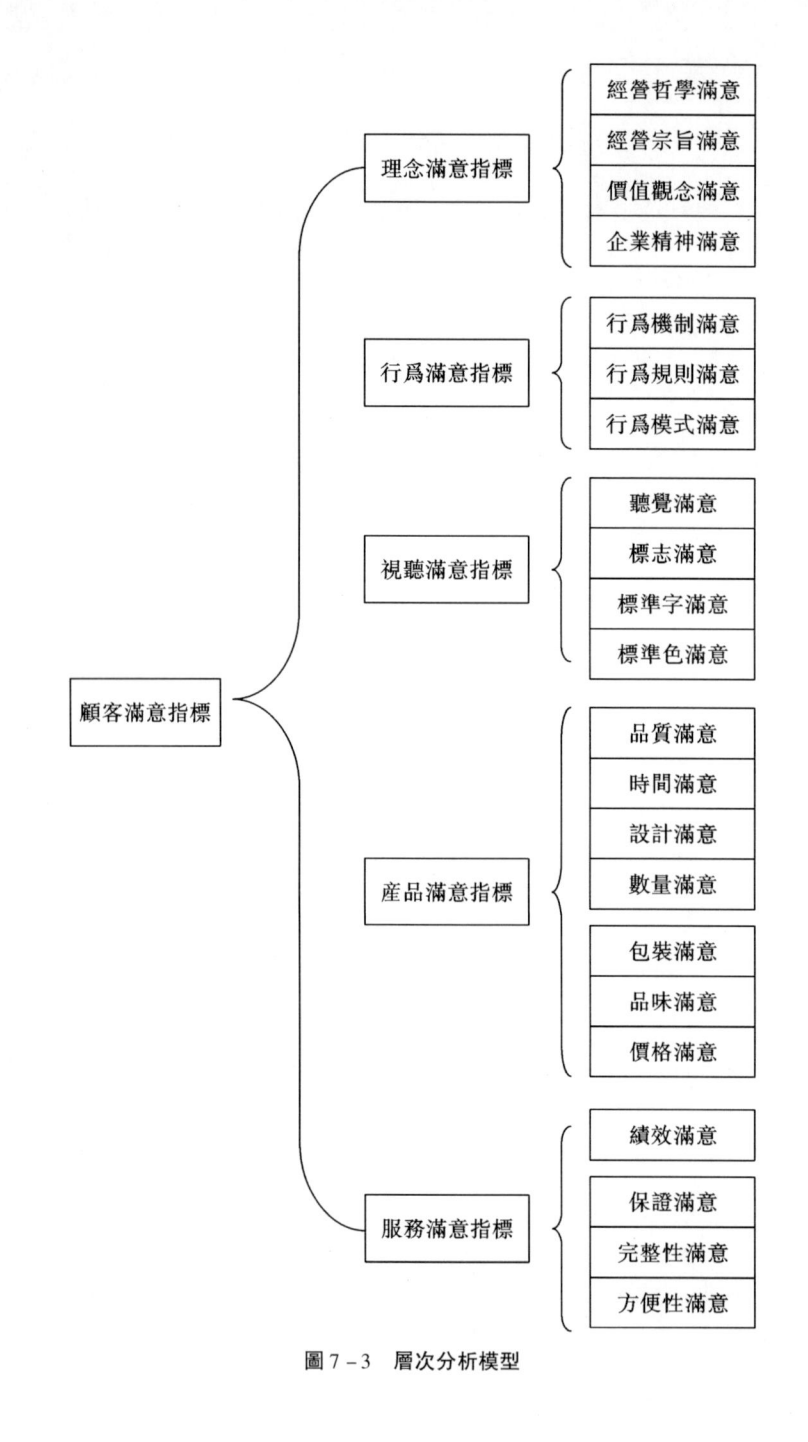

```
顧客滿意指標
├─ 理念滿意指標 ┬─ 經營哲學滿意
│               ├─ 經營宗旨滿意
│               ├─ 價值觀念滿意
│               └─ 企業精神滿意
├─ 行為滿意指標 ┬─ 行為機制滿意
│               ├─ 行為規則滿意
│               └─ 行為模式滿意
├─ 視聽滿意指標 ┬─ 聽覺滿意
│               ├─ 標志滿意
│               ├─ 標準字滿意
│               └─ 標準色滿意
├─ 產品滿意指標 ┬─ 品質滿意
│               ├─ 時間滿意
│               ├─ 設計滿意
│               ├─ 數量滿意
│               ├─ 包裝滿意
│               ├─ 品味滿意
│               └─ 價格滿意
└─ 服務滿意指標 ┬─ 績效滿意
                ├─ 保證滿意
                ├─ 完整性滿意
                └─ 方便性滿意
```

圖 7-3　層次分析模型

图 7-4 ACSI 模型

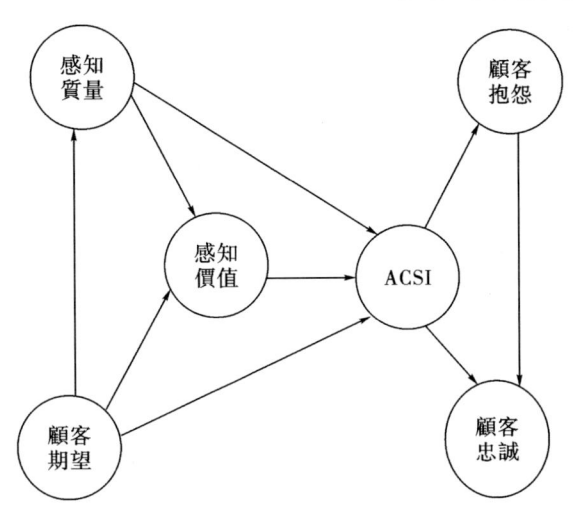

ACSI 模型是一系列的因果方程式，它將顧客期望、感知質量、感知價值與顧客滿意度聯繫起來。而顧客滿意度又與結果聯繫起來，結果又是通過顧客抱怨和顧客忠誠度來評價的。其中顧客忠誠具體表現為對價格的忍受能力和顧客保持能力。模型中的六個結構比例的選取以顧客行為理論為基礎，每個結構變量又包含一個或多個觀測變量，而觀測變量通過實際調查收集數據得到。下面對這六大結構變量作簡要說明：

顧客期望——顧客期望包括顧客從主要媒體、廣告、促銷人員和其他消費者的口碑中獲得產品或服務的信息和經歷。顧客期望影響著質量的評估以及預期（顧客購買前的想法）的產品和服務。

感知質量——感知質量可以通過三個問題：整體質量、可靠性、產品和服務滿足服務顧客需求的程度來衡量，通過對公司和行業的測量計算可以發現，感知質量對顧客滿意度有很大的影響。

感知價值——感知價值是通過兩個問題衡量的：給定價格下的質量和給定質量下的價格。ACSI 模型中，感知價值直接影響著顧客滿意度，而顧客滿意度同時也影響著期望質量和感知價值。感知價值在第一次購買決策中非常重要，通常在反覆購買決策中對滿意度的影響較弱。

顧客抱怨——顧客抱怨活動是看在一定的時間回應抱怨問題的比例是多少，顧客滿意度和顧客抱怨之間呈現反向關係。

顧客忠誠——顧客忠誠通過考察在不同的價格水平下公司產品和服務被購買的可能性的大小來衡量，顧客滿意度對忠誠度有一個正的影響，但是這種影響隨公司和行業的變化較大。

顧客滿意度——顧客滿意度是指顧客的感覺狀況水平，這種水平是顧客對企業的產品及服務所預期的績效和顧客的期望進行比較的結果。

2. 優缺點介紹

在 ACSI 體系中，所有不同的企業、行業及部門之間的顧客滿意度是一致衡量並且可以進行比較的。它不僅能在不同產品和行業之間比較，還能在同一產品的不同顧客之間進行比較，體現出人與人的差異。ACSI 模型組成要素之間的聯繫呈因果關係，它不僅可以總結顧客對以往消費經歷的滿意程度，還可以通過評價顧客的購買態度，預測企業長期的經營

業績。在實際調研時，ACSI 模型只需要較少的樣本（120～250 個），就可以得到一個企業相當準確的顧客滿意度。

需要指出的是，ACSI 主要考慮跨行業的顧客滿意度比較，而不是針對具體企業的診斷指導。由於其測量變量的抽象性的需要，它的調查也不涉及企業產品或服務的具體績效指標，企業即使知道自己的滿意度低，也不知道具體在生產或服務的哪個環節，應該從哪裡著手改善。所以要對其具體因素分析需要通過其他手段來實現。

四、客戶滿意的意義

激烈的競爭迫使企業在生產經營中關注客戶，並以客戶的需求和利益為中心，最大限度地滿足客戶的需求，提升企業的競爭優勢。客戶滿意對企業的意義主要表現在以下幾個方面：

1. 有利於獲得客戶的認同，造就客戶忠誠

客戶滿意包括物質滿意、精神滿意和社會滿意，能夠使客戶在購買和使用企業產品或服務的過程中體會舒適、美感，體現自我價值。對於圍繞客戶滿意運作的特色服務，更將使客戶感受到企業的溫情和誠信，有利於客戶識別和認同。

同時，客戶的高度滿意和愉悅創造了一種對產品品牌情緒上的共鳴，而不僅僅是一種理性偏好，正是這種由於滿意而產生的共鳴創造了客戶對產品品牌的高度忠誠。例如，實行「全面滿意」戰略的施樂公司承諾：客戶購買產品的 3 年內，如果不滿意，公司將為其更換相同或類似產品，一切費用由公司承擔。施樂公司發現，非常滿意的客戶在 18 個月內的再次購買率是一般客戶的 6 倍。施樂公司的高層領導相信，非常滿意的客戶價值是一般客戶價值的 10 倍。一個非常滿意的客戶會比一個滿意的客戶留在施樂公司的時間更長，購買其他的產品更多。

2. 是企業最有說服力的宣傳手段

對於以客戶為中心的公司來說，客戶滿意既是一種目標，同時也是一種市場行銷手段，因為高度的客戶滿意率是企業最有說服力的宣傳。客戶滿意度不僅決定了客戶自己的行為，他還會將自己的感受向其他人傳播，從而影響到他人的行為。研究表明，如果客戶不滿意，他會將其不滿意告訴 22 個人，除非獨家經營，否則他不會重複購買；如果客戶滿意，他會將滿意告訴 8 個人，但該客戶未必會重複購買，因為競爭者可能有更好、更便宜的產品；如果客戶非常滿意，他會將非常滿意告訴 10 個人以上，並肯定會重複購買，即使該產品與競爭者相比並沒有什麼優勢。隨著客戶滿意度的增加和時間的推移，客戶推薦將給企業帶來更多的利潤，同時，因宣傳、推銷方面的成本的減少也將帶來利潤的增加。而這兩者加起來要遠遠超出其給企業創造的基本利潤。因此，有人形容「一個滿意的客戶勝過十個推銷員」。這也是企業為何要將客戶滿意度作為行銷管理的核心內容的一個主要原因。

3. 直接影響商品銷售率

如果客戶高度滿意，隨著時間的推移，客戶會主動給企業推薦新客戶，形成一種口碑效應，由此導致企業銷售額有較大增長。同時，由於宣傳、銷售等方面的費用降低，企業經營成本下降，也帶來大量的利潤增加。本田雅閣曾經連續幾年獲得「顧客滿意度第一」的殊榮，這一事件的宣傳有助於公司銷售更多的雅閣汽車。

閱讀材料 1：

美國諾德斯特龍百貨公司的經營秘訣

美國諾德斯特龍百貨公司是全球百貨業最佳服務的典範，它每平方米的營業額高出同

行業平均水平兩倍。它的成功就在於不斷創造客戶滿意。美國的若干調查數據顯示：一家服務優良的公司可以多收9%的服務費，一年可增加6%的市場份額；而服務較差的公司得不到服務費，一年將失去2%的市場份額。在對商店產生抱怨的客戶中，91%的人不會再光顧；假如他們被商店激怒過，大多數人會向9～10名同事談論此事，13%的人會將這種不愉快的經歷向20人或更多的人傳播。因此，諾德斯特龍公司堅信：創造顧客滿意能增加銷售收入，又能降低廣告促銷及開發新客戶的成本，從而使利潤提高，是一種不那麼吃力卻更為賺錢的經營方式。諾德斯特龍公司的每家百貨商店都努力使服務水平高於顧客的期望，不斷給顧客以意外的驚喜，使顧客高度滿意。

4. 有利於提升企業競爭力，提高企業管理水平

客戶滿意度管理可以使企業在思想觀念上發生深刻的轉變，意識到客戶始終處於主導地位，確立「以客戶為關注焦點」的經營戰略。在制定企業決策時，能夠與客戶進行廣泛交流並徵求客戶意見，實現客戶滿意，提升企業的競爭力，提高企業的管理水平。

此外，高度的客戶滿意還會使客戶嘗試購買企業的新產品，為企業和它的產品進行正面宣傳，忽視競爭品牌和廣告，對價格不敏感，對競爭對手的產品具有較強免疫力，等等。現代企業必須要充分瞭解客戶的讓渡價值，通過企業的變革和全員努力，建立「客戶滿意第一」的良性機制。

五、衡量客戶滿意度的常用指標

客戶滿意指標是用來測量客戶滿意級度的一組項目因素。要評價客戶滿意的程度，必須建立一組與產品或服務有關的、能反應客戶對產品或服務滿意程度的項目。

企業應根據客戶需求結構及產品或服務的特點，選擇那些全面反應客戶滿意狀況的項目因素作為客戶滿意度的總體評價指標。全面是指評價項目的設定應既包括產品的核心項目，又包括無形的和外延的產品項目，否則就不能全面瞭解客戶的滿意程度，也不利於提升客戶的滿意水平。

一般來說，企業產品的客戶滿意指標，可以概括為六項：

（1）品質：包括功能、使用壽命、安全性、經濟性等。
（2）設計：包括色彩、包裝、造型、體積、質感等。
（3）數量：包括容量、供求平衡等。
（4）時間：包括及時性、隨時性等。
（5）價格：包括心理價值、最低價值、最低價格質量比。
（6）服務：包括全面性、適應性、配套性、態度等。

企業服務的客戶滿意指標可概括為六項：績效、保證、完整性、便於使用、情緒和環境。

客戶對產品或服務需求結構的要求是不同的，而產品或服務又由許多部分組成，每個組成部分又有許多屬性。如果產品或服務的某個部分或屬性不符合客戶要求時，他們就會作出否定的評價，產生不滿意感。由於導致客戶滿意或不滿意的因素很多，因而還應該選擇那些特定的、具有代表性的因素作為評價項目。一般做法是在總體指標下，再設立一些具體的二級指標和三級指標，使每一個指標具體化。這樣客戶滿意度測評指標體系就構成一個多層次、多指標的結構體系。

一般客戶滿意度指標測評指標體系分為四個層次。

第一層次：總的測評目標——「客戶滿意度指標」，為一級指標。

第二層次：客戶滿意度指數模型中的六大要素指標——客戶期望、客戶對質量的感知、

客戶對價值的感知、客戶滿意度、客戶抱怨、客戶忠誠為二級指標。

第三層次：由二級指標具體展開而得到的指標，符合不同行業、企業、產品或服務的特點，為三級指標。

第四層次：三級指標具體展開為問卷上的問題，形成四級指標。

測評體系中的一級和二級指標適用於所有的產品和服務，實際上企業要研究的是三級和四級指標。表7-1為客戶滿意度指數測評的二、三級指標。

表7-1　　　　　　　　客戶滿意度指數測評的二、三級指標

二級指標	三級指標
客戶期望	客戶對產品或服務質量的總體期望 客戶對產品或服務滿足需求程度的期望 客戶對產品或服務質量可靠性的期望
客戶對質量的感知	客戶對產品或服務質量的總體評價 客戶對產品或服務質量滿足需求程度的評價 客戶對產品或服務質量可靠性的評價
客戶對價值的感知	給定價格條件下客戶對質量級別的評價 給定質量條件下客戶對價格級別的評價 客戶對總價值的感知
客戶滿意度	總體滿意度 感知與期望的比較
客戶抱怨	客戶抱怨 客戶投訴情況
客戶忠誠	重複購買的可能性 能承受的漲價幅度 能抵制的競爭對手降價幅度

六、顧客滿意度測評方法

企業可按照以下步驟，進行本企業的顧客滿意度測評工作。

(一) 明確滿意度測評的目的

在進行顧客滿意度測評之前，企業管理人員首先應明確本次顧客滿意度調研希望實現的具體目的。調研的目的不同，調研的形式、問卷設計、數據分析方法等都有可能不同。一般來說，企業進行顧客滿意度測評的目的包括：

(1) 瞭解顧客的優先要求。一般來說，企業優先向顧客提供的應該是顧客認為最重要的服務屬性。如果企業管理人員希望通過顧客滿意度測評，瞭解顧客的優先要求，就應該在滿意度調研中，讓顧客對企業所提供的服務性的重要性作出評估。

(2) 瞭解顧客的容忍度。顧客在消費之前往往會對企業提供的產品和服務形成一定的期望。只要企業的產品和服務符合顧客的期望，顧客都是可以容忍的。

(3) 瞭解顧客對企業實績的評估。要測評顧客對本企業的滿意程度，企業必須瞭解顧客對本企業產品、服務等各方面的評價。瞭解顧客對本企業產品的服務實績的評估是任何企業進行顧客滿意度測評必然包含的內容。

(4) 針對顧客優先要求所採取的措施。很多企業進行顧客滿意度測評的目的不僅僅是瞭解顧客對本企業的滿意程度，更重要的是希望通過滿意度測評，找出本企業今後改進的方向，採取有效措施，提高顧客滿意度。一般來說，企業優先提供顧客認為最重要的產品

和服務屬性，能夠有效提高顧客滿意度。因此，企業應根據顧客評估的服務屬性的重要性，決定本企業採取的改進措施的先后順序。

（5）針對競爭對手所採取的措施。除了瞭解顧客對本企業的滿意程度外，很多企業管理人員還希望通過顧客滿意度測評，瞭解顧客對競爭對手的滿意程度，以便採取針對性的措施，取得競爭優勢。

（二）進行調研設計

在明確了顧客滿意度測評的具體目的之后，接下來企業就應該進行調研設計。一般來說，滿意度測評有三種類型的研究：

（1）探索性研究。在進行滿意度測評時，企業首先應通過探索性研究，明確本企業顧客滿意度的影響因素及各個影響因素的相對重要性，常見的探索性研究方法包括訪談和專題座談會兩種。企業可以通過對本企業顧客的個別訪談或是專題座談會形式，瞭解本企業顧客滿意度的影響因素。

（2）描述性研究。確定了本企業顧客滿意程度的影響因素之后，調研人員設計相應的調查問卷，通過抽樣調查收集問卷，並運用基本的系統方法對數據進行描述性分析。通過描述性研究，調研人員可以瞭解顧客對本企業產品和服務的期望、實績、重要性的看法，也可以通過比較確定企業應優先滿足的顧客認為最重要的服務屬性。

（3）因果關係研究。有時候，企業管理人員希望瞭解各個影響因素對顧客滿意程度的影響的大小，找出影響本企業顧客滿意度的因素；也希望瞭解各個影響因素與顧客滿意度之間的因果關係，希望計算出本企業的顧客滿意度指數，調研人員就要根據調查收集的數據進行分析。

（三）客戶滿意度的調查

企業的顧客滿意度測評經常採用問卷調查的方式。調研人員通過個別訪談和專題座談會確定了顧客滿意度的影響因素之后，接下來就是要設計一份完整的調查問卷。問卷的內容包括顧客滿意度的影響因素（如質量、消費價值等）、顧客滿意度，甚至顧客忠誠度概念。調研人員應根據企業的需求決定問卷的形式。一般來說，在顧客滿意度調研中，應包含顧客對產品和服務的屬性的重要性、期望和實績的評估。有時候，企業的顧客滿意度調研中還包括顧客對競爭對手企業產品和服務的評估、對競爭對手企業的滿意程度等問題。

客戶滿意度的調查過程主要包括以下幾個方面：
（1）確定調查目標、對象與範圍。
（2）確定調查方法。
（3）問卷的設計和預調查。
（4）調查人員的挑選和培訓。
（5）實際執行調查。
（6）調查問卷的回收和復核。
（7）問卷的編碼錄入和統計分析。
（8）撰寫調查報告等。

傳統的調查方法主要有入戶訪問、街頭攔訪、電話調查、留置問卷調查、郵寄調查、固定樣本組連續調查等。隨著現代信息技術的運用，出現了一些新的調查方法，包括計算機輔助個人訪問（Computer Assisted Personal Interviewing，CAPI）、計算機輔助電話訪問（Computer Assisted Telephone Interviewing，CATI）、傳真調查、電子郵件調查、自動語音電話調查、網上調查等。企業自己所作的客戶滿意度指數調查多採用街頭攔訪、電話調查、留置問卷調查等方法。

第二節　提高客戶滿意度

一、影響客戶滿意度的因素

影響客戶滿意的因素是多方面的，涉及企業、產品、行銷與服務體系、企業與客戶的溝通、客戶關懷、客戶期望值等各種因素。其中任何一個方面給客戶創造了更多的價值，都有可能增加客戶的滿意度；反之，上述任何一個方面客戶價值的減少或缺乏，都將降低客戶的滿意度。根據「木桶原理」，一個木桶所能裝水的最大限度由其最短的一塊木板所決定，同樣，一個企業能夠得到的最大的客戶滿意度，由其工作和服務效率最差的一個環節或部門所決定。也就是說，企業要達到客戶的高度滿意，必須使所有的環節和部門都能夠為客戶創造超出其期望值的價值。影響客戶滿意的因素可歸結為以下六個方面：

1. 企業因素

企業是產品與服務的提供者，客戶對企業和企業的產品的瞭解，首先來自於企業在公眾當中的形象、企業規模、效益和公眾輿論等內部和外部的因素。當客戶計劃購買產品或服務時，他們會非常關心購買什麼樣的產品，購買哪家的產品，這時企業的形象就起到了很大的決定作用。形象模糊不清的企業，公眾一般難以瞭解和評價；而形象清楚、良好的企業可以帶給客戶認同感，提升企業的競爭優勢。如果企業給消費者一個很惡劣的形象，很難想像消費者會選擇其產品。

2. 產品因素

產品的整體概念包括三個層次，即核心產品層、有形產品層和附加產品層。

（1）核心產品層是指客戶購買產品時所追求的基本效用或利益，這是產品最基本的層次，是滿足客戶需求的核心內容。客戶對高價值、耐用消費品要求比較苛刻，因此這類產品難以取得客戶滿意，但一旦客戶滿意，客戶忠誠度將會很高。客戶對價格低廉、一次性使用的產品要求較低。

（2）有形產品層是指構成產品形態的內容，是核心產品得以實現的形式。包括品種、式樣、品質、品牌和包裝等。由於產品的基本效用必須通過特定形式才能實現，因而企業應該在著眼於滿足客戶核心利益的基礎上，還要努力尋求更加完善的外在形式以滿足客戶的需要。

（3）附加產品層是指客戶在購買產品時所獲得的全部附加服務或利益。企業生產的產品不僅要為客戶提供使用價值和表現形式，有時還需要提供信貸、免費送貨、質量保證、安裝、調試和維修等服務項目；否則，會影響到客戶滿意度。

3. 行銷與服務體系

現代的市場競爭不僅在於生產和銷售什麼產品，還在於提供什麼樣的附加服務和利益。企業競爭的焦點已經轉移到服務方面，企業的行銷與服務體系是否有效、簡潔、是否能為客戶帶來方便，售后服務時間長短，服務人員的態度、回應時間，投訴與諮詢的便捷性，服務環境、秩序、效率、設施和服務流程等都與客戶滿意度有直接關係。同時，經銷商作為中間客戶，有其自身的特殊利益與處境。企業通過分銷政策、良好服務贏得經銷商的信賴，提高其滿意度，能使經銷商主動向消費者推薦產品，解決消費者一般性的問題。

閱讀材料 2：

海爾的「星級服務」

首先是售前服務：詳盡地介紹產品的特性和功能，通過不厭其煩地講解和演示，為顧客答疑解惑（如海爾產品的質量好究竟好在哪裡，功能全究竟全在何處，如何安全操作，用戶享有哪些權利等），從而使顧客清楚地瞭解海爾所提供的產品服務，以便在購買時進行比較與選擇。

其次是售中服務：在有條件的地方實行「無搬動服務」，向購買海爾產品的用戶提供送貨上門、安裝到位、現場調試、月內回訪等各項服務。

最后是售后服務：通過計算機等先進手段與用戶保持聯繫，出現問題及時解決，以百分之百的熱情彌補工作中可能存在的萬分之一的失誤。具體到每項服務，海爾還有一整套規範化標準：售前、售中提供詳盡熱情的諮詢服務；任何時候均為顧客送貨到家；根據用戶指定的時間、空間給予最恰當的安裝；上門調試、示範性指導，使用戶絕無后顧之憂。

在實施「星級服務」的過程中，海爾還推出了「一、二、三、四」模式。具體來說，「一」即一個結果：服務圓滿；「二」即兩條理念：帶走用戶的煩惱，留下海爾的真誠；「三」即三個控制：服務投訴率小於十萬分之一，服務遺漏率小於十萬分之一，服務不滿意率小於十萬分之一；「四」即四個不漏：一個不漏地記錄用戶反應的問題，一個不漏地處理用戶反應的問題，一個不漏地復查處理結果，一個不漏地將處理結果反應到設計、生產、經營部門。

正是靠著不斷完善的「星級服務」，海爾才能不斷向用戶提供意料之外的滿足，讓用戶在使用海爾產品時放心、舒心。這種「客戶滿意」的經營理念，驅動著海爾市場份額的持續增長和產品創新的不斷領先，造就了一個現代化的大型跨國集團企業。

4. 溝通因素

廠商與客戶的良好溝通是提高客戶滿意度的重要因素。很多情況下，客戶對產品性能的不瞭解，造成使用不當，需要廠家提供諮詢服務；客戶因為質量、服務中存在的問題要向廠家投訴，與廠家聯繫如果缺乏必要的渠道或渠道不暢，容易使客戶不滿意。中國消費者協會公布的有關數據表明，客戶抱怨主要集中在質量、服務方面，而涉及價格、性能的很少。抱怨的傾訴對象通常是家人、朋友，較少直接面對廠家或商家。但是，即使客戶有抱怨，只要溝通渠道暢通、處理得當、達到客戶滿意，客戶會對廠家表示理解，並且還會在下一次繼續選擇該企業產品。菲利普・科特勒指出，如果用令人滿意的方法處理投訴，那麼 80% 的投訴者不會轉向其他廠商。

5. 客戶關懷

客戶關懷是指不論客戶是否諮詢、投訴，企業都主動與客戶聯繫，對產品、服務等方面可能存在的問題主動向客戶徵求意見，幫助客戶解決以前並未提出的問題，傾聽客戶的抱怨、建議。客戶抱怨或投訴不但不是壞事，反而是好事。它不僅能為廠家解決問題提供線索，而且為留住最難於對付的客戶提供了機會；相反，不抱怨或投訴的客戶悄然離去，這才是廠家最擔心的。通常，客戶關懷能大幅度提高客戶滿意度，增加客戶非常滿意度。但客戶關懷不能太頻繁，否則會造成客戶反感，適得其反。

閱讀材料 3：

意想不到的結果

日本一家企業想擴建廠房，看中了一塊近郊土地意欲購買。同時，也有其他幾家商社看中了這塊地。但這塊地的所有者是一位老太太，說什麼也不願意賣。一個下雪天，老太

太進城購物，順便來到這家企業，想告訴企業的負責人死了這份心。老太太腳下的木屐沾滿雪水，骯髒不堪。正當老人欲進又退的時候，一位年輕的企業服務人員出現在老人面前說：「歡迎光臨！」小姐看到老人的窘態，馬上回屋想為她找一雙拖鞋，不巧拖鞋沒有了，小姐立刻把自己的拖鞋脫下來，整齊地放在老人腳下，讓老人穿上。等老人換好拖鞋，小姐才問：「請問我能為你做些什麼？」老太太表示要找企業的負責人木村先生，於是這位小姐小心翼翼地把老太太扶上樓。就在老太太踏進木村辦公室的一刹那，她決定把土地賣給這家企業。

后來，這位老太太對木村先生說：「我也去過其他幾家想買地的公司，但他們的接待人員沒有一個像你這裡的這位小姐對我這麼好，她的善良和體貼，很讓我感動，也讓我改變了主意。」

6. 客戶的期望值

客戶的預期越高，客戶達到滿意的可能性就相對越少，就對企業在實現客戶預期上提出了更高的要求；反之亦然。

閱讀材料4：

追公車

在烈日炎炎的夏日，當你經過一路狂奔，氣喘吁吁地在車門關上的最后一刹那，登上一輛早已擁擠不堪的公交車時，洋溢在你心裡的是何等的慶幸和滿足！

而在秋高氣爽的秋日，你悠閒地等了十多分鐘，却沒有在起點站「爭先恐后」的戰鬥中搶到一個意想之中的座位時，又是何等的失落和沮喪！

同樣的結果——都是搭上沒有座位的公交車，却因為過程不同，在你心裡的滿意度大不一樣，這到底是為什麼？

問題的答案在於你的期望不一樣。客戶滿意度是一個相對的概念，是客戶期望值與最終獲得值之間的匹配程度。客戶的期望值與其付出的成本相關，付出的成本越高，期望值越高。公交車的例子中付出的主要是時間成本。客戶參與程度越高，付出的努力越多，客戶滿意度越高。所謂越難得到的便會越珍惜，因為你一路狂奔、因為你氣喘吁吁，所以你知道「搭」上這趟車有多麼不容易，而靜靜地等待却是非常容易做到的。

二、客戶滿意度的監測與追蹤

為使企業在市場競爭中保持不敗，企業要始終瞭解客戶的期望與抱怨，建立客戶滿意度的監測與追蹤體系。客戶滿意度的監測與追蹤方法主要有客戶投訴與建議處理系統、定期的客戶訪問、神祕客戶調查和流失客戶分析。

1. 客戶投訴與建議處理系統

「以客戶為中心」的企業可以通過建立方便客戶傳遞他們投訴與建議的信息管理系統來追蹤和監測客戶滿意度。例如，為客戶提供表格和意見卡來反應他們的意見和建議，企業在營業大廳裡設置意見簿、建立和開通「800」免費電話的客戶熱線。從而最大限度地收集客戶的建議或者意見，為企業制定提高客戶滿意度的措施提供信息和決策依據。

閱讀材料5：

聯想的呼叫中心

聯想的呼叫中心採用了多種調查方式獲取客戶滿意度信息，並把客戶滿意度信息作為指導聯想呼叫中心工作的重要導向。每次調研都會嚴格按照滿意度調查、結果分析、調整

完善和實施改進四個步驟去做。而且，聯想公司還會定期地組織第三方調查。調研內容涉及總體滿意度、總體不足、對服務中各項因素（如接通及時性、工作態度、服務規範性等）重要性評價、對服務中各項因素的滿意度評價等。

第三方滿意度調查公正、全面，可以從宏觀上瞭解呼叫中心的運作質量，保證最終客戶的滿意。同時，聯想注意到定期的第三方調查雖然很系統、全面，但却無法保證及時性，客戶撥入呼叫中心后所產生感受的測試不應等到幾天或幾星期后，而應該在電話后立即完成，只有這樣才能捕捉到客戶那一時刻的真實感受。所以聯想呼叫中心設有話后語音導航（IVR）語音調查功能。每一次諮詢電話結束后，用戶都可以通過語音選擇評判此次諮詢的滿意程度。客戶的這些選擇都將被記錄在數據庫中，便於后期的分析，使調查人員能夠及時發現一些共性或流程層次的問題，所有這些問題，責任都會落實到人並進行改進。同時，對所有選擇不滿的客戶，都會由更高一級的諮詢人員很快進行回訪，瞭解客戶不滿的原因，並為客戶及時解決問題。

2. 定期的客戶訪問

對於一個致力於提高客戶滿意度的企業來說，僅僅建立抱怨與建議系統是遠遠不夠的，因為企業不能用抱怨程度來衡量客戶滿意程度。敏感的公司應該主動定期拜訪客戶，獲得有關客戶滿意的直接衡量指標。企業可以在現有的客戶中隨機抽取樣本，向其發送問卷或電話詢問，以瞭解客戶對企業業績等各方面的印象，企業還可以向客戶徵求對競爭對手的看法等。

3. 神祕客戶調查

企業收集客戶滿意情況的另一個有效途徑是花錢雇人裝扮成客戶，以報告他們在購買公司及其競爭對手產品的過程中所發現的優點和缺點。這些神祕客戶甚至可以故意提出一些問題，以測試公司的銷售人員能否會適當處理。由於被檢查或需要被評定的對象無法確認「神祕客戶」，較之領導定期或不定期的檢查，能夠更客觀、系統地反應出目標對象的真實狀況。

公司不僅應該雇用「神祕客戶」，管理人員也應該經常走出他們的辦公室，進入他們不熟悉的公司以及競爭者的實際銷售環境，親身體驗作為「客戶」所受到的待遇。經理們也可以採用另一種方法，他們可以打電話給自己的公司，提出各種不同的問題和抱怨，看他們的雇員如何處理這樣的電話。

例如，新加坡航空公司就應用這種方法，讓公司職員有時裝成乘客檢查飛行服務，以掌握機組人員的工作表現。第一個把快餐帶進中國的羅杰斯快餐店總經理王大東先生認為羅杰斯設「神祕客戶」的原因是為了讓他們客觀地評價餐飲做得是否足夠好，而這些「神祕客戶」打的分數和餐廳員工的獎金等是直接掛勾的。之所以叫「神祕客戶」，是因為員工們也不知道哪位是真正的客戶。目前，全國許多廠家在主要城市的大商場都設有專櫃並派出促銷員經營，聘請「神祕客戶」暗中在商場監視，便是精明廠家加強管理出的新招。這些「神祕客戶」的工作是在商場以普通消費者的身分暗中監視促銷員們的服務態度和工作紀律，並如實記錄反饋給廠家。

4. 流失客戶分析

對於那些已停止購買或已轉向另一個供應商的客戶，公司應該與其主動接觸，瞭解發生這種情況的原因。例如，IBM每流失一名客戶時，他們會盡一切努力去瞭解他們在什麼地方做錯了，是價格定得太高、服務不周到，還是產品性能不可靠等。公司不僅要和那些流失的客戶談話，還必須控制客戶流失率。從事「流失調查」和控制「客戶流失率」都是

十分重要的，因為客戶流失率的上升明顯地意味著公司難以使客戶感到滿意。

三、提高客戶滿意度的有效途徑

要真正使客戶對所購商品和服務滿意，期待客戶能夠在未來繼續購買，企業必須切實可行地制定和實施如下關鍵策略：

1. 塑造「以客為尊」的經營理念

「以客為尊」的企業經營理念是客戶滿意最基本的動力，是引導企業決策、實施企業行為的思想源泉。麥當勞、IBM、海爾和聯想等中外企業成功的因素就是它們始終重視客戶，千方百計讓客戶滿意，其整體價值觀念就是「客戶至上」。

「以客為尊」的經營理念，從其基本內涵上來看，大致有三個層次：「客戶至上」「客戶永遠是對的」「一切為了客戶」。沒有了這種經營理念，員工就缺少了求勝求好的上進心，缺乏優秀企業那種同心協力的集體意志。麥當勞的創辦人雷·克羅克（Ray Kroc）曾用簡單的幾個字來註釋麥當勞的經營理念：「品質、服務、整潔、價值」。有明確的且為全體員工接受的目標，企業才能充滿活力，真正地為客戶服務。「以客為尊」的經營理念不僅要在高級管理層加以強調，更重要的是要使之深入人心，使企業內部全體人員都明確這一觀念的重要性。

2. 樹立企業良好的市場形象

企業形象是企業被公眾感知後形成的綜合印象。產品和服務是構成企業形象的主要因素，還有一些因素不是客戶直接需要的但卻影響客戶的購買行為，如企業的購物環境、服務態度、承諾保證、品牌知名度和號召力等。這就要求企業應該做到：

（1）理念滿意，即企業的經營理念帶給客戶的心理滿足狀態。其基本要素包括客戶對企業的經營宗旨、質量方針、企業精神、企業文化、服務承諾以及價值觀念的滿意程度等。

（2）行為滿意，即企業的全部運行狀況帶給顧客的心理滿足狀態。行為滿意包括行為機制滿意、行為規則滿意和行為模式滿意等。

（3）視聽滿意，即企業具有可視性和可聽性的外在形象帶給顧客的心理滿足狀態。視聽滿意包括企業名稱、產品名稱、品牌標誌、企業口號、廣告語、服務承諾、企業的形象、員工的形象、員工的舉止、禮貌用語及企業的硬件環境等給人的視覺和聽覺帶來的美感和滿意度。

3. 開發令客戶滿意的產品

產品價值是客戶購買的總價值中最主要的部分，是總價值構成中比重最大的因素。客戶的購買行為首先是衝著商品來的，衝著商品的實用性和滿意程度來的，也就是衝著商品的價值來的。這就要求企業的全部經營活動都要以滿足客戶的需要為出發點，把客戶需求作為企業開發產品的源頭。因此，企業必須熟悉客戶，瞭解客戶，要調查客戶現實和潛在的要求，分析客戶購買的動機和行為、能力、水平，研究客戶的消費傳統和習慣、興趣、愛好。只有這樣，企業才能科學地順應客戶的需求走向，確定產品的開發方向。

4. 提供客戶滿意的服務

熱情、真誠為客戶著想的服務能帶來客戶的滿意，所以企業要從不斷完善服務系統、以方便客戶為原則、用產品特有的魅力和一切為客戶著想的體貼等方面去感動客戶。售中和售后服務是商家接近客戶最直接的途徑，它比通過發布市場調查問卷來傾聽消費者呼聲的方法更加有效。在現代社會環境下，客戶也絕對不會滿足於產品本身有限的使用價值，還希望企業提供更便利的銷售服務，如方便漂亮的包裝、良好的購物環境、熱情的服務態度，文明的服務語言和服務行為，信息全面的廣告、諮詢、快捷的運輸服務，以及使用中

的維修保養等，服務越完善，企業就越受歡迎，客戶的滿意度也就越高。

閱讀材料 6：

解決客戶的問題為最高目的

波音公司成功的主要因素就在於它急客戶之所急，全力幫助客戶解決問題。一位《華爾街日報》的分析家在提到波音公司時說：「幾乎每一位波音公司的技術人員都可以告訴你一個有關波音公司如何在危難之時為旅客解決難題的故事。」

波音公司通過周到的售前、售後服務，急顧客之所急，從而贏得了顧客的信賴。波音公司不惜成本大量印製各種宣傳品，介紹其飛機的優秀性能及安全性、先進性，以達到人人皆知的效果，這樣，各地航空公司出於尊重廣大乘客的意願，也樂於購買波音飛機。另外，波音公司的董事長反復教育其員工說：「我們決不能讓各航空公司感覺到，波音公司只有向其推銷產品時才找他們。」波音公司內部有條不成文的規定，當波音公司的產品發生問題時，不論是什麼原因，波音公司的維修小組必須攜帶備用零部件，迅速從西雅圖趕到世界的任何地方去幫助解決問題。如加拿大航空公司有一架波音飛機因排氣管結冰阻塞，飛行發生故障。波音公司獲悉後，立即派工程師攜帶有關零部件飛赴加拿大，晝夜加班搶修，為加拿大航空公司減少了誤點時間。阿拉斯加航空公司為了讓飛機在泥濘的跑道上降落，急需特殊降落設備，這時波音毫不遲疑地送去了。喀里多尼亞航空公司租用的一架波音 707 飛機在倫敦郊外機場裝貨時，機件部分配線短路失火，撲滅火焰後飛機有了故障而不能起飛。波音公司聞訊後，立即派維修組飛抵倫敦，很快完成了維修任務。再如 1978 年 12 月，義大利航空公司（後簡稱意航）一架飛機在地中海墜毀，他們急需一架替代飛機。於是，意航總裁翁貝托·諾迪奧立刻打電話給波音的董事長威爾遜，提出一項特別要求：「你們能否盡快送來一架波音 727 客機？」當時訂購這種飛機至少要等上兩年，但波音在出貨表上稍做了變動，使意航在一個月之內就得到了飛機。為了回報波音，6 個月後，意航取消了購買道格拉斯公司的 DC10 飛機的原定計劃，而轉為向波音公司訂購 9 架波音 747 超大型客機，其價值高達 5.75 億美元。凡此種種及時的服務，為波音公司贏得了信譽、贏得了顧客和市場，使其業績得到穩步增長。

5. 科學地傾聽客戶意見

現代企業實施客戶滿意戰略必須建立一套客戶滿意分析處理系統，用科學的方法和手段檢測客戶對企業產品和服務的滿意程度，及時反饋給企業管理層，為企業不斷改進工作、及時地滿足客戶的需要服務。

目前，很多國際著名企業都試圖利用先進的傳播系統來縮短與消費者之間的距離。一些企業建立了客戶之聲計劃，收集反應客戶的想法、需求的數據，包括投訴、評論、意見和觀點等。日本的花王公司可以在極短的時間內將客戶的意見或問題系統地輸入計算機，以便為企業決策服務。據美國的一項調查，成功的技術革新和民用產品，有 60%～80% 來自用戶的建議。美國的寶潔日用化學產品公司首創了客戶免費服務電話。客戶向公司打進有關產品問題的電話時一律免費，不但個個給予答覆，而且進行整理與分析研究。這家公司的許多產品改進設想正是來源於客戶免費服務電話。

閱讀材料 7：

洗耳恭聽，化解怒氣

歐洲某國的 AC 電話公司曾遇到過這麼一件事情，公司的顧客愛爾森初涉商界，可並不順利，然而業務電話卻用了許多，收到電話帳單後見到話費數額很大，明顯超過以前，於

是打電話給 AC 電話公司，對接聽電話的人大發脾氣，指責該公司敲他的竹槓。愛爾森揚言要把電話線連根拔掉，再到法院告狀，並且真的一紙訴狀告到當地法院。

AC 公司接到這一電話，起初認為愛爾森是無理取鬧。在知道他向法院告狀時，經過分析之後，決定派一名幹練的業務員充當調解員，去會見這位無事生非的顧客。見面後，愛爾森仍滔滔不絕地又說又罵，業務員卻始終洗耳恭聽，連聲說是，並不斷對愛爾森所遇到的不順利表示同情。就這樣，在幾個小時內，讓愛爾森這位暴怒的顧客痛快淋灕地發泄了一番。

如此這般，在一週內，業務員上門了三次。經歷了三次相同的會面之後，愛爾森冷靜了，並漸漸地友善了。最後，愛爾森付了電話帳單上的費用，撤回了訴狀，甚至有些不好意思。

6. 加強客戶溝通與客戶關懷

企業要完善溝通組織、人員、制度，保證渠道暢通、反應快速。企業要定期開展客戶關懷活動，特別當客戶剛剛購買產品，或到了產品使用年限，或使用環境發生變化時，廠家的及時感謝、提醒、諮詢和徵求意見往往能達到讓客戶非常滿意的效果。

為了加強與客戶的溝通，企業要建立客戶數據庫。客戶數據庫是進行客戶服務、客戶關懷、客戶調查的基本要求。要努力使客戶數據庫從無到有，逐步完整、全面；否則，客戶滿意無從談起。企業還要關注客戶感受。有許多被公認的優秀的企業（如亞馬遜公司）都盡可能收集日常與客戶間的聯絡信息，瞭解客戶關係中的哪個環節出現了問題，找出問題的根源並系統地依據事實進行解決。

7. 控制客戶的期望值

客戶滿意與客戶期望值的高低有關。提高客戶滿意度的關鍵是：企業必須按自己的實際能力，有效地控制客戶對產品或服務的期望值。行銷人員應該控制客戶的期望值，盡可能準確地描述產品或服務，不要誇大產品的性能、質量與服務，否則只能吊起客戶的胃口，效果適得其反。由於客戶的期望值可能還會變化，在描述產品或服務內容後，還要描述與競爭對手的比較，市場需求的變化，必要時介紹產品的不適用條件，讓客戶有心理準備，達到控制客戶期望值的目的。如果為了得到客戶而誤導客戶，玩文字游戲，賦予客戶過高的期望、過大的想像空間，麻煩一定隨之而來。如果客戶期望比較客觀，企業的工作成果能超越客戶的期望，客戶會非常滿意，為企業說好話，為企業介紹生意。

除此之外，企業還可以把提高客戶滿意度納入企業戰略範疇。由於客戶滿意度影響產品銷售，並最終影響企業獲利能力，因此應納入戰略管理。企業要把客戶滿意度作為一項長期工作，從組織、制度、程序上予以保證。企業還應該經常進行客戶滿意度調查。由於市場環境經常發生變化，如技術進步、競爭對手變化等，經常性的客戶滿意度調查有助於企業及時發現問題，採取相應對策，避免客戶滿意度大幅度下滑。

四、顧客滿意管理的實施關鍵

任何一種經營理論都是有局限的，這就要求我們在實施過程中揚長避短，注意一些關鍵問題。

1. 切忌急功近利

顧客滿意管理是以「顧客」為核心的，因此得到顧客的認可需要一個長期的過程。只有長期實施顧客滿意管理才能產生效益，一旦實施成功，會產生巨大的無形資產。但由於成本發生之前，效益姍姍來遲，切忌因一時期的獲利少而喪失信心。要堅信，只要能夠生

產出真正令顧客滿意的產品，最終一定能得到豐厚回報。

2. 切忌孤軍奮戰

實施任何一種戰略都有自身的應用條件和領域，都有自己的優劣和局限性，採用單一策略往往不能達到理想境界。所以要注意多種策略綜合運用，發揮各自的優勢，在以顧客滿意為核心的同時，也要配合價格策略、競爭策略等，發揮各自優勢，達到最優組合，以實現綜合效益。

3. 切忌止步不前

顧客滿意管理戰略不是一種靜態戰略，而是一種動態戰略。現在讓顧客滿意不等於讓顧客永遠滿意，要瞭解顧客的潛在要求，不斷開發新產品。尤其是要有創新精神。創新是企業發展的強大動力，是企業搶占市場、贏得顧客、在競爭中立於不敗之地的法寶。而且新產品的開發與實施顧客滿意管理並不矛盾。開發新產品使顧客的新需求不斷得到滿足，這才是真正意義上的顧客滿意管理。

第三節　客戶滿意情景劇

案例：

兩位富翁，同一秘訣

渥道夫受雇於一家超級市場，擔任收款員。有一天，他與一位中年婦女發生了爭執。中年婦女說：「小伙子，我已將50美元交給您了。」「尊敬的女士，」渥道夫說，「我並沒收到您給我的50美元呀！」中年婦女有點生氣了。渥道夫及時地說：「我們超市有自動監控設備，我們一起去看一看現場錄像吧，這樣，誰是誰非就很清楚了。」中年婦女跟著他去了。錄像表明：當中年婦女把50美元放到一張桌子上時，前面的一位顧客順手牽羊給拿走了。而這一情況，中年婦女、渥道夫，還有超市保安人員都沒注意到。

渥道夫說：「我們很同情您的遭遇。但按照法律規定，錢交到收款員手上時，我們才承擔責任。現在，請您付款吧。」中年婦女的說話聲音有點顫抖：「你們管理存有欠缺，讓我受到了屈辱，我不會再到這個讓我倒霉的超市來購買商品了。」說完，她氣衝衝地走了。

超市總經理約翰在當天就獲悉了這一事件，他當即作出了辭退渥道夫的決定。一些部門經理，還有超市員工都找到約翰來為渥道夫說情和鳴不平，但約翰的意志很堅決。渥道夫很委屈。約翰找他談話：「我知道你心裡很不好受。因為我要辭退你，一些人還說我不近人情。」

約翰走過去，和渥道夫坐在一起。他說：「我想請你回答幾個問題。那位婦女做出此舉是故意的嗎？她是不是個無賴？」渥道夫說：「不是。」約翰說：「她被我們超市人員當作一個無賴請到保安監控室裡看錄像，是不是讓她的自尊心受到了傷害？還有，她內心不快，會不會向她的家人和親朋好友訴說？她的親人和好友聽到她的訴說後，會不會對我們超市也產生反感心理？」面對一系列提問，渥道夫都一一說「是」。約翰說：「那位中年婦女會不會再來我們超市購買商品？像我們這樣的超市在我們這座城市有很多，凡是知道那位中年婦女遭遇的她的親人會不會來我們超市購買商品？」渥道夫說：「不會。」「問題就在這裡，」約翰遞給渥道夫一個計算器，然后說，「據專家測算，每位顧客的身后大約有250名親朋好友，而這些人又有同樣多的各種關係。商家得罪一名顧客，將會失去幾十名、數百名甚至更多的潛在顧客，而善待每一位顧客，則會產生同樣大的正效應。假設一個人每週到商店裡購買20美元的商品，那麼，氣走一個顧客，這個商店在一年之中會有多少損

失呢?」

幾分鐘后,渥道夫就計算出了答案,他說:「這個商店會失去幾萬甚至上百萬美元的生意。」約翰說:「這可不是個小數字。雖然只是理論測算,與實際運作有點出入,但任何一個高明的商家都不能不考慮這一問題。那位中年婦女被我們氣走了,至今我們還不知道她姓甚名誰、家住哪裡,因此無法向她賠禮道歉,挽回這一損失。為了教育超市營業人員善待每一位顧客,所以作出了辭退你的決定。請你不要以為我的這一決定是在上綱上線、亂扯罪名。」

渥道夫說:「我不會這麼認為,您的這一決定是對的。通過與您談心,使我明白了您為什麼要辭退我,我會擁護您的決定。可是我還有一個疑問,就是遇到這樣的事件,我應該怎麼去處理?」約翰說:「很簡單,讓你的客戶滿意地離開,你只要改變一下說話方式即可。你可以這樣說:『尊敬的女士,我忘了把您交給我的錢放到哪裡去了,我們一起去看一下錄像好嗎?』你把『過錯』攬到你的身上,就不會傷害她的自尊心。在清楚事實真相后,你還應該安慰她、幫助她。要知道,我們是依賴顧客生存的商店,不是明辨是非的法庭呀!怎樣與顧客打交道,是我們的重要課題!」

渥道夫說:「與您一席話,勝讀十年書。謝謝您對我的教誨。」約翰說:「你是個工作勤懇、悟性很強的員工。若干年后,你會明白我的這一決定不只對超市有好處,而且對你也有益處。按照我們超市的規定,辭退一名員工是要多付半年工資作為補償的。如果半年后,你還沒有找到合適的工作,那麼你再來我們超市。我們是歡迎你來的。」

渥道夫,這個20多歲的青年,無限感慨地離開了約翰和他管理的這家超市。以後,他沒有再回到這家超市,他籌集了一些資金,干起了旅館事業。10年時間過去了,超市總經理約翰和渥道夫都已擁有了上億美元的個人資產。一次聚會上,渥道夫和約翰不期而遇。渥道夫緊握著約翰的雙手說:「感謝您傳授給我一個寶貴的經營訣竅,它使得我取得今天的成績。」

約翰說:「你說的這些,讓我感到迷惑了。我好像沒有向你傳授什麼訣竅呀?」渥道夫說:「10年前那次長談,您已經間接說出了您的經營秘訣,就是讓每一個顧客滿意地離開商家。」

約翰說:「你真是一位聰慧的人,要知道這可是我的經營秘訣──秘不外傳呀!」隨即,兩人哈哈大笑起來。這天,他們談得很開心。他們都是依靠同一秘訣,干出了如今輝煌的業績。

資料來源:高興宇. 兩位富翁,同一秘訣 [J]. 現代青年:細節版, 2010 (1).

討論題:
通過上述案例,請說出兩位富翁經營成功的共同秘訣是什麼?

本章小結

1. 客戶滿意是客戶關係管理的重要環節。如何建立衡量客戶滿意的指標體系,調查客戶滿意度,進而採取有效措施提升客戶滿意水平就成為本章的主要內容。

2. 客戶滿意是客戶需要得到滿足后的一種心理反應,是客戶對產品或服務本身或其滿足自己需要程度的一種評價。客戶的滿意狀況是由客戶的期望和客戶的感知這兩個因素決定的。客戶滿意包括物質滿意、精神滿意和社會滿意三個層次的內容。

3. 客戶滿意指標是用來測量客戶滿意級度的一組項目因素。企業要選擇那些全面反應客戶滿意狀況的項目因素作為客戶滿意度的總體評價指標。在總體指標下,再設立一些具

體的小指標，使每一個指標具體化，使客戶滿意度測評指標體系構成一個多層次、多指標的結構體系。

4. 客戶投訴和建議處理系統、定期的客戶訪問、神祕客戶調查、流失客戶分析是當前企業追蹤和監測客戶滿意度的主要方法。提高客戶滿意度的有效途徑包括塑造「以客為尊」的經營理念、樹立企業良好的市場形象、開發令客戶滿意的產品、提供客戶滿意的服務、科學地傾聽客戶意見、加強客戶溝通與客戶關懷、控制客戶的期望值等。

復習思考題

1. 什麼是客戶滿意？談談你對客戶滿意的認識。
2. 影響客戶滿意度的因素有哪些，哪些理論模型對其進行瞭解釋？
3. 客戶滿意度測評指標有哪幾個層次，每一個層次的指標分別有哪些？
5. 客戶滿意度測評的步驟是怎樣的？
6. 簡述客戶滿意對企業經營的重要作用。
7. 企業如何調查、追蹤和監測客戶滿意度？
8. 結合某企業實際，談談提高客戶滿意度的有效途徑有哪些？
9. 顧客滿意管理實施的關鍵是什麼？

案例分析

嘉信理財公司——客戶革命的先行者

互聯網帶來的不僅僅是一場通信革命，對於商務來講，它同時也帶來了一場客戶革命。互聯網把主動權交到客戶手中，企業必須順應客戶的需求，才能在這場革命中取勝。在這場革命中有一位先行者，那就是嘉信理財公司。

嘉信理財公司始建於1974年，於1996年推出網上金融服務，現已成為網上金融服務中的佼佼者。嘉信現在擁有750萬活動客戶，430萬活動網上帳戶，公司收入年增長20%，稅後利潤率為12%。7年來，淨資產回報率為20%，有超過60億美元的收入。嘉信之所以取得如此驕人的業績，這與「以客戶為中心」的宗旨是分不開的。嘉信每一位員工都銘記這個宗旨，深切關心客戶的利益，努力提升客戶滿意度，為客戶創造價值。嘉信公司是如何實現「以客戶為中心」的呢？

客戶帳戶增長是嘉信的首要成績指標，嘉信的目標是使客戶資產每年增加20%。「想客戶之所想，努力為客戶創造價值」「向客戶提供世界上最有用的和最有職業道德的金融服務」「做客戶金融夢想的監護人」。這些不僅僅是嘉信人的宣傳口號，而且滲透在嘉信人的一言一行中，正因為如此，客戶基礎規模和價值越來越大。10年前，平均每個帳戶有9,000美元，而現在平均每個帳戶為10,900美元，帳戶規模以年增長率20%的速度增長。嘉信在衡量客戶資產增長方面，用「客戶資產增加了多少」「客戶增加了多少資金」「新吸引的客戶數量」作為指標，而不是關心與客戶做了多少次交易，從每位客戶那裡賺了多少錢。嘉信的首席行銷官蘇珊里昂估計，有70%的客戶是由滿意的客戶推薦來的，這不僅大大節省了吸引新客戶的成本，而且客戶的品質也有了保證。

監測客戶滿意度，並把獎勵制度與客戶滿意度掛勾。嘉信公司不斷進行客戶調查，以衡量客戶對服務的滿意程度。客戶無論透過電話還是互聯網進行交易，嘉信公司都會通過適當的方式進行滿意度調查，並將滿意度與員工的獎金掛勾，以此激勵員工努力提高客戶

滿意度，建立忠誠的客戶群。

提供個性化服務，給每一個客戶個性化的體驗是嘉信公司每一個人的神聖目標。通過分析客戶自願提供的信息和交易記錄等，把客戶劃分為不同的客戶群，並為其提供個性化服務，以此改善客戶體驗，提高滿意度。

想客戶之所想，思客戶之所思，以客戶為中心，讓客戶有完美的體驗，幫助客戶實現資產增值，以此提高客戶滿意度。當有了一批高度滿意的、較高價值的客戶作為基礎後，利潤也就自然而然來了，這正是嘉信理財公司的成功之處。

據美國貝恩策略諮詢公司研究，在美國，公司每五年就流失一半的客戶。客戶流失是擺在經營者面前的一大難題，企業越來越難以留住客戶了，利潤越來越難以把握了。在這個產品豐富、信息發達的網路經濟裡，主動權已悄悄地交到了客戶的手裡。客戶不願被鎖住，他們需要公道的價格、優良的產品和服務，如果得不到這些，他們將另覓出路。企業已不能按照自己喜歡的方式來經營，而必須按照客戶喜歡的方式來經營。以客戶為中心，建立起親密的客戶關係，這才是企業利潤持久增長的來源。

資料來源：李志宏，王學東. 客戶關係管理 [M]. 廣州：華南理工大學出版社，2005.

問題：
1. 客戶是否滿意對嘉信公司有什麼樣的影響？
2. 對於嘉信公司來說，影響客戶滿意的因素主要有哪些？
3. 在提高客戶滿意度方面，嘉信公司採取了哪些舉措？

實訓設計：客戶滿意度調查

【實訓目標】
1. 設計客戶滿意度調查問卷。
2. 理解影響客戶滿意的因素。
3. 掌握提高客戶滿意度的途徑、方法。

【實訓內容】
以某企業為例進行客戶滿意度調查，內容包括：
1. 企業基本情況分析。
2. 設計客戶滿意度調查問卷並進行調查（確定調查目標、對象與範圍，分析影響客戶滿意的因素，設計調查問卷，實際執行調查，回收調查問卷，進行問卷分析並匯總調查結果）。
3. 根據調查結果撰寫該企業客戶滿意度分析報告。

【實訓要求】
1. 組建項目小組：每組5~6人，選出一名組長，由組長確定組員任務和項目小組工作進度的安排。
2. 設計調查問卷並進行調查，匯總調查結果，撰寫該企業客戶滿意度分析報告。
3. 製作幻燈片並在全班進行演示。

【成果與檢驗】
每個小組完成一份客戶滿意度分析報告並推舉一名代表在全班討論、交流。教師對每一份報告予以批閱評分，對優秀者進行點評。

第八章
客戶忠誠度管理

知識與技能目標

（一）知識目標
- 描述客戶忠誠的內涵；
- 熟悉客戶忠誠的類型；
- 掌握衡量客戶忠誠的指標；
- 掌握如何提高客戶忠誠度。

（二）技能目標
- 能夠結合實際識別出忠誠的客戶；
- 學會衡量客戶忠誠度的方法。

引例

一個培養忠誠客戶的時裝秀

在一個人口百萬的日本大都市裡，每年的高中畢業生相當多，一家化妝品公司的老板對此靈機一動，想出了一個好點子。從此，他們的生意蒸蒸日上，成功地掌握了事業的命脈。

這座城市中的學校，每年都送出許多即將步入黃金時代的少女。這些剛畢業的女學生，無論是就業或深造，都將開始一個嶄新的生活。她們一脫掉學生制服，就開始學習改變和裝扮自己，化妝品公司的老板看到了商機，於是每一年都為女學生們舉辦一次服裝表演會，並聘請知名度較高的明星或模特兒現身說法，教她們一些裝飾的技巧。在邀請她們欣賞、學習的同時，公司也利用這一機會宣傳自己的產品，表演會後還不失時機地向每一位女生贈送精美的禮物。

這些應邀參加的少女，除了可以觀賞到精彩的服裝表演之外，還可以學到不少化妝知識，又能收到禮物，滿載而歸，真是皆大歡喜。因此許多人都對這家化妝品公司印象深刻。

這些女生事先都會收到公司寄來的請柬，這請柬也設計得相當精巧有趣，令人一看卡片就目眩神迷，哪有不去的道理？因而大部分人都會寄回報名單，公司根據這些報名單準備一切事物。據說每年參加的人數，約占全市女性應屆畢業生的90%以上。

在她們所得的紀念品中，附有一張申請表。上面寫著：如果您願意成為本公司產品的使用者，請填好申請表，親自交回本公司的服務臺，就可以享受到公司的許多優待。其中包括各種表演會和聯誼會，以及購買產品時的優惠價等。大部分女學生都會回應這個活動，紛紛填表交回，該公司就把這些申請表一一加以登記裝訂，以便事后聯繫或提供服務。事實上，她們在交回申請表時，或多或少都會買些化妝品回去。如此一來，對該公司而言，

真是一舉多得。不僅吸收了新顧客，也實現了把顧客忠誠化的理想。

問題：

該日本公司的做法體現了怎樣的行銷理念？結合生活與實際，談談這種理念在客戶關係管理中的意義。

從第七章的分析得知，客戶滿意度對一個企業是非常重要的。企業開展客戶滿意研究的動機是為了改善客戶關係，但是滿意度僅僅是客戶的一種態度，不能保證這種滿意度一定會轉化為最終的購買行為。也就是說，客戶滿意不等於客戶忠誠，即使對企業滿意，客戶仍然有很多不忠誠的理由。在當今市場激烈的競爭環境下，使得客戶有更廣闊的選擇空間，貨幣選票在客戶手中，無論是否滿意，他們都有權利選擇任何產品和服務。雖然客戶滿意是促成客戶忠誠的重要因素，但是客戶對企業表示滿意和對企業保持忠誠沒有必然的聯繫。所以在贏得客戶滿意之後，企業最重要的就是將這種滿意轉化為客戶忠誠。只有掌握了客戶對企業產品或服務的信任和忠誠，對於企業挖掘潛在客戶需求和增加未來市場行銷才具有直接的指導意義。

第一節　客戶忠誠概述

如前所述，客戶管理的最終目標是通過有效管理企業與客戶之間的關係，提高客戶的重複購買率，進而建立客戶忠誠。因此，瞭解客戶忠誠及其類型對於有效實施客戶關係管理十分重要。

一、客戶忠誠的概念

客戶忠誠是企業最大的無形資產，國內外的研究均表明企業大部分利潤來自占比例較小的忠誠客戶。關於客戶忠誠的概念，理論界有很大的爭議，雖然許多學者曾從不同角度探討客戶忠誠的定義，但對客戶忠誠進行準確的界定並不十分容易，這是因為「忠誠」一詞的內涵十分豐富，它涉及消費者心理及行為等諸多因素。並且，客戶忠誠與客戶滿意的內涵也不盡相同。

（一）客戶忠誠的含義

最早的客戶忠誠被定義為對同一產品重複購買的行為，也有一些學者，如雅各布·雅各比（Jacob Jacoby）和羅伯特·切斯特納特（Robert Chestnut）從客戶行為測評的角度提出高頻度的購買即客戶忠誠。這種形式的忠誠可以通過購買份額、購買頻率等指標來測量，但是單純的行為取向難以揭示忠誠的產生、發展和變化，這就需要分析客戶的潛在態度和偏好。后來美國學者阿蘭·迪克（Alan Dick）和庫納爾·巴蘇（Kunal Basu）引入了相對態度的概念，他們指出真正的客戶忠誠應是伴隨有較高態度取向的重複購買行為。1996年，克里默（Cremer）和布朗（Brown）提出：所謂客戶忠誠，是客戶從特定服務商處重複購買的程度以及在新的同類需求產生時，繼續選擇該服務供應商的傾向。他們據此將客戶忠誠進一步劃分為行為忠誠、意識忠誠和情感忠誠，指出行為忠誠是客戶實際表現出來的重複購買行為；意識忠誠是客戶在未來可能購買的意向；情感忠誠則是客戶對企業及其產品的感情，如客戶是否會向其他人推薦企業及其產品等。他們將態度取向納入了研究範疇，使客戶忠誠的概念更為全面和客觀，為進一步的研究奠定了良好的基礎。理查德·奧利弗（Richard Oliver）則將客戶忠誠定義為：忠誠是不管外部環境和行銷活動如何具有導致行為

轉換的潛力，消費者都承諾對企業及其產品在未來保持始終如一的再購買及支持。

通過不同學者對客戶忠誠的探討，可以簡單地把客戶忠誠理解為：客戶受到產品、價格和服務特性等要素的影響，產生對產品和服務的信賴，並進行持續性的購買行為，它是客戶滿意效果的直接體現。不論如何定義，客戶忠誠至少包含以下三方面的內容：

（1）從心理角度講，客戶忠誠往往體現為客戶對企業及其產品和服務產生一種高強度的依賴，這種依賴可能來源於客戶對企業及其產品的信任感，也可能來源於客戶在使用產品及服務過程中感受到的有用性、滿意度和性價比等，還有可能來源於客戶的個性因素。

（2）從行為角度講，客戶忠誠一般意味著客戶會產生重複購買的行為。這種持續性的購買行為可能出自於對企業服務的好感，也可能出自於購買衝動或企業的促銷活動，或轉移成本過高，或企業的市場壟斷地位使客戶買不到其他產品，或不方便購買其他產品等與情感無關的因素。

（3）從時間跨度上講，客戶忠誠會促使客戶關注並支持企業及產品，而且這種關注和支持會持續較長一段時間。

（二）客戶忠誠與客戶滿意的關係

美國學者瓊斯和賽斯的研究結果表明，客戶忠誠和客戶滿意的關係受行業競爭狀況的影響，影響競爭狀況的因素主要包括：限制競爭的法律、高昂的改購代價、專有技術以及有效的常客獎勵計劃。而無論在高度競爭的行業還是低度競爭的行業，客戶的高度滿意都是形成客戶忠誠感的必要條件，而客戶忠誠感對客戶的行為忠誠無疑會起到巨大的影響作用。

如今客戶滿意度已經成為基本的市場行銷理念，許多企業經常定期進行滿意度調查。但問題是，有的調查發現，65%～85%的已經流失的客戶表示他們滿意或非常滿意，這說明，滿意度是必需關注的，但是更令人關注的應該是不滿意度。根據美國消費者事務辦公室的調查，90%～98%的不滿意消費者從不抱怨，他們僅僅是轉到另外一家。不滿意肯定就會轉向別家，而滿意卻不一定就保證忠誠。由此可見，客戶滿意不等於客戶忠誠，客戶滿意是一種態度，客戶忠誠是一種行為。許多行業存在高滿意度、低忠誠度的現象。如在汽車行業，85%～95%的客戶感到滿意，可只有30%～40%的客戶會繼續購買同一品牌的產品，這種高滿意度、低忠誠度的現象被稱為客戶滿意度陷阱。因此，客戶滿意和客戶的行為忠誠之間不總是強正相關關係。

客戶滿意和客戶忠誠的區別為：客戶的滿意度和他們的實際購買行為之間不一定有直接的聯繫，滿意的客戶不一定能保證他們始終會對企業忠誠並產生重複購買的行為。對交易過程的每個環節都十分滿意的客戶也會因為一個更好的價格更換供應商。有時，儘管客戶對產品和服務不是絕對的滿意，但企業能一直鎖定這位客戶。

毋庸置疑，客戶滿意度是導致重複購買最重要的因素，當滿意度達到某一高度，會引起忠誠度的大幅提高。客戶忠誠度的獲得必須有一個最低的客戶滿意水平，在這個滿意度水平線下，忠誠度將明顯下降。但是，客戶滿意不是客戶忠誠的充分條件。

哈佛大學商學院的研究人員發現，只有最高的滿意等級才能產生忠誠。例如，在醫療保健業和汽車產業中，「一般滿意」的客戶的忠誠比率為23%；「比較滿意」的客戶的忠誠比率為31%；當客戶感到「完全滿意」時，忠誠比率達到75%。在競爭強度較高的產業裡，滿意度與忠誠度的相關性較小。當客戶面對許多選擇時，只有最高等級的滿意度才能加強忠誠度。而在壟斷行業裡，滿意度不起作用，客戶不得不保持很高的忠誠度。研究者們還發現，當客戶在滿意度量表中標註最低分值時，基本與服務質量無關，而很大原因在於客戶經歷了缺乏禮貌的對待。相反，當服務產品存在嚴重的缺陷，但服務人員表現出極

其友善和禮貌的服務態度時，則客戶對服務產品的評價將會大大高於其應得的分值，情感的因素會降低滿意度與忠誠度之間的相關性。

閱讀材料1：

滿意不等於忠誠

小劉下夜班后走在回家的路上，又累又餓。很快，他在路邊發現一個簡陋的小飯館，進去坐下后要了一份蛋炒飯。可是，蛋炒飯沒有滋味，雞蛋少得可憐，米飯又有些硬，吃進肚子裡的感覺稍微比挨餓好一些。吃到一半的時候，服務員出現了，對小劉說：「一切還好嗎？」她黃鸝鳥般的聲音讓人身心愉快，好像對他很關心。小劉的心裡頓時覺得很舒服，笑著回答說：「是的，謝謝。」由此可見，服務員獲得了客戶滿意，百分之百的滿意。然而，蛋炒飯確實難以下咽，忠誠度為零。為什麼小劉不告訴她真相呢？因為他以後再也不會去那兒吃飯了。

（三）客戶忠誠度

客戶忠誠度是指客戶對產品或服務忠誠的程度，是客戶忠誠的量化指標，表現為客戶繼續接受該產品或服務的可能性。有的客戶非常忠誠，有的客戶則不是很忠誠，忠誠度具有不同的層次。菲利普‧科特勒認為，客戶忠誠度是指客戶從本企業購買的產品數量與同競爭對手處購買數量的百分比，比值越高，忠誠度就越高。簡單來看，忠誠度可以分為三個層次：

1. 忠誠

忠誠的客戶是品牌的擁護者，他們現在對產品或服務的滿意度較高，將來也會繼續堅定購買。客戶對企業的這種高度忠誠，成為企業利潤的真正源泉。例如，瑞士軍刀的愛好者，他們會不斷地告訴身邊的人這種刀的好處、用途及使用頻率。這種具有忠誠度的客戶會成為此產品的免費宣傳者，不斷地向別人推薦，此產品的銷量就會特別高，利潤特別高。

2. 一般忠誠

一般忠誠的客戶現在對其他品牌還有一定的傾向，將來的購買態度還不太確定。他們的購買行為是受到習慣力量的驅使。一方面，他怕沒有時間和精力去選擇其他企業的產品或服務；另一方面，轉移企業可能會使他們付出轉移成本。一般忠誠的客戶是企業可能的支持者。例如，一對美國夫婦，妻子喜歡中國菜，丈夫則對東方食物不感興趣，那他們對中國餐館僅僅是一般忠誠。如果在這家餐館增加一些美式餐點，他們對這家餐館的忠誠度就會增加。

3. 不忠誠

不忠誠的客戶現在對產品或服務的滿意度較低，將來也不會再購買。不忠誠的客戶是企業競爭對手的支持者。一般來說，不忠誠的客戶不會成為忠誠的客戶，他們對企業經濟的增長貢獻不大，企業的目標盡量不要設定在這樣的客戶上。

閱讀材料2：

不忠誠客戶

業務員小張長年累月都在全國各地做產品推銷，為了給客戶一個干練的好形象，他每月都要理髮一次。由於經常出差，又是男同志，對發型的要求也不是很高，所以他不太計較理髮店的檔次和理髮師的水平，每到一個地方都隨便找一家理髮店把長了的頭髮剪掉，不過價格不能超過20元。像這樣的客戶，對任何一家理髮店的依賴程度都接近於零，也不大可能再次光顧，他就是典型的不忠誠客戶。

企業的目標並不是使所有的客戶都忠誠，提高客戶忠誠度也並不是指一定要提高所有客戶的忠誠度。所以正確的做法是：在對客戶進行細分的基礎上，採取有針對性的策略，最大限度地讓更具有價值的客戶滿意，而不是取悅於所有的客戶。例如，瑞典銀行組織的實證性研究表明：客戶的滿意度很高，但企業却沒有營利。在研究了客戶的存貸行為，並將收入、利潤同成本比較後，他們發現，一方面，80%的客戶並不具有可營利性，而這類客戶對從銀行獲得的服務却很滿意；另一方面，20%的客戶貢獻了超過銀行利潤資金的100%，但這類客戶却對銀行的服務不滿意。所以，銀行採取措施努力改善對可營利客戶的服務，並取得了極好的成果。

忠誠包括態度和行為兩個方面的內容。從態度上講，忠誠是客戶的一種心態，客戶忠誠的管理是企業管理的目標；從行為上講，客戶忠誠是一種行為，企業要採取多種方案鞏固行為模式，加強客戶的忠誠行為，這兩者結合起來就是對客戶忠誠度的管理。

二、客戶忠誠的分類

不同的客戶所具有的客戶忠誠差別很大，不同行業的客戶忠誠也各不相同。根據凱瑟琳‧辛德爾（Kathleen Sindell）博士的分析，客戶忠誠有如下幾種類型：

1. 壟斷忠誠

壟斷忠誠指某一產品或服務為某一企業所壟斷。在這種情況下，無論滿意與否，客戶別無選擇，只能長期使用這個企業提供的產品或服務。例如，一個城市的自來水公司、供電公司等，客戶不得不重複購買他們的產品和服務，因為客戶沒有其他的選擇。即使對他們的服務不滿意，也不可能放棄使用。壟斷忠誠客戶通常因為選擇面太窄，所以對於企業的忠誠策略非常不滿意。

2. 惰性忠誠

惰性忠誠是指客戶由於時間和生活方式的原因不願意去尋找其他企業，成為這家企業的忠誠客戶。惰性忠誠客戶是依賴程度低、購買頻率高的購買者，他們很容易使企業產生客戶滿意度很高的錯覺，其實他們對企業並不一定滿意。如果其他的企業能夠提供更便利的可替代產品或服務，這些客戶便很容易流失。例如，有很多消費者會長期固定地在某家超市購物，原因是這家超市最方便；有的採購人員選擇固定的供應商，原因是他們熟悉這家供應商的訂貨程序。擁有惰性忠誠客戶的企業應該通過產品和服務的差異化來改變客戶對企業的印象。

3. 潛在忠誠

潛在忠誠是指雖然擁有但是還沒有表現出來的忠誠。通常情況下，潛在忠誠的客戶是低依賴程度、低重複購買的客戶。客戶希望不斷地購買企業產品和服務，但是企業的一些客觀規定或是其他的環境因素限制了客戶的這種需求。例如，客戶原本希望再來購買，但是賣主只對消費額超過1,500元的消費者提供免費送貨。對於這類客戶，企業可以通過瞭解客戶的特殊需要，對一些規定作適當地調整，使這些潛在的忠誠轉變為其他類型的忠誠。

4. 方便忠誠

方便忠誠是低依賴、高重複購買的行為，這種忠誠類似於惰性忠誠。例如，某位客戶重複購買是出於該便利店地理位置比較方便。如果企業的客戶是方便忠誠客戶，那麼企業之間的競爭非常激烈，這種客戶始終在尋找更加有利的條件。方便忠誠的客戶很容易被競爭對手挖走。如果經濟轉化成本較高，他們可能仍然保持對企業的忠誠，但這類客戶並非對企業的服務非常滿意。

閱讀材料 3：

珍珠的忠誠客戶

　　重慶有位叫珍珠的小姑娘失業后，在一條冷清的小街租了一個 6 平方米的公用電話亭，準備做點小本生意。

　　起初她發現打電話的人站著打不舒服，就搬來一個靠背椅子；又發現需要記錄時，打電話者總是手忙腳亂，於是她又在電話機旁放了個小紙盒，裡面有小方紙和圓珠筆。這樣一來，儘管這條小街有好幾個電話亭，但人氣卻開始向她這裡聚集，她又新裝了兩部電話。

　　后來她發現有人等電話時間有沒有香煙、飲料，於是她立即進貨；又發現情侶一起來打電話時，女伴在旁邊總是喊個不停，她馬上又進了些小食品。

　　珍珠的顧客越來越多，並且大都是回頭客。半年后，珍珠的小小電話亭變成了收入不錯的零售店。

5. 價格忠誠

　　對於價格敏感的客戶會忠誠於提供最低價格的供應商，在同類產品中，他們對於價格低的產品保持著一種忠誠。這些低依賴、低重複購買的客戶是不能發展成為忠誠客戶的。例如，只購買打折產品的客戶就是價格忠誠客戶。當價格上漲的時候，這些用戶就會離開企業，忠誠也就隨之消失。

6. 激勵忠誠

　　激勵忠誠是指企業通常會為經常光顧的客戶提供一些忠誠獎勵。激勵忠誠與價格忠誠相似，客戶也是低依賴、低重複購買的那種類型。當企業有獎勵活動的時候，客戶們都會來此購買；當活動結束后，客戶們就會轉向其他有獎勵的企業。激勵忠誠是最常見的一種類型，歐美國家幾乎每位消費者都同時擁有好幾張航空企業、加油站和零售商店的積分卡。這些客戶將這種積分看成了購買產品和服務應得的附加產品。由於積分卡太過常見，客戶很難從中得到非常滿意的感覺。

7. 信賴忠誠

　　信賴忠誠是一種典型的感情或品牌忠誠。信賴忠誠的客戶是高依賴度、高重複購買的客戶。這種忠誠對很多行業來說都是最有價值的，客戶對於那些使其從中受益的產品和服務情有獨鐘，會主動向其周圍的人推薦企業的產品或服務。即使企業的某一點讓他們不滿意，他們也不會立即離開，而是會向企業反應，督促企業改進。這類客戶是企業最寶貴的資源，客戶關係管理的最終目的就是獲得這種信賴忠誠的客戶。

三、客戶忠誠的戰略意義

　　隨著市場競爭的日益加劇，客戶忠誠已成為影響企業長期利潤高低的決定因素。以客戶忠誠為標誌的市場份額，比以客戶多少來衡量的市場份額更有意義。企業管理者需將行銷管理的重點轉向提高客戶的忠誠度，以使企業在激烈的競爭中獲得關鍵性的競爭優勢；通過客戶體驗品牌化，驅動客戶忠誠和企業的利潤，如圖 8-1 所示。

第八章　客戶忠誠度管理

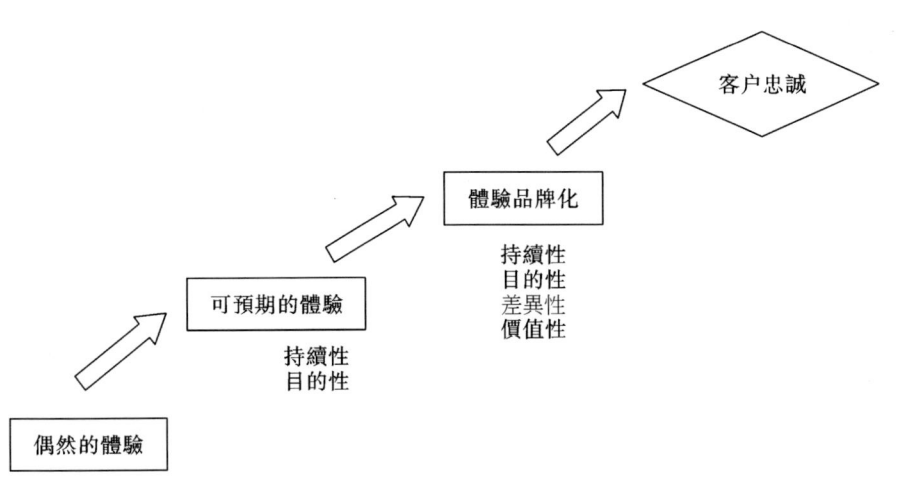

```
偶然的體驗 → 可預期的體驗 → 體驗品牌化 → 客戶忠誠
              持續性          持續性
              目的性          目的性
                              差異性
                              價值性
```

圖 8-1　通過客戶體驗品牌化驅動客戶忠誠和利潤的示意圖

由於客戶忠誠體現在行為上，是客戶一種持續購買的行為，這會給企業帶來長期且具有累積效應的收穫。從客戶生命週期來看，一位客戶保持忠誠越久，企業獲得的收入也就越多，而成本增加得很少，從而獲得更多的利潤。客戶忠誠給企業帶來的價值體現在以下幾個方面：

1. 客戶忠誠使企業獲得更好的長期營利能力

（1）客戶忠誠有利於企業鞏固現有的市場

高客戶忠誠的企業對競爭對手來說意味著較高的進入壁壘。要吸引原有客戶，競爭對手必須投入大量的資金，這種努力通常要經歷一個延續階段，並且伴有特殊風險。這往往會使競爭對手必須投入大量的資金，這種努力通常要經歷一個延續階段，並且伴有風險。這往往會使競爭對手望而卻步，從而有效地保護現有市場。

（2）客戶忠誠有利於降低行銷成本

對待忠誠客戶，企業只需經常關心老客戶的利益與需求，在售後服務等環節上做得更加出色就可留住忠誠客戶，既無需投入巨大的初始成本，又可節約大量的交易成本和溝通成本。同時，忠誠客戶的口碑效應帶來高效的、低成本的行銷效果。

2. 客戶忠誠使企業在競爭中得到更好地保護

（1）客戶不會立即選擇新服務

客戶之所以忠誠於一個企業，不僅因為該企業能提供客戶所需要的產品，更重要的是企業能通過優質服務為客戶提供更多的附加價值。

（2）客戶不會很快轉移向低價格產品

正如忠誠客戶願意額外付出一樣，他們可能不僅僅因為低價格的誘惑而轉向新的企業。不過，當價格相差很大時，客戶也不會永遠保持對企業的忠誠。

3. 客戶忠誠使可以增強員工和投資者的滿意度

客戶忠誠度還會增強企業員工和投資者的自豪感和滿意度，進而提高員工和投資者的隊伍保持率。忠實的員工可以更好地為客戶提供產品和服務，忠實的投資者也不會為了短期利益而做出損害長遠價值的行為，從而為進一步加強客戶忠誠形成一個良性循環，最終實現企業總成本降低和生產力提高。

因此，客戶忠誠度越高，客戶保持越持久，企業獲取的利潤也就越高，它是企業獲得競爭優勢的重要因素。今天的企業不僅要使客戶滿意，更要緊緊地維繫住客戶，使他們產

生較高的忠誠度。

四、衡量客戶忠誠度常用的指標

實施客戶中心戰略的企業把客戶忠誠度作為市場行銷工作的重要目標之一。但是由於不同企業的具體經營情況千差萬別，企業在設計客戶忠誠度的量化考核標準時應根據自身實際情況選擇合適的考核因素，並給以不同的權值來得出一個綜合評價分數。下面介紹一些衡量客戶忠誠度的常用指標：

1. 客戶重複購買次數

在一定時期內，客戶對某一種產品重複購買的次數越多，說明客戶對該產品的忠誠度越高；反之則越低。由於產品的用途、性能、結構等因素也會影響客戶對產品的重複購買次數，因此在確定這一指標合理界線時，需要根據不同產品的性質區別對待。對於產品多元化的企業而言，客戶重複性地購買同一企業品牌的不同產品，也是一種忠誠度高的表現。

2. 客戶需求滿足率

客戶需求滿足率是指在一定時間內客戶購買某種商品的數量占其對該類產品或服務全部需求的比值。這個比值越高，表明客戶的忠誠度越高。

3. 客戶對企業產品或品牌的關心程度

在一定時間內客戶通過交易或者不交易的形式，對企業的商品和品牌予以關注的次數、渠道和信息越多，其忠誠度也就越高。必須指出的是，客戶的關心程度與交易次數並不完全相同。例如，一些品牌的專賣店，客戶可能會經常光顧，但是並不一定每次都會買。

4. 客戶購買時的挑選時間

根據消費心理學知識可知，客戶購買商品都要經過一個挑選的過程。但是對產品信賴程度的不同，挑選時間也是不一樣的。因此，從挑選時間的長短上，也可以鑑別客戶忠誠度。一般而言，客戶在挑選產品時所用的時間越短，表明其忠誠度越高；反之，忠誠度越低。例如，客戶去超市購買洗衣粉，如果習慣了某一品牌，產生了高度的信任感，再次需要時，幾乎不需要挑選。在運用挑選時間作為忠誠度的標準時，也必須消除產品結構、用途等方面差異的影響，否則難以得出準確結論。

5. 客戶對產品價格的敏感程度

客戶對價格是非常重視的，但是對各種產品的價格敏感度不同。例如，對於喜愛和信賴的產品，消費者對價格變動承受能力強，價格敏感度低；而對於不信賴和不喜愛的產品，對價格變動承受能力弱，價格敏感度高。因此，客戶對產品價格的敏感程度可以作為忠誠度的衡量指標之一。客戶對價格的敏感程度越低，忠誠度越高。除了直接的問卷調查和訪談方式外，客戶對產品價格的敏感程度還可以通過側面來瞭解。如公司調整產品價格後，客戶購買量的增減等。此外，分析人員在運用這一標準時需要結合產品的供求狀況、人們對於產品的必需程度，以及產品市場的競爭程度等因素綜合考查。某種產品供不應求時，人們對價格不敏感，價格的上漲往往不會導致需求的大幅減少；當供過於求時，人們對價格變動非常敏感，價格稍有上漲，就可能滯銷。產品的市場競爭程度也會影響人們對產品價格的敏感度。當競爭激烈、替代品較多時，消費者對價格的敏感度高；產品在市場上處於壟斷地位時，消費者價格敏感度就低。所以只有排除供求和競爭等因素的影響，才能通過價格敏感度指標評價客戶的忠誠度。

6. 客戶對競爭產品或品牌的關注程度

客戶對本企業產品或品牌的關注程度發生變化大多數是通過與競爭產品和品牌作比較而產生的。如果客戶對競爭產品或品牌的關注程度越來越高，可能是因為客戶對競爭產品

的偏好有所增加，這表明客戶對本企業的忠誠度下降，購買時很有可能選擇競爭對手；如果客戶對競爭對手的產品沒有興趣，說明對本企業的忠誠度高，購買頻率比較穩定。

7. 客戶對產品質量缺陷的承受力

任何一種產品都可能因某種原因出現質量缺陷或不足，沒有十分完美的產品或服務。研究表明，客戶對產品或品牌的忠誠度越高，對其所出現的質量缺陷的承受力就越強，即客戶會表現出極大的寬容度。若客戶對某一品牌的忠誠度不高，一旦產品出現質量問題，客戶會非常不滿，很有可能終止購買行為。需要注意的是，運用這個指標來衡量客戶對某一品牌的忠誠度時，需要區分質量缺陷的級別：嚴重缺陷、一般缺陷或無缺陷。

8. 客戶對產品的認同度

客戶對產品的認同度是通過向身邊的人士推薦產品，或間接地評價產品表現出來的。如果客戶經常向身邊的人士推薦產品，或在間接的評價中表示認同，則表明忠誠度較高。

不同的行業和企業，衡量客戶忠誠度的指標存在著差異，企業可以根據實際情況設計適合自己的指標體系，並採取相應的客戶忠誠度的解決方案。

第二節　提高客戶忠誠度

以客戶為中心，目的就是維持客戶的忠誠，因為只有長期的忠誠客戶才是企業利潤的源泉。據統計，開發一位新客戶的成本是留住一位老客戶所花費成本的5～10倍，而20%的重要客戶可能帶來80%的利潤，所以留住老客戶比開發新客戶更為有效。現在許多企業都學會了尋找最有價值的客戶，瞭解客戶的需要並滿足他們的需求，提高客戶服務水平，達到留住客戶的目的，也就是維持客戶忠誠，這是客戶關係管理的一個主要功能。

一、影響客戶忠誠度的因素

影響客戶忠誠度的因素很多，對這些因素進行簡單歸納，主要有以下幾個方面：

1. 客戶滿意度的大小是客戶忠誠的重要因素

客戶滿意是理論界較早提出來用於解釋客戶忠誠的一種理論，認為滿意是客戶忠誠的重要因素。客戶越滿意，重複購買的可能性就越大。國外許多理論和實證研究都證實了客戶滿意與客戶忠誠有正相關的關係，然而客戶滿意並不等同於客戶忠誠，也有研究表明許多企業客戶滿意度高而忠誠度却很低。

根據馬斯洛的需要層次理論，可以把客戶期望分為基本期望和潛在期望。客戶忠誠度隨基本期望的滿意水平提高而提高，但忠誠度到了一定水平後，無論客戶滿意水平如何提高，客戶忠誠水平基本保持不變或變化不大。這是因為基本期望是客戶的低層次需求，客戶認為企業的產品就應該具備這些價值，並沒有特別的吸引力，其他企業的產品也有類似的價值。儘管客戶滿意且對產品的評價也不差，但缺乏再次購買的慾望。要真正提高客戶的忠誠就要在客戶的潛在期望上下功夫，提升客戶潛在期望的滿意水平可以有效地提高客戶忠誠。因為客戶從產品中得到了意想不到的價值，是其他企業或產品所沒有的。滿足了客戶的潛在期望而使客戶感到愉悅，促使客戶下一次購買時再選擇該產品，體驗到更多的愉悅，然後逐漸對產品產生信任和依賴，就形成了長期的忠誠關係。

2. 建立誠信機制是企業獲取客戶忠誠的前提

客戶忠誠研究表明，忠誠客戶的維繫成本較低，重複購買率較高，這是企業從中獲取長期收益的根本原因。因此，長期與客戶建立彼此忠誠的關係對於企業十分重要，而任何

一種關係要保持一段時間，前提都是要彼此之間建立信任感。要與客戶建立信任關係，首先應將企業和產品的信息全面、真實地傳遞給客戶，不給客戶提供虛假信息；同時，企業應對在交易過程中收集到的有關客戶信息進行有效的管理，充分尊重客戶的隱私權，這樣才有助於客戶忠誠的建立。

3. 優質服務在建立和維繫客戶忠誠中的作用不可低估

客戶服務是客戶滿意的一個重要因素，無論企業生產什麼產品都需要為客戶提供優質的服務，服務質量的好壞直接影響到企業與客戶的關係。通過客戶服務建立與客戶的長期關係是提供差異化產品的手段之一，可以有效地提高市場的競爭力。如今，產品同質化日益嚴重，企業要在核心產品和期望產品上下功夫以區別競爭對手已經十分困難，為客戶提供超越期望的服務才是差異化策略的重要方法。海爾為客戶提供優異的服務塑造了海爾的差異化品牌形象，使其在眾多國內外家電品牌的包圍中脫穎而出，取得了市場的競爭優勢。

服務是客戶滿意的基礎，僅僅對服務滿意客戶不一定忠誠，但超值的服務不僅產生滿意而且產生愉悅，導致客戶忠誠。要切實提高服務水平，就必須強調服務的個性化程度，企業應充分運用客戶數據庫提供的資料，根據不同客戶的類型，提供有針對性的服務項目。

閱讀材料4：

售后服務對客戶忠誠的影響

著名的電器製造商通用電子公司決定積極地打入新興的太平洋市場后，便開始在很多亞洲城市銷售其產品。然而，起初所有產品的安裝說明書都是英文版，導致一位買主不得不飛越將近1,600千米（1,000英里）的航程，在香港找了一個能閱讀英文說明書的安裝者，安裝了一臺洗衣機，光是安裝費就超出了洗衣機的價錢。

客戶總是希望有較高水準的售后服務，若這些服務達不到他們期望的水準，后果則與該公司製造了劣質產品一樣，最終都會失去客戶的信任。

4. 轉移成本提高是客戶忠誠的直接因素

轉移成本是客戶重新選擇一家新的服務提供商時的代價，它不僅包括貨幣成本，還包括由不確定性而引發的心理和時間成本。借助客戶忠誠行銷計劃，通過價格優惠或其他措施以鼓勵客戶進行重複購買，增加客戶從一個品牌轉移到另一品牌所需要的一次性成本即轉移成本。通過提高轉移成本的方式留住有價值的客戶被許多國外企業證明了是培育忠誠客戶的有效方法。

國內企業雖然也在嘗試此類方法，但往往形式單調，難以得到留住客戶的效果。在這方面國內企業可以借鑑國外企業的成功經驗，留住更多的客戶，實現客戶忠誠。

閱讀材料5：

南方航空的「常旅客飛行計劃新體驗之旅」

2007年4月，南航推出「常旅客飛行計劃新體驗之旅」，對獎勵機票兌換、里程累積、會員升級三方面的會員規則進行了調整。

擁有南航明珠常旅客計劃會員卡的旅客將可獲得豐厚的饋贈和回報，包括獎勵機票的起兌公里下降50%，金卡和銀卡會員分別享受30%和15%的額外獎勵，會員晉級既可根據飛行里程數又可根據航段數來統計等。據瞭解，目前南航常旅客會員人數已超過380萬。

5. 優質產品永遠是客戶重複購買的最佳理由

客戶忠誠的重要表現是重複購買，而重複購買意向的產生與客戶在實際使用產品的過程中得到的滿意度密切相關。為客戶提供優質的產品和服務是企業的責任，而優質的產品

和服務會為企業帶來重複購買的客戶，這些客戶最終會成為企業的財源，由此可知優質產品和服務的作用不可低估。

閱讀材料6：

產品質量對客戶忠誠的影響

一位客戶剛在阿拉斯加安克雷克港的西爾斯船塢公司檢修過他的噴氣艇，滿心希望能釣上一整天的大馬哈魚。可是當他的噴氣艇在一條大冰河上兜了幾小時以後，發動機的軸承竟被凍住了，噴氣艇就像一只笨重的木筏無力前行。很明顯，某位粗心大意的機械師在安裝新軸承后忘了加上防凍液。結果，該船塢公司失去了這位客戶的信任。

6．一線員工是造就客戶忠誠的基礎

對於大多數企業而言，一線員工就是現場銷售人員和服務人員，或者是呼叫中心的客服人員，這些一線員工將會直接與客戶發生接觸。所以一線員工的行為舉止在客戶心中留下的印象是非常深刻的，他們是未來造就客戶忠誠的基礎。美國《哈佛商業評論》的編輯康特認為：一線員工是組織裡級別較低的人，他們很容易形成或是破壞服務策略。

閱讀材料7：

一線員工對客戶忠誠的影響

有一些企業認為：不用考慮其他員工的表現是否滿意，因為他們與客戶並無直接聯繫。幾年前曾有一位客戶以買了一輛豪華車為榮，這輛車幾乎是十全十美，除了轉彎時，總會發出刺耳的「咔咔咔」的聲響。買主多次去找銷售商檢查，都未找到噪聲的根源。幾經協商，製造商終於同意給客戶換輛新車。在收回汽車后，製造商開始拆車以找出發出噪聲的原因。車拆得差不多后，噪聲的來源總算找到了，原來某些「表現讓人滿意」的員工在裝配汽車時，竟然把一只汽水瓶放進了油箱。這只汽水瓶只值15美分，而汽車製造商却損失了兩萬多美元。很多這樣的事例都表明一線員工對客戶的影響是最直接的。

二、提高客戶忠誠度的有效途徑

1．建立客戶數據庫

為提高客戶忠誠而建立的數據庫應具備以下特徵：

（1）一個動態的、整合的客戶整理和查詢系統；

（2）一個忠誠客戶識別系統；

（3）一個客戶流失顯示系統；

（4）一個客戶購買行為參考系統。企業運用客戶數據庫，可以使每一個服務人為客提供產品和服務的時候，明瞭客戶的偏好和習慣購買行為，從而提供更具針對性的個性化服務。

2．識別企業的核心客戶

建立和管理客戶數據庫本身只是一種手段，而不是目的。企業的目的是將客戶資料轉變為有效的行銷決策支持信息和客戶知識，進而轉化為競爭優勢。企業的實踐證明，企業利潤的80%來自於其20%的客戶知識。只有與核心客戶建立關係，企業稀缺的行銷資源才會得到最有效的配置和利用，從而明顯地提高企業的獲利能力。

識別核心客戶最實用的方法是回答三個互相交迭的問題。

（1）你的哪一部分可客戶最有利可圖，最忠誠？注意哪些價格不敏感、付款較迅速、服務要求少、偏好穩定、經常購買的客戶。

(2) 哪些客戶將最大購買份額放在你所提供的產品或服務上？
(3) 你的哪些客戶對你比你的競爭對手更有價值？

通過對這三個問題的回答，可以得到一個清晰的核心客戶名單，而這些客戶就是企業實行客戶忠誠行銷的重點管理對象。

3. 超越客戶期望，提高客戶滿意度

客戶的期望是指客戶希望企業提供的產品和服務能滿足其需要的水平。達到這一期望，客戶會感到滿意；否則，客戶就不會滿意。所謂超越客戶期望，是指企業不僅能夠達到客戶的期望，而且還能提供更完美、更關心客戶的產品和服務，超過客戶預期的要求，使之得到想不到的、甚至感到驚喜的服務和好處，獲得更高層次上的滿足，從而對企業產生一種情感上的滿意，發展成穩定的忠誠客戶群。

4. 正確對待客戶投訴

要與客戶建立長期的、相互信任的夥伴關係，就要善於處理客戶抱怨。有些企業的員工在宿舍在客戶投訴時常常表現出不耐煩、不歡迎，甚至流露出一種反感。其實，這是一種非常危險的做法，往往會使企業喪失寶貴的客戶資源。

5. 提高客戶轉移成本

一般來說，客戶轉換品牌貨轉換賣主會面臨一系列有形無形的轉換成本。對單個客戶而言，轉換購買對象需要花費時間和精力重新尋找、瞭解和接觸新產品，放棄原產品所能享受的折扣優惠，改變使用另一種產品設備則意味著人員再培訓和產品重置成本，提高轉換成本就是要研究客戶的轉換成本，並採取有效措施，人為增加其轉換成本，以減少客戶退出，保證客戶對本企業產品或服務的重複購買。

6. 提高內部服務質量，重視員工忠誠的培養

哈佛商學院的教授認為，客戶保持率與員工保持率是互相促進的。這是因為，企業為客戶提供的產品和服務都是由內部員工完成的，他們的行為及行為結果是客戶評價服務質量的直接來源。一個忠誠的員工會主動關心客戶，熱心為客戶提供服務，並為客戶問題得到解決感到高興。因此，企業在培養客戶忠誠的過程中，除了做好外部市場行銷工作，還要重視內部員工的管理，努力提高員工的滿意度和忠誠度。

7. 加強退出管理，減少客戶流失

退出是指客戶不再購買企業的產品或服務，終止與企業的業務關係。企業正確的做法是及時做好客戶的退出管理工作，認真分析客戶退出的原因，總結經驗教訓，利用這些信息改進產品和服務，最終與這些客戶重新建立正常的業務關係。分析客戶退出的原因，是一項非常複雜的工作。客戶退出可能是單一因素引起的，也可能是多種因素共同作用的結果。

第三節　客戶忠誠情景劇

泰國東方飯店的客戶服務造就客戶忠誠

泰國的東方飯店堪稱亞洲飯店之最，幾乎天天客滿，不提前一個月預定是很難有入住機會的，而且客人大都來自西方發達國家。泰國在亞洲算不上特別發達，但為什麼會有如此誘人的飯店呢？大家往往會以為泰國是一個旅遊國家，是不是他們在這方面下了功夫。錯了，他們靠的是真功夫，是非同尋常的客戶服務，也就是現在經常提到的客戶關係管理。

他們的客戶服務到底好到什麼程度呢？下面不妨通過一個實例來看一下。

於先生因公務經常出差泰國，並下榻在東方飯店，第一次入住時良好的飯店環境和服務就給他留下了深刻的印象，當他第二次入住時幾個細節更使他對飯店的好感迅速升級。

情景一：客房門口

那天早上，在他走出房門準備去餐廳的時候，樓層服務生著裝整齊地站在旁邊。

樓層服務生：「於先生是要用早餐嗎？」（態度恭敬）

於先生：「你怎麼知道我姓於？」（很驚訝的表情）

服務生說：「我們飯店規定，晚上要背熟所有客人的姓名。」這令於先生大吃一驚，因為他頻繁往返於世界各地，入住過無數高級酒店，但這種情況還是第一次碰到。

情景二：電梯門口

於先生高興地乘電梯下到餐廳所在的樓層，剛剛走出電梯門。

餐廳的服務生就說：「於先生，裡面請！」於先生更加疑惑，因為服務生並沒有看到他的房卡。

於先生就問：「你知道我姓於？」

服務生答：「上面的電話剛剛下來，說您已經下樓了。」如此高的效率讓於先生再次大吃一驚。

情景三：餐廳

於先生剛走進餐廳，站在門口的服務小姐馬上迎過來。服務小姐微笑著問：「於先生還要坐老位置嗎？」於先生的驚訝再次升級，心想：「儘管我不是第一次在這裡吃飯，但最近的一次也有一年多了，難道這裡的服務小姐記憶力那麼好？」看到於先生驚訝的目光，服務小姐主動解釋說：「我剛剛查過計算機記錄，您在去年的6月8日在靠近第二個窗口的位置上用過早餐。」於先生聽後興奮地說：「老位置！老位置！」小姐接著問：「老菜單？一個三明治，一杯咖啡，一個雞蛋？」現在於先生已經不再驚訝了，「老菜單，就要老菜單！」於先生已經興奮到了極點。上餐時餐廳贈送了於先生一碟小菜，這種小菜於先生是第一次看到。

於先生：「這是什麼？」服務生後退兩步說：「這是我們特有的某某小菜。」服務生為什麼要先後退兩步呢，他是怕自己說話時口水不小心落在客人的食品上，這種細緻的服務不要說在一般的酒店，就是在美國最好的飯店裡於先生都沒有見過。這一次早餐給於先生留下了終生難忘的印象。

情景四：（畫外音）

后來，由於業務調整的原因，於先生有三年的時間沒有再到泰國去。於先生在生日的時候突然收到了一封東方飯店發來的生日賀卡，裡面還附了一封短信，內容是：親愛的於先生，您已經有三年沒有來過我們這裡了，我們全體人員都非常想念您，希望能再次見到您。今天是您的生日，祝您生日愉快。於先生當時激動得熱淚盈眶，發誓如果再去泰國，絕對不會到任何其他的飯店，一定要住在東方飯店，而且要說服所有的朋友也像他一樣選擇入住東方飯店。於先生看了一下信封，上面貼著一枚六元的郵票。六塊錢就這樣買到了一顆心，這就是客戶關係管理的魔力。東方飯店非常重視培養忠實的客戶，並且建立了一套完善的客戶關係管理體系，使客戶入住後可以得到無微不至的人性化服務。迄今為止，世界各國約20萬人曾經入住過那裡，用他們的話說，只要每年有1/10的老客戶光顧，飯店就會永遠客滿。這就是東方飯店成功的秘訣。

討論題：
1. 根據案例，分析如何提高客戶的忠誠度。
2. 案例中有哪些值得我們學習的服務技巧？

本章小結

1. 企業要想在激烈的市場競爭中取勝，就要不斷地提高客戶忠誠度，客戶忠誠度提高了，客戶的購買行為才會持續。對客戶忠誠度的管理構成本章的主要內容。

2. 客戶忠誠是由於產品質量特性或其他因素的影響，客戶長久地購買某一品牌產品或服務的行為。衡量客戶忠誠度的指標是：客戶重複購買次數、客戶需求滿足率的比例、客戶對企業產品或品牌的關心程度、客戶購買時的挑選時間、客戶對產品價格的敏感程度、客戶對競爭產品或品牌的關注程度、客戶對產品質量缺陷的承受力、客戶對產品的認同度等。

3. 影響客戶忠誠度的因素有客戶滿意度、誠信機制、優質服務、轉移成本、優質產品和一線員工。提高客戶忠誠度的有效途徑有不斷完善服務體系，培養以客戶忠誠為導向的員工，提高客戶滿意度，不斷改進產品質量，優化產品設計，提高轉換成本，塑造良好的企業形象、樹立品牌，持續經營。

復習思考題

1. 客戶忠誠至少應包含哪些內容？
2. 如何評價客戶是否忠誠？
3. 客戶忠誠的類型有哪些？請舉例說明。
4. 客戶忠誠對企業來說有什麼意義？
5. 簡要說明客戶忠誠與客戶滿意之間的關係。
6. 如何提高客戶忠誠度？

案例分析

青山農場的忠誠計劃

美國紐約州錫拉克斯市有一家青山農場（Green Hills Farm），但它不是真的農場，而是一家蔬果食品店。這是一家有將近70年歷史的老店，大約有2,200平方米，店面陳舊，幾年來卻被譽為「全美最好的小蔬食店」。多年來，青山農場能在市場上保持驕人的記錄，離不開它獨特的忠誠計劃。

青山農場與眾不同的地方，在於它真正瞭解它的最佳客戶在何處，並且真正為客戶提供令人滿意的服務。

青山農場的CEO凱瑞·霍金思回憶說，凍火雞的銷售就充分反應出菜場行業虛張聲勢的行銷習慣。按照美國的傳統，感恩節期間，家家食品店都給前來採購的客戶一只免費或幾乎免費的火雞——而不管他們在店裡的花銷有多少。一個感恩節，任何一家小食品店都要為此增加10萬～20萬美元的成本。但在霍金思看來，這無異於是在獎勵那些串來串去只顧挑便宜貨的人。在一個微利的行業，這麼做根本就不值得。

終於有一天，青山農場過感恩節時不再給客戶送火雞了，並同時開始獎勵自己的忠誠客戶。獎品是實實在在的現金——買100（美元）返15（美元），當場兌現。

還有，如果客戶一星期之內連續花銷100美元，就能享受「鑽石級」待遇：包括感恩節期間送一只16～20磅的火雞——不是凍的，是附近農場提供的現宰的；聖誕節來臨之

際，還加送一株聖誕樹——是霍金思家族親自選擇的七英尺（1英尺=0.304,8米，下同）高的道格拉斯冷杉（對美國中產人家來說是很體面的）。小恩小惠就更多了，春季來臨時鮮菜部就發25美分的打折券，客戶攢到一定金額就能實現全年購物打折的優惠，一段時間后還能獲得各種獎品。

而其他消費者，比如說那些只在大減價期間才露面的客戶，不僅感恩節的免費火雞享受不到，其他的一切優惠都享受不到。青山農場採取的原則是：不跟他們浪費寶貴的時間和金錢。其實，上述這些做法在今天看來已經不新鮮了。中國的商家也早已學會了「買100送50」的招數，甚至還有更新的。但是「買一送一」只能一時吸引客戶，如何長期留住客戶，並且衍生出新的價值，還必須有進一步的招數。青山農場的秘訣是設計出針對重點客戶個性化的行銷計劃——忠誠計劃。

青山農場的忠誠計劃一開始就使用了條形碼技術，后來又很早向客戶發放了IC卡。這就使公司能夠有辦法去通過技術手段瞭解、分析和比較它的15,000多名經常性客戶。商店20歲剛出頭的營運董事約翰·馬哈爾說：「你常常覺得上這兒買東西的人沒有你不認識的。可我們的分析報告一出來，你就發現有花銷很大的客戶，你到現在還不認識，也有一些常客，他們的花銷卻實在不高，這很令我們意外。」青山農場進一步瞭解到了它的經常性客戶的潛力和收入、消費結構。不斷的數據採掘加上對獎勵組合的不斷調整，成為青山農場穩操客戶忠心的「把手」。霍金思把他們的忠誠客戶分為兩種類型：一種是交易忠誠者，另一種是關係忠誠者。所謂交易忠誠者，大體還是只重價格；而關係忠誠者，在青山農場的價格沒有明顯優惠的時候也會跟它做生意，目的是享用它的客戶服務和所提供的特惠待遇。「這樣我們就把誰是誰（屬於哪種客戶）完全搞清楚了。」霍金思說。

其實，青山農場的客戶中只有300多人夠得上鑽石級，1,000多人夠得上紅寶石級。其他有級別的客戶分屬珍珠級和蛋白石級。霍金思剛開始的時候以為隨著時間推移，越來越多的客戶會不斷升級，但他后來意識到世界上有大量的只看價格不看服務的客戶，要想打動他們的情感實在不易。正如青山農場負責信息服務的董事莉薩·裴隆說的：想讓低消費家庭增加支出嗎？你沒有多少點子可琢磨的。

於是青山農場愈加重視對鑽石級和紅寶石級客戶的照顧，它做到了使鑽石級和紅寶石級客戶增加消費，而且是不斷增加。是消費大戶撐起了青山農場年銷售額1,800萬美元的業績。以每平方英尺計算，青山農場的每週銷售額是16美元，而業內平均水平僅為8~10美元。在整個美國零售業的純利率在1%就算走運的時候，作為家族企業的青山農場卻自稱紀錄能夠達到平均水平兩倍以上。考慮到從它的附近直到對門，青山農場面對著包括沃爾瑪在內的六家超市的殘酷競爭，這確實是個了不起的紀錄。

而莉薩·裴隆的部分職責，就是保證每一位消費大戶都得到相應的回報和獎勵。她甚至把商店每個部門的消費大戶都作了統計和編排，親自給他們寫感謝信和寄上為他們個人定制的禮品通知；禮品籃內分別放入他們最中意的商品，由部門經理親自把禮品籃交給有通知的客戶。青山農場每年能保持96%的鑽石級客戶，以往多年來的客戶保有率達到80%。不僅如此，它還能從對手那兒挖過來幾位大客戶（一位大客戶就足以自豪）。良好的客戶保有率甚至還為青山農場贏得了供貨商的讚許。

青山農場把行銷真正做到了客戶的個人頭上。在此基礎上，它甚至不用再到當地報紙上做行銷廣告，並用每週節省下來的6,000美元中的一小半，給客戶投遞促銷通知單。

問題：
根據以上材料分析青山農場是通過什麼贏得客戶忠誠的？

實訓設計：客戶忠誠管理實訓

【實訓目標】
1. 理解客戶忠誠對企業的重要性。
2. 理解客戶滿意與客戶忠誠之間的差異。
3. 瞭解衡量客戶忠誠度的指標。
4. 掌握提高客戶忠誠度的有效途徑。

【實訓內容】
1. 案例分析：讓學生閱讀企業客戶忠誠管理的相關案例，通過討論回答相關問題，瞭解中小企業客戶忠誠管理的重要性。
2. 實地調查：考察一家中小企業，針對該企業的實際情況，提出客戶忠誠管理方面的建議。
3. 錄像觀摩：讓學生通過觀看相關中小企業客戶忠誠管理方面的錄像，能夠懂得客戶忠誠管理的重要意義。

【實訓要求】
1. 分組各自選擇一個常用的產品品牌，收集相關資料瞭解該公司的忠誠度狀況。
2. 討論客戶忠誠度調查的工作方案，並設計調查問卷。
3. 在教師的指導下，在本校及周邊開展這個產品品牌的客戶忠誠度調查。
4. 通過現場觀察、詢問、實習等方法，完成調查報告。

【成果與檢驗】
每位同學的成績由兩部分組成：學生在瞭解客戶忠誠度過程中的表現（60％）和調查報告（40％）。

第九章
客戶流失與客戶保持

知識與技能目標

(一) 知識目標

- 描述客戶流失的原因；
- 學會防止客戶流失的對策；
- 解釋客戶抱怨發生的主要原因；
- 學會處理客戶抱怨的技巧；
- 學會制訂客戶保持的評價方法。

(二) 技能目標

- 能夠結合實際情況處理客戶抱怨和投訴；
- 學會如何從公司實際出發做到客戶保持，提高客戶忠誠度。

引例

妥善處理「泰諾」藥物中毒事件

1982年9月29日至30日，在美國芝加哥地區發生了有人因服用含氰化物的強生公司生產的「泰諾」而中毒死亡的嚴重事故。最初，僅有3人因服用該藥物中毒死亡，但是隨著信息的擴散，據稱全美各地已有250人因服用該藥物而得病或死亡。這些消息的傳播引起了全美1億多服用「泰諾」膠囊的消費者的極大恐慌。公司的形象一落千丈，名譽掃地，醫院、藥店紛紛把它的藥掃地出門。民意測驗表明，94%的服藥者表示今后不再服用此藥。面對新聞界的群體圍攻和別有用心者的大肆渲染，「泰諾」藥物中毒事件一下子成了全國性的事件，強生公司面臨一場生死存亡的巨大考驗。

事件發生之后，強生高層經過緊急磋商，認為這件事不僅影響強生公司在眾多的消費者心中的信譽，更為嚴重的是對消費者的生命安全產生了威脅。強生公司立即抽調了大批的人員對所有的藥物進行了檢查。經過公司各部門的聯合調查，在全部的800萬粒藥物的檢驗中，發現所有受污染的膠囊只源於一批藥，總計不超過75片；最終的死亡人數也確定為7人，並且全部在芝加哥地區，不會對全美其他地區產生絲毫的影響。為向社會負責，該公司還是將預警消息通過媒體發向全國，隨后調查表明，全國94%的消費者知道了有關情況。后來警方查證為有人刻意陷害。不久后，向膠囊中投毒的人被拘捕。至此，危機事態可說已完全得到了控制。但善於「借勢」的強生公司並沒有將產品馬上投入市場，而是推出了三層密封包裝的瓶裝產品從而排除了藥品再次被下毒的可能性，並同時將事件的全過程向公眾發布。同時，強生再次通過媒體感謝美國人民對「泰諾」的支持，並發送優惠

券。這一系列有效的措施,使「泰諾」再一次在市場上崛起,僅用 5 個月的時間就奪回了原市場份額的 70%。

問題:

強生公司處理「泰諾」藥物中毒事件體現了客戶管理關係中的哪些理念,為什麼強生公司經歷那麼大的危機事態後,仍能迅速崛起?

在激烈的市場競爭中,即使是滿意的客戶,也有可能隨時「背叛」你,而「投靠」你的競爭對手。所以,絕對不能僅僅滿足於企業吸引了多少客戶,更重要的是能夠留住多少客戶。很多企業都在做著「一錘子買賣」,他們在產品投放市場的初期很注重吸引客戶,千方百計地讓客戶對自己的產品感興趣,購買自己的產品,但在處理客戶抱怨投訴和客戶保持方面卻做得很差,這樣就很容易讓客戶溜走,也使這種購買變成了一次性交易。因此,本章將對客戶流失、客戶抱怨及客戶保持等內容作詳盡地分析,以期引導企業對客戶流失問題給予足夠的重視。

第一節　客戶流失

一、客戶流失的含義

一些企業高層管理人員經常詫異地說:「不久前還與客戶在一起稱兄道弟,客戶流失已成為很多企業所面臨的尷尬問題,企業大多也都關係好好的,一會兒『風向』就變了,跑到競爭對手那裡去了,真搞不明白。」的確,我們知道失去一個老客戶會帶來巨大損失,需要企業再開發十個新客戶才能予以彌補。但當問及企業客戶為什麼流失時,很多企業老總都是一臉迷茫;談到該如何防範,他們更是束手無策。

那到底什麼是客戶流失呢?不同行業對客戶流失的定義有所不同。按凱維尼(Keaveney)的觀點,當客戶不再使用某項產品或服務、轉換到其他替代產品或服務或是轉換到不同的品牌,對原來使用的產品或服務而言,都是客戶流失。本教材對客戶流失的定義為:由於各種原因導致客戶與企業中止合作的現象就是客戶流失。

閱讀材料 1:

老張的遭遇

老張想給自己的手機服務升級,便打電話給電信營運服務商,開始的時候一直沒人接聽,好不容易接通了,他也提出了服務升級的要求,可是一個星期過去了,手機仍然沒有升級,而且隨後手機竟然停止了服務。老張非常氣憤,打電話詢問營運商,營運商甚至找不到他的資料了。老張忍無可忍,最終換了一家營運商。

在行銷手段日益成熟的今天,企業的客戶依然是一個很不穩定的群體,因為客戶的市場利益驅動槓桿還是偏向於人、情、理的。如何提高客戶的忠誠度是現代企業行銷人一直在研討的問題。托馬斯・瓊斯(Thomas Jones)等人認為向客戶提供卓越的價值是獲得持續客戶滿意和忠誠的唯一可靠的途徑。而人們通常假定在客戶關係中,滿意是達到客戶保持的關鍵。客戶關係滿意度越高,客戶保持度也越高。有關數據顯示:

(1)發展一位新客戶的成本是挽留一位老客戶的 5 倍。

(2)客戶忠誠度下降 5%,則企業利潤下降 25%。

(3)向新客戶推銷產品的成功率是 10%,向現有客戶推銷產品的成功率是 50%。

（4）如果將每年的客戶關係保持率增加5個百分點，可能使利潤增長85％。
（5）向新客戶進行推銷的花費是向現有客戶推銷花費的6倍。
（6）如果公司對服務過失給予快速關注，70％對服務不滿的客戶還會繼續與其進行商業合作。
（7）60％的新客戶來自現有客戶的推薦。
（8）一位對服務不滿的客戶會將他的不滿經歷告訴其他8～10個人，而一位滿意的客戶會將他的滿意經歷告訴2～3個人。

閱讀材料2：

客戶流失的代價

一位客戶平均每週去某超市一次，每次購物100元，一年按50周計算就是5,000元，假定他在該區域居住10年，就是5萬元，按10％的利潤計算就是5,000元利潤。所以，一位不滿意的客戶可能意味著該店失去5萬元的生意及5,000元的利潤。另一方面，公司通過計算客戶流失成本可以瞭解客戶價值。例如，一公司有5,000個客戶，假定由於企業的劣質服務，今年流失了5％的客戶，即250個，若平均來自每位客戶的銷售收入是8,000元，則收入損失200萬元，利潤為10％的話，利潤損失20萬元。美國市場行銷協會（American Marketing Association，AMA）客戶滿意度手冊所列的數據顯示：每100位滿意的客戶會帶來25位新客戶；每收到一個客戶投訴，就意味著還有20多位有同感的客戶；客戶維持水平若提高兩成，營業額將提升40％。

二、客戶流失的原因分析

眾所周知，客戶是企業的資源。研究結果顯示：企業獲取一個新客戶的成本是留住一個老客戶的5倍。因此，對於企業來說，留住老客戶，預防老客戶流失，無異於給企業帶來了相當可觀的收益。在研究如何留住老客戶之前，我們要先研究導致客戶流失的原因是什麼？

客戶流失的原因是多種多樣的，總結起來，可以歸納為兩個方面，企業原因和客戶原因。如圖9-1所示。

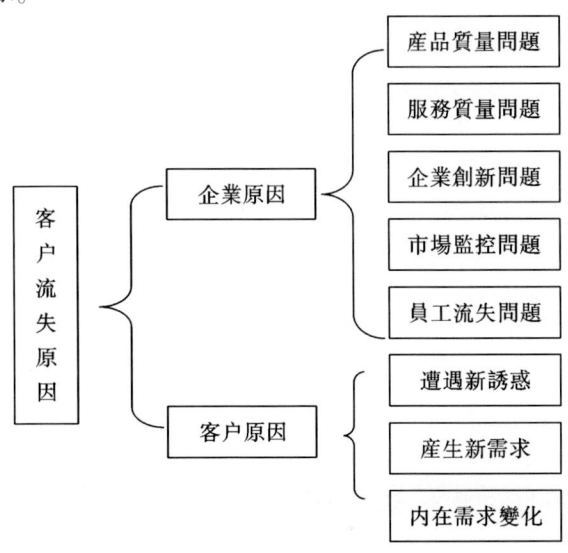

圖9-1 客戶流失原因

(一) 企業原因

企業原因主要包括五部分：產品質量問題、服務質量欠佳、企業創新不足、市場監控欠缺及員工引起的客戶流失。

1. 產品質量問題

產品質量是企業進行市場行銷的基本。產品質量存在問題，不僅能夠滿足客戶要求，也切實損害了消費者的利益，破壞了企業在客戶心目中的形象。在這種情況下，客戶就有可能會放棄原有企業，尋找新的企業。例如：某客戶買了一名牌空調，在安裝過程中發現新買的空調沒有氟戊昂，不能制冷。顧客問：「是否每臺空調都經過廠家檢驗？無氟現象是否普及？」安裝工立即回答道：「每臺空調出廠前都要經過檢驗，但是無氟現象經常發生，屬於正常現象。」這樣的產品質量不禁讓客戶覺得：名牌產品不過虛名，質量恐怕還不如普通牌子呢。

2. 服務質量問題

售後服務是客戶在選購商品時考慮的主要因素之一。根據調查統計，如果企業售後服務欠佳，將會造成94%的客戶流失。在售後服務過程中，工作人員態度懶散、工作效率低下處理問題拖沓等現象都嚴重傷害了客戶的感情，降低了客戶對企業的信任度，影響了企業在客戶心目中的形象。在這種情況下，客戶「棄暗投明」轉投他家，也是情理之中的事。

3. 企業創新問題

企業創新能力是關係企業發展的重要因素。任何產品都存在著自身的生命週期。當今社會日新月異，科學技術飛速發展，客戶的需求也隨之產生了巨大的變化。在這樣的情況下，只有企業不斷提高自身的創新能力，才能迎合客戶不斷變化的需求。如果企業的創新能力不足，企業產品總是原地踏步，沒有任何突破，自然無法滿足客戶的新需求，無法留住客戶。

4. 市場監控問題

市場監控是指企業對商品在流通領域的監管，如價格、行銷等方面。如果企業在市場監管方面存在欠缺，必然引起商品在流通領域的混亂，使客戶喪失對產品的信心，破壞企業形象。

5. 員工流失問題

企業因內部員工流失而引起客戶流失，這方面原因在中小企業中尤為突出。受到企業規模、管理方法等方面因素的影響，企業與客戶之間的忠誠關係往往容易變成企業員工與客戶之間的忠誠關係。企業與客戶之間的密切關係隨之轉化為企業員工與客戶之間的密切關係，企業與員工流失，特別是企業核心銷售人員流失，在企業中普遍存在。企業員工跳槽，老客戶隨之轉投他家的事件屢屢發生。因此，企業自身面臨的是員工、老客戶的雙重流失。

(二) 客戶原因

客戶原因包括：客戶遭遇到新的誘惑、客戶要求得不到滿足，以及客戶內在需求發生變化。

1. 客戶遭遇新誘惑

客戶不僅被琳琅滿目的商品吸引著，還經受著五花八門的行銷手段的誘惑。客戶是一種有限資源，在市場競爭中，通過各種誘惑條件去吸引客戶。客戶有自由選擇的權利，在面對企業給出的足夠讓渡價值時，客戶可能會改變選擇，轉投他家。

2. 客戶產生新要求

在科學技術不斷發展的今天，客戶的需求也發生著快速的變化，隨時產生著新的想法

和需求。當原有企業無法滿足他們隨時變化的需求時，客戶就會根據自己的需要，重新對企業進行選擇。另一方面，一些客戶自恃購買力強，對企業提出種種不合理要求，並以「主動流失」進行要挾。當企業無法滿足客戶的要求時，客戶就只好假戲真做了。

3. 客戶內在需求變化

隨著社會的不斷發展，客戶的需求發生了內部變化，以前需要的商品因為種種原因被淘汰了，致使客戶不得不尋找新的企業。例如：2008 年 6 月 1 日，在「限塑令」實行後，無論是街邊餐館還是星級飯店，都不得不限制、放棄使用原來的一次性塑料餐盒和塑料袋，造成企業的客戶流失。

三、客戶流失分類

基於以上客戶流失的原因，客戶流失可以分為四種類型：自然流失、惡意流失、競爭流失和過失流失。

1. 自然流失

客戶的自然流失不是人為因素造成的，如客戶的搬遷和死亡等。這樣的客戶流失是不可控制的，應該在彈性流失範圍之內。自然流失所占的比例很小。例如，銀行可以通過提供網上服務等方式讓客戶在任何地點、任何時候都能夠方便快捷地使用銀行的產品和服務，減少自然流失的發生；大型連鎖超市可以在盡可能多的地方設立連鎖店或便利店，以方便搬遷客戶的購買。

客戶的自然流失是一種正常範圍內的損耗。針對客戶的自然流失，企業應實施全面質量行銷。顧客追求的是較高質量的產品和服務，如果企業不能給客戶提供優質的產品和服務，終端顧客就不會對他們的上游供應者滿意，更不會建立較高的顧客忠誠度。因此，企業應實施全面的質量行銷，在產品質量、服務質量、客戶滿意和企業營利方面形成密切關係。

2. 惡意流失

惡意流失是從客戶的角度來說的，一些客戶為了滿足自己的某些私利而選擇離開原來的企業。這種情況雖然不多，但是也會發生。例如，少數電信營運商的用戶在拖欠了大額的通信費用後選擇了離開這家電信營運商，再去投靠別的營運商，從而達到不交費的目的，等等。怎樣避免這種類型的客戶流失呢？企業可以建立完善的用戶信用管理機制：一方面，在用戶初次與企業合作時讓其登記下必要的個人資料；另一方面，建立詳細的用戶信用檔案，在開展業務時進行用戶信譽評定。

3. 競爭流失

競爭流失的客戶流失是由於企業競爭對手的影響而造成的。企業在競爭中為防止競爭對手挖走自己的客戶、戰勝對手、吸引更多的客戶，就必須向客戶提供比競爭對手具有讓渡價值的產品。這樣，企業才能提高客戶滿意度並增大雙方深入合作的可能性。

4. 過失流失

除去上述三種情況之外的客戶流失統稱為過失流失。之所以用這個名字，是對企業而言的，因為這些客戶的流失都是由企業自身工作中的過失造成的。這種類型的流失是占客戶流失總量比例最高的，帶給企業影響最大的，也是最需要重點考慮的。下面是幾條建議：

(1) 以優質的標準提供「一對一」的超值服務。

(2) 與客戶建立朋友關係。

(3) 滿足客戶「喜新厭舊」的需求。

(4) 建立良好的企業形象。

總之，企業經營的核心應該從「以產品為中心」轉變到「以客戶為中心」，但並不是以所有的客戶為中心，應該是以挑選出的一部分客戶為中心。因為企業的資源是有限的，所以應該只選擇那些具有營利價值的客戶群體為中心。

四、客戶流失防範策略

找到客戶流失的病因只是有效處理客戶管理的第一步，企業還應結合自身狀況「對症下藥」。一般而言，企業在防止客戶流失策略方面主要有以下七個方面：

1. 實施全面質量管理，做好質量行銷

關係行銷的中心內容就是最大限度地達成客戶滿意，為客戶創造最大價值。而提供高質量的產品和服務是企業創造價值和達成客戶滿意的前提。所以說質量是根、品牌是葉，根深才能葉茂。只有為客戶提供高質量的產品和服務，企業才能與客戶建立持久真誠的關係。而實施全面質量管理，能有效地控制影響質量的各個環節、各個因素，是企業製造優質產品和服務的關鍵。

通用電氣公司前董事長杰克·韋爾奇（Jack Welch）說過：「質量是通用維護客戶忠誠度最好的保證，是通用對付競爭者的最有力的武器，是通用保持增長和營利的唯一途徑。」可見，企業只有在產品的質量上下大功夫，保證產品的耐用性、可靠性、精確性等價值屬性，才能在市場上取得優勢，才能為產品的銷售及品牌的推廣創造出一個良好的運作基礎，也才能真正吸引客戶、留住客戶，減少客戶流失。

閱讀材料 3：

「少林」防盜門的質量意識

鄭州少林防盜門廠管理層非常注重產品的質量。在生產工藝環節，廠長要求防盜門內「筋骨」必須一根到底，不能有接頭。有一次，工人在割制時發現有幾個筋骨離焊接標準只差一點點，如果按廠裡要求，扔掉就太可惜了，若焊接上一小段，就能湊合著用，表面和正常的沒什麼差別，一般消費者看不出來。為此工人找到車間主任，主任說，那就接一段吧，當心些，不要讓人看出接頭的痕跡。孰知產品在過質檢關時被查了出來。廠長甚是生氣，首先炒了主任的魷魚，接著就當眾叫人拿切割機將不合格產品統統拆掉，然後當廢品處理。廠裡的工人一下子全都懵了。后來，廠長語重心長地說：「品牌不能有二等品、三等品，這個關一定要把好。否則，消費者不會相信我們，客戶不會相信我們，那企業也就會很快垮掉。」

2. 樹立「客戶至上」的服務意識

對於任何行業，任何經行銷售者來說，樹立「客戶至上」的服務意識是建立長期合作的前提，它是企業服務於客戶的最基本動力。客戶是企業的「衣食父母」，沒有客戶的經行銷售就談不上是完整的銷售行為。因此，必須從意識和制度上要求企業全體行銷服務人員，樹立正確的服務意識。例如，有一年夏天，武漢特別熱，人們對空調的需求大增，由於當地售後服務隊伍人數有限，海爾預料自己的售後服務將面臨人員危機。於是，武漢海爾負責人很快打電話到總部要求調配東北市場的售後服務人員，接著東北海爾的售後服務人員就乘飛機直達武漢加班加點為客戶服務。客戶得到了海爾全心的服務，盛讚海爾「『真誠到永遠』真是名不虛傳」。

3. 強化與客戶的溝通

溝通是人與人之間、人與群體之間思想與感情的傳遞和反饋的過程，溝通的目的是努力使思想達成一致和感情通暢。只有加強與客戶間的溝通，企業才能瞭解客戶的真實需求，

瞭解客戶對企業產品質量和服務質量的看法，瞭解客戶對企業有哪些意見妥善解決客戶的投訴和抱怨。

強化與客戶的溝通，首先要及時將企業經營戰略與策略的變化信息傳遞給客戶，便於客戶順利開展工作。例如，某鐵礦石進口廠商在瞭解到鐵礦石現貨價格短期內將上浮的消息時，第一時間將信息告訴其合作鋼鐵公司。客戶獲得這些有價值的信息后，及時調整自己的經營策略，結果客戶對廠家自然是感激不盡。其次，企業應充分向老客戶描繪企業發展的美好願景，增強客戶的經營信心，形成一種長期合作的夥伴關係。最后，企業在與客戶交易中遇到衝突時，應及時與客戶溝通，及時解決問題，在適當時候還可以選擇放棄自己利益而保全客戶利益的宗旨，這樣在很大程度上增加了客戶對企業的信任。

4. 增加客戶的經營價值，降低客戶的經營成本

在市場競爭中，企業為戰勝對手、吸引更多的客戶，必須向客戶提供比競爭對手具有更多客戶讓渡價值的產品，這樣才能提高客戶的滿意度。為此，企業應從兩個方面改進自己的工作：一是通過改進產品、服務、人員和形象，提高企業產品的總價值；二是通過改善服務，提供便利、完善的網路系統，減少客戶的資金占用率，減少客戶購買產品所花費的時間、體力和精力，從而降低貨幣成本和非貨幣成本。

5. 建立良好的客情關係

員工跳槽帶走客戶的一個重要原因就在於企業缺乏與客戶的深入溝通與聯繫。企業只有詳細地收集客戶資料，建立客戶檔案進行歸類管理並適時把握客戶需求才能真正實現「控制」客戶的目的。

與客戶建立良好客戶關係的建議：

（1）從「喜歡客戶」開始，發展到「客戶喜歡你」。「人們喜歡令人喜歡的人，人們尊重值得尊重的人。」有很多客戶要讓你喜歡他，真的很為難銷售人員，但是人和人的關係分為兩類：可以選擇的關係和無法選擇的關係。你與客戶之間的關係就是無法選擇的關係。除了慢慢去喜歡他外，你別無他法。如果你能讓客戶喜歡你，說明你成功了。

（2）從「錦上添花」到「雪中送炭」。銷售人員不僅要學會給客戶錦上添花，做對客戶事業發展有益的事，更要雪中送炭。當客戶有困難時，你第一時間去幫助他，客戶肯定會在你有困難時也想著你。你平時心中有客戶，客戶在你困難時心中就有你。

（3）從「客情關係」到「親情關係」。親情關係是客情關係的昇華。每個人都有自己的圈子，如果客戶把你列為他圈子裡的人，他一定會很關照你。

（4）作為一位銷售人員，不僅要讓客戶買你的產品能賺到錢，還要通過你的學識、見識給他帶來增值服務和幫助。

6. 做好創新

企業的產品一旦不能根據市場變化作出調整與創新，就會落后於同類產品和市場，而客戶意見是企業創新的源泉。很多企業都要求其管理人員去聆聽客戶服務區域的電話交流或收集客戶返回的信息。通過傾聽，他們可以得到有效的信息，並可據此進行創新，促進企業更好地發展，為客戶創造更多的經營價值。當然，企業的管理人員還需要能正確識別客戶的要求，正確地傳達給產品設計者，以最快的速度生產出最符合客戶要求的產品，滿足客戶的需求。

7. 善於傾聽客戶的意見和建議

客戶與企業間是一種平等的交易關係，在雙方獲利的同時，企業還應尊重客戶，認真對待客戶提出的各種意見及抱怨，並真正重視起來，才能得到有效地改進。在客戶抱怨時，認真坐下來傾聽，扮好聽眾的角色，有必要的話，甚至拿出筆記本將其要求記錄下來，要

讓客戶覺得自己得到了重視，自己的意見得到了重視。當然，光聽還不夠，客服人員還應及時調查客戶的反應是否屬實，迅速將解決方法及結果反饋給客戶，並提請其監督，這樣才能培養客戶對企業的忠誠度，防止客戶流失。

第二節　客戶抱怨管理

客戶資源是企業生存之本、營運之基、力量之源。沒有客戶，企業便沒有了市場，便失去了利潤的源泉，從而失去其存在的意義。如何建立和維護客戶關係是每一個企業的核心和根本。培養客戶的忠誠，做到使客戶真正滿意，除了要重視諸多影響客戶滿意的因素外，還要處理好客戶抱怨。

一、客戶抱怨的含義、特點和分類

（一）客戶抱怨的含義

客戶對產品或服務的不滿和責難被稱為客戶抱怨。客戶抱怨是由對產品或服務的不滿意而引起的，所以抱怨行為是對不滿意具體的行為反應。客戶對服務或產品的抱怨，一方面，意味著經營者提供的產品或服務沒達到他的期望，沒有滿足他的需求；另一方面，也表示客戶仍舊對經營者具有期待，希望能改善服務水平。客戶抱怨的目的就是挽回經濟上的損失，恢復良好的自我形象。客戶抱怨可分為私人行為和公開行為。私人行為包括迴避重新購買或不再購買該品牌、不再光顧該賣場、說該品牌或該賣場的壞話等；公開行為包括向賣場或製造企業、政府有關機構投訴，要求賠償等。

（二）客戶抱怨的特點

客戶抱怨往往具有以下六個特點，但並不是說每一個抱怨都同時具備這六個特點，而是具有其中某一個或是某幾個特點的組合。

1. 客觀性

現實生活中沒有完美的服務體系，只要有服務，必定不可避免地有失誤，客戶抱怨也就客觀存在，不以服務的提供者和客戶本人的意志為轉移。

2. 主觀性

客戶在接受企業提供的服務時，滿不滿意是一種心理狀態，主觀隨意性很大。客戶的抱怨行為是極不滿意的心理狀態形成的一種行為，很多情況下是主觀意志的產物。例如，客戶心情不好時很難接受客服人員的服務工作，客服人員所付出的服務的滿意度同樣大打折扣；又如，客服人員本來說一句普通語氣的話，但由於客戶心情不好，在其聽來也變成了一句態度惡劣的話語。

3. 普遍性

客戶抱怨存在於所有的服務行業和所有的服務行為中。直接面對客戶的任何一個崗位，不管是協管員、送貨員、電訪員還是客戶經理，只要與客戶有關係，都可能存在產生客戶不滿意的行為，都可能會引發客戶抱怨。

4. 變化性

同樣的服務內容、同樣的客戶經理、同樣的送貨員、同樣的客戶，第一次不出現服務失誤，第二次就可能會出現，所以客戶抱怨的出現有其變化性。

5. 比較性

客戶抱怨是客戶因服務期望與服務感知的差異而引起的不滿意狀態，所以客戶抱怨具

有比較性的特點。例如，A 客戶感到客服人員來自己店裡的次數比到 B 客戶的次數少，A 客戶就會感到客服人員對他不夠重視；又如，一週內供貨限量更改，與供貨量多的客戶相比，供貨量少的客戶就會產生不滿意情緒。

6. 模糊性

由於客戶抱怨是由客戶不滿意的心理狀態形成的一種行為，是一種心理感受，所以無法測量服務提供者失誤的程度。

(三) 客戶抱怨的分類

當顧客對其要求已被滿足的程度的感受越差，顧客滿意度也就越低，顧客投訴的情況也就由此產生。顧客不滿時可能有以下幾種反應：

(1) 雖然內心不滿，但不採取任何行動。不滿意顧客容忍與否，取決於購買經歷對顧客的重要程度、購買商品的價值高低、採取行動的難易程度及其需要額外付出的代價等條件。

(2) 不再重複購買，即不再購買該品牌的產品（或不再光顧該企業）。

(3) 向企業、消費者權益保護機構表示不滿或提出相應要求，如以相關的法律，或以企業內部標準、合同等為基準向企業提出索賠要求。

(4) 向親友傳遞不滿意信息。

(5) 如果顧客不滿意的程度很強烈，就會採取法律行動，向仲裁機構申請仲裁或向法院起訴。

根據上述顧客抱怨的反應，從利於企業管理的角度，可將顧客抱怨劃分為兩大類。

1. 非投訴型抱怨

不滿意的顧客雖然未向企業投訴，但可能停止購買或向他人傳遞不滿信息。這樣企業不僅因無法瞭解客戶不滿意的原因而失去了進一步改進和提高產品或服務質量的機會，而且企業形象也就有可能在不知不覺中受到極大損壞。所以企業應給予非投訴型抱怨以足夠的重視，並採取積極主動的措施對抱怨進行瞭解，如利用各種形式的調查來對廣大未曾投訴的顧客的抱怨信息進行統計分析，從而指導企業改進相應的工作。

2. 投訴型抱怨

顧客因不滿意而採取投訴行為，對客戶來說可以使不滿意的因素得到化解進而感受滿意；對企業來說可以在得到顧客抱怨反應後立即採取補救性措施，變不利為有利。投訴型抱怨反應其實是顧客不滿意所採取的積極行為，它所產生的負面影響最小，所以對於這一類抱怨，企業必須進行及時處理以賠償顧客的經濟賠償顧客的經濟損失和平息顧客的不滿，並應採取積極的措施防止同類事情再次發生；而且企業需要創造條件鼓勵顧客對企業的直接抱怨，如設立投訴箱、開通投訴熱線等。

二、處理客戶抱怨的意義

維護客戶的忠誠是現代企業維持客戶關係的重要手段，處理客戶抱怨是維持客戶滿意、防止客戶流失的最後一道防線。對於客戶的不滿、抱怨，企業一定要採取積極的態度來處理。對於服務、產品或者溝通等原因所帶來的失誤如果補救及時得當，能夠幫助企業重新建立信譽，提高客戶滿意度，維持客戶的忠誠度。

1. 客戶抱怨能夠引起企業重視

對於服務的不滿，企業只能聽到4%客戶的抱怨，96%的客戶保持沉默，91%的客戶今後將不再上門光顧。這說明真正抱怨的客戶只是「冰山一角」，25個不滿意的客戶中只有1個客戶抱怨，對許多客戶而言，他們認為與其抱怨，還不如不再購買該產品或減少與經營

者的交易量。因此，對企業來講，沉默的客戶是企業最大的隱憂，是無法挽回的不滿。沒有抱怨並不等於滿意，所以，經營者時刻要提醒自己還有不滿意而沒有抱怨的客戶。企業因此要及時找出問題的癥結，是哪裡的問題就改善哪裡，同時要加強與客戶的溝通。

閱讀材料4：

肯德基的「神祕客戶」

肯德基的分公司遍布全球80多個國家，多達14,000多個，但它是如何保證下屬循規蹈矩的呢？一次，上海肯德基有限公司收到了三份總公司寄來的鑒定書，對他們外灘快餐廳的工作質量分了三次鑒定評分，分別為83、85、88。分公司中外方經理都為之瞠目結舌，這三個分數是怎麼定的呢？原來，肯德基雇用、培訓一批人，讓他們伴裝客戶潛入店內進行檢查評分，來監督企業完善服務。這些「神祕客戶」來無影去無蹤使得快餐廳經理、雇員時時感到某種壓力，絲毫不敢疏忽。

這些伴裝購物者甚至會故意提出一些問題，以測試企業的員工能否適當處理。例如，一位伴裝客戶可以對餐館的食品表示不滿意，以檢測餐館如何處理這些抱怨。企業不僅應該雇用這樣的伴裝客戶，經理們還應經常走出他們的辦公室，進入他們不熟悉的企業以及競爭者的實際銷售環境，親身體驗一下作為客戶所受到的待遇。經理們也可以採用另一種方法，他們可以打電話到自己的企業，提出各種不同的問題和抱怨，看企業的員工如何處理這樣的電話。他們可以從中發現客戶的流失是不是由於員工的態度問題；發現公司的制度及服務中存在哪些不足，以便改進。

2. 客戶抱怨有助於提高企業美譽度

發生客戶抱怨，尤其是公開的抱怨行為，企業的知名度會大大提高，企業的社會影響的廣度、深度也不同程度地擴展。但不同的處理方式直接影響著企業的形象和美譽度的發展趨勢。在企業積極的引導處理下，企業美譽度往往經過一段時間下降後反而能迅速提高，有的甚至直線上升；而企業若採取消極的態度，聽之任之，予以隱瞞，甚至與公眾不合作，企業形象、美譽度會隨知名度的擴大而迅速下降。

3. 客戶抱怨有利於企業進步

根據美國一位學者的調查研究：一位不滿的客戶會把他的不滿意轉述給8～10人，其中的20%會告訴20個人。按照這樣的計算，10個不滿意的客戶會造就120個不滿意的新準客戶，其破壞力是不可低估的。若企業能夠當場為客戶解決問題，95%的客戶會成為回頭客；如果推延到事後再解決，處理得當，將有70%的回頭客戶，客戶的流失率為30%；若客戶的抱怨沒有得到正確的處理，則將有91%的客戶流失。由此可見，及時有效地處理客戶的抱怨對於企業的經營活動有重要意義。事實上，通過有效地處理客戶抱怨還可以促使企業進步，使企業有機會創造比其他企業更有競爭優勢的產品。

4. 客戶抱怨是企業的「治病良藥」

客戶抱怨可以幫助企業改進不足，提高產品和服務的質量。企業要把客戶的抱怨看成一面鏡子，這樣企業的管理水平、服務意識才會提高。客戶抱怨表面上讓企業員工不好受，實際上卻給企業的經營敲響警鐘。客戶之所以抱怨，是因為企業在工作中有些地方存在不足，只有彌補它才能贏得更多的客戶。會抱怨的客戶最忠誠，他們有著「不打不成交」的經歷，他們不僅是客戶，還是企業的親密朋友，善意的監視、批評、表揚表現出他們對企業特別的關注和關心。因此，如果企業換一個角度來思考，實實在在地把客戶抱怨當做是一份禮物而不是麻煩，那麼企業就能充分利用客戶抱怨所傳達的信息，把事業做大。對企業來講，客戶的不滿唾手可得，這也是企業改善服務和改進產品的基礎。企業要想成功，

必須真誠地歡迎那些提出不滿的客戶，並使客戶樂意將寶貴的意見和建議送上門來。

閱讀材料 5：

小信息，大生意

長春佳美賓館用品商店的老板接到了客戶的一個建議，建議其銷售的衛生紙紙卷小一些。原來該客戶是一家低檔賓館，入住的客人素質較低，服務員每天放在衛生間的一大卷衛生紙，客人用不完也都全部拿走了。本來可以用兩三天的衛生紙，當天就不見了蹤影，第二天只好再上新的，結果導致經營成本上升。商店老板瞭解到這個情況，立即從造紙廠訂購了大量小卷衛生紙，派人去本市各低檔賓館推銷。由於小卷衛生紙解決了賓館經理的心事而受到歡迎，銷量大增。

5. 客戶抱怨是一個提升服務品牌的機會

企業要做好行銷，很重要的工作就是要去瞭解客戶的信息。不瞭解客戶的信息，企業就不能生產適合客戶需求的產品。通過接受客戶提出的意見和抱怨，企業有機會作出更有針對性的改進，從而提升產品質量和品牌形象。

閱讀材料 6：

從抱怨中產生創意

在一次進貨時，某家具廠的一個客戶向其經理抱怨，由於沙發的體積相對大，而倉庫的門小，搬出搬進的很不方便，還往往會在沙發上留下劃痕，顧客有意見，產品不好銷。要是沙發可以拆卸，就不存在這種問題了。兩個月後，可以拆卸的沙發運到了客戶的倉庫裡。不僅節省了庫存空間，而且給客戶帶來了方便。而這個創意正是從客戶的抱怨中得到的。

三、客戶抱怨發生的主要原因

1. 客戶不滿意銷售者所提供的服務

服務人員沒有提供令人滿意的服務，包括服務方式不佳，如接待慢，搞錯了順序，缺乏語言技巧，不管客戶需求和偏好一味地對產品加以說明，商品的相關知識不足無法滿足客戶的詢問；服務態度不好，如只顧自己聊天不理會客戶的招呼，緊跟客戶一味鼓動其購買，客戶不買時就板起面孔，瞧不起客戶，表現出對客戶的不信任，對挑選商品的客戶不耐煩；銷售員自身有不良行為，如對自身的工作流露出厭倦不滿情緒，對其他客戶的評價議論，自身的舉止粗俗或工作紀律差、銷售員之間起內訌；等等。這些都是客戶抱怨產生的最主要原因。美國管理協會所作的一項調查顯示：68% 的企業失去客戶，原因就是服務態度不好。商品是死的，只有在商品裡附加上人的情感，才使商品鮮活起來。企業與客戶間的交易表面上看是物與物的交換，其實質是人與人情感的交流和溝通。

2. 客戶不滿意所購買的商品

企業沒有認真全面地提高產品質量造成客戶對商品不滿意，這也是抱怨的重要原因。完美的商品 = 好產品 + 好服務。100 件商品裡只有 1 件有瑕疵，對商家來說即使僅僅是 1% 的過失，而對客戶來說却是 100% 的不滿意，這就是著名的「100－1＝0」定律。有數據表明，消費者協會收到客戶的投訴大部分都集中在商品質量問題上。例如，消費者辛辛苦苦攢了點錢，從看房、買房、裝修再到喬遷，前前後後花了大半年時間，搬進去沒幾天，下了一場暴雨，發覺屋頂滲水，撬開牆壁一看，全是破鋼筋爛水泥，再請人一量，原來的 100 平方米的房子，已縮水到 90 平方米。喬遷的喜悅還沒有緩過神來，突如其來的「災難」使

一家陷入悲痛之中，想想當初推銷人員的笑臉全是一場騙局。所以，好服務要建立在好商品的基礎上，否則態度再好，也只能說明「忽悠」的道行深罷了。

  3. 廣告誤導導致客戶抱怨

  企業在做廣告時誇大產品的價值功能、不合實際地美化產品，大力宣傳自己的售後服務而不加以兌現；這些往往會招致客戶的不滿和投訴。例如，2008年6月至12月，各地食品藥品監管部門通報並移送同級工商部門查處的違法藥品廣告24,565次、違法醫療器械廣告1,532次、違法保健食品廣告15,196次。吉林、陝西和青海等10個省（區）撤銷了73個因嚴重篡改審批內容進行違法宣傳的藥品廣告批准文號。同時，國家食品藥品監督管理局將其中違法情節嚴重、違法發布廣告頻次高的藥品、醫療器械、保健食品廣告進行了匯總，並予以發布。這些違法廣告都含有不科學地表示產品功效的斷言和保證，一些違法藥品、醫療器械廣告還利用患者或醫療機構名義為產品功效作證明，嚴重欺騙和誤導消費者。

  4. 客戶為了增加談判籌碼

  客戶總是喜歡把A產品與B產品相比，然后把A產品說得一無是處，其實明天他碰到B產品的銷售人員，同樣也會把B產品貶得一文不值；更有些心懷巨測的客戶抓住廠家一些雞毛蒜皮的小事不放或者乾脆無中生有製造事端，給廠家的銷售人員造成心理壓力。其實抱怨只是手段，目的只有一個，增加談判的籌碼，從廠家獲取更多優惠條件（如價格、付款條件）或要達到某種特別的目的。

四、處理客戶抱怨的原則

  企業做生意不僅要創造客戶，更要留住客戶。因此，企業在處理客戶抱怨或投訴時，都必須從客戶的思維模式的角度來尋求解決問題的方法。具體而言，客戶抱怨的處理原則主要有以下幾個方面：

  1. 樹立正確的服務理念，不與客戶爭辯

  企業需要經常不斷地提高全體員工的素質和業務能力，樹立「全心全意為客戶服務」的思想，樹立「客戶永遠都正確」的觀念。只有如此，企業員工才會有平和的心態處理客戶的抱怨。抱怨處理人員面對憤怒的客戶一定要注意克制自己，保持一個良好的態度，不與客戶爭辯，始終牢記自己代表的是企業的整體形象；始終認識到那些有抱怨和不滿的客戶是對企業仍有期望的客戶；客服人員對客戶的抱怨行為要給予肯定和感謝；要盡可能地滿足客戶的要求。

  2. 先處理情感后處理事情

  企業要想方設法地去平息客戶的抱怨，消除怨氣，然后站在客戶立場上去將心比心，迅速採取行動。客服人員首要要關注抱怨客戶的心情，然后去關注問題的解決。但很多客服人員卻忽略了這個環節，他們往往是先處理事件而不顧個人的感受，因此正確地處理客戶抱怨時要先處理情感，后處理事件。先讓客戶發泄，等其情緒平穩下來之後再做事情，免得事情愈弄愈糟糕。

閱讀材料7：

先修理人，后修理車

  美國有家汽修廠的老板發現，修理工人在實踐中往往是雙眼緊盯著出毛病的汽車部件，只顧埋頭修車，而忽略了車主的主觀感受。而在他看來，一個人的車壞了，他的心情自然不好，廠家應先關心一下車主的心情，然后再考慮汽車維修事宜。於是他提出了這樣一條服務宗旨：「先修理人，后修理車。」本著這樣的經營理念，汽修廠老板又總結出一條應對

客戶投訴的處理原則:「先處理感情,后處理事情。」

畢竟,汽車是由一堆冰冷的機器零件組裝而成的,而駕駛汽車的則是有血有肉、情感細膩的人。汽修廠的服務到不到位,汽車不會說,得由車主說了算。

3. 制定處理客戶抱怨流程,做到有章可循

很多客戶抱怨或投訴時可能都有類似的經歷:最初向客戶提供服務的明明是某一個部門,最后卻像踢皮球似地被推到另一個部門去了。這些企業最初向客戶提供的服務可能個人針對性很強,但是一旦到了另一個部門,就很快變得不明確了,服務質量自然大打折扣。為做到有章可循,企業要注意以下三點:

(1) 要制定專門的規章制度,做到處理流程標準化,明確專門人員來管理客戶抱怨和投訴問題,以便在處理客戶抱怨和投訴時有章可循。例如,某企業規定,客戶經理的客戶來電在 10 秒鐘之內必須接聽,如當時因事沒有及時接聽,回電時要說「對不起」。在制定應對標準時要盡可能從客戶的角度考慮問題,確保客戶在接受服務補救時感到自己受尊重,從而使客戶能感到「二度滿意」。

(2) 企業要明確處理抱怨和投訴的各部門、各類人員的具體責任與權限以及客戶投訴得不到及時圓滿解決的責任。

(3) 企業要保持服務的統一、規範,統一執行對客戶的政策。

只有這樣,才能高效處理客戶抱怨,企業在留住客戶方面才能成為贏家;否則,客戶就會跑到競爭對手那裡,企業就會失去老客戶,從而失去市場、失去存在的意義。

4. 準確及時向高層主管傳達客戶的抱怨

企業的高層主管一方面要盡可能地與客戶進行面對面的交流,親身體會一下客戶的憤怒;另一方面,要建立監督機制,對客戶抱怨從一線員工傳達到管理層的過程進行監督,看看究竟有多少客戶抱怨傳達到了企業高層,這些傳達到的抱怨是否準確及時。為此,企業要建立快速通道機制,出現重大問題直接向管理層匯報,加快回覆客戶抱怨的速度。

5. 及時處理客戶抱怨

既然客戶已經對企業產生抱怨,那就要及時處理。對於客戶所有的意見,必須快速反應,並力爭在最短時間裡全面解決問題或至少表示有解決的誠意,給客戶一個圓滿的結果。而拖延時間或推卸責任,只會使客戶的抱怨變得越來越強烈,使客戶感到自己沒有受到足夠的重視,使不滿意程度急遽上升,使事情進一步複雜化。例如,客戶抱怨產品品質不好,企業通過調查研究,發現主要原因在於客戶的使用不當,這時應及時地通知客戶維修產品,告訴客戶正確的使用方法,而不能簡單地認為與企業無關,不加理睬。雖然企業沒有責任,但如此同樣也會失去客戶。如果經過調查,發現產品確實存在問題,應該給予賠償,並盡快告訴客戶處理的結果。

6. 記錄客戶抱怨,留檔分析

客戶抱怨記錄是用於記錄客戶發生抱怨事件的內容,記錄的通常是關於客戶因企業失誤而產生抱怨事件的原委,客戶的立場狀況及理由,處理過程、處理結果和客戶滿意程度等。同時,企業通過對抱怨記錄的統計、歸類和分析,及時發現嚴重的和經常出現的抱怨,對其進行監督檢查,不讓事態進一步擴大化,並予以早注意和早處理,吸取教訓,總結經驗,為以後更好地處理客戶抱怨和投訴提供借鑑。

閱讀材料 8：

三株口服液的痛

1996 年 6 月，湖南常德漢壽縣退休老人陳伯順在喝完三株口服液后去世，其家屬隨后向三株公司提出索賠，財大氣粗的三株則拒絕給予任何賠償，堅決聲稱是消費者自身的問題。遭到拒絕後陳伯順家屬一紙訴狀將三株公司告上法院。1998 年 3 月，法院一審宣判三株敗訴后，20 多家媒體炮轟三株，引發了三株口服液的銷售地震。4 月份的三株口服液銷售額就從上年的月銷售額 2 億元下降至幾百萬元，15 萬人的行銷大軍，被迫削減為不足 2 萬人，官司給三株造成的直接經濟損失達 40 多億元，國家稅收也因此損失了 6 億元。

1999 年 3 月，法院終審判決三株公司獲勝，但此時三株帝國已經陷入全面癱瘓狀態。三株的 200 多個子公司停止運作，絕大多數工作站和辦事處全部關閉，全國銷售基本停止。創造中國保健品奇跡的三株公司，在危機應對中的表現却極其不成熟：就事論事，陷於局部誰是誰非的爭論，與消費者爭論不休却忽視危機公關。

三株公司在處理消費者投訴時違背了以下原則：

（1）違背承擔責任原則。既然消費者已經受了誤導，三株公司不應該採取迴避的態度，而應該從負責任的角度，主動停止三株口服液的銷售，配合司法機關的調查。

（2）違背真誠溝通原則。在事件發生後，三株公司對內瞞騙員工，對外視媒體為敵人，結果公眾無法瞭解事實真相，致使謠言四起。

（3）違背速度第一原則。危機發生后，企業既沒有立即派出得力人員調查事故起因、安撫受害者、盡力縮小事態範圍，也沒有主動與政府部門和媒體進行溝通、說明事實真相。

（4）違背系統運行原則。對簿公堂而沒有採取其他相應的措施，致使事態擴大。

（5）違背權威證實原則。自己的產品好，却沒有主動邀請權威機構對其進行檢測，消費者當然寧願信其有，不願信其無。如果當時三株公司能在北京召開新聞發布會，並由衛生部相關專家對三株口服液的功效進行論證，可能就不會是這樣的結局了。

五、客戶抱怨處理的流程

客戶之所以有抱怨，說明企業提供的產品或服務與客戶的期望之間存在差異，也顯示了企業的不足。客戶能否「二度滿意」取決於企業在處理客戶抱怨時是否與客戶原本的期望達成一致，達到或高於客戶期望值的處理才算成功。為使客戶「二度滿意」，企業光有良好的政策方針還不能轉變客戶的不滿，積極並準確的行動才是關鍵。處理客戶抱怨的流程一般認為有以下七個步驟：

1. 聆聽客戶抱怨

客戶只有在利益受到損害時才會將抱怨轉變為投訴，所以商家要虛心接受客戶抱怨，耐心傾聽對方訴說。

（1）客服人員不可以和客戶爭論，要以誠心誠意的態度來傾聽客戶的抱怨，不只是用耳朵聽，還要用心去聽。讓客戶的怒火盡情發泄，在其憤怒發泄完之前，客服人員是不可能幫他們解決任何問題的。如果客戶的怨氣不能夠得到發泄，他就不會聽任何人的解釋，以致針鋒相對，最終造成雙方溝通的障礙，局面無法收拾。許多難纏的客戶在表達不滿時，會表現得比較激動，怨氣十足。此時，客服人員盡量不要打斷他們，更不能告訴他們「冷靜一下」，哪怕是你禮貌地說：「請您冷靜一下好嗎？」因為得到的回答永遠是：「你憑什麼叫我冷靜！」只有讓客戶將不滿發泄出來後，他的情緒才會逐漸平穩下來，恢復理智。因此，此時冷靜的人應該是客服人員自己。客服人員應牢記，永遠不要和發怒的客戶去爭論。

即便你完全理解了對方的意圖，也不要去反駁。

（2）變更一下場所，尤其對於感情用事的客戶而言，變個場所較能讓客戶恢復冷靜。例如，幾位客人在某火鍋店吃飯，吃完飯發現飯店在搞促銷，可以搖一個轉盤。這幾位客人抽中了一碗雜面，但是得下回來才可以吃，客人覺得不怎麼樣，問促銷的小姐能不能再搖一次，小姐說，不能。於是這幾位客人就在這裡大吵大鬧，引來好多人觀看。如果這時不變更一下場所，可能都收不了場。聰明的做法是趕緊把幾位客人請進辦公室，讓他們消消氣，你的生意才不致受到影響；否則，在大庭廣眾之下，只能使事態變大，造成更大的負面影響。

（3）應注意不要馬上承諾，要想方設法以「時間」換取衝突冷卻的機會。你可告訴他：「我回去好好地把原因和內容調查清楚后，一定會以負責的態度處理的。」這種方法是要獲得一定的冷卻期，尤其客戶所抱怨的是個難題時，應盡量利用這種方法。

2. 理解客戶的感受

客戶肺活量再大，也會有最后沒力氣或者停下來喘口氣的時候，這時就是客服人員站出來說「我聽明白您的話了」的時候了，這樣客戶覺得自己的力氣和唾沫沒有白費。並且客服人員及時表明自己對客戶發火的理解和歉意，「發生這麼嚴重的事情，難怪您今天會有這麼大的火氣，以前每次接到您的電話我都非常高興，因為您總是……我對發生這樣的事情深感歉意。」讓客戶感受到憤怒和委屈被人理解。但不要解釋事情的原因，即使你理解了客戶此時的心情，對客戶還未平穩的情緒而言，馬上解釋事情的緣由無異於火上澆油。因為客戶會認為客服人員在推卸責任，不想解決問題。這是處理客戶抱怨的大忌，也是企業常犯的錯誤。很多時候本不是企業的責任，但是即使事情不是企業的錯，客戶也會認定錯全在企業。這種情況下，客服人員還是不得不準備好承受所有的責備，甚至做好要面對客戶提出的一些過分要求的心理準備。對於客服人員，此時應能承受壓力，面對客戶始終面帶微笑，並且時刻提醒自己：當一個人怒發衝冠時，他才不管你是誰、你幫他做了多少事呢，你只是他在氣頭上抓到的第一個發泄對象而已，他所說的話不是出於私憤，並不是針對你個人。

3. 分析客戶抱怨的原因

聆聽客戶的抱怨和理解客戶的感受后，客服人員必須冷靜地分析事情發生的原因與重點。經驗不豐富的銷售人員往往似懂非懂地貿然斷定，甚至說些不必要的話而使事情更加嚴重。銷售過程中所發生的拒絕和反駁的原因是千差萬別的，而抱怨的原因也是同理的，必須加以分析。引起客戶抱怨的原因可能有以下三個方面：

（1）由銷售人員解釋不夠、沒履行約定、態度不誠實等原因所引起的，尤其是不履行約定和態度不誠實所引起的投訴，很容易扭曲公司形象，使公司也受到連累。

（2）由客戶本身的疏忽和誤解所引發的。

（3）由商品本身的缺點和設備不良所引起的。這種情形雖然責任不在銷售人員，但也不能因此避而不見。

4. 轉換客戶的要求

當客戶確認客服人員已經理解了他的感受，並瞭解事情的經過后，接下來的問題是客服人員瞭解客戶對解決事情的要求。當客戶感覺到已經有人在關心問題結果的時候，對立的情緒就會平穩下來，也達到了緩和氣氛的目的。客服人員避免對客戶的要求說「不」。無論到什麼時候，客戶最不願意聽到的就是自己的要求被拒絕。同時，客服人員要找出客戶最關心的是什麼，這是問題得到解決的關鍵。一個情緒激動或者理智不清的人，或許有時候會提出很多要求，有的要求甚至有些過分。因此，客服人員應分析什麼才是客戶最關心

的問題，同時要考慮公司的利益，引導客戶的思路將要求進行轉換，找出客戶要求與公司利益的平衡點。

客服人員應記住，千萬不要重複客戶的要求，而只需要重複事情的經過。如果客服人員把客戶的要求也重複了，就等於給了客戶信心，堅定了他對自己要求的強硬態度，認為客服人員會為他解決問題，會出現客戶「希望越大，失望越大」的情況。客服人員要學會給自己解決問題時留有餘地；否則，在后面的問題解決過程中會把自己置於一種「險境」。例如，希爾頓（Hilton）酒店有一條「承諾做好，送上最棒」的訓導，就是告訴人們，在服務過程中，面對客戶做出承諾時要留有餘地，然后努力去做，可以達到超出客戶期望的效果。

5. 找出解決問題的方案，及時通知客戶

客服人員根據瞭解的情況，詳細核實事情的經過，瞭解事情真正的起因，結合客戶的要求，提供多種解決問題的方法供客戶選擇。當客戶面對兩種以上的選擇的時候，思維會受到一定程度的限制，接受意見也會更快。客服人員不要總想著推脫責任，而要想著自己可以為客戶做些什麼。如果問題一時無法按客戶的要求得到解決，客服人員應先與客戶溝通，讓他瞭解事情的每一步進程，爭取圓滿解決抱怨，並使最終結果超出客戶的預期，讓客戶滿意，從而達到在解決抱怨的同時抓住機會，不讓客戶流失。如果客服人員不得不拒絕客戶的要求時，也要當機立斷，用一種委婉的語氣立刻表達清楚，以防自己變得更加被動。

抱怨出現后，客服人員要用積極的態度去處理，不應迴避，不要把客戶的要求「扔」在一邊，不要自欺欺人。因為客戶最終還是會主動找上門的，並且因為客服人員對他們的要求置之不理而更加惱怒。所以企業要積極尋求解決問題的方案，而不是推諉扯皮。

6. 反饋結果並表示感謝

（1）客服人員要再次表示歉意，將自己認為最佳的一套解決問題的方案第一時間提供給客戶。如果客戶提出異議，可再換另一套方案，待客戶確認后再實施。若處理結果讓客戶滿意，要對客戶的理解和支持表示感謝。如果還是不能讓客戶滿意，客服人員只好再回到上文的第五步，甚至第四步。

（2）如果客戶同意解決方案，客服人員應盡快處理。處理得太慢，不僅沒效果，有時還會使問題惡化。

7. 對改進的內容進行跟蹤回訪

對抱怨得到圓滿處理的客戶，應給予回訪，特別是遇重大的節假日，會提高客戶的滿意度，一個電話或一封電子賀卡，都可能會出現感動客戶的效果。對沒有得到滿意處理的客戶，客服人員也應選擇適當的機會回訪。也許事情過去了，客戶已經將事情的危機轉化，並且意識到問題並沒有當時想像的那麼嚴重。例如，客戶抱怨甲快遞公司的服務質量不好，服務不到位，耽誤了他們的某些生意。由於甲快遞公司沒有及時處理好客戶抱怨，客戶選擇了別的快遞公司。但客戶在使用競爭對手的服務后，感覺還不如以前的服務質量好，但礙於情面，不好再選擇甲快遞公司。此時客服人員可通過對客戶進行跟蹤回訪，正好給客戶也給公司一個機會。

六、處理客戶抱怨的技巧

客服人員在處理客戶抱怨時，除依據一套完整的業務流程外，還要注意與客戶間的溝通。在處理客戶抱怨時，如果客服人員態度好一點、微笑甜一點、耐心多一點、動作快一點、補償多一點，輔以合適的技巧，就能夠縮小企業與客戶間的距離，贏得客戶諒解與支

持，使客戶由不滿意到滿意再到驚喜。

1. 耐心多一點

在實際處理中，客服人員要耐心地傾聽客戶的抱怨，不要輕易打斷客戶的敘述，不要批評客戶的不足，而是鼓勵客戶傾訴下去，讓他們盡情發泄心中的不滿。當客服人員耐心地聽完了客戶的傾訴與抱怨后，客戶的發泄得到滿足，就能夠比較自然地聽得進客服人員的解釋和道歉了。

2. 同理心多一點

美國迪士尼（Disney）樂園裡，一位女士帶5歲的兒子排隊玩他向往已久的太空穿梭機。排了40分鐘的隊，好不容易上機時却被告知：由於小孩年齡太小，不能做這種游戲，母子倆一下子愣住了。其實在隊伍的開始和中間，都有醒目標誌：10歲以下兒童，不能參加太空穿梭游戲。遺憾的是母子倆過於興奮而未看到，失望的母子倆正準備離去時，迪士尼服務人員親切地上前詢問了孩子的姓名，不一會兒，拿了一張剛剛印製的精美卡片（上有孩子姓名）走了過來，鄭重地交給孩子，並對孩子說，歡迎他到年齡時再來玩這個游戲，到時拿著卡片不用排隊——因為已經排過了。母子倆拿著卡片愉快地走了。

40分鐘的排隊等待面臨的是被勸離開，顧客的失望、不滿是不容置疑的，而迪士尼的做法也令人稱道。一張卡片不僅平息了顧客不滿，還為迪士尼拉到了一位忠誠的客戶。看來，只有真心真意為服務，同理心多一點，想客戶所想，急客戶所急，才能把客戶的不滿轉化為「美滿」，實現企業與客戶的雙贏。

3. 態度好一點

客戶之所以有抱怨、投訴是因為客戶對企業的產品或服務不滿意，沒有達到客戶的期望值。從心理上來說，他們覺得企業虧待了他們，因此，如果客服人員在處理過程中態度不友好，會讓他們心理感受及情緒很差，會惡化企業與客戶間的關係。相反，如果客服人員態度誠懇，面帶微笑，禮貌熱情，就會降低客戶的抵觸情緒。俗話說，「伸手不打笑臉人」，客服人員態度謙和友好會促使客戶平和心緒，理智地與客服人員協商解決問題。只有這樣，才能更好地平息客戶的抱怨。

閱讀材料9：

小男孩與烏龜的故事

有一位小男孩養了一只烏龜。這天，他想盡了辦法要讓這只烏龜探出頭來，可却怎麼也行不通。他試著用棍子敲它、用手拍打它……但任憑他怎麼敲、怎麼拍，烏龜都動也不動，氣得他整天嘟著小嘴，很不開心。后來他的祖父看到了，笑了一笑，便幫他把烏龜放到一個暖爐上面。不一會兒，這只烏龜便隨著溫度升高而漸漸地把頭、四肢和尾巴伸出殼外。男孩開心地笑了。最后，祖父對小男孩說了一句話：「當你要別人照你的意思去做、去改變時，不要用攻擊的方式，而要給他關懷與溫暖，這樣的方法反而更有效。」

其實很多時候，不是因為產品本身不好才會導致客戶抱怨、投訴，而往往是因為服務人員的態度不好而遭到投訴。

4. 理解多一點

理解是企業、團隊以及人與人之間進行良好溝通的基礎。面對客戶抱怨時，客服人員用與他同樣的情緒、同樣語速、同樣表情，以及運用同理心技巧讓客戶感覺別人體諒了他的心情、明白了他的意思。在這種理解的基礎之上，接下來的溝通就能使客戶在心理上更容易接受。所以，客服人員要尊重客戶，理解客戶的心情，瞭解客戶的需求與不便，這些都是企業在處理客戶抱怨時需要做的基本工作。

一位先生在家樂福買了一個電飯鍋，回來一看却不能用。於是，他周一上班后專門請假去退。家樂福客服人員馬上給他退了貨，但他並沒有立即離開，而是繼續對著客服人員抱怨，他說這事給他帶來很多不便。其實他也並沒有要索賠，這時他最需要的是對方能理解他，再說幾句同情他、理解他的話。

5. 動作快一點

客戶抱怨的目的主要是讓廠商用實際行動來為他們解決問題，而絕非口頭上的承諾。如果客戶知道企業會有所行動自然就放心，因此企業得拿出行動來。在行動時，企業的動作一定要快，這樣做的好處很多：一是可讓客戶感覺受到尊重；二是表示企業在出現問題后迅速解決問題的誠意；三是可以及時防止客戶的負面效應對企業造成更大的傷害；四是可以將損失降到最低程度。企業一旦接到客戶投訴或抱怨的信息，隨即要向客戶打電話或以傳真等方式瞭解具體情況，然后在企業內部協商好處理方案，最好當天給客戶答覆。

6. 語言得體一點

在這個競爭異常激烈的社會，有好的口才，語言表達做到得體，就能增加一些成功的機會。同樣在解決客戶抱怨時，由於客戶對企業不滿，在發泄不滿的陳述中有可能會言語過激，如果客服人員與之針鋒相對，勢必惡化彼此的關係。所以客服人員在解釋問題過程中，措辭要十分注意，要合情合理、得體大方，不要一開口就說「比較衝」的話。例如，客服人員絕對不能說「你怎麼連這個最基本的常識都不懂」「你到底會不會呀」「有你這麼干的嗎」等傷人自尊的語言，而應盡量用婉轉的語言與客戶溝通。即使客戶存在不合理的地方，客服人員也不要過於衝動，否則只會使矛盾加深，使客戶失望並很快離去。

7. 補償多一點

客戶抱怨或投訴很大程度是因為使用該企業的產品后，他們利益受損，因此，客戶抱怨或投訴之后，往往會希望得到補償。這種補償有可能是物質上（如更換產品、退貨或贈送禮品等），也可能是精神上的（如道歉等）。當客戶的不滿意是因為企業失誤造成的時候，企業要迅速解決客戶的問題，並提供更多的附加值，使客戶得到額外的收穫，才能最大限度地平息顧客的不滿。

張小姐在某商場買鞋，經過仔細挑選之后，她終於選到了一雙自己中意的鞋子。誰知回家后，她發現盒子裡裝的不是自己原先挑選的鞋子，於是非常生氣地回到商場。商場經理聽到這件事情后，馬上給予更換鞋子，並向張小姐道歉，最后還送給她一瓶進口鞋油。結果，原本怒氣衝天的張小姐高興地「滿載而歸」。

8. 層次高一點

客戶提出投訴和抱怨之后都希望自己和問題都受到重視，而處理這些問題的人員的層次往往會影響客戶期待解決問題的情緒。如果高層次的領導能夠親自到客戶處處理或親自打電話慰問，也許能化解許多客戶的怨氣和不滿，客戶覺得自己受到了重視，就比較容易配合服務人員進行問題處理。因此，處理投訴和抱怨時，如果條件許可的話，應盡可能提高處理問題的服務人員的級別，給其掛上某些頭銜，或請有威望的行業名人協助處理。

9. 辦法多一點

很多企業處理客戶投訴和抱怨的結果，就是給他們慰問、道歉或補償品，贈小禮品，等等。其實解決問題的辦法有許多種，除上述手段外，企業還可邀請客戶參觀成功經營或無此問題出現的客戶，邀請他們參加企業內部討論會，或者給他們獎勵，等等。

10. 應變多一點

在處理客戶抱怨時，企業要學會隨機應變，朝有利於塑造企業形象的方向發展。例如，某顧客在商場買了一臺冰箱，回去之後發現不能使用，於是就氣憤地給商場經理打電話，

電話中他剛說完買了一臺冰箱不能使用，商場經理已經高興地大叫起來：「恭喜您，您中了我們商場的萬元大獎，我們專門在 2,000 臺冰箱中放了一臺問題冰箱，如哪位顧客購中這臺冰箱就會拿到我們的萬元大獎，這麼幸運讓您碰上了！」顧客一聽大喜過望，商場也借機大肆宣揚：本店講信譽，萬元大獎立即兌現。商品質量敢保證，2,000 臺冰箱除去故意放的，其餘全是好的。結果商場的生意馬上火爆起來。壞冰箱是商場故意放的嗎？不是，一切全是經理當時靈機一動的發揮。把「中獎」放在顧客的不滿之前說了出來，使得顧客在驚喜之餘再也無暇去考慮不滿了，而商場也乘機作了一番宣傳。先發制人可使企業將主動權牢牢抓在手中，變「壞」為「好」。

11. 時機好一點

企業在處理客戶不滿時，只有選擇最佳時機才能達到最佳效果，也就是要「掌握火候」。企業處理過快，客戶正在生氣，難以進行有效溝通；處理過慢，事態擴大，會造成過多的負面影響，客戶流失。如「三株喝死人」的事件雖然最后查明不是三株的原因，但由於三株事件處理過慢，加上策略使用不當，使得三株的形象受到極大的傷害，加速了自己的死亡。因此，客服人員要根據客戶的具體情況選擇合適的處理時機。

12. 堅持「三換」原則

當客服人員不能有效處理客戶的不滿時，企業要果斷地堅持換人、換地、換時的「三換」原則。

（1）換當事人。一旦客戶對某個客服人員的服務不滿時，再讓他去面對客戶，不僅不利於問題的解決，有時還會加劇客戶的不滿。所以企業要找一個有經驗、有能力、親和力較強、職位高一點的主管出面，這樣能讓客戶有被尊重的感覺，有利於問題的圓滿解決。

（2）換場地。從經營者的角度考慮，變換場地更有利於問題的解決。例如，客戶在書店買了一套書，發現裡面有破損，坐了好長一段時間的車才回到書店。這時，客戶怒氣衝衝、大發牢騷是可以理解的。他一定會在書店的櫃臺前發泄不滿，這樣不僅影響書店的生意，還會影響企業的形象，同時還會給其他客戶帶來某些負面影響。客服人員一定要讓客戶轉換場地，請其到辦公室或貴賓室，請客戶坐下，遞上一杯水，會有利於問題的解決。

（3）換時間。當企業已經更換了客服人員和場地後，還沒有辦法解決問題，客戶依然抱怨不停，說明客戶的積怨很深，企業就要另行約定時間並找一個比原來更高一級的主管來處理問題。同時，客服人員態度要更為誠懇，一定說到做到，這樣可能易於解決問題。

第三節　客戶保持

當大多數企業面臨著客戶不斷流失到競爭對手那裡的窘境時，其第一反應就是精疲力竭地去開拓新客戶以抵補流失客戶的損失，這是無可厚非的。但對於客戶為什麼流失這個問題並沒有冷靜下來去思考：我的客戶為什麼會流失掉，為什麼會跑到競爭對手那裡去，怎樣才能留住老客戶。於是大部分企業與客戶的關係就像是從干草堆裡找一根針一樣，找到之后又把它扔回去再找。這種尷尬情景的出現關鍵在於企業沒有權衡好新老客戶的關係，沒有真正認識到保持現有客戶的重要價值所在。其實，客戶保持對維持企業利潤底線有著驚人的影響，有效保持有價值的客戶已成為企業成功的關鍵。客戶保持是指以增強客戶的忠誠度為目的，使客戶不斷重複購買產品或服務，達到提高客戶保持度和提高客戶佔有率的管理手段。

一、客戶保持問題提出的必要性

1. 進行客戶保持是市場競爭的需要

進入 21 世紀以來，生產同質產品的企業越來越多，導致產能過剩，企業面臨的是較以往更為激烈的市場競爭環境。提高客戶滿意度，培育客戶忠誠度，進行客戶保持是市場競爭的需要。

2. 客戶保持率的提高意味著客戶關係管理的改善

隨著市場從「產品導向」轉變為「客戶導向」，客戶成為企業最重要的資源之一，誰擁有了客戶誰就會成為贏家。然而，許多企業忙於開拓市場、發展新客戶，而忽視了客戶保持。由此導致一系列現象出現：一方面，企業投入大量的人力、物力和財力去發展新客戶；另一方面，又因為客戶保持工作的不完善導致現有客戶流失。面對現有的市場狀況，企業必須著手進行客戶保持研究，通過有效的客戶關係管理來提高客戶的保持率。

3. 客戶保持率是衡量企業是否成功的標準之一

從企業自身的角度來看，客戶保持是企業生存發展的需要。如前所述：發展一位新客戶的成本是挽留一位老客戶的 5 倍；客戶忠誠度下降 5%，則企業利潤下降 25%；向新客戶推銷產品的成功率是 10%，而向現有客戶推銷產品的成功率是 50%……這些數據充分說明，客戶是目前商業活動的中心，衡量一個企業是否成功的標準將不再僅僅是企業的投資收益率和市場佔有率，而是該企業的客戶保持率、客戶份額及客戶資產收益率等指標。可見，客戶保持即忠誠客戶的價值，體現在增加企業的營利，降低企業的成本以及提高企業的信譽度、美譽度等方面。

4. 進行客戶保持能減少企業開展新業務的成本

如果公司想要增強競爭實力，穩固市場地位，就必須不斷地進行業務的創新和升級換代。而在對新客戶推廣這些新業務時，所進行的行銷宣傳難度大，費用高，成功率也較低。但是一旦現有客戶對廠商產生了一定程度的信賴，對企業非常信任，他們往往願意配合廠家來嘗試新業務，接受更大的挑戰，這樣也會降低公司的成本，提高公司效益。

5. 進行客戶保持能提高企業的效率

與現有客戶發展關係，進行客戶保持能提高企業的效率。供應基礎的穩固使廠商能夠制訂長期的、大量的生產計劃。由於減少了生產計劃的變動和機器的頻繁轉換，使企業成本降低，質量得到提高，同時與現有客戶良好的合作也能大幅度削減存貨成本。

6. 客戶保持是一種吸引

客戶保持所帶來的不僅僅是客戶保留，企業之所以會保持這些客戶，就是因為客戶對企業十分滿意並且忠誠。事實上，客戶很願意把自己的這種感覺告訴所認識的人（口碑傳播），而這種宣傳的效果絕對勝過企業花巨資拍攝的廣告所帶來效果。從這個角度來看，客戶保持也是一種吸引，而且是一種效果更加強烈的吸引。

面對以上六種情況，企業必須摒棄那種「狗熊掰棒子」式的市場開拓方式，在發展新客戶的同時，著手進行客戶保持的研究，以有效的客戶關係管理來提高客戶的保持率，支持企業經濟效益的不斷增長。

二、客戶保持模型

客戶保持指企業維持已建立的客戶關係，使客戶不斷重複購買產品或服務的過程。客戶保持的目的是維持客戶關係，強化客戶忠誠，實現經濟利益。客戶保持模型從客戶生命週期的角度表述了客戶保持與客戶忠誠間的關係。

1. 培育期的相互關係

在競爭性市場，客戶與企業的關係是可以選擇的。所以在客戶關係的培育期，由於未來客戶關係的不確定性，客戶對新關係的不信任，未來期望的交易只會是嘗試性的。正如許多客戶滿意研究所表明的那樣，客戶滿意的感覺來自於主觀價值與期望價值相吻合。滿意是購買後客戶價值評估過程的開始，也是客戶與企業之間關係的開始。在培育期，客戶為了測試供應商的工作績效或履約能力，會嘗試性地下一些訂單。客戶初次購買以後，進行價值內部比較，如果企業提供的價值大於客戶的期望價值，客戶就會產生滿意的感覺。第一次購買的滿意驅動了客戶不斷地重複進行價值的內部比較，發現其主觀價值和期望價值相吻合，就感到滿意；否則客戶會馬上轉移。滿意刺激了客戶的購買動機，增加了客戶的重複購買，進而提高了客戶對企業的信任。

針對客戶的潛在期望，企業可以引導和激勵客戶購買，確保產品的性價比高於同類產品的平均水平，提供完善的配套服務，使客戶獲得滿意。滿意的客戶購買經歷培育了其重複購買傾向。在培育期後期，如果滿意進一步被后續的重複購買證實的話，將形成客戶初步的信任，從而允許客戶關係向成長期發展。

2. 成長期的相互關係

如果培育期客戶不滿意，客戶關係將直接進入衰退期。如果客戶滿意，客戶關係進入成長期。由於客戶重複購買后的感覺良好，將導致培育期一系列的重複購買，信任增加了重複購買的可能性。隨著信任的加深，客戶將不再滿足於現有的購買內容，對附加產品和增值服務內容的需要與日俱增，導致了一系列的增量購買和交叉購買。隨著信任的進一步加強，購買量、購買率以及附加值的增加帶給客戶越來越多的經濟便利，主要是交易成本的節約，如認知成本、情感成本和操作成本。認知成本是搜索和評估可替代供應商和可替代產品或服務的成本。如果客戶從令其滿意和信任的現供應商處重複購買，將省去這一成本。情感成本是與風險和不確定性相關的主觀成本。風險和不確定性包括物理、經濟、社會、心理和績效等方面，它們總是伴隨著購買和消費，牽涉客戶大量精力；信任則降低了這一成本。運作成本是與交易過程相關的成本。從信任的供應商處重複購買，將使交易程序常規化、經常化，減少了談判、簽約等成本，並提高了交易效率，由此降低運作成本。

客戶經歷了重複購買、增量購買和交叉購買后，拓寬了視野，對市場可替代企業和行情更加熟悉，對本身的真實需求更加瞭解，價值的評估能力也得到提高。此時，客戶進行價值的外部比較，會導致三種結果：結束客戶關係、客戶關係停止或退化、強化關係。

（1）結束客戶關係。客戶通過比較發現，市場中存在更好的可替代供應商，它們可以提供比現有供應商更大的價值。因此，客戶決定結束與現供應商的關係。

（2）客戶關係停止或退化。客戶有時並不退出關係，也會繼續重複購買，但關係停止發展或退化。客戶決定不退出的原因是考慮過去累積的經驗和前面階段建立起來的信任產生的上述成本節約。簡單地說，客戶這時表現出行為忠誠不是由於現供應商的價值吸引，而是由於考慮到轉移成本。

（3）強化關係。通過比較客戶發現，現有供應商提供的價值大於市場中可替代供應商的期望價值，由此對現供應商高度滿意，衝突得到積極地解決，關係得以鞏固，並因此向更高的階段發展，進入成熟期。

針對前兩種情況，企業如果聽之任之，客戶隨時有退出的可能。企業應調研客戶需求，針對需求重點，提供個性化產品或服務，制訂感情聯絡計劃，尊重客戶，保障客戶利益。而對於強化關係，由於現有關係帶來的價值遠大於新的替代關係所得的期望價值，客戶對企業高度信任，關係進入成熟期。

3. 成熟期

客戶關係進入成熟期後，客戶對企業更加信任，相信能從企業持續獲得自己所需的產品或服務，這一信念加速了客戶的情感忠誠。此時，客戶關係穩定，客戶忠誠可靠。即使出現不利的競爭局面，客戶也不會輕易退出現有關係，因為不僅退出要承擔很高的轉移成本，更重要的是他們堅信長期客戶關係的收益完全可以彌補短期的損失。客戶對企業產生了情感依託，自願為企業做宣傳，推薦新客戶。在雙方收益的公平性比較之後，客戶發現，維持這一關係能獲得巨大的長期利益，使客戶關係邁向更高的水平——和諧忠誠。

4. 衰退期

客戶關係的衰退期在生命週期的任一階段都有可能出現。每個階段，客戶通過價值的比較，評估受益情況，衡量滿意程度。如果滿意度低，客戶隨時有退出的可能。

三、實施客戶保持管理的內容

企業通過分析客戶保持的必要性和客戶保持模型可以深刻地認識到保持企業老客戶的重要性，但應該從哪些方面來實施客戶保持這一理念呢？具體來說，主要包括三個方面：

1. 建立、管理並充分利用客戶數據庫

客戶數據庫是企業在經營過程中通過各種方式收集、形成的各種客戶資料，經分析整理后作為制定行銷策略和客戶關係管理的依據，並作為保持現有客戶的資源的重要手段。公司必須重視客戶數據庫的建立、管理工作，注意利用數據庫來開展客戶關係管理；應用數據庫來分析現有客戶的簡要情況，並找出人口數據及人口特徵與購買模式之間的相關性，以及為客戶提供符合他們特定需要的個性化產品和相應的服務。企業還應通過各種現代通信手段（如手機、視頻電話、飛信和電子郵件等）與客戶保持自然密切的聯繫，從而建立起持久的合作夥伴關係。

2. 通過客戶關懷提高客戶滿意度與忠誠度

企業必須通過對客戶行為的深入瞭解，對客戶從購買前、購買中到購買後的全過程進行客戶關懷。購買前的客戶關懷活動主要是在提供有關信息的過程中的溝通和交流，這些活動為公司與客戶之間建立良好關係打下堅實基礎，可作為鼓勵和促進客戶購買產品和服務的前奏。購買期間的客戶關懷與公司提供的產品和服務緊密地聯繫在一起，包括訂單的處理以及各個相關的細節都要與客戶的期望相吻合，滿足客戶的需求。購買後的客戶關懷活動，主要集中於高效地跟進和圓滿地完成產品的維護和修理的相關步驟。售後的跟進和提供有效的關懷，其目的是使客戶能夠重複購買公司的產品和服務，並向其周圍的人多作對產品和服務有力的宣傳，形成口碑效應。

3. 利用客戶投訴或抱怨，分析客戶流失原因

企業為了留住客戶、提高客戶保持率，就必須尋根究底地分析客戶流失的原因，尤其是分析客戶的投訴和抱怨。客戶對某種產品和服務不滿意時，可以說出來，也可以一走了之。如果客戶拂袖而去，企業連消除他們不滿的機會都沒有。

大多數客戶是很容易滿足的，只要公司實現了曾對他們許下的承諾。當然，公司失去客戶的原因很多，如自然流失或因他人建議而改變主意等，其中最重要的原因是，企業置客戶的要求於不顧。客戶的流失比企業出廢品糟糕得多。扔掉一件廢品，損失的只是那件產品的成本。但當一位不滿意的客戶離開公司時，所造成的損失就是一位客戶為企業帶來的幾年的利潤。更糟糕的是，公司可能要對所有有缺陷的產品和零部件進行徹底檢查，從而發現問題的根源。但是，火冒三丈的客戶甚至不願意提及離去的原因，除非公司花費精力去尋找；否則永遠無法瞭解其中的原因。

投訴的客戶仍給予企業彌補的機會，他們極有可能再次光臨。因此，企業應該善待投訴，應該充分利用客戶投訴和抱怨這一寶貴的資源，不僅要及時解決客戶的不滿，而且應鼓勵客戶提出不滿意的地方，以改進企業產品質量和重新修訂服務計劃。

四、客戶保持的方法

企業要生存和發展，必須創造利潤，而企業的利潤來自客戶。為維持利潤，企業除了進行花樣翻新的宣傳促銷活動來吸引潛在客戶，更重要的是要明確客戶需求，積極滿足客戶需求，進行客戶關懷，提高客戶保持率。一個穩定的客戶群體和客戶保持率有助於生成穩定的收入流，良好的客戶保持率還能為公司建立口碑效應。為達到客戶保持的目的，企業應採取以下幾種方法：

1. 注重質量

長期穩定的產品質量是企業生存的「基石」，是企業發展的「金鑰匙」，也是保持客戶穩定的根本。高質量的產品本身就是優秀的推銷員和保持客戶的「強力凝固劑」，這裡的質量不僅是產品符合有關標準的程度，更應該強調的是企業要不斷地根據客戶的意見和建議，開發出真正滿足客戶喜好的產品。因為隨著社會的發展和市場競爭的加劇，用戶的需求正向個性化方向發展，與眾不同已成為一部分客戶的時尚。一些企業為抓住市場，已經開始了針對不同的客戶提供不同產品和服務的嘗試，並取得令人瞻目的效果。要做到這些，企業必須緊跟現代科技的發展步伐，不斷提高產品和服務的知識含量，一方面，更好地滿足客戶的需要；另一方面，與客戶構築起競爭對手的進入壁壘，降低客戶流失率。

閱讀材料 10：

戴爾的個性化定制

多年來，戴爾直銷模式的核心就是「按需定制」，用戶可以根據自己的需求，定制屬於自己的計算機，包括各種不同的配置，如中央處理器、硬盤和內存等來滿足自己的需求。今天，戴爾將「按需定制」發揚光大，讓計算機產品從內到外實現個性化定制。戴爾將瞭解消費者內在需求，提供消費者喜愛的產品作為企業發展的重中之重。戴爾計算機業務發展迅速，與這種企業文化息息相關。戴爾瞭解到消費者對於自己的計算機同樣也有定制的需求，於是，便將設計和個性定制融入公司的發展戰略，成為全球唯一可以實現計算機全面定制的企業。

2. 優質服務

在激烈的市場競爭中，服務與產品質量、價格和交貨期等共同構成企業的競爭優勢。隨著技術進步、科技的發展，同類產品在質量和價格方面的差距越來越小，而在服務方面的差距却越來越大，客戶對服務的要求也越來越高。雖然再好的服務也不能使劣質產品成為優等品，但優質的產品會因劣質的服務而失去客戶。

美國一家諮詢公司在調查中發現，客戶從一家企業轉向另一家企業70%的原因是服務。寶潔公司曾開設一條直撥熱線，他們在一個月中就收到了數以千計的客戶的電話。其中只有20%與牙膏的氣味、洗衣粉的漂白功能等質量問題有關，而80%客戶所抱怨的似乎都是一些很小的事情，如卡通形象、手柄設計、開發和設備、包裝及印刷的顏色字體等。可見，大多數客戶的不滿並不是因為產品質量本身，而是由於服務問題。對老客戶在服務方面的怠慢正是競爭對手的可乘之機，照此下去，不用多久企業就會陷入危機。因此，給客戶提供優質、滿意的服務是有效保持客戶的一個重要途徑。

3. 品牌形象

良好的品牌形象是企業在市場競爭中的有力武器，品牌的層次與其客戶參與的程度存在著一種正比的關係。如果企業品牌在客戶心目中的層次和地位較低，客戶參與企業的願望也相對較弱；而如果一個品牌在客戶心目中的層次和地位越高，甚至認為這個品牌關係到自己的切身利益，那麼這位客戶就越願意參與這個企業的各種活動。企業與客戶的關係越緊密，特別是當他們將品牌視為一種精神品牌，這種參與程度可以達到的境界就越高。因此，客戶品牌忠誠的建立，取決於企業的產品在客戶心目中的形象。只有讓客戶對企業有深刻的印象和強烈的好感，讓客戶參與其中，才能建立起長期的、穩定的客戶友誼，他們才會成為企業品牌的忠誠者。

閱讀材料11：

飛亞達

飛出亞洲，達至全球。一個品牌的形成往往需要幾十年甚至上百年的歷史，而在歷史悠久的鐘表業中更是如此。飛亞達集團在強手如林的鐘表業中，用了短短15年時間，不但成為行業的翹楚，還在世界高檔表業中佔有一席之地。

飛亞達創立於20世紀80年代初，在當時的條件下，集團對將來的消費熱點進行了準確的預測：隨著經濟的發展，手錶功能不會僅限於計時工具，還會成為身分的標誌、社會地位的象徵。故企業在創業伊始就非常注意品牌定位——做中國的中高檔手錶，為白領和初期成功人士服務。「飛亞達」的寓意就是「飛出亞洲，達至全球」。要達到這個目的，就要有自己的品牌，所以打造自己的品牌成為飛亞達營運戰略的重中之重。

當時的鐘表行業處於主流地位的是機械表，而幾個老牌產品早就成為人民生活的「幾大件」之一，國外品牌牢牢控制著高檔表的消費。於是飛亞達獨闢蹊徑，根據世界潮流，在國內推出了石英表，順利地實現了市場進入，並連續四年買斷在中央電視臺「新聞聯播」前黃金時間段的報時權。所以飛亞達一登場，就把「飛亞達為您報時」以及「一旦擁有，別無所求」的強勢形象深深烙在顧客的心裡。

4. 價格優惠

價格優惠不僅僅體現在低價上，更重要的是能向客戶提供他們所認同的價值，如增加產品的知識含量、改善品質、增加功能、提供靈活的付款方式和更長期的賒銷等。為客戶創造價值是每一個成功企業的立業基礎。企業創造優異的價值有利於培養客戶忠誠觀念；反過來，客戶忠誠又會轉變為企業利潤和更多的價值。如果客戶是中間商，生產企業通過為其承擔經營風險而確保其利潤也不失為一種頗具吸引力的留住老客戶的方式。例如，在產品漲價時，生產商對已開過票還沒有提走的產品不提價；在產品降價時，中間商已提走但沒有售出的商品，生產商按新價格衝紅字。這樣，中間商就是吃了「定心丸」，敢於在淡季充當「蓄水池」，為生產商創造「淡季不淡，旺季更旺」的局面。

5. 感情投資

企業一旦與客戶建立了業務關係，就要積極尋找商品之外的關係，用這種關係來強化商品交易關係。與客戶的感情交流是企業用來維繫客戶關係的重要方式。如日常的拜訪、節日的真誠問候、婚慶喜事、過生日時的一句真誠祝福、一束鮮花、經常打電話問候客戶的冷暖、親臨客戶的廠慶紀念日進行祝賀等都會使客戶深為感動。對於重要的客戶，相關負責人要親自接待和走訪，並邀請他們參加本公司的重要活動，使其感受到公司所取得的成就離不開他們的全力支持；對於一般的客戶，企業可以通過建立俱樂部、聯誼會等固定溝通渠道，保持並加深雙方的關係。

閱讀材料 12：

小陳的感情投資

故事背景：五月份，甲公司銷售代表小陳被分配到一家新的目標醫院做本企業新產品臨床推廣工作，目標客戶為外科趙、錢、孫、李四位醫生。由於本產品在該市場初次使用，大家都不瞭解它在藥理上的優越性，所以拒絕使用，並繼續使用乙公司的同類競爭品種。

場景一：

五月初，小陳到外科診室拜訪趙醫生，正好還有乙公司代表小張力邀趙醫生第二天去看新片《桃姐》，趙醫生表現出對影片有興趣，但又表示沒有時間，每天出門診太累，晚上時間還要交給家庭，沒辦法去，於是轉向別的話題。小陳感覺趙醫生是一位家庭觀念很強的人，很喜歡溫馨的家庭氛圍，於是第二天中午下班時給趙醫生帶去一盤本片的影碟，趙醫生很高興。

場景二：

五月初，小陳到外科診室拜訪錢醫生，發現其科室裡沒有水杯，因為醫生常常整天和患者交流，所以大都沒有自己的水杯。第二天小陳即去超市選購了一個保溫杯送去，並致以關心的言辭，一向冷面示人的錢醫生很是感動，並和小陳愉快地交流怎樣測杯子是否保溫的常識。通過交談小陳還瞭解到錢醫生喜歡的運動和他的家庭情況，很快這些信息就在一個月後的家訪中起到了很大的作用。

這個故事中，小陳的所作所為表面上跟他所銷售的產品沒有什麼聯繫，但實際上這是一種感情投資，是維持客戶關係的一種很好的方法。

6. 提供系統化解決方案

企業不要僅僅停留在向客戶銷售產品層面上，要主動為他們量身定做一套適合的系統化解決方案，在更廣範圍內關心和支持顧客發展，增強顧客的購買力，擴大其購買規模，或者和客戶共同探討新的消費途徑和消費方式，創造和推動新的需求。

7. 製造客戶離開的障礙

最后一個保留和維護客戶的有效辦法就是製造客戶離開的障礙，增加客戶的轉移成本，使客戶不能輕易去購買競爭者的產品。因此，從自身角度上，企業要不斷創新，改進技術手段和管理方式，提高客戶的轉移成本和門檻；從心理因素上，企業要努力和客戶保持親密關係，讓客戶在情感上忠誠於企業，對企業形象、價值觀和產品產生依賴和習慣心理：這樣客戶才能夠和企業建立長久關係。

五、客戶保持策略的三個層次

1. 第一層次：增加客戶關係的財務利益

這一層次是利用價格刺激來增加客戶關係的財務利益。在該層次，客戶樂於和企業建立關係的原因是希望得到優惠或特殊照顧。如酒店可對常客提供高級別住宿；航空公司可以給予經常性旅客獎勵；超級市場可對老客戶實行折扣退款等。儘管這些獎勵計劃能改變客戶的偏好，但却很容易被競爭對手模仿，因此不能長久保持與客戶的關係優勢。建立客戶關係不應該是企業單方面的事情，企業應該採取有效措施使客戶主動與企業建立關係。

2. 第二層次：優先增加社會利益

在這一層次既增加財務利益，又增加社會利益，而社會利益要優先於財務利益。企業員工可以通過瞭解單個客戶的需求，使服務個性化和人性化，來增加企業和客戶的社會性聯繫。如在保險業中，與客戶保持頻繁聯繫以瞭解其需求的變化，都會增加此客戶留在該

保險公司的可能性。

3. 第三層次：附加深層次的結構性聯繫

這一層次在增加財務利益和社會利益的基礎上，附加了更高層次的結構性聯繫。所謂結構性聯繫即提供以技術為基礎的客戶服務，從而為客戶提高效率和產出。這類服務通常被設計成一個傳遞系統。而競爭者要開發類似的系統需要花上幾年時間，因此不易被模仿。

六、客戶保持的效果評價

企業在對於客戶保持的管理中，應當設計一系列定量指標來考核客戶保持策略實施的效果。由於企業經營情況各有差異，因此，對於不同企業要根據實際情況選擇合適的考核標準，並賦予不同的權重來得出一個綜合評價得分。企業應該從以下幾個指標來評價客戶保持效果：

1. 客戶重複購買次數

考核期間，客戶與企業發生交易的次數越多，說明客戶對企業的忠誠度越高，客戶保持效果越好；反之則越低。此項指標還適用於同一品牌的多種產品，即如果客戶重複購買企業同一品牌的不同產品，也表明保持度較高。同時，在衡量這個指標時，企業還應與該客戶在前幾個時間段的購買次數進行對比，從而更有效地衡量保持效果。企業應該注意的是，在確定這一指標的合理界線時，必須對不同的產品或服務加以區別對待，如重複購買汽車與重複購買可樂的次數是沒有可比性的。

2. 客戶需求滿足率

考核期間內，客戶購買某商品的數量占其對該類產品或服務全部需求的比例越高，表明客戶的保持效果越好。這個指標需要通過對客戶進行后期跟蹤調查得出。

3. 客戶對本企業商品或品牌的關注程度

客戶通過購買或非購買的形式，對企業的商品和品牌予以關注的次數、渠道和信息越多，表明忠誠度和保持度越高。

4. 客戶對競爭產品或品牌的關注程度

人們對某一品牌態度的變化，多半是通過與競爭者相比較而產生的。根據客戶對競爭者產品的態度，企業可以判斷其對其他品牌的忠誠度的高低。如果客戶對競爭商品或品牌的關注程度提高，多數是由於客戶對競爭產品的偏好有所增加，表明客戶保持效果不佳。

5. 客戶購買挑選的時間

根據消費心理規律，客戶購買商品，尤其是選購商品，都要經過仔細比較和挑選的過程。但由於依賴程度的差異，對不同產品客戶購買時的挑選時間不盡相同。一般來說，客戶購買決策時間越短，說明其對某一品牌商品形成了偏愛，對這一品牌的忠誠度越高；反之，客戶購買決策時間越長，則說明他對這一品牌的忠誠度越低。在運用這一標準衡量品牌忠誠度時，必須剔除產品性能、質量等方面的差異而產生的影響。例如，電視購物中，若企業的某一檔產品節目一經播出，客戶馬上訂購，說明客戶對企業的忠誠度較高；反之，則說明客戶的忠誠度較低，間接說明客戶保持效果欠佳。

6. 客戶對價格的敏感程度

一般來說，客戶對企業產品價格都是非常重視的，但這並不意味著客戶對各種產品價格的敏感程度相同。事實表明，對於客戶喜愛和信賴的產品，客戶對其價格變動的承受能力強，即敏感度低；而對於他所不喜愛和不信賴的產品，客戶對其價格變動的承受能力弱，即敏感度高。所以，企業可以根據這一標準來衡量客戶對某一品牌的忠誠度。企業運用這一標準時，要注意消費者對於該產品的必需程度、產品供求狀況以及市場競爭程度等三個

因素的影響，在實際運用中，要排除它們的干擾。

7. 客戶對產品質量問題的承受能力

任何產品都難免會出現質量問題。當客戶對於某品牌產品的忠誠度高時，對企業產品或服務可能出現的質量問題會以寬容和同情的態度對待，會嘗試與企業合作解決問題，並且不會因此而拒絕再次購買這一產品；反之，若客戶忠誠度不高，則會對出現的質量問題非常反感，有可能會從此不再購買該產品。

以上指標可以單獨衡量也可以綜合評估，每一項指標的改善都會對客戶保持產生積極的影響。客戶保持是一個循序漸進的持續過程，應當貫穿於企業的整個經營活動中，只有做好了客戶保持，才能吸引更多的新客戶，創造更大的利潤。

第四節　客戶投訴情景劇

漏水的房子

下面是一個關於客戶投訴的情景劇，請思考在劇中客戶對企業的忠誠度是怎麼樣的，客戶經理在處理客戶投訴時採用了什麼原則。

背景：客戶經理（女）正在屋中打電話，客戶（男）大聲嚷嚷著推門而進。

客戶：經理呢？經理呢？經理呢？（怒氣衝衝，大聲吆喝著衝了進來，還直拍桌子）

經理：請問先生，您有什麼需要幫忙的嗎？（客戶經理正在打電話，見到客戶衝了進來，趕緊和對方說對不起，匆忙掛斷了電話，站起身來）

客戶：幫忙？我們家的房子都成游泳池了，你說怎麼辦吧！（雙手握拳，一副氣勢汹汹的樣子）

經理：您先別著急，我幫您解決，您先坐下，有話慢慢說。（臉上寫滿了理解客戶的表情）

客戶：我不坐！又不是你們家，你當然不著急了，這叫什麼事呀！我剛買的房子就漏雨了。

經理：來，您先喝杯水，消消氣，您先請坐，慢慢說。（客戶一屁股坐到凳子上，經理給客戶倒了一杯水，客戶一口就喝完了）

經理：慢慢地說，您的房子出了什麼問題？

客戶：什麼問題？就是你們物業欺騙我們消費者，我花了100多萬元買了你們的房子，剛買房子那會兒，你們都跟孫子似的，屁股后面整天跟著，把我們家的電話都打爆了，花言巧語，把你們這破樓的質量吹得跟皇宮似的，我就上了你們的當！嘿，出了事再找你們，我才知道我成孫子了！（客戶經理始終面帶微笑）

經理：對不起，您的心情我很理解，請您放心，我一定會盡力幫您解決的。您能不能先告訴我您的房子怎麼了？

客戶：上個月我才搬進來，住了還不到三個星期，上禮拜下雨，我就發現牆壁滲水，把我新貼的壁紙濕了一大片，那可全都是進口的啊！我立馬給你們物業公司打電話，你們也不知道是誰告訴我說，當時沒工人，說第二天來，結果第二天也沒見人影。第三天被我逼得沒辦法，派了兩個人來一查，結果說是房子的外牆有問題，幫我做了一遍防水，說沒事了，誰知道他們是真修了還是假修了？（客戶的聲音逐漸變小，逐漸變得平和下來）

經理：那後來呢？

客戶：前天下雨后，結果又漏雨了，我立即給你們物業公司打電話。

經理：他們是怎麼答覆您的？

客戶：他們說那是房子質量有問題，跟他們沒關係，讓我去找開發商。我說是你們收的物業費和管理費呀，憑什麼讓我去找開發商？我都快被你們氣瘋了，你說怎麼辦？我要退房。

經理：對不起，您別生氣，真照您這麼說，物業公司就有問題了。首先，我代表公司向您道歉，您放心，我一定會幫您解決的。

討論題：
1. 客戶投訴時，經理首先關注的是什麼？
2. 通過案例可以學到哪些處理客戶投訴的技巧？

本章小結

1. 即使是滿意的客戶，也有可能隨時「背叛」企業而「投靠」競爭對手，因此，研究客戶流失、妥善處理客戶抱怨、積極進行客戶保持這些問題，對企業保持穩定的客戶份額就顯得尤其重要。

2. 由於各種原因導致客戶與企業中止合作的現象就是客戶流失。客戶流失的原因主要有可控因素和不可控因素兩類，根據客戶流失的原因將客戶流失分為自然流失、惡意流失、競爭流失和過失流失四類。本章針對客戶流失的形成過程，提出了防範客戶流失的七大策略。

3. 客戶對產品或服務的不滿和責難叫做客戶抱怨，具有客觀性、主觀性、普遍性、變化性、比較性和模糊性六大特點。客戶抱怨產生的主要原因在於服務差、產品質量不好、廣告誤導及客戶為了增加談判籌碼四個方面。處理客戶抱怨的原則主要是先處理情感後處理事情、要有正確的服務理念等六項原則，處理客戶抱怨的流程有八個步驟。為縮小企業與客戶間的距離，企業在處理抱怨時要堅持耐心多一點、態度好一點、理解多一點、動作快一點等十二項技巧。

4. 使客戶不斷重複購買產品或服務的過程就是客戶保持。客戶保持不僅能夠減少客戶流失，對於吸引新客戶和提升企業利潤也有很大幫助。客戶保持的方法主要有注重質量、優質服務、品牌形象、價格優惠、感情投資、提供系統化解決方案和製造客戶離開的障礙等。在評價客戶保持效果方面主要從客戶重複購買次數、客戶需求滿足率、客戶對本企業商品或品牌的關注程度、客戶對競爭產品或品牌的關注程度、客戶購買挑選的時間、客戶對價格的敏感程度、客戶對產品質量問題的承受能力七個方面進行衡量。

復習思考題

1. 客戶流失的原因是什麼？企業應採取哪些措施來應對客戶流失？
2. 客戶抱怨的主要原因是什麼？處理客戶抱怨的原則有哪些？
3. 客戶抱怨有哪幾種類型，客戶抱怨的反應有哪些？
4. 處理客戶抱怨的技巧有哪些？
5. 客戶保持策略的三個層次分別是什麼？
6. 客戶保持有哪些方法？
7. 可以從哪幾個方面評價客戶保持？

案例分析

抱怨是麻煩，還是機會？

在菲律賓的宿霧，張小姐找到了一家度假中心。一樓房間的落地窗一推開，就能直接滑進偌大的礁湖中游泳，放眼望去有沙洲、有椰林，再加上一望無際的水波，風景真是棒極了。真好，張小姐當時就決定多待上幾天。沒想到第二天一大早推開落地窗，天啊，原先的一大池水怎麼全不見了？映入眼簾的景象換成了幾個工作人員，拿著響聲震天的清潔機器，站在池子中央來回地工作。

水呢？滄海桑田，竟然發生在一夕之間。張小姐看著身上的泳裝，決定打電話問個分明。兩分鐘后，飯店的當班經理珍娜親自回了電話。以下是她的回應：

經理：張小姐，謝謝你打電話來告訴我們你的不滿，讓我們有立刻改進的機會。很抱歉由於我們的客房通知系統出了問題，沒將泳池定期清理的消息通知你，造成你的不便，的確是我們的錯誤，我感到非常抱歉。

原來如此，張小姐心想，知道認錯道歉，態度還算不錯。

她繼續說：我瞭解你之所以選擇敝飯店，是因為我們的景觀以及戲水的方便性，為了表達我由衷的歉意，昨天晚上的房價幫你打對折。

喔，張小姐沒開口她就自動提出，果然有誠意。

她又繼續說：「但由於池子大，要清上兩三天，即使打折也仍然不能解決你在這無水可遊的問題。這樣吧，如果不會造成你太大的不便，接下來的幾天，我很樂意幫你升等到私人別墅，裡面有自己的露天泳池及按摩池，不知你覺得這樣的安排合適嗎？」

「我覺得這樣的安排非常合適！」張小姐聽到自己樂不可抑地說。原先的不滿一掃而空，這時的心境只用「心花怒放」來形容了。搬進別墅的當晚，張小姐正浸在泳池中仰頭賞月時，服務人員敲門送進來一瓶不錯的紅酒，是來自珍娜的特別問候。

這家飯店這次的客訴處理有造成客人情緒不好嗎？沒有！張小姐不但決定要盡早再回這家每位工作人員都叫得出她名字的飯店，而且在回來之後的一個月內，她已經大力推薦這家飯店給兩個企業經理人：「作為春節員工旅遊的地點，五星級設備，六星級服務，去了你絕不會后悔！」

問題：
1. 飯店當班經理是如何處理客戶抱怨的？
2. 抱怨給企業帶來的是麻煩還是機會？

實訓設計：如何處理客戶抱怨

【實訓目標】
1. 瞭解處理客戶抱怨的原則。
2. 掌握客戶抱怨處理的流程和技巧。
3. 根據課堂實際情況設計合適的情景對話。

【實訓內容】
根據課堂實際情況，由兩組學生分別扮演公司和客戶，就客戶購買的某產品存在的質量問題或服務問題進行對話。根據對話，分析公司代表在處理客戶抱怨時是否合適，是否站在客戶的角度上來考慮問題。

【實訓要求】
1. 根據實訓目標和內容，確定情景對話。
2. 通過現場觀察、對話和調查等方法，完成實訓報告。

【成果與檢驗】
每位同學的成績由兩部分組成：學生對客戶抱怨處理問題的把握程度（60%）和實訓報告（40%）。

第十章
客戶關係管理系統

知識與技能目標

（一）知識目標
- 解釋幾款主要的 CRM 系統產品；
- 描述 CRM 應用系統的分類及功能；
- 分析選擇 CRM 產品應注意的要點；
- 學會如何實施 CRM。

（二）技能目標
- 能夠熟練使用特定的 CRM 系統。

引例

挪威聯合銀行

20 世紀 90 年代，挪威聯合銀行——挪威最大的儲蓄銀行，擁有超過 100 萬個的個體客戶和企業客戶——發現自己正逐漸與客戶失去聯繫，因此迫切需要盡快行動起來。這不僅意味著要實施客戶關係管理，還意味著要改變 3,000 名銀行員工的工作方式。挪威聯合銀行成功地為客戶提供了更加自動化的方式來辦理銀行業務。這種自動化不斷地降低成本，並幫助銀行減少了其他銀行所遭受的那種損失。

挪威聯合銀行管理層發現，雖然銀行儲存著客戶數據，但大多數信息分散在多個運作系統上。為了獲取客戶的基本信息，銀行需要尋找、收集、綜合所有系統中的信息，這個流程可能就要花費數日。銀行主管們在思考，如果要獲取相關的客戶信息，銀行需要一個完整統一的客戶視圖，這需要整合所有不同系統上的客戶數據。事實上，銀行認識到這種視圖不僅要擴展到不同的產品，還要擴展到行銷渠道及客戶的人口統計資料。如果銀行能夠追蹤客戶行為，他們就會對客戶的未來行為和偏好有一種更好的理解。這種新信息能驅動交叉銷售和目標行銷創新，並肯定會提高收入和進一步降低成本。銀行希望通過系統為員工提供一種集中化的分析平臺，以確定誰是他們的客戶。另外，為了削減數據收集的成本和時間耗費，數據庫將提供 360 度客戶視圖，以使銀行進一步認識客戶。挪威聯合銀行除了日常分析，還將對市場機會迅速反應的能力與客戶的信息聯繫起來，以提高市場份額。

挪威聯合銀行還使用它的最新的強大客戶數據來協調渠道優化。例如，對於沒有使用最適合他們的帳單支付服務的客戶，銀行通過一個特定的促銷來告知他們使用最好的支付服務將為他們節約多少資金。這不僅幫助銀行削減了用於昂貴服務的成本，而且逐漸給客戶灌輸了這種理念：銀行是客戶的擁護者。

問題：

以挪威聯合銀行為例，簡述實施 CRM 的意義。

20 世紀 80 年代到 90 年代早期，大多數公司都採用商業智能工具來贏得決策過程的競爭優勢，如電子表格、報表軟件以及聯機分析處理軟件（On-Line Analysis Processing, OLAP）等。然而，計算機處理技術和存儲能力的迅速發展，帶來了信息量的冪級增長，傳統的商業智能工具已經顯得力不從心。集成了最新 CRM 管理理念和信息技術成果的 CRM 系統，通過業務流程與組織上的深度變革，成為幫助企業最終實現以客戶為中心的管理模式的重要手段。本章從 CRM 軟件系統介紹、企業如何選擇適合自己的 CRM 系統以及企業如何實施 CRM 系統三個角度進行詳細地分析和討論。

第一節　CRM 軟件系統

一、客戶關係管理系統的定義

CRM 是一種旨在改善企業與客戶之間關係的管理機制。從解決方案的角度考察，它是將市場行銷的科學管理理念通過信息技術集成在軟件商，利用現代信息技術手段，在企業與顧客之間建立一種數字的、即時的、互動的交流管理系統。CRM 系統以最新的信息技術作為手段，運用先進的管理思想，通過業務流程與組織上的深度變革，幫助企業最終實現以客戶作為中心的管理模式。CRM 系統作為新一代的客戶資源管理系統，將企業的銷售、市場和服務等部門整合起來，有效地把各個渠道傳來的客戶信息集中在一個數據中。作為一個應用軟件，CRM 系統凝聚了市場行銷等管理科學的核心理念。市場行銷、銷售管理、客戶關懷、服務和支持等構成了 CRM 軟件模塊的基石。CRM 系統的目標是通過滿足客戶的個性化需求使企業長期獲利。

CRM 系統的核心有三個：首先，以客戶為中心，整合所有對外業務。CRM 的焦點是遵從「以客戶為中心」的理念，實現對外業務的自動化。CRM 系統整合了行銷、銷售、客戶服務和技術支持等於客戶切身利益相關的業務，使得企業的各個部門在一個中心下協調工作，這樣客戶在企業的各個部門交往時，能夠感覺到企業作為一個整體向其提供標準的、協調一致的服務，而且這種服務不會因為企業的個別員工自身的原因而產生偏差，這樣客戶可以與企業建立高效的、連貫的溝通。其次，培養和維護客戶的忠誠度，這是 CRM 的最根本的目的。當今社會處處充斥著買方市場，客戶已經成為企業生存和發展的基礎，市場競爭的重點已經轉移到客戶資源的競爭上。企業想要獲得優質、穩固的客戶資源，就必須致力於客戶忠誠度的建立和維持，客戶的忠誠是企業源源不斷的利潤和源泉。眾多的研究結果也證實了培養顧客忠誠度的重要性，如：1 個滿意的客戶引發 8 筆潛在的交易，1 個不滿意的客戶會影響 25 個交易意向；忠誠的客戶會給企業帶來 85% 的利潤，吸引他們的不是產品而是服務，最后才是價格；爭取 1 個新客戶的成本是保住 1 個老客戶成本的 5 倍；等等。因此，CRM 系統的核心策略不是發展新的客戶而是維持現有的客戶。最后，利用個性化服務關注重點客戶群體。市場的長期實踐表明：企業的利潤與客戶的結構之間遵循「80/20」原則，即企業 80% 的利潤來自 20% 的企業客戶。這意味著不同的客戶對企業利潤的貢獻是不同的，他們在企業的利潤戰略中的地位也是不同的。因此，企業應該對這部分重點客戶格外關注，為他們提供更為個性化的服務。只有提高重點客戶的忠誠度及滿意度，才能夠確保企業利潤的持久、穩定。

綜上所述，我們將 CRM 系統定義為，CRM 系統是企業的一種以客戶個性化需求為中心的商業策略，它以信息技術為手段、以客戶的分割情況為依據，對企業的業務功能進行有效地資源重組，創造以客戶為中心的經營行為，實施以客戶為中心的新型業務流程，並以此為手段來提高企業的活動能力、收入以及客戶滿意度。

二、主流的 CRM 軟件系統的特點

一個優秀的 CRM 軟件系統，應該能夠很好地處理客戶的數據，具有平臺、接觸、營運和商業智能四大層面的功能。它應以客戶為中心，以市場、銷售和服務為龍頭，採用企業應用集成（Enterprise Application Integration，EAI）等方法實現與企業營運的其他系統的無縫集成。同時應採用數據倉庫技術、數據挖掘技術、Web 技術等實現企業快速、正確的決策與經營。主流的 CRM 軟件系統一般具備以下特點：

1. 靈活的工作流管理

工作流是指把相關文檔和工作規則自動化地安排給負責特定業務流程中的特定步驟的人。CRM 系統提供的工作流模塊具有功能強大、使用靈活和操作簡單等特點，為跨部門的工作提供支持，使這些工作能無縫、動態地銜接。

2. 功能齊全的客戶智能分析

主流的 CRM 軟件系統有專門的業務職能模塊，它包括市場智能、銷售智能和客戶智能三大模塊，以客戶智能為重點，注重分析客戶的消費行為和生命週期，為企業及時調整市場方向提供服務。例如，企業可以結合收集的客戶信息，對某一類客群的消費行為進行分析，這就要求 CRM 的分析工具可以從多個數據庫中找出有用的數據並形成一個數據區塊，在此基礎上，企業可以分析某類客戶的消費行為，找出他們的行為特徵。

3. 完善的應用系統安全技術

主流的 CRM 軟件系統具備一套完善的應用系統安全技術，包括系統的多項身分認證、權限策略、授權機制、數據加密以及數字簽名等技術。

CRM 系統給企業客戶關係管理提供了一個很好的管理平臺的同時，也使得企業在 CRM 項目實施過程中，由於沒有考慮到數據的安全，導致了不少機密信息的外泄。例如，有些企業上了 CRM 系統之後，會產生一些「飛單」現象。后來追查原因，原來是客戶相關的信息（如客戶聯繫方式、客戶訂單信息等敏感內容）沒有採取保護措施。這些本來是對銷售部門以外的員工保密的，但是在 CRM 系統中沒有採取保護措施，讓其他部門人員可以隨意地訪問。所以，採購部門的員工就把客戶信息與產品價格信息賣給了企業的競爭對手，導致了一些「飛單」現象。由此可見，在實施 CRM 系統時沒有考慮到信息洩露的風險，這對於企業來說，是一件很危險的事情，企業可能會因此遭受很多不必要的損失。

4. 與微軟辦公軟件（Microsoft Office）完全兼容並自動轉換格式

如今，絕大多數計算機使用的都是微軟的 Office 操作系統，這就要求 CRM 軟件必須與之有效兼容，相關的文檔（如客戶資料、銷售合同等）能夠自動生成用戶選定的 Word 文檔或 Excel 表格，一些智能分析結果也可以自動地進行 Office 文檔轉換。

5. 支持網路應用

在支持企業內外的互動和業務處理方面，網路的作用越來越大，這使得客戶關係管理系統的網路功能變得越來越重要。以網路為基礎的功能既包括對外的一些應用（如網路自主服務、自主銷售等），也包括對內的一些應用（如銷售自動化、智能代理等）。為了使客戶和企業的業務和管理人員都能方便地瞭解應用系統的功能，需要提供標準化的網路瀏覽器，使得用戶只需很少的訓練或不需訓練就能使用。另外，業務邏輯和數據維護是集中化

的，這就減少了系統的配置、維持和更新的工作量，因此還可以大大減少基於互聯網的系統的配置費用。

三、客戶關係管理系統的功能

按照 CRM 系統的具體操作來分類，CRM 系統的功能大致有：

（1）客戶管理。主要功能有客戶基本信息；與此客戶相關的基本活動和活動歷史；聯繫人的選擇；訂單的輸入和跟蹤；建議書和銷售合同的生成。

（2）聯繫人管理。主要作用包括聯繫人概況的記錄、存儲和檢索；跟蹤同客戶的聯繫，如時間、類型、簡單的描述、任務等，並可以把相關的文件作為附件；客戶的內部機構的設置概況。

（3）時間管理。主要功能有日曆；設計約會、活動計劃，有衝突時，系統會提示；進行事件安排，如約會、會議、電話、電子郵件、傳真、備忘錄；進行團隊事件安排；查看團隊中其他人的安排，以免發生衝突，把事件的安排通知相關的人；任務表；預告；記事本；事件；電子郵件；傳真。

（4）潛在客戶管理。主要功能包括業務線索的記錄、升級和分配；銷售機會的升級和分配；潛在客戶的追蹤。

（5）銷售管理。主要功能包括組織和瀏覽銷售信息，如客戶、業務描述、聯繫人、事件、銷售階段、業務額、可能結束時間等；產生和銷售業務的階段報告，並給出業務所處階段、還需要的時間、成功的可能性、歷史銷售狀況評價等信息；對銷售業務給出的戰術、策略上的支持；對地域進行維護，把銷售員歸入某一地域並授權；地域的重新設置；根據利潤、領域、優先級、時間、狀態等標準，用戶可制定關於將要進行的活動、業務、客戶、聯繫人、約會等方面的報告；提供類似（BBS）的功能，用戶可把銷售秘訣貼在系統上，還可以進行某一方面銷售技能的查詢；銷售費用管理；銷售佣金管理。

（6）電話行銷和電話銷售。主要功能包括電話本、電話列表，並把它們與客戶、聯繫人和業務建立關聯；把電話號碼分配到銷售人員；記錄電話細節，並安排回電；電話行銷內容草稿；電話錄音，同時給出書寫器，用戶可作記錄；電話統計和報告；自動撥號。

（7）行銷管理。主要功能包括產品和價格配置器；在進行行銷活動時，能提供信息支持；將行銷活動與業務、客戶、聯繫人建立關聯；顯示任務完成進度；提供類似公告板的功能，可張貼、查找、更新行銷資料，從而實現行銷文件、分析報告等的共享；跟蹤特定事件；安排新事件，如研討會、會議等建立關聯；郵件合併；生成標籤和信封。

（8）客戶服務。主要功能包括服務項目的快速錄入；服務項目的安排、調度和重新分配；事件的升級、搜索和跟蹤與業務相關的事件；生成事件報告；服務協議和合同；訂單管理和跟蹤；問題以及解決方法數據庫。

（9）呼叫中心。主要功能包括呼入呼出電話處理；互聯網回呼；呼叫中心運行管理；電話轉移；路由選擇；報表統計分析；管理分析工具；通過傳真、電話、電子郵件、打印機自動進行資料發送；呼入呼出調度管理。

（10）合作夥伴關係管理。主要功能包括對公司數據庫信息設置存取權限，合作夥伴通過標準的網頁（Web）瀏覽器以密碼登錄的方式對客戶信息、公司數據庫、與渠道有關的銷售機會信息；合作夥伴通過瀏覽器使用銷售管理工具和銷售機會管理工具，並使用預定義的和自定義的報告，產品和價格配置器。

（11）知識管理。主要功能包括在站點上顯示個性化信息；把一些文件作為附件貼到聯繫人、客戶、事件概況等上；文件管理；對競爭對手的 Web 站點進行監測，如果發現變化

的話，會向用戶報告；根據用戶定義的關鍵詞對 Web 站點的變化進行監視。

（12）商業智能。主要功能包括預定義查詢和報告；用戶定制查詢和報告；可看到查詢和報告的 SQL 代碼；以報告或突變形式查看潛在客戶和業務可能帶來的收入；通過預定義的圖表工具進行潛在客戶和業務的傳遞途徑分析；將數據轉移到第三方預測和計劃工具；柱狀圖和餅狀圖工具；系統運行狀態顯示器；能力預警。

（13）電子商務。主要功能包括個性化界面、服務；網站內容管理；店面；訂單和業務處理；銷售空間擴展，客戶自動服務；網站運行情況的分析和報告。

四、CRM 主要產品

當前，國內 CRM 市場處於啟動期。一方面，國外 CRM 軟件商開始進入中國，並加大開拓中國市場的力度；另一方面，國內的軟件商也已經推出或正在開發 CRM 軟件。就 CRM 的廠商來講，市場份額比較分散，而且競爭態勢變化很快。下文將介紹一下 CRM 的主要產品。

（一）希柏（Siebel）

作為 CRM 的先驅者和開拓者，Siebel 在全球擁有超過 300 萬的實際用戶，該公司於 2005 年被 Oracle 公司併購。產品齊全是 Siebel 的一大優勢，公司的 CRM 產品幾乎涵蓋了 CRM 的所有領域。它提供的 CRM 解決方案主要有「.com」套件、呼叫中心套件、現場銷售和服務套件、行銷管理套件和渠道管理套件。

（1）Siebel 的「.com」套件提供的功能有銷售管理、行銷管理、服務管理、電子郵件應答、電子簡報和內容服務。

（2）Siebel 的呼叫中心套件包括呼叫中心、服務管理、電話銷售三大塊。客戶服務代表可以使用希柏服務（Siebel Service）來跟蹤客戶服務請求、平衡優先解決方案、快速準確地解決問題、將客戶的請求發送到合適的代理處。另外，Siebel Service 確保每一項服務請求都在規定的時間內完成，使用自動工作流和路由器、監控器來解決每個請求。它可以通過一些基本的機會和預測管理、客戶管理、聯繫管理、活動管理、活動跟蹤等銷售功能幫助電話銷售人員提高工作效率，實現銷售目標。

（3）Siebel 的現場銷售和服務套件包括銷售管理、現場服務管理、專業化服務、產品配置器、價格配置器和佣金管理等功能模塊。

（4）Siebel 的行銷管理套件包括行銷管理、商業分析和商業計劃、評估和報告等功能模塊。

（5）Siebel 還提供渠道管理功能。企業可管理市場開發基金、機會、客戶和渠道夥伴的服務請求，並跟蹤所有分配的項目的執行情況。渠道夥伴可瀏覽產品和定價信息、配置方案、生成報價和在線完成訂單。

產品線的齊整是 Siebel 的一大優勢，但有人認為，Siebel 的內部框架不是互聯網友好型的，因為它的產品歷史長，定位於高端市場，並提供上述套件的中小企業版本。

（二）甲骨文（Oracle）

作為世界上最大的數據庫公司和第二大軟件製造商，Oracle（甲骨文）從 20 世紀 80 年代開始就已領導著數據庫行業，並成長為財富 500 強企業之一。

Oracle 是模塊化的倡導者，其 CRM 產品按不同的功能分為很細的模塊，為用戶提供了自由選擇、二次開發和根據需要擴充的可能。Oracle 的 CRM 產品可以分為五個主要模塊：

1. 銷售應用軟件

這是一個全面的銷售自動化解決方案，其設計目標是提高銷售的有效性。它為現場銷

售人員、分銷商、轉銷商和銷售主管們提供了多種工具，使他們能夠獲得銷售流程每個階段中詳細的客戶信息，幫助公司實施靈活的、以客戶為中心的銷售，產生統一的、全球性的即時銷售和預測視圖，可以有效提高銷售活動的效率，並建立和加強與客戶的長期合作關係。銷售應用軟件具體包含了額度管理、銷售力量管理、地域管理和銷售佣金管理等功能，並提供電話銷售的功能。

2. 市場行銷應用軟件

CRM 產品利用最先進的技術，幫助公司規劃、管理、實施、分析和細化市場行銷活動，以提高投資回報率，加強客戶反響並增加銷售額，賦予市場行銷專業人員以更強的能力。市場行銷應用軟件可實現對行銷活動進行跟蹤，並幫助行銷部門管理市場資料，進行授權、預算和回應管理等。

3. 服務應用軟件

該組件包含四個集成的應用軟件，他們集中在與客戶支持、現場服務和倉庫維護相關的商業流程的自動化和優化上。這些應用軟件通常通過電話中心或網路運行，並且可實現自助服務。服務管理可實現現場服務分配、客戶產品生命週期管理、服務技術人員檔案、地域管理、合同管理、客戶關懷和移動現場服務等功能。

4. 呼叫中心應用軟件

該模塊提供電話管理員、語音集成服務、開放連接服務、多渠道接入服務、代理執行服務、自動撥號服務、市場活動支持服務、呼入呼出調度管理、報表統計分析、管理分析工具等功能。

5. 電子商務應用軟件

該組件能使企業將其業務擴展到網路上，以便充分地利用電子商務帶來的便利。電子商務模塊提供了電子商店、電子行銷、電子支付和 FAQ 等功能。

（三）SalesLogix 2000（重要銷售產品白皮書）

SalesLogix 2000 是 Best 軟件公司的 CRM 產品。SalesLogix 2000 有四個組件：SalesLogix for sales（電子化管理銷售過程的領先解決方案）、SalesLogix for marketing（市場活動管理的完整解決方案）、SalesLogix for support（客戶服務與支持的完整解決方案）和 SalesLogix for e-business（網站與后臺系統集成的全面解決方案）。

在銷售方面，SalesLogix 2000 所提供的功能包括：

（1）客戶信息管理。管理員可編輯客戶信息，並可根據客戶管理人、區域、成功概率等進行統計和查詢。

（2）制定銷售流程。規範銷售行為，引導新成員按照流程的要求來進行銷售工作，使得他們可以快速掌握基本要點。

（3）日程和日誌管理。管理員可制定工作日程，並自動按優先順序排序，還可以組織銷售團隊的工作、通報會議安排和重要事件。

（4）工作報告與評估。製作各種類型的工作報告，通過數據分析與評估來對比歷史情況與當前情況，並提供圖形化表示方法。

除了上述功能外，SalesLogix 還支持電話銷售和自助銷售。在市場管理方面，它提供了項目管理、客戶線索分配、自動客戶追蹤管理和市場分析報告的功能；在服務方面，提供了客戶服務信息數據庫和客戶服務知識庫的功能。

（四）開思/CRM Star

開思軟件總部在北京，2001 年被金蝶軟件併購。它的 CRM 產品的發布於 2000 年 3 月份，名為開思/CRM Star，基於 LotusDomino/NotesR5 以上平臺。它的模塊設置和功能有系統

設置模塊、客戶資料管理模塊、客戶跟蹤管理模塊、客戶服務管理、業務知識管理、客戶關係研討和電子郵件。

1. 系統設置

系統管理員通過開思/CRM Star 的系統設置模塊可以完成系統的初始化工作。

（1）人員註冊。為公司內使用該系統的每一位人員進行註冊。可以登記人員的姓名、所在部門、職務、系統數據庫的權限和一些輔助信息。

（2）權限設置。在使用此系統前，必須設置必要的權限，以確保系統能夠正常運行。內容包括 Fax 外部網路域和各功能模塊管理、登錄、查看、移交和催辦等權限的設置。

（3）代碼設置。對於一些必要的編碼（如客戶編碼、業務編碼），客戶可以根據自己的需要去設定。

2. 客戶資料管理

客戶資料管理其實是一個存放所有客戶信息的資料庫。初期可以將每位銷售人員各自的客戶以及每位客戶的所有聯繫人的完整原始檔案資料登記入內，然後可以對這些客戶批量發送傳真、電子郵件，還可以對各類客戶及聯繫人分類統計，查詢和打印地址列表、電話列表和標籤等。此模塊的功能包括：

（1）新增客戶資料，包括客戶代碼、客戶名稱和分類等 20 多項客戶的基本信息。

（2）儲存聯繫人信息，即可以登記每個客戶所有的聯繫人（沒有數量限制，可以即時動態生成），包括人員代碼、人員姓名、部門、電話和電子郵件等信息。

（3）查詢業務信息，即可以查詢與此客戶相關的所有業務，甚至可以查看每一項業務的具體情況。

（4）客戶分類，即可以對客戶進行分類，如現有客戶、潛在客戶、合作夥伴和代理商等。分類後管理員可以按分類查看各種客戶，還可以按地域、行業等來查看客戶資料。

（5）打印標籤，即可以將用戶信息打印成標籤，也可以成批地打印。標籤的內容包括郵政編碼、客戶地址、客戶名稱、聯繫人部門和聯繫人等。

（6）郵件傳真，即可以發送批量的電子郵件或傳真，並記錄這些郵件和傳真的內容，以備查詢。

3. 客戶跟蹤管理

客戶跟蹤管理是對每次業務聯繫中，與客戶聯繫的情況進行跟蹤。其功能包括：

（1）新增業務，即可以登記每一項新業務。登記內容包括業務名稱、業務編號、客戶名稱（直接從客戶資料中選取，其他有關客戶的資料都會自動調入）、立案日期等。

（2）聯繫活動，即安排和記錄銷售人員與客戶聯繫的所有情況。業務人員可以根據客戶的重要程度確定與其聯繫的頻度，事先安排聯繫活動（如打電話、發電子郵件和拜訪等），並記錄每次聯繫結果。

（3）預約提示，即對重要事件設置預約時間、主題和提醒的對象，到時間就會有電子郵件通知。

（4）對手情況，即可以記錄此項目的對手名稱、對手策略等情況。

（5）郵件傳真，即記錄所有的往來郵件和傳真。

（6）文檔資料，即記錄與此項目有關的文檔，如報價文檔、合同文檔等。

（7）業務移交。當業務人員離開或業務範圍調整時，可以將項目移交給別的業務人員，繼續跟蹤此項業務的所有情況。

（8）業務催辦。領導可以及時查看到各業務的進展情況，還可以對某一項業務進行催辦，相關的業務人員在電子郵箱中就會收到通知。

（9）業務成交，即可以繼續對成交業務的訂單明細、合同情況、交貨情況以及付款情況進行跟蹤。

（10）業務完結，即對完結的業務可以進行查詢、統計。

4. 客戶服務管理

客戶服務管理是對客戶意見或投訴以及售后服務進行管理。這個模塊可以記錄客戶的所有意見或投訴情況，對每項意見或投訴的全過程（包括判定、處理責任部門確定、提出處理方案、提交領導批示、實施和總結）及時進行處理跟蹤；對售后服務的全過程（包括上門服務、電話支持等）進行記錄，甚至可以將一些標準的解決答案記錄在案，讓公司/單位的每位人員都能馬上解答各類問題。其子模塊有：

（1）客戶投訴，即可以記錄客戶投訴的情況（包括客戶名稱、投訴分類和投訴對象等），然后將此投訴轉交責任部門/人員處理（轉交前還可以提交領導批閱），有關人員記錄受理情況。

（2）客戶支持，即記錄客戶的問題以及解答情況。對客戶的問題，可以從標準題庫中尋求答案，還可以尋求技術支持。

（3）分類設置，即對標準題庫中的問題進行分類設置。

（4）標準題庫，即提供一個問題解答庫，管理員可以隨時從標準題庫中選擇自己要的答案來回答客戶，無需專家的指導。

（5）售后服務，即可以對所有的售后服務情況進行記錄，記錄內容包括客戶名稱（有關客戶的具體資料會從資料庫中自動調入）、服務時間和服務內容等。

5. 業務知識管理

業務知識管理存放業務人員日常工作中需要的大量業務信息和知識，可以包括公司介紹、產品介紹、產品報價、經營知識、標準文檔、市場活動、媒體宣傳、業界動態、產品趨勢以及競爭對手的信息及其產品的相關信息，業務人員可以直接利用於銷售工作中。

（1）產品信息。管理員可以將公司的所有產品進行統一登記和管理，包括產品名稱、產品編號、產品類別、產品型號等信息。

（2）競爭對手，即對所有競爭對手的信息都可以進行登記，還包括對手的主要產品名稱以及相關的信息，知己知彼方能百戰百勝。

（3）標準文檔，即可以存放許多常用的文檔（電子文件格式），從而達到了文件共享功能。因為提供了訪問控制，存放的文檔還是比較安全可靠的。

6. 客戶關係研討

客戶關係研討是提供給公司所有人員的。業務人員可以針對不同案例、市場與銷售策略進行討論，也可以將自己的業務經驗在網上發布，與大家一起分享，提高整體的業務能力及水平。

（1）所有文檔。管理員可查看客戶關係研討庫中的所有文檔，並可對其中用戶所關心的話題參與討論或建立新的討論話題。

（2）個人興趣，即可按照用戶填寫的個人興趣簡要表從所有公共文檔中自動選取用戶所關心的話題，通過電子郵件自動通知用戶。

（3）按作者，即可按照文檔作者進行分類查看，並可建立新主題或答覆用戶感興趣的主題。

（4）按分類，即可按照文檔的定義類別進行查看，並可建立新主題或答覆用戶感興趣的主題。

7. 電子郵件

電子郵件是不可缺少的。每位員工都會擁有一個私人的信箱，可以進行日程的安排，設置各類約會、會議提醒，收到重要信件的提醒，貨款情況的通知，等等。

(五) Kingdee EAS CRM

Kingdee EAS CRM 是金蝶公司開發的 CRM 軟件，定位於中高端市場，與它的 K3ERP 是全面集成的。其主要功能有七個方面：系統設置模塊、銷售管理模塊、服務管理模塊、市場管理模塊、商業智能分析模塊、客戶在線模塊和離線應用模塊。

1. 系統設置模塊

系統設置可進行系統的客戶化，包括對象字段的自定義增加和顯示的自定義。

2. 銷售管理模塊

銷售管理模塊在對客戶信息全面管理的基礎上，實現了對銷售業務全進程的管理，對競爭對手多維度的管理，對銷售全程的費用控制和銷售基本知識庫的全面支持，以及與金蝶企業套件有機地相互集成實現客戶銷售、庫存、代理商銷售和財務的協同運作。

3. 服務管理模塊

金蝶服務自動化可以共享銷售自動化的客戶/聯繫人、商品、合同/訂單等信息，其主要具有客戶關懷、客戶滿意度、項目服務、服務請求、客戶投訴、產品維修和產品缺陷等服務管理功能。通過服務自動化可實現「一對一」的客戶服務，為特定的客戶進行個性化服務，對其使用情況進行跟蹤，並為其提供預警服務和其他有益的建議，以使顧客能安全、可靠地使用企業產品。同時，服務自動化還可以對客戶的信息進行檢查，在安排服務或維修之前檢查客戶是否具有支付服務費用的能力。服務自動化可以全面執行企業的協議服務，它和所有的契約或承諾，如客戶服務合同、服務協議和相關擔保等關聯，與企業的 Web 部署和呼叫中心環境一道，可逐步實現與客戶的自助服務，使企業能夠以更快的速度和更高的效率來滿足其客戶的獨特需求。

4. 市場管理模塊

市場活動的策劃、預算、執行和分析；客戶需求反饋的收集和管理；產品市場定價、競爭對手信息、市場情報和媒體宣傳的匯總；對線索客戶的搜尋、市場自動化的著眼目標是通過提供設計、執行和評估市場行銷行動和其他與行銷有關活動的全面框架，賦予行銷專業人員以更強大的能力。

5. 商業智能分析模塊

金蝶商業智能模塊是以當前金蝶 CRM 系統的原始市場、銷售和服務相關業務數據為基礎，對企業各級管理人員普遍關心的實際銷售經營、市場服務、企業客戶資源、產品以及競爭對手等各方面情況進行定量為主的靜態與動態分析，旨在正確評價企業過去的銷售業務經營業績，市場與服務效果以及客戶、產品、競爭對手等的綜合狀態。同時，它能全面反應企業各環節業務的現狀，輔助預測未來銷售業務潛力、市場拓展空間、客戶服務模式，充分揭示當前銷售、市場、服務業務經營中存在的漏洞和薄弱環節，從而及時地指導企業改進和調整各業務計劃，市場、銷售、服務及產品開發策略，各級人力資源配備，等等，提高企業各環節的管理和控制水平。

6. 客戶在線模塊

金蝶客戶在線模塊是與 CRM 其他模塊緊密集成的，是企業與客戶互動的另外一個平臺，通過金蝶客戶在線可更好地實現與客戶的「一對一」個性化行銷。客戶登錄網站后，系統提交給客戶的是根據客戶偏好為其量身定做的信息，更好地提升客戶的購買慾望。另外，客戶可以通過該平臺進行在線採購、在線投訴等活動。

7. 離線應用模塊

金蝶離線應用模塊是提供企業用戶離線應用的，通過離線應用模塊，用戶不必即時在線和主系統連接，在本地離線系統操作完畢後，將數據動態下載到主系統即可。

總體來講，國外 CRM 軟件商產品具有很強的整體實力，但發展不平衡；國內 CRM 軟件商產品的整體實力相對較差，同時發展也相當不平衡。不同廠商的產品其功能和可實施性不盡相同，用戶在選擇 CRM 產品時應根據自己的實際需求進行綜合分析。

五、CRM 應用系統的分類及功能

對 CRM 應用系統的分類，目前市場上流行的就是把 CRM 管理系統分為營運型（Operational）、分析型（Collaborative）和協作型（Analytical）。

（一）營運型 CRM

營運型 CRM 是 CRM 系統的「軀體」，也稱「前臺」CRM，它是整個 CRM 系統的基礎，包括與客戶直接發生接觸的各個方面。如今市場上的 CRM 產品主要就是營運型 CRM 產品。它的主要應用目的就是企業直接面對客戶的相關部門在日常工作中能夠共享客戶資源，減少信息流動的滯留點，以一種統一的視圖面對客戶，力爭把企業變成單一的「虛擬個人」，讓客戶感覺公司是一個整體，並不會因為和公司不同的人打交道而感到有交流上的不同感受，從而大大減少業務人員在與客戶接觸過程中產生的種種麻煩和挫折。營運型 CRM 可以確保與客戶的持續交流，並使其合理化，但這並不一定意味著它提供的就是最優化服務。

營運型 CRM 應用系統主要是基於以下兩點原因而產生的：

（1）在互聯網時代，由於人們的聯繫方式越來越方便，客戶的耐心指數大大下降。與客戶進行溝通時，無論使用電話、電子郵件或其他手段，遲緩、拖拉的辦事方式都會很快導致客戶流失。

（2）在信息化時代，客戶很容易從多種渠道獲得相關信息，對企業來說，保持老客戶變得越來越困難。

營運型 CRM 通過提高企業業務處理流程的自動化程度，增強了與客戶的交流能力。利用營運型 CRM 可以實現企業的自動銷售管理、時間管理、工作流的配置與管理和業務信息交換等功能；還可以將企業的市場、銷售、諮詢、服務和支持全部集成起來，並與企業的管理與營運緊密結合在一起，形成一個市場導向、以客戶服務為中心、工作流程驅動、分析與跟蹤控制的高效市場行銷環境；還可以提高企業的市場反應速度、應變能力和市場競爭力。通過企業 CRM 集成系統，企業將來自於企業核心業務系統的客戶交易數據和通過其他客戶渠道所獲得的客戶資料信息和服務信息有效地集成在一起，建立統一的客戶信息中心。

營運型 CRM 建立在這樣一種概念上，客戶管理在企業成功方面起著很重要的作用，它要求所有業務流程的流線化和自動化，包括經由多渠道的客戶「接觸點」的整合、前臺和後臺營運之間的平滑地相互連接和整合。

營運型 CRM 是基於網頁技術的全動態交互的客戶關係應用系統。客戶關係管理使企業在網路環境中以電子化方式完成從市場、銷售到服務的全部商務過程。它主要有以下五個方面的應用：

1. 客戶關係管理銷售套件

客戶關係管理銷售套件為企業管理銷售業務的全程提供豐富強大的功能，包括銷售信息管理、銷售過程定制、銷售過程監控、銷售預測、銷售信息分析等。客戶關係管理銷售套件將成為銷售人員關注客戶、把握機會、完成銷售的有力工具，並支持其提高銷售能力。

客戶關係管理銷售套件對企業的典型作用在於幫助企業管理跟蹤從銷售機會產生到結束各個階段的全程信息。

2. 客戶關係管理行銷套件

客戶關係管理行銷套件使企業可以由始至終掌握市場行銷活動的信息管理、計劃預算、項目跟蹤、成本明細、效果評估等，幫助企業管理者清楚地瞭解所有市場行銷活動的成效與投資回報率。

3. 客戶關係管理服務套件

客戶關係管理服務套件幫助企業以最低的成本為客戶提供包括服務請求及投訴的創建、分配、解決、跟蹤反饋、回訪等相關服務環節的閉環處理模式，從而幫助企業留住老客戶、發展新客戶。

4. 客戶關係管理電子商務套件

客戶關係管理電子商務套件是使客戶關係管理成為企業商務過程「E」化的行政管理（Front Office），幫助企業將門戶站點各種商務渠道集成在一起，開拓新的銷售渠道及商務處理方式。

5. 客戶關係管理商務平臺套件

客戶關係管理商務平臺套件是產品的基礎核心平臺，實現產品的基礎數據維護、安全控制、動態配置與工作流定制等功能。

綜上所述，營運型 CRM 應用系統通過銷售套件為銷售人員及時提供客戶的詳細信息，開展訂單管理、發票管理及銷售機會管理等；通過行銷套件為行銷人員計劃、設計並執行各種行銷活動；通過服務套件為現場服務人員提供自動派活、設備管理合同及保質期管理、維修管理等。

相比之下，營運型 CRM 雖然具有一定的數據統計分析能力，但它是淺層次的，與以數據倉庫、數據挖掘為基礎的分析型 CRM 是有區別的。另外，營運型 CRM 不包含呼叫中心等員工同客戶共同進行交互活動的應用，與協作型 CRM 也有一定的區別。

（二）分析型 CRM

分析型客戶關係管理系統主要是分析營運型客戶關係管理和原有系統中獲得的各種數據，進而為企業的經營和決策提供可靠的量化依據，一般需要用到一些數據管理和數據分析工具，如數據倉庫、聯機分析處理（OLAP）和數據挖掘等。

分析型客戶關係管理系統具備如下六大支柱性功能：

1. 客戶分析

客戶分析功能旨在讓行銷人員可以完整、方便地瞭解客戶的概貌信息，通過分析與查詢，掌握特定細分市場的客戶行為、購買模式、屬性以及人口統計資料等信息，為行銷活動展開提供方向性的指導。

此外，行銷人員可以通過客戶分析功能追蹤行銷活動的執行過程，從而瞭解這類活動的內容和隨之傳達的信息對客戶所造成的實際影響，客戶關係管理軟件有能力讓行銷人員通過輕鬆的鼠標點擊即可鎖定特定客戶群，建立新的細分市場。例如，對於銀行來說，有的客戶突然提取大筆現金，可能使銀行處於高風險狀態；有的客戶雖然歸還貸款比較遲緩，但基本上總能在一定的期限內歸還，這就是銀行最喜歡的客戶，因為他總是在為銀行帶來利息收入。銀行的客戶關係管理系統對此都應該及時察覺。

2. 客戶建模

客戶建模功能主要依據客戶的歷史資料和交易模式等影響未來購買傾向的信息來構造

預測模型。例如，根據客戶的促銷活動回應率、利潤貢獻度、流失可能性和風險值等信息，為每一位客戶賦予適當的評分。從技術方面看，客戶建模主要是通過信息分析或者數據挖掘等方法獲得。另外，機器學習和神經網路也是重要的客戶建模方法。

客戶建模的結果可以構成一個完備的規則庫。例如：銀行客戶如果有大筆存款進入帳戶，則應考慮向其推薦股票或者基金等收益更高的投資項目。客戶建模還可以幫助企業建立成熟、有效的統計模型，準確識別和預測有價值的客戶溝通機會。一旦這種模型得以建立，企業就可以對每一個客戶進行價值評估並在適當的時機以適當的方式與這個客戶進行溝通，從而創造更多的營利機會。

3. 客戶溝通

客戶分析的結果可以與客戶建模所形成的一系列適用規則相聯繫。當這個客戶的某個行為觸發了某個規則，企業就會得到提示，啓動相應的溝通活動。

客戶溝通功能可以集成來自企業各個層次的各種信息，包括客戶分析和客戶建模的結果，針對不同部門的不同產品，幫助企業規劃和實施高度整合的行銷活動。

客戶溝通的另一大特色是幫助企業進行基於事件的行銷。根據客戶與企業之間發生的貌似偶然的交互活動，企業可以迅速發現客戶的潛在需求並作出適當的反應。客戶溝通功能支持行銷人員設計和實施潛在客戶行銷、單一步驟行銷、多步驟行銷和週期性行銷等四種不同類型的行銷活動。

4. 個性化

個性化功能幫助企業根據不同客戶的不同消費模型建立相應的溝通方式和促銷內容，以非常低的成本實現真正的一對一行銷。

例如，行銷人員可以用鼠標點擊的方式建立和編輯個性化的電子郵件模版，以純文本、超文本（HTML）或其他適當的格式向客戶發送促銷信息。更重要的是，行銷人員可以利用複雜的獲利能力評估規則、條件與公式為不同的客戶創建更具親和力的溝通方式。

5. 優化

每個行銷人員每天應當處理多少個目標客戶？每隔多長時間應該對客戶進行一次例行聯絡？各類行銷方式對各類客戶的有效程度如何？對於這些問題，分析型客戶關係管理的優化功能都可以提供答案，幫助企業建立最優的處理模式。優化功能還可以基於消息的優先級別和採取行動所需資源的就緒情況來指導和幫助行銷人員提高工作效率。

6. 接觸管理

接觸管理功能可以幫助企業有效地實現客戶聯絡並記錄客戶對促銷活動的反應，將客戶所發生的交易與互動事件轉化為有意義、高獲利的行銷商機。例如，當接觸管理模塊檢測到重大事件時，即刻啓動特別設計的行銷活動計劃，針對該事件所涉及的客戶提供適用的產品或者服務，這種功能又被作為即時事件關注人。

分析型客戶關係管理大容量的銷售、服務、市場及業務數據進行整合，使用數據倉庫、數據挖掘、OLAP 和決策支持技術，將完整的和可靠的數據轉化為有用的、可靠的信息，再將信息轉化為知識，進一步為整個企業提供戰略上和技術上的商業決策，為客戶服務和新產品的研發提供準確的依據，提高企業的競爭能力，使得公司能夠把有限的資源集中到所選擇的有效的客戶群體，同這些客戶群體保持長期且富有成效的關係。分析型的客戶關係管理系統使這一切成為可能，它是一種處理大容量的客戶數據的方法，可以使企業獲得可靠的信息支持策略和商業及決策。

營運型 CRM 是整個 CRM 的基礎，它收集了大量的客戶信息、市場活動信息和客戶服

務的信息，並且使得銷售、市場、服務一體化、規範化和流程化。但是，對於大量的客戶信息，將如何處理、如何從數據中得到信息、從信息中得到知識，對企業的決策和政策制定加以指導將是十分重要的。那麼，自然導出了分析型的 CRM。

分析型 CRM 也稱為后臺 CRM 或戰略 CRM，是指理解發生在前臺的客戶活動，它為企業的決策提供指導。但是如果沒有營運型的 CRM 和協作型的 CRM 提供大量的數據，分析將完全是一句空話。

分析型 CRM 主要是分析營運型 CRM 和原有業務系統中獲得的各種數據，進而為企業的經營決策提供可靠的量化依據。分析型 CRM 一般需要用到一些數據管理和數據分析工具，如數據倉庫、OLAP 和數據挖掘等。它注重對數據進行複雜的分析、處理和加工，以及對客戶行為進行分析，並從中獲得有價值的信息。例如，在電信行業中，分析經常打漫遊電話的人群的特徵：年齡在 30 歲左右、月收入在 5,000 元以上的女性是不是長途電話消費群體；她們的通話習慣是從幾點到幾點；是否週末的長途漫遊消費具有明顯不同於其他時間的特徵；等等。

（三）協作型 CRM

有了分析的結果，一方面是將分析的結果交給領導做決策；另一方面是要將分析的結果，通過合適的渠道（電話、電子郵件、傳真、書信等方式）自動地分發給相關的客戶。如企業已經分析到一類客戶可能會流失，那麼應該送這些客戶以關懷。CRM 系統自動地將這些客戶的聯絡方式送到呼叫中心，通過呼叫中心和客戶進行互動。這就需要協作型的 CRM。協作型 CRM 的設計目的是能夠讓企業客戶服務人員同客戶一起完成某項活動，可以實現和客戶的高效互動。

協作型 CRM 強調的是交互性，它借助多元化、多渠道的溝通工具，讓企業內部各部門同客戶一起完成某項活動。前面的營運型 CRM 和分析型 CRM 都是企業員工自己單方面的業務工具，在進行某項活動時，客戶並未一起參與。

協作型 CRM 是一種綜合性的 CRM 解決方式，它將多渠道的交流方式融為一體，同時採用了先進的電子技術，保證了客戶關係項目的實施和運作。協作型 CRM 包括了呼叫中心、互聯網、電子郵件和傳真等多種客戶交流渠道，能夠保證企業和客戶都能得到完整、準確和一致的信息。協作型 CRM 的主要功能有以下幾點：

（1）電話接口：能提供世界先進水平的電話系統集成的接口，主要支持西方多路（Proxim）、朗訊（Lucent）等計算機電話集成（CTI）中間件。

（2）電子郵件和傳真接口：能與電子郵件和傳真集成，接收和發送電子郵件和傳真，能自動產生電子郵件以確認信息接收等。

（3）網上互動交流：進一步加強與網路服務器的集成以支持互動瀏覽、個性化網頁和站點調查等功能。

（4）呼出功能：支持電話銷售/電話市場推廣，如預知撥號、持續撥號和預先撥號等功能。

協作型 CRM 主要做協同工作，適應於那些側重服務和客戶溝通頻繁的企業。它不拘行業，適用於任何需要多種渠道和客戶接觸、溝通的企業，具有多媒體多渠道整合能力的客戶聯絡中心是今後協作型 CRM 應用的主要發展趨勢。

六、各種客戶關係管理系統之間的關係

客戶關係管理整體解決方案的基本流程如下：營運型客戶關係管理系統從客戶的各種

「接觸點」將客戶的各種背景數據和營運數據收集並整合在一起，這些營運數據和外來的市場數據經過整合和變換，裝載進數據倉庫。之後，運用 OLAP 和數據挖掘等技術來從數據中分析和提取相關規律、模式、趨勢。最後，利用精美的動態報表系統和企業信息系統等，使有關的客戶信息和知識在整個企業內得到有效地流轉和共享。這些信息和知識轉化為企業的戰略和戰術行動，用於提高在所有渠道上同客戶交互的有效性和針對性，把合適的產品和服務，通過合適的渠道，在適當的時候，提供給適當的客戶。

客戶與企業的互動，需要把分析型客戶關係與接觸點客戶關係管理結合在一起，如網站的客戶先通過營運型系統瞭解信息，營運型系統就把客戶的要求傳遞給數據庫，通過數據庫來拿這些信息，然後返回客戶界面，再到客戶。營運型客戶關係管理系統管理接觸點，適應於 Web 與客戶聯繫，而數據倉庫不管理接觸點，適應於分析和決策。一個強大的客戶關係管理解決方案應該是把接觸點的營運型客戶關係管理和分析型的后臺數據倉庫結合起來，這也就產生了所謂的協作型的客戶關係管理。而后端和前端走向融合的關鍵點在於系統是開放的，只有開放的系統才能把各自的優點結合起來。

在 CRM 實際項目的運作中，營運型、分析型和協作型是相互補充的關係。如果把 CRM 比作一個完整的人的話，營運型 CRM 是「四肢」，分析型 CRM 是「大腦」和「心臟」，而協作型 CRM 就是「各個感覺器官」。

目前營運型的客戶關係管理系統占據了客戶關係管理系統市場大部分的份額。營運型客戶關係管理系統解決方案雖然能夠基本保證企業業務流程的自動化處理、企業與客戶間溝通以及相互協作等問題，但是隨著客戶信息的日趨複雜，已難以滿足企業進一步的需要，在現有客戶關係管理系統解決方案的基礎上擴展強大的業務智能和分析能力就顯得尤為重要。因此，分析協作型客戶關係管理系統毫無疑問將成為今后市場需求的熱門。

閱讀材料1：

美國沃爾瑪超市

一般看來，啤酒和尿布是客戶群完全不同的商品。但是沃爾瑪一年內數據挖掘的結果顯示，在居民區中尿布賣得好的店面啤酒也賣得很好。原因其實很簡單，太太讓先生下樓買尿布的時候，先生們一般都會犒勞自己兩聽啤酒。因此，啤酒和尿布一起購買的機會是最多的。這是一個現代商場智能化信息分析系統發現的秘密。這個故事被公認是商業領域數據挖掘的開始。

沃爾瑪能夠跨越多個渠道收集最詳細的顧客信息，並且能夠造就靈活、高速供應鏈的信息技術系統。沃爾瑪的信息系統是最先進的，其主要特點是：投入大、功能全、速度快、智能化和全球聯網。目前，沃爾瑪中國公司與美國總部之間的聯繫和數據都是通過衛星來傳送的。沃爾瑪美國公司使用的大多數系統都已經在中國得到充分地應用。這些技術創新使得沃爾瑪得以成功地管理越來越多的營業單位。當沃爾瑪的商店規模成倍地增加時，它們不遺余力地向市場推廣新技術。比較突出的是借助無線射頻識別技術，沃爾瑪可以自動獲得採購的訂單。更重要的是，無線射頻識別系統能夠在存貨快用完時，自動地給供應商發出採購的訂單。

沃爾瑪另外打算引進到中國來的技術創新是一套零售商聯繫系統。零售商聯繫系統使沃爾瑪能和主要的供應商共享業務信息。

第二節　企業如何選擇 CRM

中國的 CRM 市場目前還處於培育階段，市場的不成熟必然會影響 CRM 產品供應商推出的產品質量。尋找合適的軟件產品或者合適的解決方案是企業決定 CRM 實施的一個非常關鍵的步驟。有時，產品選擇是否恰當會直接決定項目的成敗，甚至會影響企業未來的發展。因為 CRM 產品屬於大型的管理軟件，具有實施週期長、複雜程度高和企業影響面廣的特點，產品選擇會影響企業未來較長時期的發展，並且在產品實施過程中，將會耗費企業大量的人力、物力及其他各類資源。因此，一旦選定某種產品，將會與供應商結成非常緊密的關係，變更產品的成本非常大，這使得企業很容易被鎖定。所以企業在選擇 CRM 產品時要非常慎重。

吉爾·戴奇（Jill Dyche）在《客戶關係管理手冊》一書中指出，企業對 CRM 產品選擇的核心準則應該是保持以客戶為中心、以需求為驅動來進行。判斷一個 CRM 產品是否滿足企業需求應該從三個方面來考慮，即產品業務功能、技術及供應商。

一、產品業務功能

CRM 強調的是系統實現業務，因此，選擇 CRM 系統首先要考慮的是其是否能夠實現企業的業務需求，功能是否滿足確定的流程要求。

CRM 系統實施過程中最重要的階段就是需求分析階段。在此階段，CRM 的分析人員通常需要解決這些問題：明確管理目標，調查與分析管理上希望達到的目標或需要解決的問題，區分主次；優化管理流程，需要以客戶為中心重新梳理流程，使其更加順暢、合理。CRM 產品功能定義的最好方法就是先明確企業的業務流程，然後找出其中具體的功能，每種功能都與一個業務需求相對應。具體實施方法可以重點從客戶接觸點出發。因為 CRM 實施的中心就是讓企業流程圍繞著客戶，在整個客戶生命週期中，客戶與企業的許多部分發生了直接或間接的聯繫。例如，通過電話、傳真、電子郵件或面談等方式，有些潛在客戶可能在某個環節放棄與企業的交往，轉向競爭對手。

當需求分析階段工作結束時，優化業務流程的工作也應該基本完成，產品所需要的功能也基本明確了。當相關的主要功能明確後，就可以在此基礎上進行細化。例如，明確應用權限與功能：根據崗位與業務角色，明確各角色在系統中的應用權限與詳細應用功能。確定功能規格與應用界面：根據應用要求，確定應用界面與詳細的信息格式和展現方式等，當完成這些工作之後，選擇產品就會變得容易。

一般而言，當企業已經做好業務規劃、明確業務功能需求之後，就開始根據自身要求來選擇合適的產品，有些企業是在流程重組之後選擇產品，也有企業將之與流程重組結合在一起同時進行。下一個問題就是，在 CRM 市場上，可能有很多不同的產品有類似的功能，但其深度和廣度可能有所區別。這時候，企業需要通過對自身關鍵功能的界定來評價不同產品的優劣勢。因為，不可能所有的產品都能滿足企業全部的功能需求，那麼哪些關鍵功能是不可或缺的則成為選擇的標準之一。

確定關鍵功能的前提是企業要對現有流程有清晰地認識，梳理並優化現有的流程是核心的步驟。在梳理流程的過程中，企業要注意區分哪些流程是重要流程，哪些流程能夠給企業帶來比較大的利益，哪些流程是企業希望管理起來但現在手工很難管理的。那麼，哪些功能是必要的、關鍵的，而哪些是不重要的，就隨之清楚了。根據帕累托原則，企業只

要管理好20%的流程，就可以幫助企業帶來80%的效益。所以，企業要根據重要程度和流程的含金量，去確定這20%的流程是哪些流程，這些流程的相關功能是去選擇CRM產品的重要的「試金石」。對於這些20%的重點流程涉及的功能，在選擇CRM產品時，要特別關注。

以上過程都應在需求分析階段完成，而這一階段的工作成果是整個CRM實施的基石，其質量的高低決定著實施的成敗與否。實施人員的行業應用經驗對確定應用需求較為關鍵，個人的經驗與水平在服務過程中，通常會直接影響分析結果。為加速需求分析過程，準確把握需求，可採用行業化的CRM平臺或相關應用進行示例與引導，也可以對現有一些CRM產品的業務流程進行分析參考，這樣可大大提高應用需求分析的質量與效率。

二、選擇技術

功能需求是選擇CRM產品的首要考慮因素。在確定好功能需求之後，企業需要列出相應技術需求以保證產品功能在本公司特定的環境下有效運行，因為使用不同的技術有可能實現相同的功能。而這些技術需求往往是和企業現有的信息技術環境密切相關的，技術需求也是決定使用選擇哪種CRM產品的因素之一。技術的發展速度是毋庸置疑的，軟件的生命週期在不斷地縮短，硬件的更新每隔一段時間就會上升一個數量級，所以技術發展會為CRM產品選擇帶來一定的風險。在定義技術需求時，就還要考慮到技術發展狀況，以保證企業購買的CRM軟件所採用的技術與企業未來的技術環境，以及合作夥伴的技術環境能協調共存。可能從表面上看，最終用戶似乎感覺不到軟件技術架構帶來的變化，但事實上，是否選擇了恰當的技術架構會極大地影響客戶的未來應用。下面就從技術角度上，談談CRM項目選型的注意點。宏觀方面需要考慮兩個因素：一是該軟件產品的基礎技術架構是怎樣的，是B/S結構還是C/S結構；二是加入該CRM產品之後，企業的系統整合風險怎樣。

（一）CRM軟件的體系架構

現在市場上的CRM軟件，其體系結構基本上存在兩種形式。一種是比較傳統的C/S結構（客戶機/服務器結構），另一種是現在比較時尚的B/S結構（瀏覽器/服務器結構）。這兩種體系結構，各有各的特點。

1. C/S結構

C/S結構，即Client/Server（客戶機/服務器）結構，通過將任務合理分配到客戶（Client）端和服務（Server）端，降低了系統的通信開銷，可以充分利用兩端硬件環境的優勢。早期的軟件系統多以此作為首選設計標準。由於它的客戶端實現與服務器的直接相連，沒有中間環節，因此回應速度較快。此外，C/S結構的管理信息系統具有較強的事務處理能力。但這種C/S模式的缺點也很明顯：第一，只適用於局域網（九天CRM軟件也可適用於外網）。而隨著互聯網的飛速發展，移動辦公和分佈式辦公越來越普及，這就需要企業的系統具有擴展性。這種遠程訪問方式需要專門的技術，同時要對系統進行專門的設計來處理分佈式的數據。第二，客戶端需要安裝專用的客戶端軟件。首先涉及安裝的工作量，其次任何一臺計算機出問題，如病毒、硬件損壞，都需要進行安裝或維護。特別是有很多分部或專賣店的情況，不是工作量的問題，而是路程的問題。還有，系統軟件升級時，每一臺客戶機需要重新安裝，其維護和升級成本非常高。第三，對客戶端的操作系統一般也會有限制，可能適應於Windows XP，但不能用於Windows7或Windows Vista，或者不適用於微軟新的操作系統，更不用說Linux、Unix等。

2. B/S 結構

B/S 結構，即 Browser/Server（瀏覽器/服務器）結構，是隨著互聯網技術的興起，對 C/S 結構的一種變化或者改進的結構。在這種結構下，用戶界面完全通過 WWW 瀏覽器實現，一部分事務邏輯在前端實現，但是主要事務邏輯在服務器端實現，形成所謂 3-tier 結構。B/S 結構主要是利用了不斷成熟的互聯網瀏覽器技術，結合瀏覽器的多種腳本（Script）語言（如 VBScript、JavaScript 等）和 ActiveX 技術，用通用瀏覽器就實現了原來需要複雜專用軟件才能實現的強大功能，並節約了開發成本，是一種全新的軟件系統構造技術。隨著 Windows 98/Windows XP 將瀏覽器技術植入操作系統內部，這種結構更成為當今應用軟件的首選體系結構。

B/S 結構的優點有以下幾點：

（1）具有分佈性特點，可以隨時隨地進行查詢、瀏覽等業務處理。

（2）業務擴展簡單方便，通過增加頁面即可增加服務器功能。

（3）維護簡單方便，只需要改變網面，即可實現所有用戶的同步更新。

（4）共享性強。

B/S 結構的缺點有以下幾點：

（1）回應速度不及 C/S，隨著 AJAX 技術的發展，它比傳統 B/S 結構軟件提升了一倍以上的速度。

（2）用戶體驗效果不是很理想，B/S 需要單獨界面設計，廠商之間的界面也是千差萬別，由於瀏覽器刷新機制，使用時有刷屏現象，好在有 AJAX 技術解決這一難題，像用友、智贏等開發的 B/S 架構軟件用戶體驗效果與 C/S 差不多。

上述兩種技術架構各有優缺點，對於企業而言，若很自信自己的業務邏輯、系統部署在很長時間可能都不會發生變化，那麼 C/S 結構的優勢會很明顯，系統運行效率會很高；但是你如果無法預知未來的變化，並且相信變化會隨時發生，那麼多層的 B/S 結構的 CRM 產品可能會更適合本企業。

（二）企業的系統整合風險

企業要考慮 CRM 產品與企業其他系統之間的系統整合風險。CRM 系統是否能夠與企業現有的應用系統，包括財務、採購、庫存、製造和統計系統相集成，消除數據與應用的不一致性，這也是技術選擇的風險之一。

一般而言，可以注重考察 CRM 產品是否符合業界標準的整合能力。很多實力較強的獨立軟件開發商面對這種整合需求時，為第三方和用戶提供了一定的整合接口，使得其產品具備一定的友好特性，用戶可以很方便地打開軟件的「黑箱」，實現企業應用集成的需要。對於一些處於發展中的軟件企業而言，它們可能暫時不能提供這樣的接口。這種情況下，企業則需要看軟件提供商的未來發展趨勢，是否確實有針對整合接口的開發計劃等，即便現在企業不需要考慮整合問題，未來也一定會面對的。

雖然技術層面的內容在 CRM 項目選型中不是非常關鍵，但是有時候，出於一些特殊的目的及環境的限制，CRM 軟件的實現技術也會左右 CRM 項目的選擇。

三、選擇供應商

在準確理解了企業對 CRM 產品的功能與技術需求之后，企業應該不難找到滿足需求的產品。接下來的問題就是，企業如何在可能適合的幾個 CRM 產品解決方案中進一步縮小選擇範圍。解決這個問題的關鍵是與滿足需求的產品供應商洽談，因此，企業需要瞭解供應商準備如何按照企業的需求來部署合適的實施方案，以及供應商是否能夠提供實施諮詢等。

因為有些 CRM 軟件系統在進行定制或客戶化時，需要相關供應商技術人員和顧問的參與。同時，還需要更多方面地觀察供應商，考察他是否可以成為長期的合作者，而非一次性的軟件交易對象。因為 CRM 的實施以及使用都是一個長期的過程，與供應商合作的融洽程度也在一定程度上決定了企業 CRM 實施的成敗。選擇了 CRM 供應商，實際上也就是選擇了一個長期的合作夥伴。在與供應商談判時，企業還要注意的就是瞭解實施的成本，一般業內估計 CRM 項目成本的標準是：軟件占成本的 1/3，諮詢、實施和培訓占 2/3。

根據國外供應商是否在國內設立研發機構不同，CRM 軟件供應商可以分為國內供應商和國外供應商。註冊地在國內的就稱為國內供應商，註冊地在國外的就稱為國外供應商。

根據 TurboCRM 公司（中國 CRM 領域的領導廠商）行政總裁薛峰的觀點，國外 CRM 軟件供應商又可分成兩類。第一類是在中國沒有設立 CRM 研發機構，主要是做銷售和服務的廠商，典型的如 Siebel、Oracle 等。他們的產品有明顯優勢，功能完備，並且有非常好的實施經驗，價格也最貴，更適合為特大型企業供應。但是對本地企業的需求考慮得比較少。中國用戶在選擇這類廠商的產品時要考慮兩個問題：一是要看自己企業的規模和投資夠不夠，二是要看供應商能否提供更多本地化的幫助。在實施的過程中，中國企業的營運模式和國外的企業可能有些不同，需要對軟件作一些修改。而大的軟件廠商研發在國外，在全球有很多大宗生意，中國市場相對其總體銷售額的比例還很小，他們可能還照顧不到中國用戶的特殊需求。他們的研發機構熟悉的是西方管理模式，對中國的管理現狀可能不是很瞭解。第二類是外商獨資，在中國設立了研發機構的廠商，TurboCRM 就屬於這一類。他們把國外的 CRM 系統重新作了改造，根據中國企業的管理模式進行了修改，包括管理方法、報表的形式都完全按中國的形式加以改造。這一類廠商目前很少，其產品比較適合有一定規模和管理基礎的大中型用戶。中國用戶選擇國外的 CRM 解決方案，除了要考慮其在 CRM 技術上突出外，還要看對方是否有良好的商業及行業知識。最好是擁有眾多實施 CRM 的成功案例，特別是相似企業的案例。如果有一個本地案例當然更好，但到目前為止在中國的成功案例還非常少。此外，企業還要瞭解外國供應商在中國與代理商合作的實際情況，他們必須成立強有力的本地化業務小組，制訂針對性的、特定的解決方案。

企業在選擇 CRM 產品供應商時，可以從供應商產品的特長、技術功能、實施支持，以及以往成功案例用戶參考四個方面對其進行全方位的考察。

四、是否選擇 ASP

選擇產品的以上三個步驟考慮因素是假設企業購買了 CRM 產品，並且自己維護 CRM 運行，是一個企業內部的解決方案，大多數企業在決定實施 CRM 時都會選擇這種方式。這種方式依賴於一定的資源，包括足夠的軟硬件資源，以及相應的 IT 人力資源等。這對一些資源匱乏的小企業而言，存在一定的困難。他們希望能盡快實施 CRM，却沒有足夠的時間或能力去雇用相應的技術人員和引入必要的設備。應用服務提供商（Application Service Provider，ASP）模式有助於企業投入較少的資金，而獲得較高的應用軟件價值。

（一）ASP 的優點

現在 CRM 市場上流行的託管型 CRM 就是一種典型的 ASP 應用。與預置型 CRM 相比，託管型 CRM 不用自己建或者購買 CRM 系統，只是找到符合企業要求的 CRM 技術和業務服務供應商 ASP，把企業的要求告訴他們，讓供應商負責 CRM 的營運、管理，提交企業需要的輔助決策的數據，並執行企業相應的 CRM 行銷和服務行動。這樣做的好處有以下幾個：

1. 可以節省企業因一次性投資而支付的大量資金

ASP 可以節省一次性的投資，只需定期支付設備的租金和服務供應商的服務費。這樣，

企業的現金流不會受到太大影響，在實施 CRM 的過程中所受到的壓力要遠小於傳統的軟件購買方式，可以大大減少中小企業 CRM 實施的成本。若憑藉自身資源，中小企業恐怕很難建立一個數據中心，更不用說支持 CRM 必需的一些關鍵技術應用了。不只是中小企業，一些大型企業也在漸漸接納並使用了託管型 CRM。CRM 的 ASP 服務提供商聲稱，ASP 用戶基本上沒有必要購置任何軟件和硬件，只需要一個網路瀏覽器和互聯網連接即可使用到高效的 CRM 應用功能。

2. 可以提高企業營運效率、減少損失

ASP 可以提高 CRM 營運效率，讓專家代替企業管理和營運，可以減少因為沒有經驗所引致的損失。ASP 能夠為企業提供有效的系統管理和維護服務，以及相關的人力資源、必要的技術資源以保證系統技術環境保持正常運轉。服務提供商在同樣的平臺上重複地實施同樣的產品，使得他們在這項任務上變得非常熟練和專業，甚至可能達到使整個過程最重要的部分自動化的程度，結果使系統實施和維護需要的人力和總的所需時間大大減少，有效地滿足了中小企業快速實施 CRM 的需要，同時也迎合了如今時刻變化的客戶需求。

3. 可以減少企業實施 CRM 的麻煩和費用

ASP 可以減少企業為實施 CRM 所增加的人員管理的麻煩和費用。ASP 雇用、培訓企業的員工，使之成為某一個或多個 CRM 產品的專家。通過在系統支持方面向 ASP 員工諮詢，中小企業用戶可以減少雇傭外部諮詢顧問和招募企業內部專門 IT 人才的需求。

正是由於託管 CRM 具有如此多的優點，滿足了中小企業希望投資少、見效快、風險低的需求，才會贏得眾多顧客的青睞。越來越多的 CRM 廠商開始涉足該領域。擁有大批中小企業用戶的中國 CRM 市場才剛剛起步，目前這一市場的普及率還很低，因此，託管型 CRM 在中國的前景非常被看好。

（二）ASP 的缺點

有些行業專家也有不同見解，他們認為預置型 CRM 才是正統，ASP-CRM 存在很多不足，主要包括以下幾點：

1. 無法滿足企業個性化需求

同傳統 CRM 相比，託管型 CRM 更注重通用性，提供的功能要簡單得多，主要致力於滿足顧客 80% 的共性需求。定制化的不足無疑是託管型 CRM 最大的劣勢，因此它的目標市場大多是中小企業市場。這些客戶往往並不在意託管型 CRM 在功能上是否完美。

2. 企業機密資料有可能外泄

客戶數據、知識是企業保持競爭地位的戰略資源，因此，如果 CRM 外包，企業會對數據安全問題存有顧慮。因為客戶數據一般存儲在由 ASP 維護的數據中心，而不是企業內部的機房裡，尤其是一些擁有客戶敏感數據的公司，如財務數據和健康數據，基於保密性的考慮，這些公司不願意把這些數據洩露給第三方。另外，ASP 很有可能還服務於同一行業中的許多其他中小企業，也就是企業的競爭對手，這種情況下，企業還擔心 ASP 是否會出於商業利益將本企業的數據整合提供給競爭者。

3. 長期運行成本較高

雖然託管型 CRM 應用可以避免大量的初期投資，但在移動訪問月費、行業特定功能、離線同步，以及額外存儲等方面的成本則會相應提高，這些費用在預置型 CRM 工具上成本都是很低的。此外，ASP-CRM 通常使企業對 ASP 產生很強的依賴性，若未來商業需求發生變化，就會存在轉換服務商而帶來的較高的額外成本。企業需求的變化將導致相應的商業應用技術的變化，一旦原有的 ASP 服務無法滿足企業的需求變化，那麼客戶選擇轉換，或者繼續享受服務可能面臨著相當高的額外成本。

總體而言，對於大多數的中小企業採用 ASP 服務來實現 CRM 是一個很有吸引力的選擇。現在有些大企業，如 AMD、美國在線等也開始使用託管型 CRM，但託管型 CRM 並不會完全取代傳統 CRM，畢竟它們都有對方所不具備的優點。只有對兩者的區別有詳細的瞭解，並且對企業的狀況經過全面的評估與詳細的規劃，公司才能找到最匹配自身需求的方式。

第三節　企業如何實施 CRM

CRM 的實施主要從兩個層面進行考慮：其一，從管理層面來看，企業需要運用 CRM 中所體現的思想來推行管理機制、管理模式和業務流程的變革；其二，從技術層面來看，企業建立 CRM 系統，以實現新的管理模式和管理方法。這兩個方面相輔相成，互為作用。管理的變革是 CRM 系統發揮作用的基礎，而 CRM 系統則是支撐管理模式和管理方法變革的利器。一個企業要想真正讓 CRM 應用到實處，必須要從這兩個層面進行變革，並應按照項目管理的要求對 CRM 進行系統的項目管理。

一、實施 CRM 前的準備

這一階段主要是為了客戶關係管理項目立項做準備，目標是取得高層領導的支持和勾畫出整個項目的實施範圍。主要任務包括確定項目目標、界定項目範圍、建立項目組織、制訂階段性的項目計劃和培訓計劃（其中包括每個階段的交付成果）。從某種意義上說，全面實施客戶關係管理系統其實是一種戰略決策，它意味著一場深刻的組織變革。雖然客戶關係管理系統的應用面向的只是企業的前臺，範圍沒有 ERP 這類主要側重於企業後臺業務集成的管理信息系統來得廣，但就客戶關係管理系統中蘊含的管理思想而言，却意味著企業從以產品為中心的管理模式或向以客戶為中心的管理系統實施所影響到的部門和領域的高層領導應成為項目的發起人或發起的參與者，客戶關係管理系統的實現目標、業務範圍等信息應當由他們傳遞給相關部門和人員。管理者對項目的理解與支持對推動項目的進程是十分必要的。

CRM 項目不只是一套系統、一套軟件，而是涉及企業經營戰略、業務流程、績效考核和人員組織等方面變革的工程，因此需要講究戰略，做好實施前的預備工作。

1. 制定長遠、詳細的發展目標

從全局角度來看，企業實施 CRM 之前要明確制定一個長遠的、清楚的發展目標。CRM 的實施是以其為導向進行，明晰預期目標不但有利於推進目標所規定的各項任務而且對於企業來說起到輻射和帶動的作用。總目標必須通過分析企業的具體情況，確定自身的治理模式、業務流程、組織結構等環節中的優劣勢及存在的關鍵問題，根據企業實際需求及未來發展方向擬訂，然后選擇服務於企業總目標的 CRM 系統。

2. 將總目標細分為階段目標

從戰略角度來看，企業發展要經歷一個長期的、多階段的過程，為了保證 CRM 的成功實施，企業可以將總目標細分為短期的、不同階段的績效目標，以便進行階段性考核。

3. 根據市場變化不斷改進

從治理者角度來看，企業必須建立一整套決定項目的相關成功或失敗的標準，對於 CRM 的應用情況能夠根據市場的不斷變化有效地進行規劃、評測以及有針對性地實施改進，從總體上把握實施週期。

企業在實施 CRM 前一定要有精心的準備。如果對 CRM 表示懷疑，可以不要直接進行投資，而是先邀請一些專家，評估一下企業現在的環境，並與部門經理討論有關與 CRM 相適應的組織和流程變化的可行性。

二、企業實施 CRM 的步驟

客戶關係管理系統可以幫助企業實現銷售、行銷和客戶服務等業務環節的自動化，並對這些環節進行管理和有效的整合。要成功實施 CRM，必須遵循科學的步驟。

1. 擬訂 CRM 戰略目標

CRM 系統的實施必須要有明確的遠景規劃和近期實現目標。在確立目標的過程中，企業必須清楚建立 CRM 系統的初衷是什麼：是由於市場上的競爭對手採用了有效的 CRM 管理手段，還是為了加強客戶服務的能力。這些都將是企業在建立 CRM 項目前必須明確給出答案的問題。有了明確的規劃和目標后，企業接下來需要考慮這一目標是否符合企業的長遠發展計劃，是否已得到企業內部各層人員的認同，並為這一目標做好相應的準備。

2. 確定階段目標和實施路線

CRM 作為一項複雜的系統工程，必須根據企業目前的實際需求及實施能力，確定分階段的工作實施目標。在盡可能完成全面規劃的同時，更要注重將總目標進行分解，保證每個階段的工作符合當時企業的實施能力與實際需求，做到階段實施、階段突破，才能保證 CRM 工作能夠長久順利地開展。具體來說，在實施 CRM 之前，項目決策人應根據企業的現狀，將最需要解決的問題和期望的效果按照優先級高低不同進行排序，以此來確定具體的實施目標。在實施目標的基礎上，項目決策人再適當加以細化與量化。

3. 分析組織結構

在「以客戶為中心」這一根本原則指導下，企業需要確定增加哪些機構、合併哪些機構，然后再與客戶共同分析每個組織單位的業務流程。

4. 設計客戶關係管理架構

CRM 功能的實現需要企業結合自身的業務流程細化為不同的功能模塊，然後設計相應的 CRM 架構，包括確定要選用哪些軟硬件產品，這些產品要具有哪些功能。

5. 評估實施效果

實施的效果可以從是否幫助企業實現了管理理念、結構、過程的轉變，是否實現了企業業務往來的渠道暢通有序，能否對市場活動進行新的規劃和評估，能否擁有對市場活動的分析等幾方面來衡量。

閱讀材料 2：

逐步實施 CRM 的案例

企業實施 CRM 項目，比較容易控制的情況是只在一個地點實施，相關部門人員都在該點附近，能夠很快地傳達並影響到企業整體。規模就是效應，再複雜的系統如果只是一兩個人使用也是小系統，再簡單的系統如果是 1,000 個人使用就是大系統，CRM 實施的項目管理也是這樣。比較複雜的是涉及區域很大（如人員分佈很大、子公司很多、渠道體系遍布全國等）的情況，這樣的項目實施的難度遠遠超過系統個性化定制和部署的難度，因為 CRM 項目中人和業務流程遠遠重於系統。

CRM 既是一個變革也是一個發展，要用發展的、持續的觀點看待 CRM 的實施。企業可以從一個單獨的部門先實施 CRM 項目，往往一個部門的實施過程比企業全面開始更簡單，效果也更顯著，這樣可以通過快速明顯的 CRM 實施效果來影響其他部門。

某移動公司客戶服務部門是企業最先實施 CRM 的部門，該部門已經成立客戶支持中心，包括呼叫中心和網站，利用網路和電話對客戶進行調查並追蹤客戶滿意度。同時，分析客戶反饋意見來促進產品和服務的改進。項目啓動後，客戶支持部門的應用效果引起行銷部門的注意，他們對客戶滿意度評價及相關的分析很感興趣，於是希望能夠共享這些原本存儲在客戶支持中心系統服務器上的資料。為了能夠對動態變化的客戶信息進行即時的客戶細分，行銷部門開始向同一 CRM 供應商購買兼容的模塊來進行更有針對性的客戶交流，並制訂促銷計劃。這種漸進式的解決方案好處在於行銷部門能夠充分利用已有資源，享受已有數據帶來的成果，帶來立竿見影的效果和激勵。當行銷部門開始應用相應模塊時，它也在為客戶中心數據庫提供源源不斷的信息，幫助客戶服務人員更好地辨別出更高價值的客戶，更好地提供服務。

當呼叫中心與行銷部門的 CRM 系統集成程度越來越高時，這兩個部門需要越來越多的互動，需要更強的處理流程和更多的數據，這樣能夠幫助它們更好地做到「以客戶為中心」。於是它們開始同時向領導層建議進一步改進 CRM 系統，並且建議與銷售部門協同將原來銷售部門的銷售人員自動化（Sales Force Automation，SFA）系統的數據合併到客戶中心數據庫裡來。銷售人員現在可以使用客戶中心數據庫中的內容，能夠跟蹤行銷部門發出的信件，瞭解客戶反饋信息，有效地和潛在客戶進行溝通，促成訂單的生成。這樣，銷售人員第一次從公司的角度全面地瞭解客戶信息，而不是僅僅代表自己和本部門與客戶進行互動。

同時，呼叫中心能夠利用新的銷售數據來追蹤訂單中的問題，並能分辨客戶是現有客戶還是潛在客戶，或是已經流失的客戶。而且，呼叫中心能根據辨別條件來為不同類型客戶配置腳本程序，指導服務人員以根據客戶資料定做的方式來與客戶進行交流。

在銷售部門系統與原有客戶中心系統集成之後，行銷部門可以利用最新的銷售信息來進行行銷活動，並通過現有的訂單數量來定量分析促銷活動的效果；也可以瞭解到怎樣去細分客戶偏好，哪種促銷方式和銷售渠道來訂購怎樣的產品，通過這些信息來制訂更好的促銷計劃。

在銷售部門與行銷及客戶部門都體會到系統集成之後的好處後，銷售經理們開始鼓勵在現場服務的同事們通過移動終端遠程使用 CRM 服務器的數據來跟蹤場外的設備和管理。現成的服務人員能向系統提出他們的需求，查詢客戶設備的歷史故障和維修歷史，並且能查閱企業產品知識庫，而這些對於提高他們與用戶溝通的效率和客戶滿意度非常有幫助。

行銷部門也可以通過對客戶的細分來幫助場外服務調度，可以使更高價值的細分客戶能夠得到更高優先級的安裝和維護服務。移動終端使得相關的管理人員與業務人員在家裡、在客戶辦公室、在異地他鄉，甚至在旅途中都可以隨時掌控並滿足客戶的需求。

在呼叫中心實施 10 個月以後，行銷部門已經開始逐漸發現客戶流失率在下降，這主要是得益於有針對性地對處在流失邊緣的客戶進行溝通。而在此之前，行銷部門從未做過針對降低客戶流失情況的計劃，更不用提這樣定量的改進了。

同時，在客服部門，以前往往服務都是被動的，即一項服務通常都是由於客戶在產品使用中出現問題而啓動的，最基本的服務是客戶在出現故障的時候提出維修要求。而現在企業能夠通過數據庫及時瞭解客戶動態信息，主動地啓動一些服務項目，如可以主動向客戶介紹產品的應用技巧及新技術、新產品的發展等，這就實現了一個本質上的提升，不僅可以獲得更高的客戶滿意度，而且可以創造更多的生意機會。原來的客戶服務只是針對產品的補充，現在却為整個企業增加了附加價值。

這樣，該移動公司逐步地在全公司範圍內實施了 CRM，並且隨著 CRM 系統功能的不斷

增強為企業帶來更多的價值。對 CRM 來說，不是所有的公司都需要從呼叫中心開始做起，但是每個企業一定都會有一個非常需要 CRM 來解決目前困境的部門，那麼就可以從這個部門開始，隨著時間的流逝，不斷地擴充現有的 CRM 系統，最終形成企業級的 CRM。

三、實現 CRM 的關鍵

很多企業實施 CRM 項目的結果是令人沮喪的，與期望值相差甚遠，其中的原因有很多，但大多都可以歸結到管理而不是技術上。也就是說，CRM 實現的關鍵在於企業管理。企業應該關注如下五個方面，這對 CRM 的成功實現是大有好處的：

（一）業務驅動 CRM 實施

企業要明白建設 CRM 系統是實現 CRM 策略的方法，因此，CRM 項目的實施起始點應該是從企業客戶開始，在客戶需求的基礎上明確企業的客戶策略，然後以客戶為中心來設計合理的流程，最後再選擇合適的軟件或工具進行技術支持來保證以上需求的實現。實施的注意力應該始終放在業務流程上，而不是放在系統和技術上，IT 技術只是促進因素，它本身並不是解決方案。

如果不能理解這一點，則會導致整個項目的實施順序發生顛倒。企業從技術領域開始，首先去購買和安裝軟件系統，然後根據系統來變更流程，最後發現變更後的流程與客戶的需求差距很大，完全不符合客戶策略。這是典型的由技術驅動 CRM 項目的實施，這也是導致了 70% 左右的 CRM 項目失敗的主要原因之一。所以在項目實施的過程中，企業應十分強調 CRM 項目是管理業務項目，而不是 IT 項目，更不是簡單的計算機化過程。因此，好的項目小組開展工作后的第一件事，就是花費時間從客戶的視角去研究現有的行銷、銷售和服務的流程和策略，並找出存在的問題。CRM 系統的項目實施是以業務和管理為核心的，是為了建立一套以客戶為中心的銷售服務體系，因此 CRM 系統的實施應當是業務過程來驅動的，而不是 IT 技術。IT 技術只是為實施提供了技術可能性，真正的驅動來源於業務本身。同時，還應該避免在實施過程中對技術實現手段先進性的無限制的追求。項目實施必須要把握在軟件提供的先進實現技術與企業目前運作流程間的平衡點，時刻以項目實施的目標來衡量當前階段的實施方向問題，避免由於技術狂熱而引起的項目實施目標的變化。

同時，企業還要注意的是，CRM 的實施還應該包括剔除無效率的、不能提高客戶滿意度的流程。有調查數據顯示，失敗的 CRM 投資中，有一部分就是由於企業只是使用一套新的系統來代替現有系統（流程還是一樣的），或者是使得現有流程自動化，而沒有重新評估流程進行優化。因此，CRM 的實施重點在於之前的業務梳理工作，發現業務問題、找出解決方案、調整業務流程，由業務驅動 CRM 的實施才是成功的基礎。

（二）人的因素

1. 高層領導對 CRM 項目的支持

企業要讓高層管理者對實行 CRM 有全面和正確地認識。CRM 會給企業帶來長期價值，但同時是一項管理的變革，最初階段通常看不到回報，有時因為體系的震盪可能會使業績有所下降。但只要方向清楚，顧客利益與公司利益的結合必定產生最大的價值回報。實踐證明，CRM 實施不但要獲得高層領導的支持，而且還要求高層領導對 CRM 有深刻的認識。若高層領導缺乏對 CRM 項目全面地瞭解，雖然知道 CRM 好，但要知道好在何處，哪裡需要根據實際情況調整才能發揮最大效應，項目待完善點又有哪些，等等。如果 CRM 實施細節並不清楚這些，那麼會低估實施 CRM 必須付出的代價。在遇到困難或內部反對的聲浪時，就有可能不會投入精力去與每一個部門溝通，知難而退，讓 CRM 實施無疾而終。同

時，高層領導對 CRM 項目的支持不僅僅要求其對 CRM 有全面正確的認識，還要求其有一定的參與程度，對項目實施進展有清晰地瞭解，在此基礎上對 CRM 項目表示出的承諾和支持才是最有說服力的。這個高層領導一般是銷售副總、行銷副總或總經理，他是項目的支持者，主要作用體現在三個方面：首先，他為 CRM 設定明確的目標；其次，他是一個推動者，向 CRM 項目提供為達到設定目標所需的時間、財力和其他資源；最後，他確保企業上下認識到這樣一個工程對企業的重要性。在項目出現問題時，他激勵員工解決這個問題而不是打退堂鼓。

2. 組織中人員對 CRM 項目的支持

CRM 的成功需要全員的參與。項目實施不可避免地會使業務流程發生變化，同時也會影響人員崗位和職責的變化，甚至引起部分組織機構的調整。組織的變動會引發一些人的反對。如果不能讓全體員工意識到 CRM 對大家將產生長期好處，實行過程中的阻力可能產生致命的作用。如何將這些變化帶來的消極影響降到最低點，如何能夠使企業內所有相關部門和業務人員認同並接受這一變化，是項目負責人將面臨的嚴峻挑戰。

3. 員工的學習與培訓

員工是 CRM 實施中的主體，CRM 的最終實施成果是由企業員工的工作體現出來的，因此每一位員工對 CRM 的正確理解與熟練使用都是關係到 CRM 成效的關鍵。員工在這一過程中，不斷地學習瞭解提高客戶價值和公司價值的方法；學習通過「對話」這一最基本，但又最重要的方法與客戶保持長期的關係；學習不斷採用新的信息分析方法提高認識客戶的知識。同時，公司還應投資於知識管理，讓員工在工作中總結出來的知識得到最大限度的推廣。不僅如此，企業對於新系統的實施還需要考慮對業務用戶的各種培訓，以及為配合新流程所做的相應的外部管理規定的規定等內容。這些都是成功實施項目所要把握的因素。

(三) 項目小組管理

CRM 系統的實施是需要大量的人力來完成的。只有保證人力資源的充足，才能保證項目按期、按質、按量完成。

CRM 的實施隊伍應該在四個方面有較強的能力：首先是業務流程重組的能力；其次是對系統進行客戶化和集成化的能力，特別對那些打算支持移動用戶的企業更是如此；再次是對信息技術部門的要求，如網路大小的合理設計、對用戶桌面工具的提供和支持、數據同步化策略等；最後是要求實施小組具有改變管理方式的技能，並提供桌面幫助，這兩點對於幫助用戶適應和接受新的業務流程是很重要的。

一般而言，項目組成員會由企業內部成員和外部的實施夥伴共同組成。按照角色分配可以分為項目經理、應用模塊小組、技術支持小組和項目領導小組等。其中，內部人員的來源主要是企業高層領導、相關實施部分的業務骨幹和信息技術技術人員。業務骨幹的挑選要十分謹慎，他們應當真正熟悉企業目前的運作，並對流程具備一定的發言權和權威性。他們作為項目實施的關鍵用戶必須要求全職、全程地參與項目工作。項目小組人員的流動會對項目實施帶來負面影響。在項目實施的初期，人員的調整帶來的影響較小。隨著項目實施進程的推進，人員的變動對項目帶來的不利影響會越發突出。最常見的問題是，離開的人員曾經參與系統的各類培訓，對系統的實現功能十分瞭解，且參與了新系統的流程定義過程，瞭解流程定義的原因和結果，以及新流程與現有流程不同之處和改變原因。而新加入項目組的成員不但要花較長的一段時間熟悉系統，同時，對新系統流程定義的前因後果也缺乏深入瞭解，這樣可能會帶來項目實施的延期和企業內人員對項目實施結果和目標的懷疑。因此，企業必須採取有效的考核與獎勵措施提高人員的積極性，防止人員的流動，

以保證人員的穩定。

針對上述情況,要求項目組在建立項目小組和人員定位時,一定要在企業內部達成共識,特別是對人員的安排要有統一持續的計劃,防止在項目實施期間對人員的隨意抽調。要真正做到這一點,企業高層的支持和承諾是不可少的。同時,企業還必須對項目組成員的職責分工有明確定義,將每項任務落實到人,明確對個人的考核目標,對優秀人員予以獎勵,對不能完成任務的人員予以處罰。針對獎勵,企業也可以採取多種形式,如建立特別獎勵基金、提供特別培訓機會等。總之,企業必須要建立完整的考核激勵體系,並真正執行這一制度才能對項目實施起到促進作用。

(四) 分步實施及持續推廣

「欲速則不達」,這句話很有道理。通過流程分析,企業可以識別業務流程重組的一些可以著手的領域,但要確定實施優先級,每次只解決企業營運中幾個最重要的問題,而不是「畢其功於一役」。

在項目規劃時,具有3~5年的遠景規劃很重要,但那些成功的CRM項目通常把這個遠景規劃劃分成幾個可操作的階段。企業可以根據業務的輕重緩急來分析需求、配置、定制和應用CRM系統。由於行銷與服務部門面向市場與客戶,管理上經常發生調整,同時,通常又是公司較難管理的部門,實施上建議採取漸進策略。例如,先進行個別部門應用,再擴展到整個企業;或先進行部分業務應用,再整合企業業務應用。企業也可以通過流程分析,識別業務流程重組的一些可以著手的領域,但要確定實施優先級,每次可以只解決幾個領域。企業就應該明白,CRM是一個不斷發展的過程,需要持續的努力和不斷地投入以獲得進一步的成功。先推行CRM的部門可以通過定期的公告、會議,或者內部網站等多種形式向其他部門通告最新消息,展示已有成果,為進一步推廣奠定基礎。

(五) 數據質量與集成

數據質量控制問題至關重要,錯誤的數據或不正確的信息只能導出不正確的結果,數據輸入的質量很大程度決定了系統的應用效果。在CRM系統中,由於行銷人員管理難度較大,信息經常無法按時保質提供,數據質量需要從管理與系統兩個方面進行控制。管理上,企業應明確信息錄入的時間與信息項要求,最好在績效考核上有配套的措施,以確保信息採集的準確性;此外,對外購信息或批量處理的信息應有熟悉業務的專人進行過濾與確認。在系統上,企業應根據業務經驗,提供信息校驗、重排、修整與批量處理等機制;實施人員還要與業務部門確認數據模型與相關計算算法,保障數據計算與業務一致。

這部分中,最重要的是數據的集成。要真正做到「以客戶為中心」的決策支持,就意味著要瞭解不同接觸點上的每一位客戶,而且不僅僅是年齡、收入、渠道偏好等基本數據的瞭解,還需要有包括對產品和服務反饋意見等更全面的信息瞭解。但這些數據信息可能分佈在公司的各個技術平臺上,尋找、收集和統一數據並不是一件輕鬆的事情,而這些數據的統一和共享卻也是影響CRM實施成功的重要因素。

四、CRM系統實施的績效評估

CRM系統實施的績效評估即是對企業實施CRM系統的業績的檢討與評估。績效管理包括從設定目標到考慮達成目標的方法手段,再到對預估目標的修正、最終目標的考核等一系列問題。績效評估關係到企業對CRM實施的結論,以及CRM系統在企業營運的前景,如是否修改、完善等一系列后續問題。

實施CRM對企業的影響比較複雜,企業應尋求一種將各種指標綜合起來,對其進行綜合而合理的評估的方法。下面對如何運用模型對其進行綜合評估的步驟作簡單介紹:

（1）選擇評估系統價值的各種指標，包括定性指標和定量指標。
（2）對各指標進行量化、標準化處理。在CRM績效評估指標體系中，由於各個指標的量綱、經濟意義、表現形式以及對總目標的作用方向不同，不具有直接可比性，因此必須在對其進行無量綱處理和指標價值量化后，才能計算綜合評價結果。
（3）指標數據獲取。獲取數據的方法包括統計問卷調查、實測等。
（4）通過建立數學模型對其進行處理、分析。
（5）最后給出一個綜合的、合理的、全面的評價結果。

在CRM績效評估中可能會存在以下問題：

第一，在系統建設前沒有明確一些具體成功標準，導致在評估時失去「標杆」，從而難以真實評估系統的績效。

第二，軟件廠商、企業都不願「自報家底」。一方面，軟件廠商不願向公眾暴露失敗的案例，人們看到的、聽到的往往都是一些成功的個例；另一方面，企業的信息化建設往往與負責項目領導的績效掛勾，以及考慮到公眾形象的問題等，企業一般也不太願意說出問題的真實情況。

第三，由誰來完成項目評估也是個問題。

第四，評估容易帶有片面性，忽視對隱形收益的評估、忽視對人的能力和意識提高的評估等。

五、CRM實施過程中所面臨的一些障礙

就中國商業企業目前的管理現狀來說，在CRM實施過程中面臨的障礙主要體現在以下幾個方面：

1. 對客戶關係管理理念缺乏系統性的認識

CRM是一種全新的管理理念，隨著因特網和電子商務進入中國市場，CRM在中國的發展並不是隨著經濟、技術、管理的發展而發展起來的，在很大程度上還沒有歸納、整理、提煉成一種思想被企業所接受，導致商業企業對客戶關係管理的認識產生誤區。

（1）CRM被認為就是一套管理軟件或管理技術

這種片面的理解導致在CRM的實施中，企業往往是通過購買一套CRM軟件，培訓幾個專業的技術人員，把現有的業務系統和CRM整合起來即可。

（2）CRM被認為是一種行銷策略

企業普遍認為CRM是維持和改善企業同現有客戶之間的關係、應對顧客的一種策略。這種CRM概念的界定，割裂了CRM完整的體系結構。

2. 客戶關係管理理念與傳統企業文化的衝突

針對商業企業的企業文化現狀，企業實施CRM的企業文化障礙主要表現在：一是制度文化薄弱，商業企業的組織制度文化是非常弱的，關係往往重於制度，企業中人際網路效應強，如果沒有良好的人際關係，縱然有規則制度也難於行事。二是行銷文化落后，眾多的銷售人員簡單地認為行銷就是銷售，所以只是採用各種低級行銷策把產品推向客戶，而不是真正地為客戶著想，把行銷當做一門藝術來拉動客戶的需求。三是價值觀念過分強調功利，這種功利主義的思想觀念滲透到企業的每個方面——如購、銷、運、存等環節中，處處以獲就利潤為目標——就會制約企業的各種經營行為，在企業的經營活動中難以有效實現「以客戶為中心」的目標。

3. 客戶關係管理與傳統管理制度的衝突

商業企業應用CRM存在的制度問題主要表現在政府對商業企業的管理制度、商業企業

內部的管理制度問題這兩個方面。

(1) 政府管理制度的不完善

首先，政府主管機構的首要職能——建立法律、法規體制，規範市場等方面存在很多問題，國家在宏觀加強誠信、守信用的市場環境建設方面嚴重不足，缺乏良好的市場環境。其次，中國政府對商業企業的行政審批、制定城市發展規劃等參與力度不夠，導致行業內部的惡性競爭。商業企業是一個獨立的經濟組織，它的本質特性是追求利潤，只要有營利機會大家就會蜂擁而上，從而導致競爭激烈、無序，這些都決定了商業企業沒有站在整體市場上決策的能力。因此政府作為公眾利益的代表，必須採取一系列的行政手段規範市場的發展，遏制商品流通業的惡性競爭。

(2) 企業內部管理制度的不完善

一是企業的業務管理機制不健全，企業的客戶、行銷渠道、企業進、銷、存等數據由於管理體制的問題而集中在某些業務員的手中，成為業務員獨有的資產，隨著人力資源的流動，這些資產也隨著流失。二是企業的業績評估機制不合理，商業企業的效益和業務員的業績評估都是以銷售額為基礎的，由此導致業務部門和業務員不惜耗費巨額的行銷費用、促銷活動來提高企業銷售額的增長，而企業的投資回報率却不斷下滑，產生了可怕的企業利潤黑洞。三是約束激勵機制不完善，由於缺乏有效的約束機制，個別業務員因回扣等私利而加大進貨量，導致大量庫存積壓，或者是無視客戶的信用級別，加大客戶的貸款數，導致許多帳面欠款變成呆帳、壞帳、死帳，銷貨款難以回籠。

4. 商業企業的現狀與 CRM 先進的技術要求的衝突

(1) 缺乏既精通信息技術又懂經營和管理的人才

商業企業實施 CRM，預示著企業管理走入了技術、人文、經濟、管理相結合的新的管理階段，也對企業員工提出了新的要求。對於企業高層管理者來說，不僅要具有良好的管理才能、靈活的商業頭腦，還必須掌握一定的信息技術，精通信息管理，才能適應在技術因素、人文因素、經濟因素三者綜合之下的基於數據基礎的管理要求。目前這種複合型管理人才對於商業企業來說是非常缺乏的。同時，CRM 的建立是基於信息技術的支持基礎上的，如數據挖掘技術、數據倉庫、數據庫等技術需要大量的數據。這些數據需要員工在不同的階段進行即時業務跟蹤，完成數據錄入，這要求員工必須具備一定的計算機基礎。

(2) 缺乏有效的信息支持

CRM 實施的一個基礎是信息支持，但是由於商業企業的銷售、市場、客戶服務、技術等各部門的信息比較集中，在一個網路平臺上實現信息資源共享仍然存在很多問題。一是信息孤島，商業企業的很多部門都使用了計算機，但却是一個個的信息孤島系統，僅局限於本部門使用。二是信息的挖掘度不高，企業在信息的收集方面缺乏強大的信息數據庫存取信息，而在信息的分析和整理中，又缺乏科學的指標參數，無法對數據進行篩選和分類，使得企業的各個相關部門仍然無法剔除無用的信息，及時得到有用的信息。如何從這些多而亂的信息中提取對企業管理和決策有益的精華，是商業企業在信息化管理時面臨的最大的挑戰。三是信息的利用度不高，商業企業重視信息，但缺乏有效的途徑充分挖掘和利用信息，把信息轉變為知識，為企業所利用，也就是說信息技術還只是商業企業管理的一種工具而不是一種戰略資源，信息技術也沒有發揮其潛在的商業價值。

(3) 缺乏可靠的信息安全技術

商業企業的內部都建立有一定規模的局域網，隨著企業各項業務的展開，特別是連鎖業的發展，企業的很多信息都通過因特網來交流。尤其是有些商業企業或連鎖租用大型的寫字樓，企業通常和寫字樓中的其他企業通過一個共同的出口訪問互聯網，這種狀況使企

業內部的信息安全交換面臨巨大的挑戰,在很大程度上限制了 CRM 中的信息交流和安全。

閱讀材料 3:

西拉(Sierva)的 CRM 投資故事

美國內華達州拉斯維加斯的西拉健康服務公司一直牢固地把持著拉斯維加斯的醫療保險市場,幾乎控制了這一城市 100% 的市場份額。然而,隨著外部競爭者的不斷入侵,市場的格局發生了新的變化。面對激烈的市場競爭,西拉公司不得不尋求新的方法,以幫助其銷售人員改進他們與保險代理商的合作。

調查研究結果表明:如果西拉要想保持其現有的市場份額,CRM(客戶關係管理)是他們所必須採用的一個行之有效的銷售方案,因此西拉決定採用 CRM 系統。該公司採用的是華盛頓 Onyx 軟件公司的 Onyx Front Office CRM 應用程序,這一應用程序能夠把西拉不同部門的傳統系統數據庫連接在一起。

這一系統從安裝到具體應用,共花了四個月的時間,包括諮詢服務、系統實現以及技術培訓,總共投資了 100 多萬美元,因此管理層決不允許將這一昂貴的新系統閒置在一邊。為此,該公司決定把每一位銷售代表的工資收入與他們對 CRM 系統的使用直接聯繫在一起。

西拉的這一系統安裝於 1999 年 1 月。第二年,西拉便看到了顯著的投資回報。銷售代表們發現,使用這一系統他們將能夠更快地與代理商達成更多的生意,因為新的公司數據僅需片刻便可同時錄入多個系統。

本章小結

1. 客戶關係管理是一種以客戶為中心的思想來設計和管理企業的管理理念,是現代管理思想和現代計算機技術相結合的產物。本章介紹了 CRM 軟件系統的特點以及分類,分析了企業應該如何選擇適合自己的 CRM 系統,並對企業如何實施 CRM 系統進行了詳細的分析和討論。

2. 對 CRM 應用系統的分類,目前市場上流行的就是把 CRM 管理系統一般分為營運性(Operational)、分析型(Collaborative)、協作型(Analytical)。在 CRM 實際項目的運作中,營運型、分析型和協作型是相互補充的關係,如果把 CRM 比作一個完整的人的話,營運型 CRM 是「四肢」,分析型 CRM 是「大腦」和「心臟」,而協作型 CRM 就是「各個感覺器官」。

3. 判斷一個 CRM 產品是否滿足企業需求應該從三個方面來考慮,即產品業務功能、技術及供應商。企業成功實施 CRM 系統的步驟包括擬訂 CRM 戰略目標、確定階段目標和實施路線、分析組織結構、設計客戶關係管理架構、評估實施效果。

4. 對 CRM 系統實施績效評估能夠給企業帶來很多好處,能使企業內部人員更自覺地利用 CRM 系統,對其進行評估可以分為五個步驟來展開。

復習思考題

1. CRM 系統的核心有幾個,分別是什麼?
2. 客戶關係管理在軟件上有哪些業務功能?
3. 營運型客戶關係管理系統的應用有哪些?

4. 闡述營運型、協作型、分析型 CRM 應用系統的關係。
5. 如何為你所瞭解的企業選擇 CRM 軟件？
6. 成功實施 CRM 的要點有哪些？
7. CRM 實施過程中面臨哪些障礙？

案例分析

上海金豐易居客戶關係管理案例

上海金豐易居是集租賃、銷售、裝潢、物業管理於一身的房地產集團。即時數據庫資源共享使金豐易居的網站技術中心、服務中心與實體業務有效結合，降低銷售和管理成本。艾克公司為金豐易居提供的客戶關係管理平臺包括前端的「綜合客戶服務中心 UCC」以及后端的數據分析模塊。

由於房地產領域競爭日趨激烈，花一大筆錢在展會上建個樣板間來招攬客戶的做法已經很難產生好的效果，在電子商務之潮席捲而來時，很多房地產企業都在考慮用新的方式來吸引客戶。金豐易居在上海有很多營業點，以前如果客戶有購房、租房的需求，都是通過電話、傳真等原始的手段與之聯繫。由於沒有統一的客服中心，而服務員的水平參差不齊，導致用戶常要多次交涉才能找到適合解答他們關心問題的部門。又由於各個部門信息共享程度很低，所以用戶從不同部門得到的回覆有很大的出入，由此給用戶留下了很不好的印象，很多客戶因此乾脆就棄之而去。更讓金豐易居一籌莫展的是，儘管以前累積了大量的客戶資料和信息，但由於缺乏對客戶潛在需求的分析和分類，這些很有價值的資料利用率很低。

金豐易居的總經理彭加亮意識到，在互聯網時代，如果再不去瞭解客戶的真正需求，主動出擊，肯定會在競爭中被淘汰。1999 年 5 月，金豐易居與美國艾克公司接觸後，決定採用該公司的 CRM 產品。經過雙方人員充分溝通之後，艾克認為金豐易居的條件很適合實施客戶關係管理系統，艾克公司的中國區產品行銷總監張穎說：「首先，金豐易居有很豐富的客戶資料，只要把各個分支的資料放在一個統一的數據庫中，就可以作為 CRM 的資料源；另外，金豐易居有自己的電子商務平臺，可以作為 CRM 與客戶交流的接口。」

但是金豐易居還是有不少顧慮，因為客戶關係管理在國內還沒有多少成功的案例。經過充分溝通以後，為了盡量減少風險，雙方都認為先從需求最迫切的地方入手，根據實施的效果，然後再決定下一步的實施。

通過對金豐易居情況的分析，雙方人員最后決定先從以下幾個部分實施：

1. 金豐易居有行銷中心、網上查詢等服務，因此需要設立多媒體、多渠道的即時客服中心，提高整體服務質量，節省管理成本。
2. 實現一對一的客戶需求回應，通過對客戶愛好、需求分析，實現個性化服務。
3. 有效利用已累積的客戶資料，挖掘客戶的潛在價值。
4. 充分利用數據庫信息，挖掘潛在客戶，並通過電話主動拜訪客戶和向客戶推薦滿足客戶要求的房型，以達到充分瞭解客戶，提高銷售機會的效果。
5. 即時數據庫資源共享使金豐易居的網站技術中心、服務中心與實體業務有效結合，降低銷售和管理成本。

根據這些需求，艾克公司提供了有針對性的解決方案，主要用到艾克 eCRM 產品 eNterprise I，該產品結合了網頁、電話、電子郵件、傳真等與客戶進行交流，並提供客戶消費行為追蹤、客戶行銷數據分析功能，實現一對一行銷。另外，結合艾克的電子商務平臺

eACP，與金豐易居現有的系統有效整合。

艾克公司為金豐易居提供的客戶關係管理平臺包括前端的「綜合客戶服務中心 UCC」以及后端的數據分析模塊。前端採用艾克 UCC3.20，該產品為整合了電話、Web、傳真等渠道、多媒介傳播方式及多方式分析系統的綜合應用平臺。在前端與后端之間是數據庫，它如同信息蓄水池，可以把從各個渠道接收的信息分類，如客戶基本信息、交易信息和行為記錄等。后臺採用艾克 OTO2.0，它用於數據分析，找出產品與產品之間的關係，根據不同的目的，從中間的數據庫中抽取相應的數據，並得出結果，然后返回數據庫。於是，從前端就可以看到行銷建議或者市場指導計劃，由此構成了從前到后的即時的一對一行銷平臺。通過這個平臺，解決了金豐易居的大部分需求。

【問題：】
CRM 項目實施過程中的要點有哪些？以你的理解，哪個因素更為重要？

實訓設計：客戶關係系統實訓

【實訓目標】
1. 熟悉幾款主要的 CRM 系統產品。
2. 掌握 CRM 應用系統的分類及功能。
3. 學會如何實施 CRM。

【實訓內容】
根據班級學生人數，劃分若干小組，每一組整理一款 CRM 系統產品，並掌握其功能。最后，各組成員分別向全班同學介紹本組所整理的 CRM 系統產品。

【實訓要求】
1. 根據實訓目標和內容，確定演示內容。
2. 通過查資料、詢問、實習等方法，完成調查報告。

【成果與檢驗】
以團結合作（40%）、工作成果評定（50%）為主，兼顧工作態度（10%）評定各組的成績。

第十一章
客戶關係管理的行業應用

知識與技能目標

(一) 知識目標
- 掌握各行業 CRM 實施的特點；
- 描述各行業實施 CRM 的過程；
- 學會不同行業應怎樣選擇適合自己的 CRM 系統。

(二) 技能目標
- 能分辨出不同行業所應用的不同客戶關係管理系統。

引例

屈臣氏客戶關係管理的運用

屈臣氏深度研究目標消費群體心理與消費趨勢，自有品牌產品從品質到包裝全方位考慮顧客需求，同時降低了產品開發成本，也創造了價格優勢。

靠自有品牌產品掌握了雄厚的上游生產資源，「屈臣氏」就可以將終端消費市場的信息第一時間反饋給上游生產企業，進而不斷調整商品。從商品的原料選擇到包裝、容量直至定價，每個環節幾乎都是從消費者的需求出發，因而所提供的貨品就像是為目標顧客量身定制一般。哪怕是一瓶蒸餾水，不論是造型還是顏色，都可以看出「屈臣氏」與其他產品的不同。

自有品牌在屈臣氏店內是一個獨特的類別，消費者光顧屈臣氏不但選購其他品牌的產品，也購買屈臣氏的自有品牌產品。自有品牌產品每次推出都以消費者的需求為導向和根本出發點，不斷帶給消費者新鮮的理念。通過自有品牌，屈臣氏時刻都在直接與消費者打交道，能及時、準確地瞭解消費者對商品的各種需求信息，又能及時分析掌握各類商品的適銷狀況。在實施自有品牌策略的過程中，由零售商提出新產品的開發設計要求，與製造商相比，具有產品項目開發週期短、產銷不易脫節等特徵，降低風險的同時降低了產品開發成本，也創造了價格優勢。

「我買貴退差價」「我敢發誓保證低價」是屈臣氏的一大價格策略，但屈臣氏也通過差異化和個性化來提升品牌價值，一直以來並不是完全走低價路線。最近屈臣氏推出了貴賓卡，加強了對顧客的價值管理。憑貴賓卡可以生成購物積分，積分可換購店內任意商品，雙周貴賓特惠，部分產品享受八折優惠。會員購物每十元獲得一個積分獎賞，每個積分相當於 0.1 元的消費額。可以隨心兌換，有多種產品供選擇，也可以累計以體驗更高價值的換購樂趣。還有額外積分產品、貴賓折扣和貴賓獨享等優惠。相信將給顧客帶來更多的消

費樂趣。

問題：
屈臣氏如何運用客戶關係管理來保持客戶，提高客戶的忠誠度？

當 CRM 日益成為國際軟件市場的新寵之際，CRM 在中國被認知的程度及受關注狀況也在升溫。在現在市場中，企業都在自覺或不自覺地採用或部分採用 CRM 的管理思想和管理技術來開展商務活動。隨著世界貿易組織開發進程的深入實施和電子商務的全面升溫，許多擁有龐大、複雜客戶群體的行業如銀行、保險、證券、電信、房地產、家電、航空、物流、製造等，已經進行了 CRM 應用實踐。

第一節　航空業的客戶關係管理應用

航空屬於交通運輸業的範疇，主要是提供航空服務。隨著市場經濟的快速發展，中國的航空業市場早已從賣方轉向買方，價格競爭已走到盡頭，躲在政府的保護傘下坐享其成已不再成為可能。因此，通過先進的管理來獲得競爭優勢，就成了各大航空公司的必然選擇。由於航空服務過剩，其同質化特徵愈加明顯，航空物業規則的主導已不再是服務價值，而是客戶需求。於是航空公司從價格競爭逐漸轉向對客戶的競爭，客戶關係管理由此變得尤為重要。

一、航空業應用 CRM 的必要性

1. 客戶角度

在高度競爭的市場上，根據美國西北大學教授王・保羅（Paul Wang）的分析，客戶被分為交易客戶和關係客戶兩種。也就是說機票打折真正吸引的是交易客戶，這類客戶企圖瞭解所有公司機票的價格，並進行比較選擇。由於他們購買的一般是折扣票，所以從交易客戶身上取得的利潤是十分有限的。客戶關係則是一種可以與之建立其長期關係的、並從其身上取得長期利潤的客戶。他們可以一直在固定的航空公司消費，甚至是終身消費，前提是航空公司必須與他們之間建立一種關係，並能給他們最快最好的個性化服務。只要能與關係客戶建立長期的關係，那麼他們並將成為常客，而且長期為公司帶來穩定有效的效益。

2. 航空公司角度

隨著中國加入世界貿易組織，中國民航企業必然要面對來自國際航空市場上的競爭。各國航空公司將紛紛進入中國市場，進而進一步逼近中國消費者，從而增加了中國航空公司的競爭難度。同時本地航空公司間的競爭也很激烈，但目前航空公司間不僅僅是競爭的關係，相反更多的是合作的關係，應該說合作大於競爭。從競爭的角度看，現在各個航空公司的硬件都不錯，所購買的飛機都是波音和空客兩家的產品，沒有太大的差異性。但在軟件上拼搶是目前航空公司競爭的主旋律。所謂軟件就是服務，航空業本身就是服務行業，服務是企業競爭力的核心，最大限度地滿足客戶需求已經成為各家航空公司的競爭重點。因此，中國民航企業如何運用自身持有的產品、技術以及服務優勢，如何有效制定並實施自己的 CRM，已經成為當務之急。

二、航空業 CRM 的基本應用

1. 常旅客計劃

美國航空公司（American Airlines）在 20 世紀 80 年代就開始引入了常旅客計劃，它是客戶關係管理最主要和最核心的部分。他們通過研究旅客的構成發現，一部分為數不多的公務、商務旅客經常乘坐航班，在航空公司整個旅客運輸收入中，始終佔有較高的比例，這部分旅客就是常旅客。旅客加入航空公司的常旅客俱樂部，通過乘坐公司的航班累積里程，達到相應的里程后，可獲得公司提供免票或升艙等獎勵。中國的航空公司在 20 實際 90 年代末幾乎都引入了常旅客計劃，無論是國際航空公司、東方航空公司、南方航空公司這國內三大航空巨頭，還是深圳航空公司、廈門航空公司等中小型航空公司，在近 10 年的發展中，已經累計建立了數十個常旅客計劃。如國航的知音卡、東航的東方萬里行卡、深航的金鵬知音卡等。

2. 俱樂部會員管理

目前，許多航空公司對客戶實行會員制管理，會員分為 A、B、C 三級，會員制管理內容豐富。他們通過調查有七成以上的公司 A 級會員願意以電子方式進行交易，會員們非常在意能否自由地安排旅行計劃，甚至希望視需要隨時取消原訂的行程與班機。一些航空公司增設了一些新的可以與會員達到互動的服務，比如 A 級會員可以在網上購買電子客票以及更改和取消訂票，而不需要到訂票中心進行換開。此外，航空公司利用數據庫中的會員資料識別客戶的身分，還可以為會員提供更為周到的服務，比如針對飲食習慣提供個性化的午餐等。航空公司通過這種方式成功保留住了大批常旅客，還吸引了大量新乘客加入會員行列。

3. 大客戶計劃

大客戶市場開發計劃是針對高端客戶而實施的一項戰略工程。其實，大客戶計劃是屬於常旅客計劃的，但它與常旅客累積里程並不衝突，具有雙重積分的功能，兩者之間有很多不同之處。一般航空公司與大客戶直接簽訂協議，並提供管理和服務的大客戶協議形式。兩方協議應當是主導模式。二是三方協議模式，由航空公司的銷售部門、大客戶、服務提供商三達成的購票服務協議。三方協議適用於對服務要求較高、整體票價水平也比較高、年購票量較大的跨國公司、外資企業或者有其他情況的大客戶。三是服務合作模式，是在公務、商務較集中的局部市場，通過能夠提供較高水準的服務商向航空公司指定的高票價客戶提供服務，由航空公司支付服務費用的協議模式。四是特定產品模式，是對特殊客戶採用的模式。如果客戶使用航線產品較為集中，存在較為穩定的消費規律，可以特別設計航線銷售政策，以滿足客戶的特定需求。五是公司卡模式，是對管理比較松散的大客戶採用的模式。

4. 呼叫中心

呼叫中心作為 CRM 的重要應用，起源於 20 世紀 70 年代的民航業，其最初目的就是為了更好地向乘客提供諮詢服務，並能受理乘客的投訴，即熱線電話，如今，航空業呼叫中心是將銷售與服務統一應用，這樣可以使售票人員能夠即時銷售和服務。他們在銷售的同時能夠動態地推薦產品和服務，或是按照一套約定俗成的銷售方式來處理各項諮詢、投訴或者是銷售過程中的其他業務，比如，早在 1997 年深航首創了 99777 熱線訂票電話，2003 年民航業遭受「非典」重創，逆境之中深航推出廣東省境內的 96737 全方位信息服務平臺，2004 年又推出了全國範圍內的 95080 綜合服務信息平臺，只要撥打 95080，就可以享受到訂票、送票、旅遊、酒店預訂一條龍服務。

三、海南航空金鹿公務機有限公司 CRM 應用案例

1. 公司背景

海南航空金鹿公務機有限公司是海航集團的控股子公司，於 1998 年 10 月註冊成立。此前，金鹿公務機有限公司是以海南航空 VIP 服務的形式首家涉足國內公務航空市場的開發，專門為跨國公司駐華辦事處從事高級商務、公務活動，以及國際醫療機構實施緊急救護活動提供優質的飛行服務。公司投入營運以來，市場反應良好，規模逐年擴大，並於 1999 年獲得由中國民用航空總局頒發的航空器營運許可證，成為國內第一家專門從事公務機業務的航空公司。

幾年以來，金鹿公務機有限公司在成功接待了基辛格博士、黑格博士、海部俊樹首相、荷蘭財政部長、南非外交部長等一批世界知名人士的同時，還為鳳凰衛視、埃索石油、殼牌石油、通用電器、通用汽車、福特汽車、美國聯合技術、空中客車、菲亞特、金佰利、康明斯、諾華製藥、梅賽德斯－奔馳汽車、豐田汽車、日本電氣、摩托羅拉、愛立信、雷諾茲鋁業、青島海爾等數百及國內外著名企業和機構提供了使其得以縱橫商海的高效優質的商務飛行服務。在此基礎上，金鹿公務機有限公司有成功地進入了旅遊市場，為各界成功人士提供更加舒適、安全、便捷的出行方式。

2. CRM 需求

2001 年以來，金鹿公務機有限公司業務發展迅速，先後在上海、深圳、北京、香港等地開設了辦事處。以前公司內部信息通過口說筆記的方式在部門之間、員工之間相互傳遞，在傳遞的過程中經常發生丟失或誤差，隨著公司規模的迅速膨脹，公司的內部溝通開始混亂無序：各地員工無法獲得急需的信息；客戶的要求或信息變動之後不能夠及時通知給相關員工；客戶資源由銷售代表分散存放，由於員工流動造成這些寶貴資源的流失；公司管理者無法瞭解工作的具體開展情況等。由此，金鹿公務機有限公司認識到，要實現業務的迅速發展，客戶關係管理的實施迫在眉睫。

3. CRM 系統

金鹿公務機有限公司應用的 TurboCRM 系統是 TurboCRM 信息科技有限公司於 2000 年 12 月發布上市的產品。該產品於 2001 年 3 月 12 日通過了中國軟件評測中心、國家質量技術監督局以及中國家實驗室認可委員會的高級確認測試，並獲得了優秀級認證，這是當時中國唯一通過高級確認測試的 CRM 軟件產品。

（1）系統特性

A. 基於 B/S 結構：國內首家推出 B/S 結構的先進技術。

B. 採用 CRM + ASP 應用模式：實現了客戶關係的跨地區控制和管理，企業信息統一安全管理，大幅度提高企業對信息的快速反應能力。

C. 分析決策功能強大：具有銷售分析、費用分析、客戶分析、員工分析、夥伴分析、市場分析、產品分析和服務分析等決策功能。

D. 提供個性化設計：可根據業務特點靈活設置並修改流程，將工作效率進一步提高，同時在權限允許範圍內，員工可以只有設置自己關注的數據內容，減少搜索時間，快速進入工作狀態。

E. 權限劃分嚴格：對登錄用戶進行嚴格的權限管理，權限劃分可以細緻到功能級與數據級，進一步保證了數據的安全性。

（2）技術架構

TurboCRM 系統分為四層結構：Client（客戶端）——Presentation（表現層）——Application（應用服務層）——Database（數據服務層）。這四層分別由 Brwser—Web Server——Application Server——Database Server 構成，如圖 11-1 所示。

```
┌─────────┐  ┌──────────────┐  ┌──────────────┐  ┌──────────┐
│ Client  │  │ Presentation │  │ Application  │  │ Database │
│         │  │              │  │              │  │          │
│         │  │  ┌────────┐  │  │  ┌────────┐  │  │          │
│         │  │  │網頁腳本│  │  │  │應用服務│  │  │          │
│         │  │  │        │  │  │  │器層    │  │  │          │
│ ┌─────┐ │  │  └────────┘  │  │  └────────┘  │  │ TurboCRM │
│ │頁面 │ │  │              │  │              │  │ 數據庫   │
│ └─────┘ │  │  ┌────────┐  │  │  ┌────────┐  │  │          │
│         │  │  │表現層  │  │  │  │數據庫  │  │  │          │
│         │  │  │        │  │  │  │訪問層  │  │  │          │
│         │  │  └────────┘  │  │  └────────┘  │  │          │
└─────────┘  └──────────────┘  └──────────────┘  └──────────┘
```

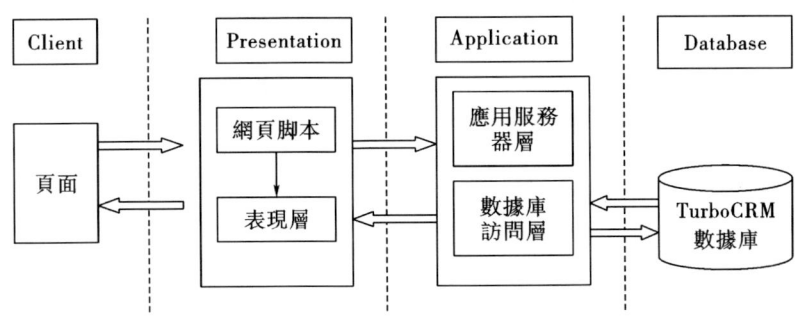

圖 11-1　TurboCRM 系統技術結構框架

由於整個系統使用 Brwser—Server 架構，在客戶端使用標準的 Web 頁面瀏覽器（如 Internet Explorer），不需要安裝特殊的應用程序，減少了升級和維護的難度；所有的業務數據都保存在服務器（Server）端，確保了業務數據的安全；在通信方面，由於使用的是標準的 HTTP 協議，系統可以輕鬆地實現移動辦公和分佈式管理，同時，為系統與電子商務的整合與擴展打下了堅實的技術基礎。

4. CRM 實施

根據金鹿公務機有限公司面臨的現狀和對業務發展的需要，TurboCRM 信息科技有限公司為其量身訂制了一套對應的實施計劃。

第一，跨越區域障礙。面對多辦事處的情況，TurboCRM 信息科技有限公司為金鹿公務機有限公司提供了 Internet 模式的網路應用。該應用方式是利用現有的域名資源，採用主機託管的方法，讓處於全國各地的員工只要登錄內部網，就可以在同一平臺上辦公，共享客戶信息和業務的進展情況，從而實現跨越區域的一體化辦公。這一方案充分發揮了 TurboCRM 的 B/S 結構的優勢。

第二，信息資源統一整合。TurboCRM 信息科技有限公司將原來分散在各個業務員的客戶信息、業務信息進行整合，建立了統一的數據倉庫，把各辦事處和北京本部的所有數據建立在同一個數據庫中，整合了客戶、銷售、市場等方面數據。

構建業務管理平臺，實現了需要多人、多部門協調完成的工作在同一個系統平臺中開展，讓主管人員能夠及時瞭解下達到各個辦事處和部門的任務的執行完成情況，對不同的工作任務及時進行有效的調配。為了做到這一點，TurboCRM 信息科技有限公司的實施顧問與金鹿公務機有限公司的項目負責人緊密合作，反覆探討《TurboCRM 系統實施方案》，研究市場、銷售和服務的流程跨越部門和接口人的信息傳遞，並把這些流程作為金鹿公務機有限公司的內部管理規範固定下來。

5. CRM 應用成效

2001 年，海南航空金鹿公務機有限公司成功應用了 TurboCRM 系統，標誌著客戶關係管理系統已經在國內航空業務實現了第一個成功的應用。

通過 TurboCRM 的網路系統，金鹿公務機有限公司實現了各辦事處由北京統一下達任務、管理分配與跟蹤的業務模式。同時，利用 TurboCRM 系統的分析挖掘模塊，金鹿公務機有限公司更好地實現了客戶特徵分析，從而辨別出有價值客戶，尋求到更多的銷售機會。

金鹿公務機有限公司借助 TurboCRM 系統的流程化管理，順利地建立了一套非常符合公司工作流程的新管理體系。現在，公司將各地的資源和管理任務下達都集中在統一的平臺，

信息傳達和更改是統一與即時的，消除了混亂的溝通狀態。TurboCRM 系統中的客戶分配功能，使公司的主管為業務人員及時分配客戶資源，避免多個銷售代表聯繫同一位客戶帶來的業務衝突。TurboCRM 系統中的任務管理模塊，使上層領導可以隨時瞭解員工的工作狀態，同時員工的工作也變得更有計劃性；各地主管之間也能隨時瞭解相互間的業務開展情況，加強了彼此的交流。TurboCRM 系統提供的規範化的業務環境已經成為公司快速發展有力的保障，在公司人員增長 300% 的情況下，公司的整體工作沒有絲毫的混亂，仍然能夠保持有序、高效。

此外，以前管理層要通過專門的工作人員調用定期的分析報告，才能看到公司近期的各項業務分析。現在，通過 TurboCRM 系統的各項分析模塊，領導不需要依賴其他員工就可以隨時自主地查閱公司的銷售情況、客戶價值的上升或下降趨勢、客戶構成等分析圖表，領導的分析自由度隨之不斷上升。

第二節　房地產業的客戶關係管理應用

房地產業主要從事房地產開發、經營、管理和服務，屬於第三產業，具有生產開發、經營服務等多種性質。隨著中國現代化住宅產業的加快實施，房地產業已成中國近時期在生產和消費之間聯繫最密切和突出的產業之一。在歷經興起、熱潮和滑落之後，房地產業正逐漸以一種趨於成熟的態勢出現。客戶成為房地產業的「上帝」，房地產業的項目定位、市場行銷、價格策劃、客戶服務等無不圍繞客戶需要來展開。隨著以客戶為中心理念的深入人心，客戶關係管理在房地產業的應用顯得尤為迫切，應為對於品牌房地產企業來說，開發是持續的，而客戶的價值也是持續的。

一、房地產業傳統客戶管理的弊端

房地產業的發展已經從以產品為中性逐步轉向到以客戶為中心的時期，市場競爭取勝的關鍵在於誰能更多地把握客戶資源。任何一個開發商都清醒地知道客戶資源和信息的重要，但是對客戶資源的理解並不相同，傳統的客戶管理存在著一些弊端。

（1）對客戶信息的處理過程主要基於手工處理，或利用 Excel 和傳統的售樓軟件，這不利於提高工作效率、業務的集成化管理以及客戶信息的深入分析。企業關注的信息主要是銷售的結果，而不是面向銷售管理的過程這不利於銷售進程的監督管理以及過程的優化，也不利於對銷售人員工作績效的評價。

（2）主要關注已成交客戶的價值，而對未成交客戶的價值却不夠重視。通常大量曾經訪問、諮詢過但沒有最終成交的客戶信息沒有得到保留，企業在為成交客戶資源流失的同時，也是大量企業客戶財富的流失。

（3）大量客戶信息散落在各個售樓點及銷售人員的筆記本上，信息分散。一旦銷售人離開，便意味著帶走了有用的客戶信息。客戶信息是非常重要的市場資源，而目前，客戶信息還沒有被企業作為重要的戰略資源加以保護。

（4）不同業務類型之間，不同信息系統之間，不能共享客戶資料。例如，銷售、市場行銷、客戶服務、物業管理等部門之間常常出現客戶信息脫節的問題。而客戶可能與房地產企業的各個層面接觸，但房地產企業難以對客戶進行一致的服務和關懷，客戶要解決某一問題可能要撥打企業的多個部門的電話，而不能享受輕鬆愉快的一站式服務。

（5）從多人途徑收集的客戶信息沒有得到有效的整合與分析，無法指導企業的銷售決

策及市場行銷活動，沒有合理的配置企業資源以達到最佳效果。

（6）現有業務應用系統無法對客戶數據進行多角度例題分析。客戶群體分類、潛在客戶發現、客戶跟蹤與分析預測、客戶價值分析、客戶流失分析、客戶信用分析、租賃買賣行為分析、風險評估、銷售業績預測、市場活動規劃等問題無法利用現有業務系統得到實現。

正是因為傳統客戶管理中的種種弊端，房地產業急需整合各種資源來提升客戶數據的集成水平，方便企業與客戶的互動溝通，滿足客戶個性化需求，挖掘客戶的潛在價值，提高客戶的滿意度和忠誠度。

二、房地產業 CRM 的應用內容

1. 客戶信息集成管理

房地產企業現有的銷售系統中存儲的大多是客戶交易信息，而大量潛在客戶基本信息、過程信息並沒有得到保留。通過應用 CRM 系統，能夠獲得完整、統一的客戶信息。

（1）第一次客戶接觸

銷售人員通過和客戶的第一次接觸，迅速獲得客戶的基本資料，從而形成銷售機會，為與客戶建立良好關係奠定基礎。

（2）客戶關懷和跟蹤

客戶關懷和跟蹤貫穿於整個銷售過程，這是一個與客戶的互動過程。CRM 系統將完整記錄銷售人員每一次客戶關懷的過程、客戶最新需求信息、下一個安排活動、個人計劃等信息。

（3）簽訂內部認購書

通過一段時間的客戶關懷和跟蹤活動，最終引導客戶簽訂內部認購協議。客戶提交訂金後房號即被 CRM 系統鎖定，並簽訂內部認購協議主要條款；系統將繼續對客戶進行個性化的關懷和跟蹤，督促客戶完成相關手續，簽訂正式購房協議，並不斷完善客戶跟蹤的結果信息。

（4）簽訂正式銷售合同

在簽訂正式銷售合同階段將完成正式購房合同的簽訂過程，CRM 系統將提供合同預警、合同跟蹤、放款交付預警等功能。銷售員將繼續為客戶提供貸款的申請、購房法律諮詢等服務。

到此，房地產企業與客戶建立的客戶關係生命週期並沒有終結，企業還需要繼續跟蹤客戶的相關反饋信息。

2. 指導新樓盤的設計和推廣

房地產企業應該設計和規劃符合當前消費主流的新樓盤，新樓盤的設計、確定目標客戶群、新樓盤的推廣行銷活動等過程應當被統一考慮。新樓盤的設計、目標客戶群的確定往往需要通過系統對以往客戶資料信息、客戶歷史交易信息進行分析、挖掘來制定；新樓盤的行銷推廣、媒體廣告宣傳通常應該有的放矢，並能夠實現市場行銷方案的預測和評估，避免做「地毯式轟炸」的行銷。

3. 提高客戶滿意度

好的服務是提高客戶滿意度、增強客戶忠誠度的最直接的手段和途徑。採用 CRM 的服務應用，建立立體化、多層次的客戶服務體系，具體可以包含基本服務、一站式投訴、互動服務、終身會員服務等內容。

4. 拓展銷售機會

好的服務能產生好的口碑，好的口碑便能帶來更多的新客戶推薦機會。採用 CRM 系統的銷售、行銷、服務一體化應用，銷售部門、行銷部門、服務部門能夠共享統一的客戶數據庫。服務人員和行銷人員能夠在日常工作當中，不斷地捕捉新的銷售機會，並將它們自動轉發給銷售部門，從而增加了企業總體的交叉銷售機會，也使服務部門、行銷部門能夠產生營利點。在 CRM 系統中，銷售機會的產生可以來自以下環節：投訴服務、物業服務、會員服務、行銷聯誼活動、媒體廣告宣傳等。

三、中海地產 CRM 應用案例

1. 中海地產背景介紹

中海地產全稱是中海地產發展有限公司，前身為深圳市海富投資管理有限公司，成立為 1988 年 9 月，註冊資本金 24,235 萬元，是中國最大的建築聯合企業——中國建築工程總公司在深圳設立的綜合性國有經濟實體。多年來，中海地產向社會提供了大量的優質住宅產品，為數以萬計的消費者提供了優越的居住選擇。從 1988 年開始，中海地產運用在香港房地產市場累積的豐富經驗與競爭優勢，大力拓展中國內地市場，先後在深圳、上海、廣州、北京、成都、長春、西安、南京、中山、廣西、蘇州等地進行房地產開發、基本建設投資和物業管理，業績卓著，聲譽日隆。截至 2003 年年底，中海地產在內地的房地產總投資達到人民幣 245 億元，開發總量為 438 萬平方米，已經成功發展了數十個房地產項目，目前在內地擁有土地儲備面積超過 540 平方米。

2. 中海地產 CRM 應用的目的與目標

中海地產應用 CRM 的目的就是進一步提高企業競爭力。中海地產與競爭對手相比，其競爭力主要體現在對市場的把握能力、售後服務能力、社會資源的整合能力、產品品質的保證能力等方面。而這其中，對市場的把握能力和售後服務能力與中海地產 CRM 的實施是息息相關的。以下是中海地產 CRM 應用的具體目標：

（1）系統地管理客戶數據\潛在客戶數據和客戶訪問過程，建立公司級統一客戶數據中心，做好數據的採集和整理工作。

（2）提高中海地產貴客戶購買行為的分析能力，對客戶群體進行科學分類，有效識別高質量的客戶群體；通過分析客戶終身價值、客戶流失原因以及客戶信用情況等，全面提升中海地產對市場的預測能力。

（3）細分和挖掘潛在客戶需求，知道樓盤的設計和推廣。

（4）通過對客戶特點和客戶需求的細分，實施有針對性的行銷手段，提高中海地產的銷售能力，提升中海地產的營利能力。

（5）理順客戶服務業務，實際跟蹤服務狀態，降低服務成本，提高現有客戶服務滿意度，以產生更多的客戶推薦。

（6）提高中海地產的運作效率，提高渠道管理能力，通過對銷售仲介公司、物業管理公司、各個施工公司等進行有效管理以及各種業務交流，有條不紊地開展各項業務。

3. 中海地產 CRM 系統的結構

中海地產 CRM 系統基本上是按典型的 CRM 系統結構來設計的，圖 11-2 是中國企業級 CRM 領跑者——創智科技於 2002 年為中海地產設計的 CRM 系統結構框架。

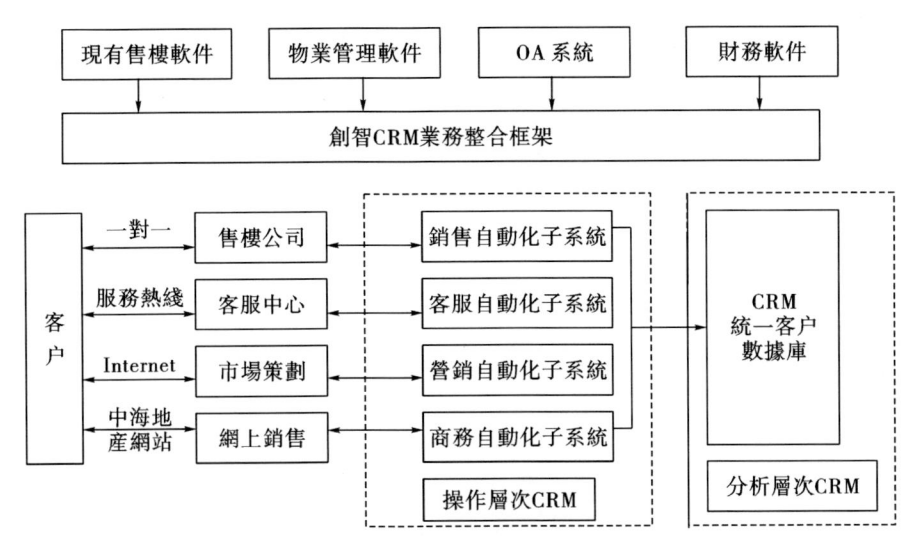

```
┌──────────┐  ┌──────────┐  ┌──────────┐  ┌──────────┐
│現有售樓軟件│  │物業管理軟件│  │ OA 系統  │  │ 財務軟件 │
└────┬─────┘  └────┬─────┘  └────┬─────┘  └────┬─────┘
     ↓             ↓             ↓             ↓
┌──────────────────────────────────────────────────────┐
│              創智CRM業務整合框架                       │
└──────────────────────────────────────────────────────┘
```

圖 11-2　中海地產 CRM 系統結構框架

(1) 操作層次 CRM

操作層次 CRM 的主要任務是對中海地產的前端業務操作流程（主要包括：銷售、行銷和客戶服務）進行重新規劃和調整，以期用最佳的工作方法來獲得最好的工作效果。操作層次 CRM 實現了客戶相關業務的自動化和流程化，包括經由多渠道的客戶結束點的整合，實現了業務數據的集成與共享，使得中海地產可以在 CRM 系統中得到各類數據的真實記錄，掌握當前發生的實際業務狀況。

操作層次 CRM 主要有銷售（含網上銷售）、行銷和客戶服務三個自動化子系統構成。

銷售自動化子系統主要管理客戶機會、客戶資料以及銷售渠道等方面。該子系統把中海地產所有的銷售環節有機組合起來，在銷售代理公司、樓盤銷售現場和公司銷售部門之間建立一條以客戶為引導的流暢的工作流程，使每一個銷售人員（在沒有授權的情況下）都能及時獲得最新的客戶信息。

行銷自動化子系統幫助市場策劃人員對客戶和市場信息進行全面的分析，從而對市場進行細分，提高中海地產市場策劃活動的針對性，指導與支持銷售人員更有效地工作。行銷自動化子系統能夠對市場、客戶、產品和地理區域信息進行複雜的分析。

客戶服務自動化子系統通過向中海地產客戶服務人員提供易於使用的信息和工具（包括服務需求管理、服務環境配置等多種問題的程序化解決方案），提高客戶服務效率，增強客戶服務能力，並且使跟蹤和捕捉客戶服務中出現的問題變得更加容易。

(2) 分析層次 CRM

分析層次 CRM 主要是分析從操作層次 CRM 中獲得的各種數據進而為中海地產的商務決策提供可靠的量化依據。分析層次 CRM 系統能夠和操作層次的 CRM 系統進行平滑的數據集成和協同工作。分析層次 CRM 的主要應用可以包括客戶群體分類分析和行為分析、客戶效益分析和預測、客戶背景分析、客戶滿意度分析、交叉銷售分析、產品及服務使用分析、客戶信用分析、客戶流失分析、市場分類分析、市場競爭分析、客戶服務中心優化等方面。目前，中海地產分析層次具備的核心技術主要是數據倉庫技術，尚不具備數據挖掘和在線分析處理功能。

4. 中海地產 CRM 系統的功能

根據中海地產的業務需求，創智科技為中海地產系統設計了一系列應用功能，既包括一些典型 CRM 的應用功能，同時也具有中海地產 CRM 系統獨特的應用功能、具體如下：

(1) 客戶管理功能

客戶管理功能主要包括客戶基本信息；與此客戶相關的基本活動和活動歷史；聯繫人的選擇；訂單的輸入和跟蹤；建議書和銷售合同的生成等。

(2) 聯繫人管理功能

聯繫人管理功能主要包括聯繫人概況的記錄、存儲和檢索；跟蹤同客戶的聯繫，如時間、類型、簡單的描述、任務等，並可能把相關的文件作為附件。

(3) 時間管理功能

時間管理功能主要包括日曆管理；設計約會、活動計劃；衝突提示；進行事件安排如約會、會議、電話、電子郵件、傳真、備忘錄；進行團隊事件安排；安排人員；任務表；預告；提示；記事本等。

(4) 銷售管理功能

銷售管理功能主要包括組織和瀏覽銷售信息，如客戶信息、業務描述、聯繫人、時間、銷售階段、業務額、可能結束時間等；產生各銷售業務的階段報告，並給出業務所處階段、還需的時間、成功的可能性、歷史銷售狀況評價等信息；對銷售業務給出戰術、策略上的支持；對地域（省市、郵編、地區、行業、相關客戶、聯繫人等）進行管理；把各銷售人員歸入某一地域並授權；地域的重新設置；根據利潤、領域、優先級、時間、狀態等標準，為用戶定制關於將要進行的活動、業務、客戶、聯繫人、約會等方面的報告；提供 BBS 功能；銷售費用管理；銷售佣金管理。

(5) 電話銷售管理功能

電話銷售管理功能主要包括電話本管理；生成電話列表，並使之與客戶、聯繫人和業務建立聯繫；把電話號碼分配到銷售員；記錄電話細節，並安排回電；電話行銷內容草稿管理；電話錄音，同時給出書寫器，方便用戶記錄；電話統計和報告；自動撥號等。

(6) 客戶服務功能

客戶服務功能主要包括服務項目的快速錄入；服務項目的安排、調度和重新分配；事件的升級；搜索和跟蹤與某一業務相關的事件，生成事件報告；服務協議和合同、訂單管理和跟蹤；問題及其解決方法的數據庫管理。

(7) 合作夥伴關係管理功能

合作夥伴關係管理功能主要包括對公司數據庫信息設置存取權限，合作夥伴通過標準的界 Web 瀏覽器以密碼登錄的方式對客戶信息、公司數據庫、與渠道活動相關的銷售機會信息進行訪問；合作夥伴通過瀏覽器使用銷售管理工具和銷售機會管理工具，如銷售方法、銷售流程等，並使用預定義的和自定義的報告等。

(8) 知識管理功能

知識管理功能主要包括在站點上顯示個性化信息；把一些文件作為附件貼到聯繫人、客戶、事件概況等方面；文檔管理；對競爭對手的網站進行監測；根據用戶定義的關鍵詞對網站進行監視。

(9) 電子商務功能

電子商務功能主要包括個性化界面與服務；網站內容管理；店面業務處理；銷售空間拓展；客戶自助服務；網站運行情況的分析和報告。

5. 中海地產 CRM 應用成效

中海地產實施 CRM 以來，在系統應用上取得了明顯的效果，特別是在操作層次的 CRM 應用上，基本達到了系統設計的要求，同時也贏得了 CRM 的「中海模式」的美譽，但是也暴露出了一些問題。

（1）中海地產 CRM 系統未能實現細分潛在客戶需求的設計要求，對客戶信息數據的挖掘能力很有限，尚不能對中海地產行銷策劃活動提供有力的分析工具和數據支持。

（2）缺乏對行銷策劃決策支持的問題是中海地產 CRM 系統目前最大的缺陷，造成這個缺陷的原因主要在於分析層次 CRM 數據挖掘功能的缺失。

（3）中海地產 CRM 系統提供的客戶接觸渠道缺乏集成性，各部門與客戶接觸的渠道比較單一。

（4）中海地產 CRM 系統的操作效率比較低，無法持續滿足緊急數據的傳輸要求。

（5）中海地產 CRM 系統的數據倉庫只設有一個中心數據倉庫，缺少面向具體應用的數據集市，當中心數據倉庫的數據容量很大后，面向各個客戶接觸點的數據操作效率就大大降低了。

第三節　製造業的客戶關係管理應用

一、製造業對客戶關係管理的需求

CRM 最初是應用到服務型企業中，幫助那些以客戶為中心的企業維護大量的客戶資源，追蹤成千上萬的客戶。CRM 在這些行業的應用已經取得了很好的效果。然而，製造業不同於服務業，其客戶數量相對很少，但企業與這些客戶接觸的頻率却是極高的。首先，製造業無論產品是設備還是原料，其客戶的購買都是研究性的購買行為，過程相對來說比較長一些，而且需要不同的部門協同工作，如果銷售人員在簽訂合同前可以不記錄任何信息並對銷售過程具有控制權，則企業無法對銷售人員的銷售行動進行跟蹤和監控，也無法提供相應的支援。其次，製造業一定會有交付產品和售後服務的過程，與客戶的接觸從銷售部門轉移到了生產和售後服務部分，涉及庫存、發貨、折扣、收款、售後等具體工作。對客戶而言，這些都要有條不紊地進行，這就需要各個部門能共享客戶信息，以客戶為中心協同工作，這樣才能準確及時地回應客戶。

然而，許多製造型企業在強化財務、生產、物流、產品等方面的管理后，發現自己的行銷與服務能力不足。首先，客戶信息資源散落在不同部門或人員之中，共享程度差，沒有指定專人維護，準確性和真實性沒有保證，無法充分利用，而且在業務調整和人員變化時，容易出現客戶信息丟失，造成客戶資源流失的現象。其次，製造型企業的客戶獲取需要較大的行銷投入，在行銷活動中獲得大量的客戶信息，其中許多客戶不能形成當期銷售，如果不對其進行有效管理，進行有計劃的培育和推動潛在客戶，就會帶來對行銷投入的巨大浪費。

另外，製造型企業的銷售一般為項目型銷售，主要由業務員獨立完成，通常採用「傳幫帶」的方式來傳遞業務經驗，對業務員的管理多採用工作時間及銷售目標等粗放式管理。隨著企業的發展，業務員迅速增加而且不斷流動，因此，需要對銷售系統的管理方法和業務能力進行建設。

目前，很多製造型企業在全國各地建立了行銷與服務網路，人員隊伍越來越龐大，但是銷售部門的信息化水平偏低，銷售工具仍為電話和傳真，各層次溝通不暢，信息衰減嚴

重，導致行銷費用增長迅速而業績提升緩慢，客戶的滿意度也一直在下降。

正如 GA 的董事，ERP、CRM 和 SCM 的資深專家——比爾所說：製造業總是周而復始地與相同的企業打交道，在製造業中，CRM 的作用是溝通客戶間的所有活動，保持親密的接觸。絕大多數的商機都是來自於現有客戶中，CRM 就是要使客戶更容易地從企業中購買商品。他同時強調：在經濟低迷時期，維持客戶關係顯得更為突出、更為重要，此時製造業對 CRM 的需求將更為強烈。

二、製造業實施客戶關係管理的目標

製造業實施客戶關係管理的目標主要表現在以下幾個方面：

1. 全面收集客戶信息，保持穩定的客戶關係

通過 CRM 中的客戶管理功能模塊，企業能夠及時收集客戶信息、聯繫人信息，合理分配並及時共享信息資源，避免企業業務代表或銷售代表掌握的客戶信息無法集成，杜絕信息流失的隱患。根據系統收集的客觀數據進行客戶細分，針對不同類型的客戶進行一對一的客戶關懷，突出對大客戶的重點管理，以保持穩定的客戶關係，並在此基礎上開發潛在客戶資源，進一步挖掘老客戶的潛在價值。

2. 有效管理銷售渠道

通過 CRM 中的渠道管理功能模塊，企業能夠及時有效地管理其分佈在外地的分支機構，掌握其在各地的銷售渠道，及時瞭解、匯總分銷信息及區域覆蓋情況，從而獲取較為完整的最終客戶信息，分析、預測分銷體系的銷售潛力，合理進行資源配置，增加企業營利。

3. 與中間商建立良好的關係

製造企業在實 CRM 時不僅要面向最終客戶而且還要面向中間商，甚至中間商比最終客戶更為重要。終端客戶是製造企業產品的最終消費群體，是企業真正的消費者；中間商是產品流通和信息搜集的主要渠道，它們是與製造企業直接接觸的中間客戶，沒有它們，企業就不可能及時掌握市場動態並把產品快速投放於市場，因此，對製造企業來說，與中間廠商建立良好的關係是企業 實現最終銷售和行銷活動的基礎。

4. 促進銷售過程標準化、規範化，工作流程自動化

CRM 根據企業現有的銷售業務流程，並結合國內、國際可借鑑的先進管理經驗，通過統一制定的銷售流程和個性化的工作流程，規範銷售過程中的各個環節，並根據制定的工作流程自動傳遞各個環節的信息，使信息得到及時共享，如銷售機會的產生、銷售機會的分派、客戶跟蹤情況、銷售工作計劃制訂、銷售合同以及分銷協議的規範及管理等。CRM 系統根據制訂的工作流程生成待辦事宜，隨時提醒相關人員及時進行處理，並及時反饋處理結果。

5. 與后臺 ERP 整合

ERP 的發展起源於製造業並主要應用於製造業，可以說 ERP 的先進管理思想在製造業上發揮得淋漓盡致。然而，系統著眼於企業后臺的管理，它提高了內部業務流程（如財務、製造、庫存、人力資源等諸多環節）的自動化程度，使員工從日常事務中得到瞭解放，但它缺少直接面對客戶的系統功能。由此，製造業實施的一個重要目標就是實現 CRM 與 ERP 的有效整合，利用 CRM 彌補 ERP 的不足，通過分析前臺活動中產生的數據，挖掘出對企業有價值的信息，將其反饋到企業的生產製造系統中，調動企業的一切資源為客戶服務，以提升客戶滿意度和忠誠度，從而增加企業效益。

三、上海通用 CRM 應用案例

1. 公司背景

上海通用是上海汽車工業（集團）總公司和美國通用汽車公司各投資 50% 組建而成的，總投資為 15.2 億美元，是迄今為止中國最大的中美合資企業。上海通用共有衝壓、車身、油漆、總裝和動力總成五大車間，嚴格按照精益生產原則規劃、設計、建設和管理工廠。五大車間採用模塊化設計、柔性化生產，可以實施多個車型共線生產，以便滿足汽車市場客戶需求多元化的選擇。目前，上海通用已在國內建立了完善的生產、銷售和服務體系，是目前國內最具競爭力的轎車生產和銷售商之一。

目前，信息技術技術應用已經遍布公司業務的各個領域，建立了國內最先進的信息技術平臺，不僅為各項業務提供了強有力的技術支持，同時也實現了全球聯網。上海通用是目前國內唯一實現了共線柔性化生產線的汽車廠，共線生產是目前世界先進汽車製造企業普遍採用的一種靈活高效的生產方式。上海通用不但在國內率先引進此項技術，而且由於其所生產的幾種車型在結構等各方面存在較大的差別，更使上海通用從一開始便在此項技術的應用領域中處於領先地位。

這種柔性化生產線的設計基於一個原則，那就是「以客戶為中心」的原則，每位客戶的個性化需求都將最大限度地體現在其得到的最終產品上，這就是柔性化生產的無窮魅力和強勁的后發力。上海通用引進了「以客戶為中心」的行銷理念，採用的是拉動式單層次銷售體系和顧問式銷售方式。其特點是在廠商和客戶之間只隔著特許銷售商這一層，從而拉近了生產者和消費者之間的距離。銷售商只拿佣金，不搞批發；運輸費和庫存費由上海通用負責。銷售商是購車者的購車顧問，他們指導客戶進行個性化選擇。銷售商在專賣店裡執行全國統一售價，所進行的服務涉及售前、售中和售后各個環節。

在實施項目之前上海通用原來已經有一個呼叫中心。原有系統運行了一年多以後，漸漸地成為公司實施新戰略、推進新業務的瓶頸。主要表現在：①隨著汽車銷售業務的突飛猛進，原有系統薄弱的性能已經越來越不能夠適應業務的發展；②原有的系統越來越難以滿足客戶的需求，例如客戶打 800 電話，得到的回答是「如果客戶僅僅是進行諮詢，打這個號碼就可以；客戶如果是要買車的話就需要打另一個電話去找銷售代表；客戶如果是修理汽車的話還必須再打維修服務中心的電話」；③由於客戶信息分散在不同的地方，這些地方又互不相連，從而實際上形成了冗個相互隔離的客戶信息孤島，浪費了客戶資源；④現在的市場運作模式是公司統一定價，通過分銷商來銷售，原來三級代理的方式在減弱，取而代之的是渠道的進一步扁平化，加強對經銷商的管理也迫在眉睫；⑤由於銷售的工作都由經銷商來完成，公司自身從整體上凸顯通用的品牌優勢，樹立公司整體形象勢在必行；通用公司 CRM 的全球化戰略也要求在中國積極推進。

2. CRM 業務需求

上海通用所理解和用於實施的 CRM，可以用一句話來概括：是一種行銷方法。通過業務流程的制定，可以保證企業和客戶及潛在客戶保持長期對話，以求瞭解並滿足他們的需求，激發他們的購買慾望，建立起他們對產品品牌的忠誠度。在上海通用看來，客戶一般要經過一個「產品認知──→選擇──→購買──→提貨──→擁有體驗──→再次購買」的過程，因此，他們將 CRM 業務需求分為潛在客戶開發、潛在客戶管理和客戶忠誠度管理等三個方面。

（1）潛在客戶開發

上海通用認為，潛在客戶開發的目標是增加潛在客戶的數量，只有潛在客數量增加了，

客戶的數量才會增加。上海通用從授權經銷商那裡挖掘潛在客戶的名單，擬採用「客戶推薦」法，請現有的客戶推薦其有購買意向的朋友、親戚、商業夥伴等，推薦他人的客戶也可從中獲益。

(2) 潛在客戶管理

如果說開發潛在客戶是萬里長徵的第一步，那麼，潛在客戶管理則是萬里長徵的第二步。上海通用將潛在客戶的購車時間分為：立即購買、一年之內購買、一年之後購買等幾種類型，針對不同類別的潛在客戶進行相應管理。一般來說，考慮在三個月內購買的潛在客戶中，只有10%的客戶會購買；而考慮在一年之內購買的潛在客戶，只有4%會購買。上海通用希望對潛在客戶進行跟蹤服務，對於「購買熱度」較低的群體（購買時間在一年以後）公司會給他們郵寄產品簡介及價格信息，使他們對產品有個初步瞭解，增加其今後購買的可能。對於有立即購買意向或計劃在一年內購買的「購買熱度」較高的潛在客戶，公司會寄出一系列詳盡的產品介紹資料，包括產品目錄、價格、銷售服務、售後服務，以及經銷商和特約售后服務中心名單等。這些客戶獲得了全面的信息，選購產品的可能性就會變大。公司寄出的每個郵件都附有回函卡，鼓勵潛在客戶與公司進行雙向交流。

(3) 客戶忠誠度管理

行銷學有一條理論，即獲取一位新客戶的成本，是從現有客戶群中獲得一位重複購買者的成本的6倍。哈佛大學的研究表明，5年之內，大多數企業會失去一半既有客戶。維繫現有客戶忠誠度的重要性與必要性由此可見一斑。為此，上海通用的策略是：首先，使品牌成為客戶心目中的第一品牌，通過持續的雙向溝通，增強品牌親和力，並與其他競爭品牌拉開距離。其次，通過對自身產品特點的宣傳，潛移默化地讓客戶相信自己的選擇是正確的。更重要的是，通過舉辦客戶專享的活動，使客戶產生擁有此品牌的優越感和自豪感。具體的想法是：客戶購買新車的第一個月內，銷售人員必須對客戶進行拜訪，與客戶溝通，傾聽客戶的意見，並將這些情況詳細記錄在CRM系統中。客戶購車后的4～5年內，CRM系統應該提示銷售人員、服務人員經常與客戶進行聯繫和溝通，為客戶提供各種關懷和服務。

3. CRM實施

2000年，上海通用CRM採取了在總公司統一部署下實施的方法。通用汽車總公司選擇的是Siebel的產品，上海通用也選擇了Siebel的呼叫中心產品，其中集成了銷售、服務和行銷模塊，其CRM項目實施IBM諮詢與集成服務部負責完成。整個項目的實施過程分幾個步驟完成。

(1) 整合客戶數據庫，建立統一客戶信息中心。上海通用累積了很多關於客戶的數據，然而從CRM的角度來分析就會發現數據並不完整。比如，他們收集了客戶購買汽車時的數據，但是這輛汽車到了客戶手裡以後的數據就沒有了，諸如客戶購買的這輛汽車有沒有進行過修理，如果進行過修理的話，是在什麼地方修理的，修理了汽車的什麼部件等，他們的客戶數據庫中沒有關於客戶及其所購汽車狀態的信息。對於高價值產品而言，它處於動態過程中的信息比購買時的信息更為重要。

(2) 提高協同工作的效率。主要是針對客戶服務中心、大客戶銷售代表、零售商和售后服務站，使他們能夠協調一致地工作，進一步提高效率。

(3) 開拓和強化客戶與公司的交互接觸功能。實現客戶信息的多點採集機制，如800免費呼叫中心的建立、網路用戶註冊與在線導購欄目「百車通」的設立等。

(4) 對客戶進行細分。通過使用各種系統工具對客戶進行細分，分析客戶的滿意度、忠誠度和利潤貢獻度，以便有的放矢地為客戶提供個性化的服務。這個階段對所採集的豐

富的信息進行分析，將客戶分門別類，進行市場細分，並據此實現個性化行銷。這一步是CRM的精髓所在，是實現持續的投資回報的關鍵步驟。

在整個項目的實施過程中，鼓勵用戶（包括銷售代表、零售商、維修商）使用這個系統是一個最大的挑戰。因為，零售商同上海通用之間沒有直接的行政領導關係，如果他們認為這個系統對他們沒有什麼直接的好處，那麼客戶信息的收集效果將大打折扣，從而影響整個系統的實用性，這反過來又會影響其他員工對這個系統的信賴程度。因此，上海通用在上線之前用半年多的時間對他們進行集訓，並採用了多種激勵措施鼓勵他們在工作中培養多用計算機的習慣，從而使整個系統能夠真正發揮作用。

4．CRM應用成效

（1）客戶交流日益方便

在汽車銷售、汽車服務方面，整個銷售體系已經可以協調運行，尤其是「百車通」以及客戶呼叫中心這兩個客戶接觸渠道，讓廣大的潛在客戶和現實客戶同公司的交流非常直接與方便，客戶需求信息也可以及時傳達到本地零售代理和維修單位。

（2）客戶信息共享

在新的CRM系統中，客戶與上海通用汽車公司的聯繫，既可以通過客戶服務中心，也可以通過大客戶服務代表或者是零售商和售後服務站，客戶所得到的信息是一致的。現有的系統可以共享更多的客戶信息，客戶服務代表可以根據這些信息對客戶實行交叉服務，進一步提高銷售業績。

（3）客戶忠誠度大大提高

1999年4月起，上海通用汽車開始了別克汽車的製造和銷售，當年別克汽車的銷售量只有19,790輛，而到2002年年底，銷售量已上升至110,763輛。從別克全國主要經銷商反饋的信息顯示，上海通用汽車客戶忠誠度指數達到60%以上，這就意味60%以上的客戶會介紹朋友來購買別克，或當單位添置與別克同等價位的轎車時，大部分原有的別克轎車使用單位仍然會選擇別克。在汽車行業，這算得上是一個比較高的比例了。這些數據說明，通過實施CRM之後，上海通用已經大大提高了對客戶需求的把握程度。

（4）提供了有吸引力的個性化服務

想要購買別克汽車的客戶，只要登錄到上海通用的中文網站，進入上海通用CRM系統，就可以訂購一輛自己中意的別克轎車，包括車的配置、顏色以及供貨的地點等。網上接到的訂單通過系統自動生成一個生產指令，然後進入到柔性化的生產製造階段。最後，在系統控制之下，一輛個性化汽車就可以準時送到客戶面前。

（5）CRM系統與其他系統的有機整合

作為前臺的CRM系統與後臺也有很好的連接，例如和柔性製造控制系統的連接，使得來自前臺的客戶個性化需求能夠自動安排車輛的生產計劃。被記錄在電腦中的除了客戶對車型、配置等方面個性化的需求外，還有這輛車的SGM生產編號—這個編號可以稱作車輛在流水線上通行的身分證號。自動車體識別系統將製造信息自動讀入電子標籤內，製造信息跟隨此車身經過每一生產工段直至進入總裝車間。通過互聯網系統，「身分證號」同客戶個性化的需求被對應地傳遞到各個工位。機器根據車輛的不同生產編號無誤地執行不同的工作任務，而流水線旁的工人則根據被粘貼至車身前左側位上與生產編號對應的製造信息標籤，正確地完成不同的裝配工作。質量報告系統則按照不同車型的不同檢測標準進行測試，在每一個環節上保證車輛的質量。

第四節　物流業的客戶關係管理應用

一、物流業的產業特徵

現代物流業是商品發展的產物。商品流通包括商流和物流兩個組成部分。傳統的商品流通方式中商流和物流的職能是合而為一的，無論是生產商還是批發商或零售商，都需要承擔一部分物流的職能。另外，物流活動中一些單項功能，又由社會上的一些不同行業如倉儲業、運輸業等承擔。隨著商品流通的進一步發展，原來同屬於商品流通的商流和物流也開始分離，一部分生產和流通企業將物流的職能外包化，交由企業外部的其他機構承擔。於是出現了一些專門代別人承擔物流職能的組織——物流中心。由於物流中心既不屬於買方，也不屬於賣方，因而被稱為第三方物流。為適應第三方物流發展的要求，現代物流業應運而生。現代物流業是專門從事物流活動的產業，它既不同於一般的商業，也不同於原來的倉儲、運輸業。物流業只從事物流活動，只是代別人儲存、運輸和配送商品，自己並不買賣商品，它的收益來自物流服務的收費而不是商品的買賣差價。與單純的倉儲、運輸業相比，一般倉儲或運輸企業只具有某一項物流功能，提供某一種物流服務，而物流企業則具有全面的物流功能，能夠承擔物流過程的所有活動，包括倉儲、運輸、分揀、包裝、流通加工以及配送等，為客戶提供集成化的物流服務。

在物流業的功能中，商品的配送是一個最重要的功能。物流企業根據客戶的要求，將不同種類一定數量的商品組配在一起，在指定的時間裡送到指定的地點。配送的對象既有商店，也有消費者個人。這些配送業務通常具有批量小、頻度高、變化大的特點，要求物流企業具有很強的業務彈性，能夠對客戶的要求作出及時回應。因此，在物流行業，信息管理成為企業滿足客戶需要、提供優質服務必不可少的手段。

二、物流業對客戶關係管理的要求

1. 與客戶緊密聯繫

物流企業應與客戶保持緊密的聯繫，使物流企業能夠隨時掌握客戶的生產、經營和銷售情況，以便為其安排物流活動，提供所需要的服務。對物流企業而言，與客戶在更深層面上的交流與合作，不僅意味著穩定的客戶資源，也意味著更可觀的利潤空間。

2. 全面考慮客戶需求

受市場規模和經營範圍擴大等因素的影響，企業依靠自身組織物流活動變得不經濟，越來越多的企業傾向於將物流活動交給獨立的物流服務企業，使企業的物流功能外包化。物流企業提供給各種企業的是物流服務，而不僅僅是單純的物流活動。現代物流業的價值不僅體現在它可以提供集成化的物流服務，而且還體現在它對客戶需求的全面考慮。一是快速回應，即及時將產品送達客戶手中。由於物流企業的客戶不止一家，每天都會有大量的信息，而企業的配送活動需要進行統籌規劃，這就要求企業具有靈活的回應能力，能夠根據變化隨時作出規劃和安排。二是最小變異，即在突發情況下採取各種手段，如溢價運輸等方式確保物流服務系統的穩定性。三是質量改善，即與客戶的全面質量管理等經營策略的配合，避免不正確裝運和運輸中造成的產品損壞，導致客戶重新訂貨而造成的時間延誤等。

3. 為客戶提供個性化服務

從服務內容上看，物流活動的個性化特徵十分突出，除了傳統的運輸、倉儲及一般意

義上的加工、包裝等增值服務外，物流企業還可以提供訂貨處理、開票、回收商品處理等獨特的服務。例如，美國的羅德威物流公司向 LOF 玻璃公司不僅提供運輸服務，而且還安排其他承運人處理該公司的部分運輸。一些大型零售商不僅要求物流企業進行產品配送，還要求企業搬運貨品上架、理貨、進行二次包裝等。正如一超市經理所說：「我不希望看到在客戶走進購物區時，我的員工却在庫房裡給保銷商品貼膠條。」

4. 注重與最終客戶的聯繫

由業務的特點決定物流企業面對的客戶包括兩類：一類是配送的委託方，如生產企業、直銷公司等；另一類是配送的對象，如商業網點、訂購商品的消費者等。因此，物流企業客戶關係管理的目標是，不僅要使配送業務的委託方滿意，而且也要保證配送對象滿意。如果把配送對象稱為最終客戶，那麼，他所獲得的價值包括了配送商品的價值和物流企業提供的配送服務價值兩個部分。而配送服務質量的好壞，與最終客戶是否滿意有著直接的關係。物流企業的配送服務，不僅要滿足配送業務的委託方的要求，還要滿足配送服務接受方的要求。因此，物流企業應與最終客戶建立起密切的聯繫，發展與最終客戶的關係，通過企業的內部協調，對最終客戶進行有效的管理和服務。

三、杭州富日物流有限公司 CRM 應用策劃

2006 年 7 月，由浙江工業大學機電學院趙燕偉教授主持，與賽邦軟件（寧波）有限公司共同完成的浙江省重大科技攻關項目「第三方物流智能信息協作平臺及其應用示範」的課題成果在杭州富日物流有限公司得到了很好的實施與應用。課題組又以此為契機，對杭州富日物流有限公司 CRM 應用進行了深入的研究與策劃。

1. 公司背景

杭州富日物流有限公司（以下簡稱富日物流）是在原杭州富達運輸公司基礎上，於 2001 年投資建立的一家現代第三方物流企業，為客戶提供倉儲、配送、裝卸、加工、代收款、信息諮詢等物流服務。作為近幾年崛起的新業態，富日物流已經同一些大型貨運公司如長運、華宇、佳吉等快件公司合作，其業務範圍以浙江為主，輻射全國各地（除西藏、臺灣外）。

目前，富日物流擁有常溫帶月臺式物流中心 20 萬平方米，為客戶提供全方位的第三方物流服務，並新建了「杭州富日常低溫物流設施及加工配送中心」，為帶月臺式標準物流倉庫，新庫總面積達 8 萬平方米。富日物流還擁有全省領先的「第三方物流智能信息協作平臺」系統，可為客戶提供最快捷、最便利的信息服務。現有總經營面積 30 萬平方米，物流中心現儲存貨品總量價值 30 余億元人民幣，按每月起碼流轉 1 次計，年物流量達 300 億元。

在競爭激烈的第三方物流行業中，如何降低物流運作成本、提高物流企業自身的核心競爭力，從眾多的物流企業中脫穎而出是每個第三方物流企業都在苦苦思考和探索的問題。富日物流在對公司「硬件」的投入方面取得了競爭優勢，為保持良好的發展勢頭，富日物流還需提高公司「軟件」，提高公司物流服務的核心競爭力。對任何一家企業而言，在目前激烈的市場競爭中，誰擁有客戶就意味著企業擁有了在市場中繼續生存的理由，擁有並保留住客戶是企業獲得可持續發展的動力源泉。因此，實施客戶關係管理成為富日物流的重要工作。

2. 杭州富日物流 CRM 實施的目標

（1）在企業內部貫穿「以客戶為中心」的理念

在富日物流企業內部，「以客戶為中心」的理念必須根植於每個領導和員工的心中，明白僅靠業務流程改進和技術應用來實現客戶滿意是遠遠不夠的，必須將該理念貫穿於企業

的每個部門和經營環節，其目的在於理解、預測和管理企業現有的或潛在的客戶，以使企業更好地圍繞客戶行為來有效地管理自己的業務，以實現客戶價值最大化和企業收益最大化之間的平衡。

(2) 構建客戶關係管理系統，實現對客戶的系統化研究

杭州富日物流公司現擁有先進的物流信息管理系統——「第三方物流智能信息協作平臺」。該系統採用先進的物流服務理念，主要的架構在於支持其業務營運、操作管理，通過提供客戶即時的信息服務，以能夠增加營運效能、降低操作成本、提升客戶滿意度與忠誠度為目標，具有倉儲、運務、帳務、營業、智能決策支持等功能，為客戶提供一站式服務。系統可以實現通常意義下 CRM 系統的主要功能：業務操作管理（涉及提供物流服務的流程，如訂單處理、運輸、倉儲、裝卸、庫存、包裝等物流業務）、客戶合作管理（涉及對客戶接觸點的管理，如聯絡中心、電話中心、網站、溝通渠道管理等）、數據分析管理（涉及實現決策分析智能的客戶數據庫的建設，如數據挖掘、數據倉儲、知識倉庫、決策分析等）。富日物流將結合該系統對業務流程進行重新設計，更有效地管理客戶關係，對客戶進行相關性組合，降低物流成本費用，減少服務成本；壓縮庫存，減少流動資金的佔用；提高企業競爭能力。

(3) 識別客戶價值，挖掘客戶潛力，提供個性化服務

富日物流儲存了大量的客戶交易信息，包括供方客戶、需方客戶以及合作夥伴，通過系統對客戶信息進行數據挖掘，分析客戶關注的信息，通過與供方客戶聯手，在掌握需方客戶需求的基礎上，發展中間業務，提供增值服務。如對生產紙製品企業客戶和洗滌品的企業客戶，可根據客戶企業的客戶服務策略，通過拆箱包裝、貼簽等服務提供增值服務。富日物流企業面對不同客戶時將採取不同的策略。一方面針對不同的客戶採取不同的服務模式；另一方面對同一客戶在不同時間對其採取不同的服務模式。同時，富日物流企業應通過客戶關係管理，使企業將資源和能力集中在最具有關係價值的客戶上，為其提供高質量的服務，滿足其需求，進而實現客戶價值的最大化；從客戶的角度而言，提高客戶的滿意度，促進其對企業的忠誠，提高企業的收益。

3. 杭州富日物流實施的組織結構

富日物流實施 CRM，在組織結構上除了有辦公室、人力資源、財務部等日常機構外，其他機構整合為市場行銷、客戶服務中心、銷售配送中心、信息中心四部分。

(1) 市場行銷

富日物流在市場行銷過程中，通過對客戶和市場的細分，確定目標客戶群，制定行銷戰略和行銷計劃，主要涉及物流市場管理、客戶管理、行銷管理三個方面。包括了市場信息處理、競爭對手調研、客戶信息跟蹤、潛在客戶分析、行銷活動管理等環節。

(2) 客戶服務中心

富日物流是一個以服務為核心競爭力的行業，要與客戶之間形成一種長期的合作關係，需要對所服務的客戶，尤其是大客戶做詳細的服務記錄及分析，特別是每次事故的處理案例，以改善服務水平，提高客戶滿意度。

(3) 銷售配送中心

富日物流銷售配送中心的任務是根據行銷計劃，包括發現潛在客戶、信息溝通、推銷產品和服務、收集信息等，目標是建立銷售訂單，實現銷售額。銷售業務過程涉及尋求客戶、簽訂合同、物流服務跟蹤、收帳檢查、用戶反饋等各個環節。尋求客戶主要是根據已有的客戶資料及潛在客戶信息來發現客戶、確認客戶、聯繫客戶，所要獲取的客戶信息包括當前市場資料、客戶基本信息、客戶歷史記錄等。簽訂合同是通過銷售人員與客戶達成

協議后進行合同的制定及物流服務條款的制定，所要獲取的信息包括車輛信息、倉儲信息、運輸能力信息和時間控制等。物流服務跟蹤涉及計劃時間表、運輸車隊調度、倉儲準備、貨物跟蹤、裝卸等整個過程。收帳檢查、用戶反饋是整個物流客戶銷售業務流程的收尾工作，主要檢查運輸服務合同帳款的回收情況，拜訪客戶，瞭解客戶對物流服務質量的滿意程度，並開始新一輪的業務。

(4) 信息中心

富日物流信息中心除了專門維護「第三方物流智能信息協作平臺」系統外，還將通過知識發現、數據挖掘和數據倉庫等的智能化工具和計算機網格集成技術，促進公司數據獲取、客戶細分和模式挖掘，使客戶知識的累積和共享更為有效。

4. 杭州富日物流 CRM 的體系結構

根據客戶關係管理的理念，結合第三方物流企業的特點，富日物流 CRM 的實施體系以客戶信息和市場信息為主線，具體分為四個層次：客戶信息收集層、客戶信息處理層、物流服務層和戰略決策支持層。如圖 11-3 所示。

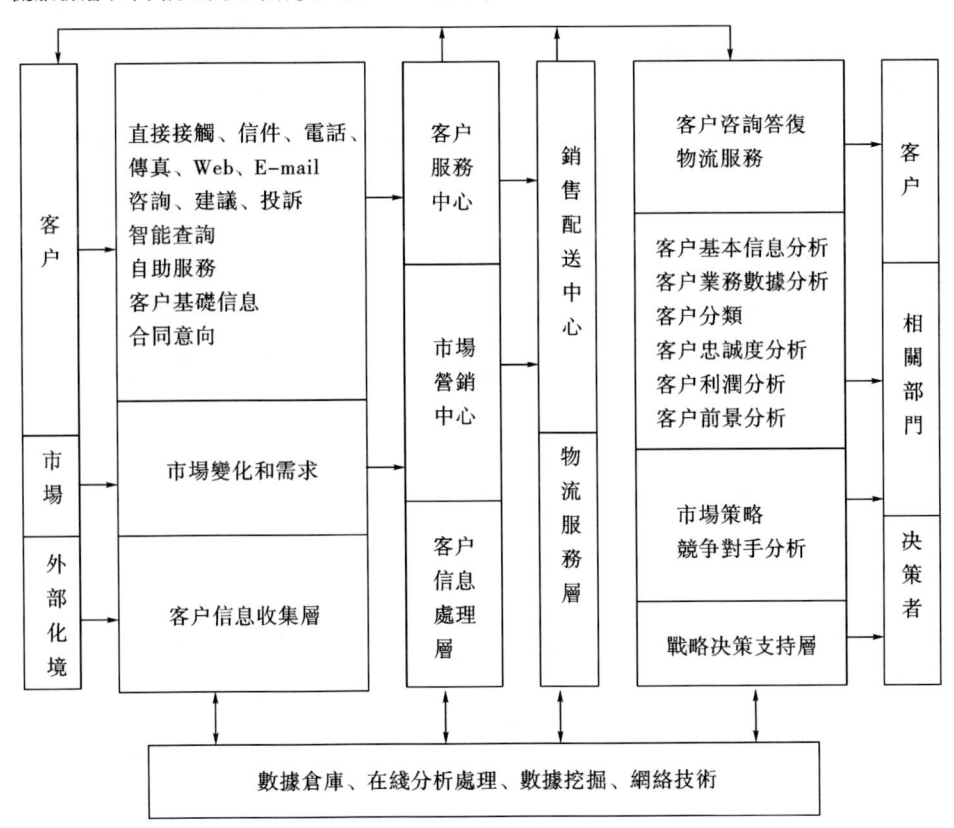

圖 11-3 富日物流 CRM 的體系結構

(1) 客戶信息收集層

該層次的主要功能是從客戶和市場等企業的外部環境收集各種客戶信息和市場信息，包括客戶的各種物流需求，客戶基礎信息，客戶的諮詢、建議、投訴信息，市場的變化和需求等。信息的收集要充分利用日益成熟的信息技術，如計算機電話集成技術、多媒體技術等。獲取信息的渠道可以是多種多樣的，包括直接接觸、信件、電話、傳真、Web、

E-mail 等途徑。

(2) 客戶信息處理層

該層次的主要功能是對客戶信息收集層所收集的信息進行篩選、比較、分析以及迅速對客戶諮詢作出反饋等處理。這一層次要求企業利用先進的信息處理手段和處理工具（軟件），對客戶信息進行及時有效的分析處理，以獲得對企業有價值的信息。該層次涉及的部門主要有客戶服務中心和市場行銷中心。

客戶服務中心是客戶關係管理的重要組成部分，是實現客戶價值的重要手段之一。首先，對客戶的諮詢、建議、投訴等及時答覆，或通知給相關部門進行處理，然后作出答覆，並改進不足之處。它是企業與客戶直接接觸的窗口，需要一批訓練有素的業務人員專門負責這項工作。其次，企業把物流任務下達給相應的合作夥伴，同時需要及時掌握任務的完成情況，通過計算機網路與合作夥伴進行即時的信息交互，對物流任務的完成情況進行有效監控和及時調度，並且及時把物流服務信息反饋給客戶。最后，對客戶的各種基本信息和業務信息進行詳細的篩選、分析、比較之后，提煉出有價值的信息，進而充分挖掘客戶的潛在需求，爭取為客戶提供更多的增值服務。這一部分需要富日運用數據挖掘技術，從不同的角度對數據進行挖掘和提煉，使企業全面掌握客戶的各種信息，從而加強對客戶的管理和企業的決策能力。

市場行銷中心則根據客戶的物流需求，制訂合理的物流方案，並把這些物流方案下達給相應的承運商等各種合作夥伴；同時分析市場的需求和變化，及時調整企業的戰略，制定更加合理的市場策略，以滿足客戶不斷變化的需求，為客戶提供更好的服務。

(3) 物流服務層

在對收集的客戶信息進行相關處理后，富日物流把這些信息輸出給客戶或作為企業內部用來制定各種決策的依據。在進行物流服務管理的處理過程中，物流企業把物流任務進行分解，然后下達給相應的合作商，並進行協調和監督，為客戶提供物流服務和信息服務，而這些服務正是企業的主要業務內容。其中的物流服務可以包括運輸、儲存、裝卸、搬運、包裝、流通加工、配送等；其中的信息服務可以包括回覆客戶的各種查詢、物流調度信息、庫存信息、車輛或貨物在途信息、貨物流向信息等。此外，通過客戶服務中心的處理，把客戶諮詢結果及時反饋給客戶，並把客戶的建議、投訴等通知給相關部門。

(4) 戰略決策支持層

經過客戶分析處理后的信息，包括客戶基本信息分析、客戶業務數據分析、客戶分類、客戶忠誠分析、客戶利潤分析、客戶前景分析等，這些信息可以使企業掌握客戶基本情況和業務往來情況，對客戶進行細分，瞭解各種客戶為企業帶來利潤的多少，預測客戶的經營狀況以及與客戶進行長期合作的前景。客戶分析可以用來作為富日物流決策者制定企業戰略、行銷策略和各種客戶決策的參考依據。

5. 杭州富日物流 CRM 應用成效

課題組針對富日物流的關鍵客戶，如上海維達紙士有限公司、西安開米股份有限公司杭州分公司、永豐徐（昆山）有限公司、恒基（杭州）貿易有限公司和杭州三龍貿易有限公司等，通過杭州富日物流公司物流信息管理系統——「第三方物流智能信息協作平臺」，來模擬展現杭州富日物流 CRM 實施效果。

根據「第三方物流智能信息協作平臺」的決策支持系統，可以對永豐（昆山）有限公司進行預測分析，提前掌握該客戶的業務動態，提前做好客戶服務工作，以提高富日物流的客戶服務水平，提高客戶滿意度。

利用該決策支持系統，提取其中的五個關鍵客戶：上海維達紙業有限公司、西安開米

股份有限公司杭州分公司、永豐徐（昆山）有限公司、恒基（杭州）貿易有限公司、杭州三龍貿易有限公司，進行客戶滿意度分析。結果發現：永豐徐（昆山）有限公司的滿意度是最高的，上海維達紙業有限公司的滿意度相對較低。富日物流可以根據不同客戶的滿意度，採取一對一的行銷策略。

在對比五家關鍵客戶滿意度的基礎上，可以繼續分析它們的具體業務過程。通過比較發現，西安開米股份有限公司杭州分公司出貨效率最高，即每次出貨的出貨量最多，但並不能說明該公司帶給富日物流的利潤最多，因為給富日物流帶來利潤的除了運輸費以外，還有裝卸費、加工費等其他費用。同時，還可以發現永豐徐（昆山）有限公司2005年收貨量明顯增加，顯示出較強的客戶潛力。上海維達紙業有限公司雖然收貨量不多，但收貨次數很多，可見該客戶在產品物流策略上有別於其他客戶，相對貨存較少，沒有充分利用富日物流提供的專業物流技術。富日物流可根據該客戶的實際情況，定制有別於其他客戶的物流服務，以提高客戶滿意度。

第五節　其他行業客戶關係管理應用

一、電信行業：內蒙古聯通大客戶管理系統的成功案例

1. 項目背景

電信業務市場的競爭格局在中國已逐步形成。競爭給電信業務營運帶來的一個突出特點就是：市場由賣方市場向買方市場轉變。為適應這一市場特點並在市場中保持和提升競爭優勢，中國聯通公司的經營戰略正在逐步從以產品業務為中心向以客戶為中心轉變。

大客戶業務是聯通整體行銷戰略的重要組成部分，發展大客戶能給公司帶來很好的經濟效益。大客戶管理系統的建設，目的是在大客戶售前、售中和售後的整個生命週期中，為客戶的市場開拓，有關大客戶的信息管理、客戶服務及行銷決策支持提供綜合信息處理平臺。內蒙古聯通大客戶管理系統的建設正是基於上述背景而提出的。

2. 業務功能

（1）大客戶資料管理：包括大客戶相關資料信息管理和大客戶基本業務兩個方面。大客戶相關資料的基本信息包括客戶基本資料、客戶營業業務資料、客戶計費帳務資料、客戶信用資料、客戶服務資料、內部重要員工資料、項目工程資料、資源占用資料等。

（2）綠色通道：圍繞客戶走訪、業務辦理、合同簽訂、工程實施和業務開通流程，實現對大客戶的售前、售中的過程管理，並通過人機協作實施流程的自動化。

（3）黃色通道：大客戶服務相關的業務，包括客戶走訪、客戶來訪、友情服務等日常業務聯繫活動。

（4）紅色通道：處理與大客戶有關的故障、投訴等業務。

（5）渠道管理：用於管理渠道代理信息，以及與渠道相關的業務信息，包括績效佣金管理、合同管理、培訓管理。

（6）客戶經理管理：管理大客戶發展中心員工及與大客戶發展中心業務往來的相關部門的員工信息，以及與員工相關的業務信息，包括基本信息管理、獎金績效管理、業務計劃管理、工作日誌管理、回訪走訪管理、培訓管理。

（7）資源市場信息管理：信息內容包括產品信息、宏觀經濟信息、行業經濟信息、客戶需求（按行業劃分）競爭對手信息、行業經典案例、政策、法律環境對企業可能的影響，企業所處行業的發展態勢及行業內競爭狀況。

3. 應用效果

內蒙古聯通公司在實施 CRM 之後，協調和改進了原有業務流程，使其所有的業務環節更好地滿足客戶需求和降低營運成本，從而達到保留現有大客戶和發掘潛在大客戶並提高企業營利的目的。通過為大客戶提供高品質、個性化的服務，大客戶管理系統的實施提高老大客戶的信賴度和忠誠度，形成並保持了內蒙古聯通的核心競爭了，並帶來了良好的經濟收益。

二、保險行業：平安保險北京分公司實施 CRM 案例

1. 公司背景

中國平安保險股份有限公司北京分公司於 1993 年正式成立。公司經營各種本、外幣財產保險、責任保險、信用保證保險、人身保險、再保險、代理保險檢驗和理賠追償業務。公司自成立以來，經手的理賠案件數以萬件，支付賠款逾億元，為眾多受損保護戶解了燃眉之急。隨著業務的發展，面對客戶需求的多樣性、激烈的行業競爭、要求對信息的快捷傳遞、員工工作的有效管理、業務拓展的有效支持等問題，採用一套高效可行的管理系統來解決現有的情況是中國平安保險股份有限公司的急切需求。

2. 業務需求

該公司希望從不同的角度都能夠得到與該客戶有關的全部信息，從而達到當客戶與業務人員聯繫時，可以從部分的客戶信息馬上瞭解到該客戶全方位的情況。例如，有的客戶只提供車牌號，有的客戶只提供保單號，還有的客戶只提供身分證號，而不論客戶提供的是何種相關的唯一標示都能夠檢索到與客戶相關的全部信息。客戶信息不僅是姓名、電話等，還包括投保的險種、保單到期時間、提供服務的頻率等動態的全面的業務情況，這些信息都能幫助業務人員及時識別客戶的等級，為他們提供最恰當的服務。另外，續保客戶是「成本低、利潤高」的價值客戶，平安保險希望能夠及時瞭解到當天某段時間需要續保的客戶名單，並根據與客戶的聯繫情況來獲得繼續續保、不再續保和正在考慮中的客戶名單，從而保證能夠及時跟進客戶，減少客戶資源的流失。通過向客戶提供驗車、驗證等主動服務，提高客戶滿意度，讓潛在客戶成為正式客戶，讓正式客戶成為忠實客戶。

3. 解決方案

根據中國平安保險股份有限公司北京分公司現有情況和將來發展的需要，TurboCRM 公司為其量身制訂了一套解決方案和分步實施計劃。第一，建立統一的客戶信息數據庫，各個部門共同使用統一的客戶信息，同時使用智能查詢技術滿足業務人員對客戶信息的多條件檢索的需求。第二，建立以客戶為中心的行銷模式，針對現有的客戶群體進行細分，制訂不同的客戶群體行銷計劃。第三，由部門向企業推進，根據現有的情況，從銷售部門開始進行推進，再帶動其他的部門（理賠部、市場部），實現企業部門間信息傳遞和共享的良性循環。第四，業務流程在系統中實現各業務流程（投保、續保、理賠等）在系統中採用進程式的記錄方式來實現各業務環節的銜接。第五，管理規範的建議，根據企業的實際情況，TurboCRM 公司為其提供適合其情況的一些合理化建議。

4. 效果評價

平安保險的華經理介紹，「通過 TurboCRM 系統，我們解決了最想克服的問題。第一，將針對同一客戶的相關信息，如客戶的基礎信息、與業務人員的歷次聯絡記錄、投保的險種、有無賠案及次數、反饋、以前的投保公司等在一個平臺上進行同一管理。只要輸入與要查詢客戶相關的唯一標示（如客戶的車牌號、保單號），系統就能夠搜索到對應客戶的全部相關信息和交往記錄。第二，能夠通過輸入任意條件查詢客戶，從而為該客戶及時提供

服務。例如，輸入日期，查詢當天需要續保的客戶，為客戶辦理續保手續；通過車牌尾數查找需要驗駕駛證的客戶等。目前，我們已經實現了對一萬家客戶車險資料的完備化管理，根據客戶的需求，快速為客戶提供相應的服務。第三，TurboCRM 實現了對業務人員的管理。系統將服務劃分為任務、任務提醒、階段進程等幾個層次。一次服務可以被看成是一個任務，完成這個任務需要經歷多個階段性進程，我們的管理人員就可以隨時查看任務執行的狀態，監控未完成的任務，瞭解每一位員工的工作進展情況。當某一任務完成時，標誌會呈現結束狀態。此外，TurboCRM 系統提供了多種分析手段，如銷售分析中的特徵分析、客戶分析、夥伴分析、丟單分析，銷售管理中的客戶挖掘，客戶服務中的反饋處理，分析決策中的市場分析，使我們從不同角度對業務信息進行綜合分析，更加瞭解自身產品、價格、服務的優勢和弱點，從而及時採取有效的措施，提高產品與服務的競爭力，達到提高市場佔有率的目標。」

三、IT 與網路服務業：搜狐公司 CRM 系統實施案例

如果說 CRM 分為廣義和狹義兩種類型，那麼在搜狐則沒有純粹的、狹義的 CRM，它不只需要銷售自動化，或者進行客戶管理、服務管理，而是包括了硬件、通信等一系列設備，需要一個平臺，能隨著業務的變化而進行良性、適度的拓展。對於搜狐這樣依靠廣告生存，並且客戶資源不斷壯大的網站來說，要與時俱進，必須選擇一款適合自己的 CRM。

互聯網媒體最主要的生存支柱是廣告，搜狐也不例外。作為 2008 年奧運會的贊助商，廣告業務在搜狐的整體業務中占到三分之二的比重。這一年是它實現廣告業務大幅增長的絕佳機會，業務代表更想借此機會爭取更多的廣告客戶，提高工作效率。

而搜狐的銷售團隊仍處於依靠人工和 Excel 來支持協作的階段，根本談不上即時掌握銷售數據、互動地管理和協同銷售過程。因為依靠 Excel 進行數據連接，容易造成數據不完整，也降低了準確性和及時性，並且，單純依靠人工來控制銷售流程，也就增加了客戶資源管理的風險。而對於搜狐這樣客戶資源不斷壯大，廣告費用也即時變化著的網站來說，沒有一個統一準確的客戶數據中心，顯得很不「與時俱進」。

2006 年 10 月，搜狐終於決定啟用新的 CRM 系統，選擇軟件和合作夥伴也頗讓人傷腦筋。從 2002—2004 年，搜狐之前的 CRM 系統僅實施就花費了三年時間，真正上線時仍留有尾巴問題沒有解決乾淨，結果在使用過程中，這些小問題就像滾雪球一樣越來越大了。

搜狐廣告的高級經理張軍說：「互聯網最大的特點就是變化，產品的更新層出不窮，每一天都會推出數十個專題，簽訂 50 個以上的廣告合同，並且絕大多數都是個性化的廣告需求。CRM 本身也需要隨著業務和管理的需求去順應變化。」從尋找廠商到選擇合作夥伴，則這一次又經過了半年的時間。張軍本身也是做 ERP 軟件出身的，他清楚什麼是花架子，什麼才是自己的企業真正需要的。2007 年 4 月，終於敲定有怡海軟件來實施 Microsoft Dynamics CRM。怡海的客戶名單也在一定程度上打動了他，名單中卡特彼勒、王老吉、EMC、FESCO 等遍布機械製造、飲料、TI 分銷、人力資源等各個領域的企業相當有說服力，一切敲定之後，部署和實施就變得很快了。四個月之後的 2007 年 10 月，新系統部署完成，2008 年 1 月終於正式投入使用。

對於新興的互聯網行業來說，CRM 其實意味著 XRM，不再是傳統意義上的客戶關係管理，而是分為市場、銷售、服務三個模塊，客戶的定義越來越大，關係也越來越複雜。「以客戶為中心」這句看似口號的真理，不得不轉化為競爭力，落實到實處。在 Sohu CRM 系統中，客戶被分為多個層次，從各級商業客戶的管理和控制，到對終端客戶的拜訪和跟蹤，再到對客戶信息的獲取，和圍繞客戶進行成本、利潤分析。所有業務流程和信息收集都是

圍繞客戶進行的。

怡海軟件業務諮詢顧問王鈞源介紹說，Sohu CRM 系統的應用可以分為三個層次：具體的業務操作人員、中層管理人員及高層領導。這三個層次人員的需求和應用方式完全不同，但要保證業務操作人員能夠方便地輸入信息，中高層領導能夠監控和從系統中方便地獲取所需信息。

銷售人員的打單活動，必須是一個端到端的完整流程，因為銷售合同的執行需要很長一段時間，從最早的排期、報價，到訂單的執行、審批，到最終與 ERP 結合，以及財務收入的確認。這對其中 CRM 可以發揮重要作用。

四、出版傳媒行業：北京晨報媒體 CRM 系統建設案例

1. 北京晨報概況

《北京晨報》是由北京日報報業集團主管的一份首都報，在 1998 年 7 月 20 日正式出版發行后，迅速發展並佔有了北京的早報市場，主要版面包括要聞、都市、熱線、經濟、國內、國際、體育、文化、證券、投資等新聞版，還開設了深入報導熱點新聞的「視點」專版、「早茶」副刊及新經濟周刊，房地產周刊、IT 周刊、服務周刊等。目前，《北京晨報》擁有遍及北京十幾個城區幾百個發行站、幾千名發行網路，日發行量達到 50 萬份，讀者受眾群體達到上百萬人，廣告額同步迅速增長。2000 年 8 月，晨報正式遷入北京東環廣場 A 座新址建築面積 4,480 平方米，採用開放式辦公佈局，擁有北方第一個規範的、現代的新聞採編平臺；同時大力投資於網路信息系統平臺和業務應用系統平臺的建設，在北京市新聞媒體中率先實現了「告別紙與筆」的技術性變革。

2. 客戶需求

目前，報業競爭已趨於白熱化，這種競爭包括新聞競爭、廣告競爭、發行競爭與管理競爭等多個方面。另外，報業市場也以打破時間和地域、日報、早報、晚報甚至雜誌的界限開始模糊，跨類別的競爭已經司空見慣，互聯網作為「第四媒體」的出現給本已競爭激烈的報業市場帶來了又一次衝擊。如何在激烈的競爭中取得競爭優勢，贏得公眾和讀者，尋求更廣闊的生存和發展空間，已成為晨報所面臨的現實而嚴峻的問題。

「如何提高晨報的市場競爭力，IT 信息系統的建設成為關鍵的因素之一。而解決這些問題的關鍵還在於兩個方面：第一，建設易於管理的、低成本而高效率，並且能夠充分適應企業未來業務發展需求的網路通信平臺。第二，建設以呼叫為中心以及未來的多媒體客戶交互中心為基礎的報業客戶關係管理系統。」北京晨報技術部主任徐曙光先生談道。

3. 呼叫中心和客戶關係管理應用系統

北京晨報經過認真選型，最終選擇了基於 3Com 網路電話系統解決方案提供的呼叫中心系統，其話音、數據和控制完全基於純數據網路系統。為支持上層的晨報客戶關係管理業務應用系統，提供了強有力的平臺支持。

晨報 CRM 系統完成了新聞線索、諮詢服務、投訴建議、廣告預訂、報刊訂閱、市場調查等業務流程，以滿足客戶日益變化的需求；並能在內部採編、廣告、發行等業務流程實現緊密銜接，共享客戶信息和資源，實現協同工作；從不同角度深度量化分析客戶和業務數據，提升媒體自身競爭能力，以適應市場的變化，實現報社和客戶的互動。

4. 商業利益的實現

建設呼叫中心和客戶關係管理系統有力地提高了企業的市場競爭力。基於網路電話系統的呼叫中心解決方案，使客戶關係管理應用系統的建設更快捷，功能更豐富，使晨報可以與讀者、廣告客戶更好的地交流和提供服務，並能及時採集、分析信息，更有利於企業

的經營決策，從而真正提高企業的市場競爭力。

本章小結

1. 航空業應用 CRM 的必要性主要從客戶與航空公司本身這兩個角度考慮。航空業 CRM 的基本應用有常旅客計劃、俱樂部會員管理、大客戶計劃和呼叫中心。

2. 房地產業傳統客戶管理的弊端重重，因此需要對傳統客戶管理進行改進。房地產業 CRM 的應用內容包括客戶信息集成管理、指導新樓盤的設計和推廣、提高客戶滿意度和擴展銷售機會。

3. 製造業實施客戶關係管理的目標表現在五方面。其分別是：全面收集客戶信息，保持穩定的客戶關係；有效管理銷售渠道；與中間商建立良好的關係；促進銷售過程標準化、規範化，工作流程自動化；與后臺 ERP 整合。

4. 現代物流業是商品流通發展的產物。商品流通包括了商流和物流兩個組成部分。物流業對客戶關係管理的要求分別是：與客戶緊密聯繫、全面考慮客戶需求、為客戶提供個性化服務和注重與最終客戶的聯繫。

復習思考題

1. 航空業 CRM 的基本應用有哪些？
2. 房地產業觸痛客戶管理的弊端有哪些？
3. 房地產業 CRM 的應用內容是什麼？
4. 製造業對 CRM 的需求是什麼，製造業實施客戶關係管理的目標有哪些？
5. 物流業的產業特徵是什麼，對客戶關係管理的要求有哪些？

案例分析

東風汽車 CRM 應用案例

應用解決方案：TurboCRM 客戶關係管理專家

客戶名稱：東風汽車有限公司設備製造廠

客戶背景：東風汽車有限公司設備製造廠是東風汽車有限公司的龍頭企業。隨著業務不斷擴展，其項目銷售過程控制、內外部業務協同等環節顯得日益重要。如何為客戶提供更好、更具個性化的服務，如何進一步擴大市場佔有率，如何迎接市場變革的全新挑戰，成為亟須解決的問題。

實施方案：東風汽車設備製造廠將實施 CRM 系統的總體目標定位為建設具有設備製造行業特色和東風汽車設備製造廠自身特色，滿足公司業務需要和發展要求，具有高性能、高可靠性、易用高效的客戶關係管理（CRM）系統。

第一，建立有效的項目管理流程，並通過自動化的工作流程將企業的各種業務緊密結合起來，將個人的工作納入到企業規範的業務流程中，以提升企業整體管理水平。

第二，有效整合企業內外部資源，建立一體化業務管理平臺，使企業各環節共享信息，形成有機整體，提升企業綜合營運效率，為客戶提供更有效、更親切、更具個性化的服務。

第三，通過 TurboCRM 客戶關係管理專家系統提供的客戶、市場、銷售、服務、產品及員工分析功能，為企業發展提供科學、準確的決策依據，從而幫助東風汽車設備製造廠定

位於最具價值的市場中。

應用效果：東風汽車設備製造廠建立了更加完善的企業營運管理平臺，以現代管理思想和信息化工具為依託，為客戶提供了更好、更具個性化的服務。

問題：
1. 東風汽車是如何運用 CRM 系統的？
2. 東風汽車為什麼要運用 TurboCRM 客戶關係管理專家？

實訓設計：客戶關係管理的行業運用

【實訓目標】
1. 熟悉各行業 CRM 實施的特點。
2. 描述各行業實施 CRM 的過程。
3. 學會不同行業應怎樣選擇適合自己的 CRM 系統。

【實訓內容】
根據班級學生人數，劃分若干小組，每一組分析一個行業（課本介紹的除外）關於客戶關係管理的應用，最后每組互相分享成果。

【實訓要求】
1. 根據實訓目標和內容，確定分析內容。
2. 通過查資料、詢問、實習等方法，完成調查報告。

【成果與檢驗】
以團結合作（40%）、工作成果評定（50%）為主，兼顧工作態度（10%）評定各組的成績。

國家圖書館出版品預行編目(CIP)資料

客戶關係管理 / 呂惠聰, 強南囡, 王微微 主編. -- 第三版.
-- 臺北市 : 財經錢線文化出版 : 崧博發行, 2018.12

　面 ; 　公分

ISBN 978-957-680-322-2(平裝)

1.顧客關係管理

496.7　　　　107020009

書　名：客戶關係管理
作　者：呂惠聰、強南囡、王微微 主編
發行人：黃振庭
出版者：財經錢線文化事業有限公司
發行者：崧博出版事業有限公司
E-mail：sonbookservice@gmail.com
粉絲頁　　　　　網　址
地　址：台北市中正區延平南路六十一號五樓一室
8F.-815, No.61, Sec. 1, Chongqing S. Rd., Zhongzheng Dist., Taipei City 100, Taiwan (R.O.C.)
電　話：(02)2370-3310　傳　真：(02) 2370-3210
總經銷：紅螞蟻圖書有限公司
地　址：台北市內湖區舊宗路二段 121 巷 19 號
電　話：02-2795-3656　傳真：02-2795-4100　網址：
印　刷：京峯彩色印刷有限公司（京峰數位）

　　　本書版權為西南財經大學出版社所有授權崧博出版事業有限公司獨家發行電子書及繁體書繁體版。若有其他相關權利及授權需求請與本公司聯繫。

定價：550元
發行日期：2018 年 12 月第三版
◎ 本書以POD印製發行